Springer

空间生命保障系统译丛

名誉主编　赵玉芬　主编　邓玉林

现代农业LED智慧照明技术

Light Emitting Diodes for Agriculture: Smart Lighting

[印]S. 杜塔·古普塔（S. Dutta Gupta）编
郭双生　唐永康　译

北京理工大学出版社
BEIJING INSTITUTE OF TECHNOLOGY PRESS

图书在版编目(CIP)数据

现代农业LED智慧照明技术 = Light Emitting Diodes for Agriculture：Smart Lighting /（印）S.杜塔·古普塔编；郭双生，唐永康译. -- 北京：北京理工大学出版社，2023.11

书名原文：Light Emitting Diodes for Agriculture：Smart Lighting

ISBN 978-7-5763-3001-4

Ⅰ.①现… Ⅱ.①S… ②郭… ③唐… Ⅲ.①发光二极管-照明技术-应用-农业技术 Ⅳ.①TN383②S

中国国家版本馆CIP数据核字(2023)第198152号

北京市版权局著作权合同登记号 图字 01-2023-4814

责任编辑：刘 派　　文案编辑：李思雨
责任校对：周瑞红　　责任印制：李志强

出版发行 / 北京理工大学出版社有限责任公司
社　　址 / 北京市丰台区四合庄路6号
邮　　编 / 100070
电　　话 /（010）68944439（学术售后服务热线）
网　　址 / http://www.bitpress.com.cn

版 印 次 / 2023年11月第1版第1次印刷
印　　刷 / 三河市华骏印务包装有限公司
开　　本 / 710 mm×1000 mm　1/16
印　　张 / 22.25
彩　　插 / 5
字　　数 / 451千字
定　　价 / 98.00元

译者序

《现代农业 LED 智慧照明技术》（Light Emitting Diodes for Agriculture：Smart Lighting），是由印度卡哈拉格普尔理工学院农业与食品工程系教授 S. 杜塔·古普塔博士（Dr. S. Dutta Gupta）撰写，由国际上著名的 Springer 出版社于 2017 年出版的。

传统的照明技术正在向 LED 光照技术过渡。LED 光照技术的高效率、长寿命和小尺寸等诸多优势，使得 LED 光照技术在现代受控环境农业中得到了广泛的应用，推动了现代农业的快速发展。最早，该专著是译者在查阅 CELSS 方面的文献时了解到的。当拿到原著并进行拜读后，发现尽管国内已经有这方面的专著和译著，但这本专著比较新颖，反映了该领域的最新研究成果，并具有很多独到之处。因此，译者最后决定组织翻译。

本书共分为 14 章，详细阐述了 LED 的基本特性、作为植物辅助照明系统在现代农业经济和受控环境农业中的各种应用情况，以及 LED 在冠层内和冠层外调节植物形态发生的作用等，体现了 LED 技术在现代农业领域中应用的最新研究成果。在该书中，每个章节均由在植物 LED 照明技术领域做出突出贡献的专家学者撰写。

现在，很高兴该译著能够与我国读者见面。本书适合于从事现代农业研究的科研院所专业人员、大专院校师生和相关科研工作者参阅，可供从事基于 LED 光照系统的太空植物栽培技术的科研人员参考，也可供从事植物 LED 光照培养相关技术等的爱好者阅读。

本书由译者全面组织翻译工作。另外，合肥高新区太空科技研究中心的科技人员王鹏参加了翻译工作，同时熊姜玲和王振参加了校对工作。在此，对他们的辛勤付出表示衷心感谢。

本书得到了中国航天员科研训练中心人因工程全国重点实验室和国家出版基金的资助，得到了中国航天员科研训练中心领导和课题组同事的热情鼓励、帮助与支持，得到了家人的默默关心与支持！在此，一并表示衷心谢意！

由于译者水平有限，不准确甚至错误之处在所难免，敬请广大学者和同人不吝批评指正！

郭双生　唐永康

2023 年 10 月

序　言

我们正处于一场技术革命的开端，而这场技术革命将对我们所有人的生活产生巨大且长期的影响。世界上绝大多数的照明正在由传统的照明技术（白炽灯、荧光灯、金属卤素灯和高低压钠灯）向 LED 光照技术过渡。在美国，据预测到 2035 年，LED 光照技术将使总能源预算（包括所有主要能源消耗）降低 5%。这是一项巨大的能源节约，到 2035 年相当于每年节省价值 500 亿美元的能源，更不用说由此带来的相关二氧化碳减少的益处。

虽然这一转变的最初驱动力是能源效率的提高以及由此带来的能源节约，但 LED 光照技术的价值主张已远远超出了这一最初驱动力和重要益处。LED 光照技术比传统光源更高效，且使用寿命更长，还可全面改善照明性能。由于 LED 提高了效率，LED 安装有冷却器，减少了加热、通风和空调的“HVAC”系统的热负荷。其光源尺寸更小，可更好地控制光分布，至少可运行 50 000 h 或更多，可瞬间开启和关闭，且基本上是可调光。另外，LED 可对发射光的光谱功率密度进行设计和调节。在 2017 年年初，由于成本、外形因素或对工程的权衡，大多数产品并没有完全实现这些所有的改进，但消费者有着更多的期望，LED 光照技术的开发者也正在快速提高照明值，在他们的照明产品中做出折中的选择。

一般照明技术的进步也被应用于其他照明领域中，特别是 LED 光照技术在受控环境农业中的应用。LED 光照技术对作物生长环境进行了更为严格的控制，以提高生产力和对园艺产品的控制。LED 光照技术甚至可以使新作物在受控的环境下有效地生长，且对光谱功率分布、光强分布、形状因素和主动颜色调节达到新控制水平，可为特定作物定制光线，提高生产力，并控制植物生长的各个方面，如高度、茂密度、颜色或营养含量。随着这些新的控制水平被探索用于各种植物生长和发展，提升了光照值，使 LED 光照产品的成本持续下降。

利用 LED 光照的特点不仅可以用来提高生产力，而且新的控制还可以作为一个高度可配置的研究工具，用于完善关于植物对光的生理反应的知识。本书将植物对光的生物反应的最新研究与 LED 光照技术的发展相结合。植物对光的生理反应是多种多样的。现在我们可以控制它们所接收到光的颜色、强度、光分布以及这些因素随时间的变化。理解和利用 LED 光照技术对农业的影响需要长期的研究工作。本书提供了一系列在照明属性、植物和细胞生理反应，甚至经济的照明控制环境农业的研究结果。可配置的 LED 光照现在相对便宜，允许全球的研究人员进行有意义的实验，并为这个重要的主题增加知识。学术、商业和新手研究人员可以使用本书中描述的研究作为他们研究的起点。

本书包含 14 章，由引领 LED 光照技术在全球可控环境农业中出现的先行者贡献。本书从 LED 的基本特性、它们作为辅助照明系统的使用、在经济和控制环境农业的各种应用，以及它们在体内和体外调节植物形态发生的作用等方面依次展开论述。我相信，本书将激励植物学家和生物技术学家进入这一迷人的应用半导体照明技术，改善植物生长和发育的领域。

LED 光照技术在农业和园艺中的应用对我们的世界有着深远的影响。LED 光照技术是可控环境农业的关键和有利组成部分，它允许作物在一年中的任何时候在世界上的新地区生长。这将改变针对目标市场选择作物和生长地点的方式，植物生长所需的能源、水、化学物质和营养物质也因受控的环境农业而发生了巨大的变化。对全球粮食供应的长期影响可能是更本地化的生产、更高的自给自足能力、更有营养的产品全年可用，以及持续增加小规模粮食生产的机会。这些只是可能的影响之一。虽然了解光在植物形态发生中的作用，但 LED 光照技术控制环境农业的全面全球影响很难预测。因此，LED 光照技术调控植物的生长和发育无疑将在世界如何获得食物方面发挥更大的作用。理解本书提出的概念将是实现这一愿景的关键。

P. 摩根 · 帕蒂森博士（Dr. P. Morgan Pattison）
固态照明服务公司总裁兼创始人
（President and Founder of Solid State Lighting Services, Inc）
美国能源部固体照明研发项目高级技术顾问，美国华盛顿
（Senior Technical Advisor United States Department of Energy Solid State Lighting R&D Program Washington, USA）

前言

光在植物生长发育中起着重要的调节作用。光的质量、光强以及光周期对植物的形态建成起着至关重要的作用。植物光感受器作为控制植物体内代谢和发育变化的关键调控蛋白，其重要意义已被充分证明。复杂的、多重的光感受器系统对光作出反应，从而调控植物的形态发生变化、光合结构的功能和代谢反应的趋势。此外，光照条件引起的光氧化变化可能导致抗氧化防御系统作用的改变。因此，结合其他农业技术手段，创造轻度的光胁迫对于增加植物“化学物质”或“矿质养分”的栽培可能是有效的工具。

由于不可预测的气候变化而导致的作物歉收是一个全球关注的问题。虫害和病害等威胁进一步加剧了作物产量的不确定性。传统农业的地理气候限制及其对环境有害的化肥和农药的依赖推动了受控环境农业技术的进步。这些垂直农业的“植物工厂”现在正成为全球粮食安全体系不可或缺的一部分。然而，这种系统的可行性和可持续性很大程度上取决于电力需求。这主要来自驱动光合作用光反应电灯的大功率需求，其占植物工厂循环成本的40%，是控制环境农业盈利的主要瓶颈。

控制环境农业的光源一般是荧光灯、金属卤素灯、高压钠灯和白炽灯。其中，荧光灯一直是最受欢迎的。然而，这些照明系统的波长范围为350~750 nm，促进植物生长和发育的作用较低。当目标是维持作物高产时，它们发出光合光子通量低的光，且在植物照明系统中使用寿命有限。

随着新型半导体材料的出现和LED光照技术的不断发展，LED光照技术在植物生长发育等新领域的应用也在不断增加。作为传统照明系统的替代品，LED

被证明是一种人工智能光源，用于控制环境农业和离体植物形态发生的研究。研究发现，在体内和体外生长的植物的各种形态、解剖和生理特性均受 LED 光谱特性的调控。除了在植物生长发育中的调控作用外，LED 还会影响功能成分的增加，而这些功能成分有助于抗氧化属性的选择性控制。由于 LED 在特定的光谱区域发光，它们可以用来调节植物生长和发育所必需的光合活性和光形态建成辐射水平。该特性允许 LED 实现特定的光谱范围，涉及植物响应，也确保了每个光谱范围的独立控制以及光谱质量和光强度的精确操纵。LED 与植物光感受器匹配波长的灵活性可以提供最佳的产量，影响植物的形态和代谢。因此，这些固态光源非常适合用于植物照明设计、环境控制农业以及光形态建成的研究。

本书的目的是全面论述在可持续作物生产中使用 LED 的进展，并描述光形态建成的研究成果。本书向读者介绍了适用于植物生长和发展的 LED 的基本原理和设计特点，并说明了它们与传统照明系统相比的各种优势与成本分析。本书共 14 章，呈现了 LED 广泛的应用范围，涵盖了控制环境农业和离体植物形态建成相关的植物科学的不同领域。本书的范围已经扩大，包括涉及 LED 在处理调节细胞氧化还原平衡、营养质量和基因表达中的作用章节。这些章节由国际专家团队撰写，他们是先驱者，并在这些新兴的跨学科专业中取得了显著的成就。感谢他们分享他们的研究成果和给予的支持。非常感谢 P. Morgan Pattison 博士抽出宝贵的时间来撰写前言；感谢 Arjun Karmakar 先生和 Nirlipta Saha 女士在检查引用的参考资料方面的帮助。

正是我深爱的妻子 Rina Dutta Gupta 博士给了我无形的灵感和鼓励，促使我着手编写这本关于 LED 光照技术及其对植物生长发育影响的专著。在我奋斗的道路上，她一直守护着来自天堂般家的光芒，没有任何语言可以描述和认可这种激励着我的力量。

S. 杜塔·古普塔（S. Dutta Gupta）

印度卡哈拉格普尔（Kharagpur，India）

2017 年 1 月

作者简介

S. 杜塔·古普塔博士（Dr. S. Dutta Gupta）现任印度卡哈拉格普尔理工学院农业与食品工程系教授。他从事植物生物技术教学和研究 30 余年，是人工智能和成像技术应用于植物组培系统的先驱者，将植物组培工程带入了一个新的认知维度。他还在 LED 辅助的芽器官发生过程中氧化状态的修饰方面做出了重要贡献。其曾获得多个机构和政府的奖学金，如美国农业部（USDA）、洛克希德·马丁公司（Lockheed Martin）、印度人力资源发展部（MHRD）、印度国家科学院（INSA）、印度科学和工业研究理事会（CSIR）、印度科学和技术部（DST）、捷克科学院和日本科学促进协会（JSPS），发表了 100 多篇科学论文，编写了 4 本专著。

目 录

第1章 植物生长发育光照系统的时序进展、工作原理及比较评估

S. 杜塔·古普塔（S. Dutta Gupta）、
A. 阿加瓦尔（A. Agarwal）

1.1 引言

太阳辐射是维持地球上生命的主要能源。太阳辐射的光谱分布在300~1 000 nm的波段内。然而，只有50%的辐射能作为光合有效辐射（PAR）供植物利用，其波长范围为400~700 nm。植物叶片中的特殊感光细胞会捕捉光子，并通过光合作用将太阳的辐射能转化为化学能。这一过程利用了叶绿素a和叶绿素b（最重要的光合色素）在662 nm和642 nm处所吸收的光。植物还发展了复杂的机制，将不同波段的太阳辐射转导为特定的化学信号，以调节各种复杂的生长和发育过程。除光合作用的高能量依赖过程外，光形态建成、光周期和向光性也受环境光照条件的显著影响。光形态建成指的是光调控（light - mediated）植物的发育，也包括细胞、组织、器官的分化，并取决于730~735 nm范围内的远红光辐射。光周期现象是指植物对光周期的变化感知和响应，即昼夜的相对长度。植物向光源方向的生长运动称为向光性。波长在400~500 nm范围内的光触发向光过程。

自然光照条件的不可预测变化、冬季日照不足以及气候变化现象导致世界许多地区的作物产量不佳和歉收。为了缓解这种作物生产率低下的状况，人们提出了在温室内进行保护性耕作和使用人工照明的可控环境作物生产设施的概念。在

温室开放生产系统中，利用人工光源来增加日照不足，而在封闭生产系统中，作物或移栽生产则依靠电气照明作为唯一光源。在离体条件下维持的植物组织培养完全依靠人工光源照明。

关于人工照明下植物生长的最早报道是由 H. Mangon 和 E. Prilleux 等人在 19 世纪 60 年代发表的。然而，人工照明在农作物生产中的商业应用是在 20 世纪早期，更耐用和更持久的电灯发展之后才出现的。在目前的情况下，电灯作为一种稳定可靠的植物光照光源，已成为受控环境农业不可缺少的工具。一个多世纪以来，人工照明技术的进步使电灯设计达到目前的先进水平。

最早期的电灯是在 19 世纪上半叶被设计出来的。1809 年，Humphry Davy 爵士演示了“电弧灯”的模型，而“白炽灯”的第一个原型是 1840 年由 Warren de la Rue 展示的。人工电灯时代实际上是从 1879 年托马斯・爱迪生发明白炽灯开始的。该类电灯对于商业应用来说过于昂贵，而且使用寿命很短。19 世纪中后期，人们为白炽灯设计了各种碳灯丝模型。然而，以钨为基材的白炽灯直到 20 世纪上半叶才被开发出来。1857 年，Heinrich Geissler 利用电弧管中的各种惰性气体，首先制造出了气体放电灯，这是光电技术的下一个发展阶段。荧光灯是应用最广泛的气体放电灯，因其合理的能源效率和寿命在植物生长中得到了广泛的应用。随后，在放电管中引入金属，如汞和钠，使电流通过气化的金属，从而改善了照明。1901 年，P. C. Hewitt 生产出了第一个被广泛接受的水银蒸气灯。这一设计得到了其他许多人的进一步改进。1936 年，飞利浦公司推出了第一个现代高压气体放电灯。在接下来的十年间，人们开发出了发光效率更高、光谱输出更好的气体放电灯，如金属卤素灯和高压钠灯。在受控环境农业中，高压放电灯已成为作物生产的首选光源。高 PAR 辐射和相对较高的蓝色辐射百分比，长寿命和 25%~40% 的电效率，使这些灯成为完全替代或部分补充全年栽培日光的选择。然而，传统光源的能源利用率较低。此外，特定光合作用和光形态建成的光质不能在光照处理期间控制。传统光源的这些局限性加速了 LED 作为可控环境农业中潜在可行和有前途的人工光源的出现。LED 的实际应用起源于马可尼实验室的无线电工程师 Henry Josef Round 的实验。他观察到当电流通过碳化硅晶体时，碳化硅晶体会发出光。这是第一个固态照明的演示，产生的光是基于电致发光效应。尽管有了这一突破，但 LED 的技术进步一直相对缓慢，直到 20 世纪 60

年代末第一个商用 LED 发明，随着半导体技术的进步，LED 设计才逐步改进。新一代 LED 除了作为指示器和光电子器件的广泛应用外，也成为植物生长研究和栽培一个有前途的光源。

许多科学家使用当代白炽灯和电弧灯研究了电灯对植物生长和发育的影响。据 Siemens 在 1880 年报道，与自然生长的植物相比，碳弧光灯较阳光照射的植物表现出更好地生长。对钨丝白炽灯下的各种粮食作物的研究表明，可以在不依赖阳光的情况下种植作物，甚至可以在冬季使作物成熟并结籽。1926 年，Pfeiffer 报告说，人工照明的持续时间对各种植物的成分有显著的影响。多年来，各种各样的电灯，如白炽灯（IL）、荧光灯（FL）、高压汞蒸气灯（HPML）、高压钠蒸气灯（HPSL）和金属卤素灯（MHL）被用于实验植物生长应用和商业植物栽培。然而，LED 作为植物生长的光合辐射源的潜力在 20 世纪 90 年代初被首次探索。这些研究结果揭示了 LED 的一些优势特性，并阐明了某些与光源光质相关的植物形态响应。1993 年，Shuji Nakamura 研制出了第一款高亮度蓝色 LED。这一成果为 LED 在植物生长发育中的应用铺平了道路。本章的总体目标是向读者介绍用于植物生长发育的人工照明系统，以及它们的技术进步、工作原理和特性，包括光质、光效、功耗、产热和寿命。最后，对不同光源的各种性能参数进行了比较评估，以突出 LED 的优势特性及其作为受控环境下植物生长的光合辐射源的潜力。通过对人工照明系统的电学和光学特性的基本理解，具有植物科学背景的读者将能很好地理解本书其余部分讨论的 LED 的具体功能和应用。

1.2　传统灯具的发展历史和工作原理

传统的植物光照光源包括白炽灯、荧光灯、高压汞灯、高压钠灯和金属卤素灯。白炽灯在金属灯丝加热时发出光，这种现象称为白炽现象。荧光灯、高压汞灯、高压钠灯和金属卤素灯都是气体放电灯（GDL），因为它们通过电离气体放电产生光。白炽灯的辐射由热辐射组成，而 GDL 通过热辐射激发电子释放能量而发射光子。在 GDL 中，FL 是低压灯，而 HPML、HPSL 和 MHL 由于电弧管中的气体高压被称为高强度放电灯（HIDL）。本节将概述从初步模型到现代传统灯具的技术进步，并说明它们的工作原理。

1.2.1 白炽灯（IL）

白炽灯的工作原理是固体被加热后在可见光范围内开始发射电磁辐射的现象。Rue 于 1840 年提出的白炽灯最古老的设计是将铂金盘管封装在真空玻璃管中。由于铂金线圈的存在，这种设计并不具有成本效益。有人提出用木炭、炭化纸、炭化竹丝代替铂的实验设计。发明者面临的挑战包括灯丝的寿命短和灯丝燃烧引起的灯泡变黑。Woodward 和 Evans 在 1874 年发明了一种由 1 个充满氮气的玻璃灯泡和 1 个连接两个电极的碳棒组成的灯。尽管在设计上有所改进，但它并没有被商业化。1879 年，Edison 购买了这项设计的专利，并利用该模型开发了一种不仅性能更好，而且更方便使用的白炽灯。1880 年，他获得了这种灯泡的专利，并将其商业化。然而，直到 1904 年，Hanaman 和 Just 才开发出第一盏钨丝白炽灯，并在随后的几年内被通用电气（General Electric，简称 GE）进一步改进。钨丝灯丝的进一步改进涉及改进后的灯丝的生产和使用惰性气体，而不是排空灯泡。

现代的 IL 是由 1 个密封玻璃灯泡和 1 个钨丝连接到引入线（图 1.1）。为了防止灯丝钨的燃烧，灯泡基本上是通过排空或填充惰性气体来使灯泡中没有氧气。该灯丝由高熔点、低热膨胀系数的金属制成。自 20 世纪初以来，钨丝实际上一直是唯一一种用于生产离子液体灯丝的金属。连接灯丝两端的两根引入线与

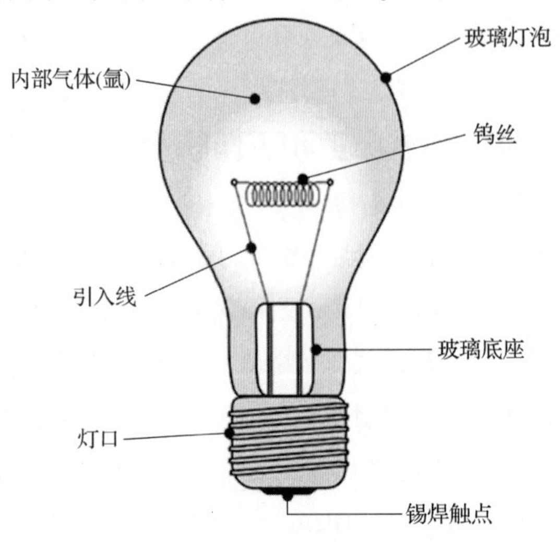

图 1.1 白炽灯结构

外部电路相连，当电流从一根引线流入，穿过灯丝，然后从第二根引线流出时，灯就会工作。由于灯丝的电阻率比引入线高，它阻碍了电子的流动。运动电子与灯丝内电子的非弹性碰撞导致运动电子的动能转化为原子的振动能。这导致灯丝逐渐升温，并开始以电磁辐射的形式耗散能量。当灯丝的温度上升到将近 2800 K 时，它在整个可见光范围内发出辐射，辐射强度从 400 nm 增至 700 nm。相当一部分能量也被耗散为远红光发射，可达总 PAR 的 60%。

IL 的早期试验显示了其在冬季室内栽培中的应用潜力，因为它们不仅产生广谱辐射，还为植物提供温暖。然而，这种操作在经济上是不可行的，因为高电力投入换来的是低光能输出。热损失和低电力效率超过了植物生长和产量增加。各种现代 IL 的能量转换效率在 1%~5%，发光效率不超过 20 lm/W。高效节能、持久耐用的 GDL 逐渐取代了 IL，成为室内栽培的光源。此外，由于耗电量大、光效低，许多国家都禁止生产、进口和销售 IL 照明产品。

1.2.2　气体放电灯（GDL）

Humphry Davy 在 1809 年演示的碳弧光灯是所有现代 GDL 的前身。弧光灯的工作原理是通过中间的气体介质在两个电极之间维持电弧或电流流动。Davy 的弧光灯涉及空气的电击穿或空气分子的电离，保持两个碳电极之间的放电，导致电子的热离子激发，从而产生微弱的光发射。闪电是一种常见的自然现象，它是空气中分子分解形成电弧的一个例子。1857 年，Heinrich Geissler 展示了世界上第一个低压汞蒸气放电灯。汞蒸气放电灯产生强烈的绿蓝色辉光，但使用寿命短。Peter Cooper Hewitt 在对 Geissler 的设计做了一定改进后，于 1901 年获得了汞灯的专利。然而，由于它所发出的特有光色，这种灯的应用受到了限制。在此期间，Edison 和 Tesla 等科学家都曾试图改善气体放电灯，但收效甚微。1906 年，Küch 和 Retschinsky 发明了一种石英电弧管高压水银蒸气灯。1934 年，康普顿在水银灯的玻璃弧管内部成功地应用了荧光涂料，卤磷酸盐磷光涂料的应用导致低压汞蒸气灯发出白光。飞利浦在 1936 年推出了第一个高压汞蒸气灯，而通用电气在 1938 年第一个商业化生产荧光灯。实验表明，气化金属在高压下比在低压下有更好的发射光谱。然而，当时还没有能够承受如此高的压力和高温而不与气化金属发生反应的玻璃电弧管。1955 年，R. L. Coble 发明了一种氧化铝陶瓷，可用于制造高压钠灯的电弧管。1962 年，Robert Reiling 发明了金属卤素灯，他将金属卤素引入了高压汞灯中，产生了比汞蒸气灯更好的发射光谱。由 Homonnay、Louden 和 Schmidt 开发的能够发出明亮白光的高压钠灯，于 1964 年投入商用。

1.2.2.1 荧光灯（FL）

如前所述，FL 是一种低压汞蒸气放电灯，由于荧光粉涂层的荧光而产生可见光。FL 可以根据其形状和大小分为两类，即管状和紧凑型（图 1.2）。虽然这两种设计的光效有很大的不同，但两种 FL 的工作原理本质上是相同的。它们都是在低压环境中向一个密封的中空玻璃管充满汞和氩气的混合物（图 1.3（a））。电弧管中的惰性气体促进气态金属（汞）原子的电离。管的两端有电极组成的钨丝突出在蒸气混合物中。当电流通过时，灯丝被加热并开始发射电子。由于 FL 工作在交流电中，两个电极每半个周期交替发射电子。由于施加的电压，电子通过汞蒸气混合物向相反的电极加速。电子与汞原子的价电子碰撞，产生电子撞击电离，导致更多的自由电子释放到蒸气混合物中，这种情况也称为击穿。在这个阶段，蒸气开始自由地导电。移动的电子引起了汞原子外层轨道上其他电子的激发。激发态的电子回落到基态，并在此过程中发出紫外线范围内的辐射（图 1.3（b））。这些高能紫外线光子被荧光或开始发出较低能量光子的荧光粉涂层所吸收，即在可见范围内。由于荧光粉的发射光谱完全依赖于荧光粉的涂层，因而各种荧光粉已被用于研制白色和彩色荧光粉。

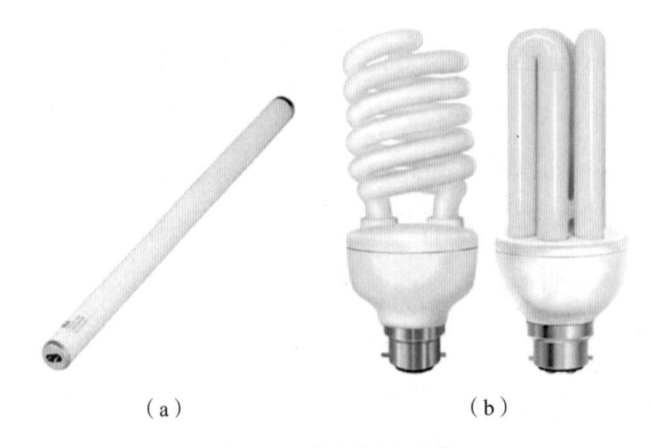

（a） （b）

图 1.2 荧光灯的分类

（a）管状；（b）紧凑型

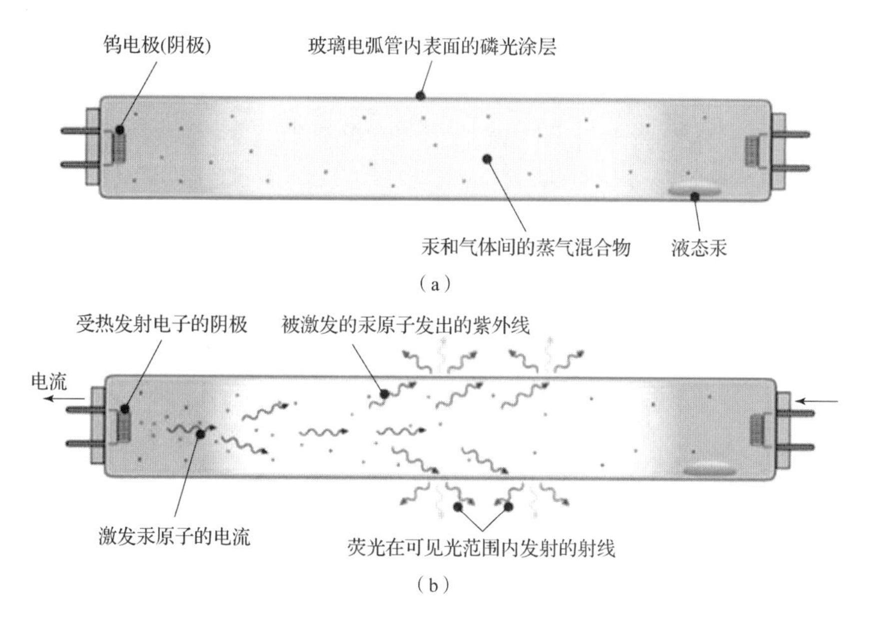

图 1.3　荧光灯的组成部件和功能

(a) 组成部件；(b) 功能

FL 中的能量损失发生在提供高压脉冲以启动放电的镇流器中。然而，在将紫外线转化为可见光的过程中损失了大量的能量，每个光子几乎有一半的能量以热的形式损失了。荧光灯（FL）自首次商用以来，已进行了大量的改进，以提高发光效率和降低生产成本。然而，FL 的整体能量转换效率仍然低于 30%。FL 已经成为小型和大规模工厂照明的一个流行光源，因为白光输出恰好模仿日光。大约 90% 的光子发射在 PAR 区域。然而，FL 的光谱输出不能被调节，并且在运行过程中灯的表面变得相当热。

1.2.2.2　高强度放电灯（HIDL）

HIDL，也被称为高压放电灯，在非常高的压力和温度下工作。和 FL 一样，HIDL 也利用气体放电原理工作，需要镇流器来产生冲击电压和维持电弧。然而，高工作压力和高工作温度对提高光谱输出和提高发光效率起着重要作用。这是因为在高压下，气化金属（vaporized metal）的导电性更好，这导致了更高数量的电子激发和更多的热离子发射。根据使用汞、钠和金属卤素的“充气”或蒸气的不同，HIDL 大致分为 3 种类型（图 1.4）。值得注意的是，所有的 HIDL 在填充气体中基本上都含有汞和其他蒸气。

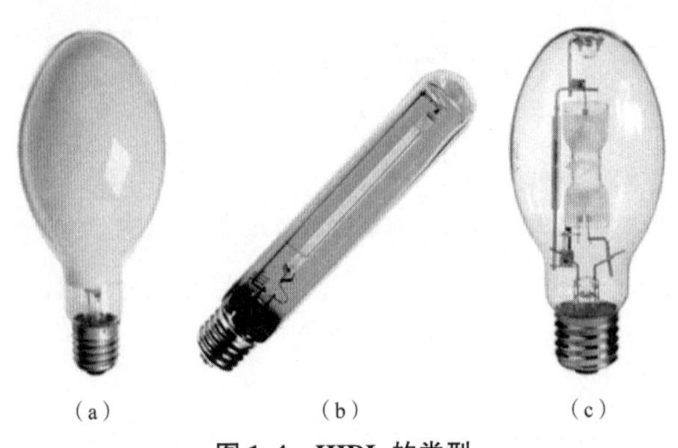

（a）　（b）　（c）

图 1.4　HIDL 的类型

（a）高压汞灯；（b）高压钠灯；（c）金属卤素灯

与 FL 一样，HPML 包含汞和氩蒸气的混合物，但压力几乎是 FL 的 20 万倍。蒸气保持在石英电弧管中，以承受高压和高工作温度。高压汞灯的结构如图 1.5 所示。电弧管被封装在一个由充满氮气的硼硅酸盐玻璃制成的外壳中。汞原子的电离是由钨电极的电子发射引起的。然而，由于高压原因，电子冲击汞原子的频率变得非常高，这导致产生大量的热量。结果，汞电子被电离到更高的激发态，导致在可见光范围内某些波长的辐射与紫外线辐射一起发射。外壳上的磷光涂层将紫外线辐射转换成不同的可见光波长，产生白光。

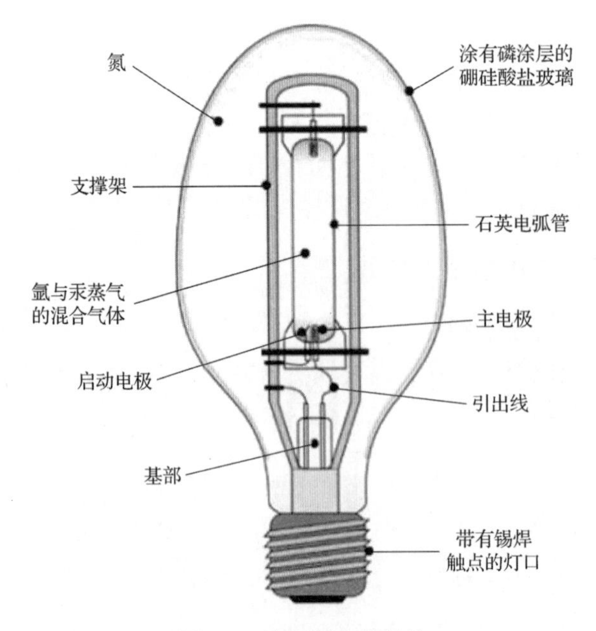

图 1.5　高压汞灯的结构

尽管在高压放电条件下，HPML 的发光效率约为 60 lm/W。高流明输出使 HPML 适用于各种应用，如工厂和仓库的顶棚照明以及街道照明。

由于电弧管中存在钠蒸气和汞，因此 HPSL 比汞蒸气灯有更大的可见光谱覆盖范围。此外，管增压用的是氙而不是氩气。蒸气保持在陶瓷或多晶氧化铝管内，可以承受钠蒸气在高温和高压下的腐蚀性。汞和钠原子的激发是由来自钨电极的电子轰击而产生的。电子碰撞电离与热电离相结合，导致电子跃迁到各种高能态，而当电子回落到基态时，发出的电磁辐射在可见光谱中的范围很广。高压钠灯的结构如图 1.6 所示。

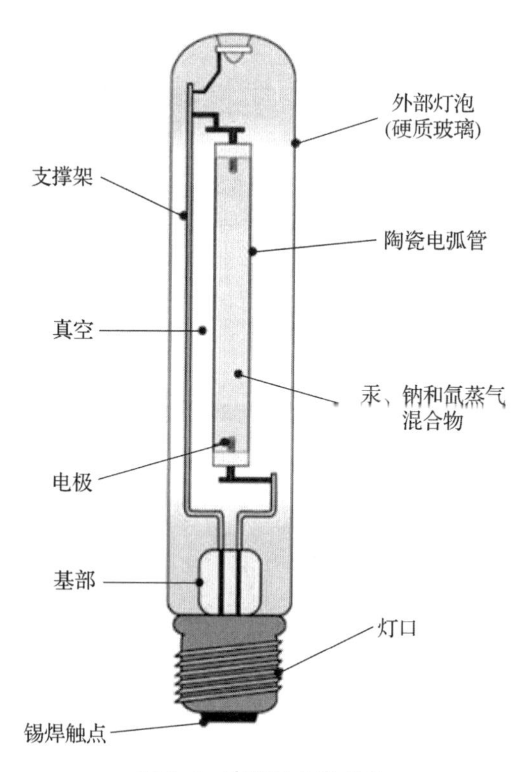

图 1.6　高压钠灯的结构

HPSL 的高光效（80～125 lm/W）和宽发射光谱使其成为公共空间和工业建筑电气照明的热门光源。在 560～610 nm 范围内的高发射峰使产生的光呈现明显的黄色，这限制了它的应用。此外，叶绿素 a、b 和 β－胡萝卜素的光质与吸收峰的关系不平衡，不利于促进光合作用和光形态建成。与其他传统光源相比，HPSL 具有 30%～40% 的高电效率，是植物生长中使用的最节能的光源。

金属卤素灯是高压汞蒸气放电灯的改良版。金属卤素与汞蒸气和惰性气体在一定程度上优化了辐射的光质。金属（如钠、钪、铟、铊和镝）被用于 MHL，因为它们的特征发射光谱在可见光范围内。一般来说，选择这些金属中的碘化物，有时是溴化物，是因为它们比纯金属本身更容易气化和电离。像其他的高压电激光器一样，金属卤素灯在电弧管中保持增压气体，电子激发和光发射遵循相同的运行机制。金属卤素灯的结构如图 1.7 所示。其外壳是由紫外线过滤石英玻璃制成的，以阻挡汞的紫外线辐射。由于灯发出的光是存在于蒸气混合物中的单个金属辐射的混合物，因此改变金属卤素的组合可以产生具有各种发射光谱的 MHL。MHL 具有均匀分布的光谱输出，产生白光，光效高达 100 ~ 120 lm/W。MHL 可用于植物生长应用，因为它具有较高的 PAR、相对较高的蓝色辐射百分比和约 25% 的能源效率。

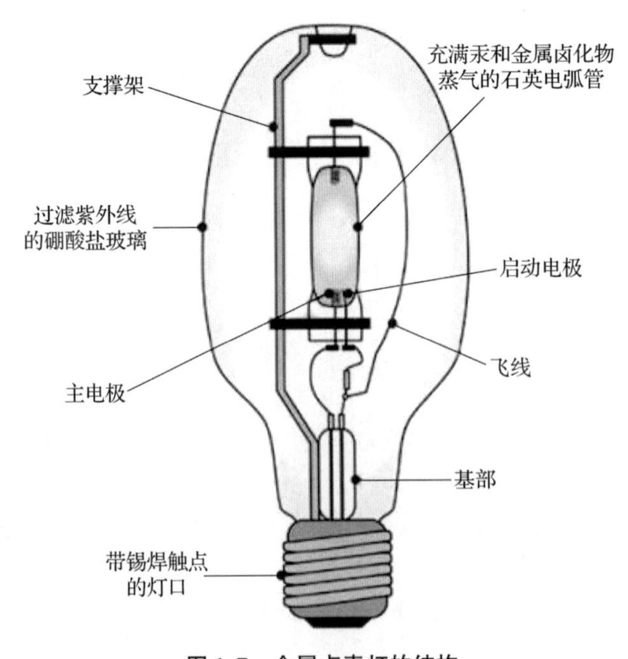

图 1.7　金属卤素灯的结构

1.3　LED

LED 被称为固态光源，因为它发射的光来自半导体二极管芯片。虽然 IL 的光发射也来自固体（灯丝），但电磁辐射的原因与 LED 有很大的不同。IL 发出辐射是由于加热的灯丝，而 LED 发出辐射源于电子从高到低能量轨道的过渡。GDL 由于电子释放多余的能量发出辐射，但能量的来源是由于电弧热离子激发。在 LED 中，电子不是被推动到更高的激发态，而是简单地被从一个高能量轨道到一个低能量轨道的电位差所驱动。本节将简要介绍 LED 发展的主要里程碑，并讨论植物科学家所关注的 LED 工作的基本原理。

1.3.1　LED 技术的发展

LED 是一种固态半导体器件，它遵循电致发光的原理，通过电流发光。图 1.8 为应用于 LED 制造的半导体材料发展史。电致发光是电子在电场或磁场的驱动下进入低能量轨道并以电磁辐射的形式释放多余能量时发出的光。这一现象是由 1907 年 H. J. Round 研究碳化硅（SiC）时首次发现的。1927 年，Oleg Losev 提出了该现象背后的理论，并概述了该技术的各种实际应用。后来，在 1955 年，R. Braunstein 报道了各种半导体合金的红外辐射发射。美国德州仪器公司的 James Biard 和 Gary Pittman（1961）在研究太阳能电池时，偶然发现了砷化镓（GaAs）半导体在电流通过时发出的红外辐射。1962 年，他们申请了半导体辐射二极管的专利，这是世界上第一个 LED。同年，Nick Holonyak Jr. 利用磷砷化镓（GaAsP）二极管设计出了世界上第一个能发出可见光（红色）的 LED。十年后，Holonyak 的学生 M. G. Craford 设计了基于 GaAsP 的黄色 LED 以及高亮度的红色和红橙色 LED。然而，那时生产的 LED 过于昂贵，而且在一定程度上只能用作指示器。1970 年，Jean Hoerni 和 Thomas Brandt 改进了半导体制造和封装技术，导致 LED 制造成本大幅降低。最初，发光半导体技术的发展与红色和红外辐射有关，但缺乏可行的蓝色 LED 阻碍了该技术在植物生长中的应用。1972 年，H. P. Maruska 设计了第一个基于氮化镓（GaN）的蓝色 LED。然而，Maruska 的 LED 亮度低，应用范围有限。1994 年，中村修二（Shuji Nakamura）提出了一种采用氮化铟镓（InGaN）二极管的高亮度蓝色 LED 的设计。新开发的 LED 的峰值发射波长为 450 nm，适合用于植物生长发育的研究。该波长与植物类胡萝卜素光感受器的最大吸收峰相匹配。2014 年，诺贝尔物理学奖授予赤崎勇（Isamu Akasaki）、天野浩（Hiroshi Amano）和中村修二（Shuji Nakamura）。多年来，二极管制造技术的不断进步，使成本进一步降低，发光效率（lm/W）和光子效率（mol/J）显著提高。从 Holonyak 的 GaGsP 模型开始，制造红、绿、蓝、白 4 种 LED 时，使用了多种半导体材料。相比之前，新 LED 的半导体合金的选择是由增加发射波长范围和发光效率的需求所决定。图 1.8 显示了半导体材料系统的历史发展与 LED 发光效能的改善有关。通过提高 LED 内部的辐射复合效率（电子空穴配对导致光子发射），可以进一步提高发光输出和功率效率。这是通过异质结构和量子阱的带隙工程实现的。外延晶体生长技术的进步使定制异质结构和量子阱在 LED 芯片中得以形成。该技术导致了高效率高亮度 LED 的发展，这种 LED 具有足够的发光输出和所需的波长，以维持最佳的植物生长。这种 LED 由元素周期表中Ⅲ－Ⅴ族元素的二元直接带隙合金制成，即铝砷化镓（AlGaAs）、铝铟磷化镓（AlInGaP）和铝铟氮化镓（AlInGaN）。高亮度 LED 的光谱输出与光合作用和光形态建成的作用光谱相匹配，为基于 LED 的植物光照系统提供了平台。

在不久的将来，LED 灯具可以成为植物在受控环境农业中维持生长和调节植物组织培养中形态响应的智能解决方案。

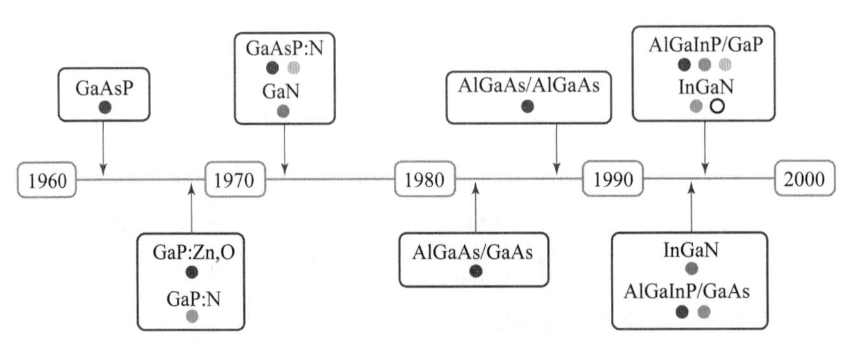

图 1.8　应用于 LED 制造的半导体材料发展史

1.3.2　LED 的结构和工作原理

LED 包括封装在环氧树脂或塑料透镜内的半导体芯片，以及用于引导电流的连接线。双列直插封装（DIP）LED（图 1.9（a））是最常用的 LED 设计。新开发的大功率 LED（图 1.9（b））由于比 DIP LED 电流更大，产生更高的亮度。传统 DIP 和现代大功率 LED 的组件如图 1.10 所示。该芯片是一个小的（约

1 mm^2大小）半导体晶圆，它浸渍了特定的杂质或掺杂剂。掺杂剂有两种类型：N型，即具有大量价电子的元素；P型，即具有大量价电子壳层空槽或空穴的元素。P型和N型掺杂半导体晶体熔接在一起形成“P－N异质结”。当电流从二极管的P端移动到N端，电子从N端移动到P端，这些电子落入P型掺杂剂轨道上的空穴，导致“电子－空穴配对”。

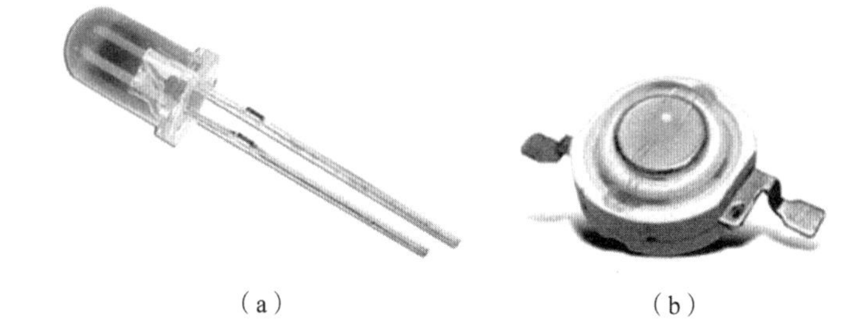

（a）　（b）

图1.9　双列直插封装和大功率LED

（a）双列直插封装；（b）大功率

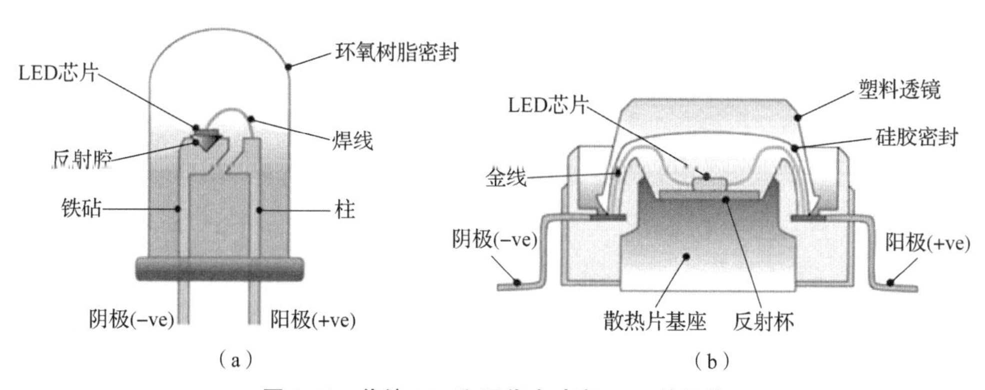

（a）　（b）

图1.10　传统DIP和现代大功率LED的组件

（a）传统DIP；（b）现代大功率LED

由于新获得轨道的能量低于电子所拥有的能量，因而多余的能量被释放为具有特定波长或颜色的电磁辐射。这个波长对应于P和N掺杂的价电子壳层能量的差异（图1.11）。该现象可以用数学形式表示为$\Delta E=(hc)/\lambda$（其中，ΔE为电子的能量变化，h为普朗克常数，c为光速，λ为光的波长）。由于其掺杂的成分，使LED只能发射固定波长的光。

几十年来，在植物体内和体外形态建成中，单独或组合应用红色和蓝色单色LED已被报道。然而，这种LED光照存在波段与光合作用光谱不匹配以及复杂

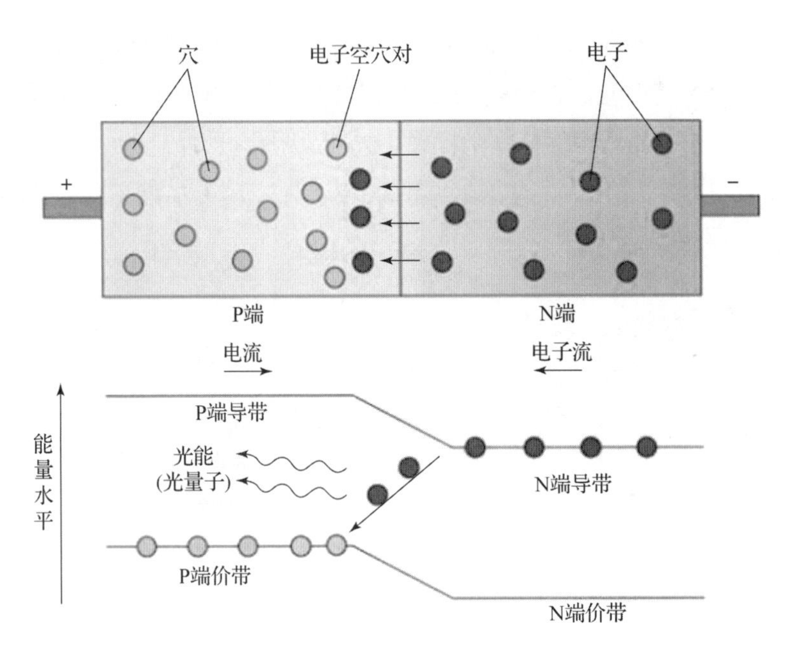

图 1.11 LED 工作原理

电路的高制造成本等问题。白色 LED 的应用消除了这种事件的可能性，因为它们有一个广泛的光谱输出。此外，由于红色和蓝色 LED 的电压要求存在显著差异，因此仅使用白色 LED 构建电路比制作红蓝混合 LED 面板相对简单。白色 LED 可以通过在同一结构中使用红色、绿色和蓝色 LED 单元的组合来制作（图 1.12（a））。根据使用的单色 LED 的组合，这种 LED 被称为三色或四色 LED。由红色、绿色和蓝色 LED 簇组成的白色 LED 具有可调的光谱输出，由驱动电流通过单独的红色、绿色和蓝色 LED 单元控制。磷涂层的蓝色和 UV LED 是白光的

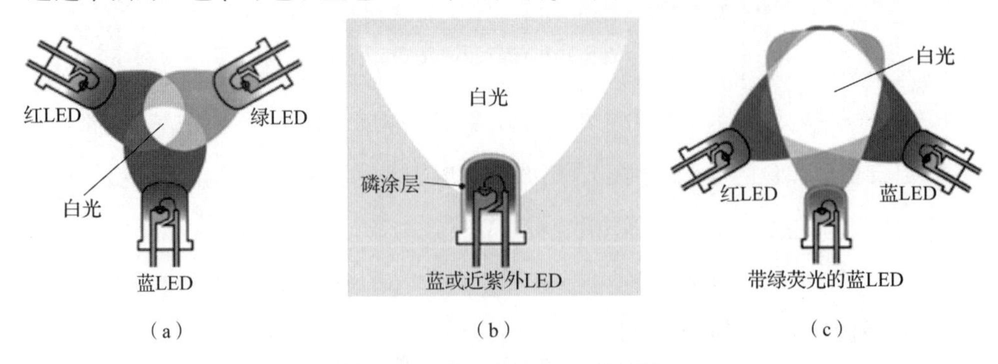

图 1.12 产生白色 LED 的类型

(a) 红、绿、蓝颜色混合；(b) UV 和蓝色 LED 中的磷涂层；(c) 磷光体和颜色混合的混合物

首选光源，因为它们普遍可用且成本低廉（图 11.2（b））。然而，由于低的能量转换效率，最初的磷涂层 LED 模型在荧光粉处遭受了显著的能量损失。目前正在采用混合模型开发高效白光 LED，其中包括彩色荧光粉和单色 LED（图 1.12（c））。用多色发光荧光粉封装的芯片和器件内部总反射的降低可以提高发光效率。最近，Chen 等人提出了在植物生长中应用铕（Eu^{+}）掺杂氟磷酸盐制造白光 LED 的潜力。

1.4　不同人工照明系统的比较评估

虽然用于园艺照明的各种传统电灯有能力提高植物的定性和定量产量，但它们都有一定的局限性。节能是利用传统灯的可控环境农业的主要问题之一，特别是在北纬地区。新一代 LED 灯具作为一种具有潜在可行性和应用前景的植物光照系统，在环境控制农业中得到了广泛的应用。固态照明的出现不仅提供了高效节能的室内农业，而且也为研究植物对特定波长和/或辐射量的响应开辟了新的前沿。详细比较 LED 和用于植物光照的传统灯的属性，对于全面评估室内栽培设备和植物研究实验室中使用 LED 的好处是至关重要的。为了评估每个照明系统的性能，下文将讨论灯具的特性，如光质、发光效率、功率要求、寿命、热辐射、稳定性和易处理性。

1.4.1　光质

适宜的光环境对植物的生长至关重要。入射光谱和光子通量密度（PFD）是控制植物生长对光照条件响应的两个主要因素。植物本质上是利用红外，红色和蓝色部分的入射光谱进行光合作用和调节的发展和适应过程。图 1.13 显示了叶绿素进行光合作用以及光敏色素、隐花色素和向光素进行光形态建成所利用的光波段。叶绿素吸收光子并利用能量进行光合作用。叶绿素的主要吸收峰位于红色区域（625～675 nm）和蓝色区域（425～475 nm）。类胡萝卜素是叶绿素的辅助光感受器，主要吸收蓝色区域的光。光形态建成反应包括萌发、向光性、叶片展开、开花、气孔发育、叶绿体迁移和避荫等，是由 3 种光感受器调控的，即光敏色素、隐花色素和向光素。Pr 和 Pfr 在红色 660 nm 和远红色 730 nm 的互转换形式构成光敏色素感光系统。光敏色素介导的光形态建成反应受到 R/FR 比值感知的重要调控。吸收蓝光的色素包括隐花色素（CRY1，CRY2）和向光素（phot1，phot2）。隐花色素系统控制着萌发、叶片扩张、茎伸长和气孔开放等形态响应的几个方面。它还调节开花植物的昼夜节律。促光蛋白参与色素含量的调节和光合细胞器的定位，以优化光的收获和防止光抑制。

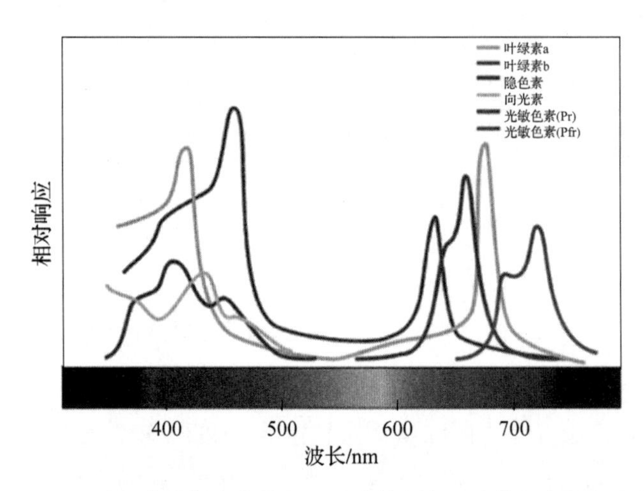

图 1.13　叶绿素进行光合作用以及光敏色素、隐花色素和向光素进行光形态建成所利用的光波段

日光（到达地球表面的太阳辐射）包括可见光谱的所有区域，以及红外和紫外线区域的辐射。太阳辐射强度在蓝黄色（460 ~ 580 nm）范围内相对较高。像日光一样，所有传统的电灯，即低光谱线、荧光灯和高光谱线，都是广谱光源。图 1.14 为各种光源的光谱输出。IL 具有连续的发射光谱，在红外和红色范围内具有较高的光子比例，PFD 逐渐减少趋向蓝色。由于荧光粉涂层的存在，白色 FL 也具有连续的可见光谱，峰值在 400 ~ 450 nm（紫色 – 蓝色）、540 ~ 560 nm（绿色 – 黄色）和 620 ~ 630 nm（橘红色）附近，从而实现了平衡的白色渲染。采用荧光粉涂层的 HPML 也具有类似的发射光谱，但比 FL 具有更尖锐的峰。HPS 灯的光谱发射在 560 ~ 610nm（黄橙色）区域出现峰值，该区域主要是黄色光输出。MHL 发射出连续的可见光谱，几个峰均匀分布在整个光谱中。FL、HPML 和 MLs 能够发出明亮的白光，因此也被称为“日光灯”。

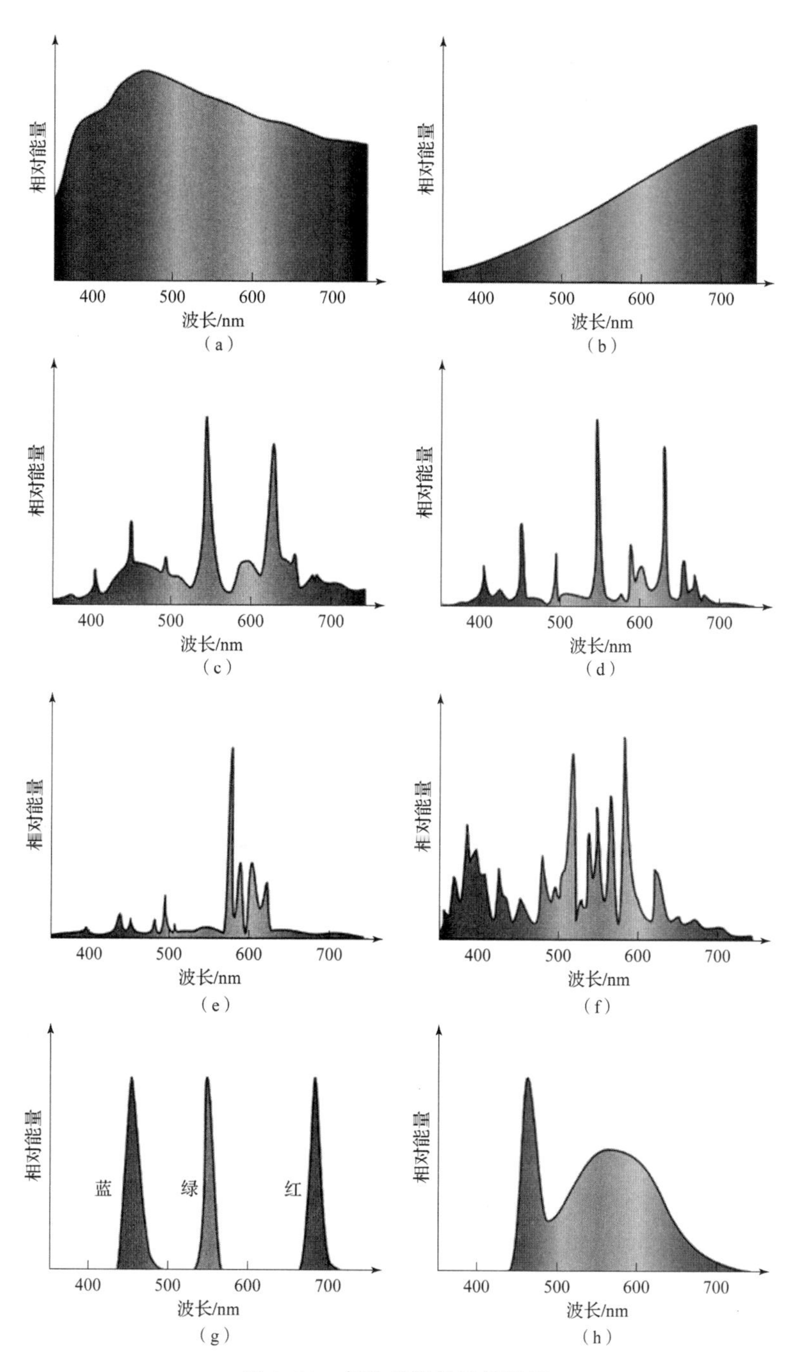

图 1.14　各种光源的光谱输出

(a) 太阳光；(b) 白炽灯；(c) 荧光灯；(d) 高压汞灯；(e) 高压钠灯；(f) 金属卤素灯；(g) 单色 LED；(h) 白光 LED（带荧光的蓝 LED）

LED 本质上是单色光源，具有特定的发射波长。这是由 LED 芯片的组成元素决定的。由于可见光范围内的所有波长的 LED 都是可用的，因此只要简单地嵌入特定波长的 LED，就可以从基于 LED 的灯具获得各种各样的光谱。所有传统的人工光源在可见光谱区域都有大量的排放，而植物根本不需要这些排放。由于电灯是以电能为代价来产生光的，因此传送不被工厂利用的光的波长变得不切实际，而且是一件昂贵的事情。有了 LED，就有可能产生与已知的重要光感受器的吸收峰密切匹配的人工光的峰值波长发射。此外，IL 和 GDL 的设计不允许调节工作光强度。LED 灯的发射强度可以很容易地通过改变电流来调节。因此，有可能构建具有特定峰值发射的 LED 面板，以供植物利用，且具有强度控制，以调整最佳的 PFD。通过这种方式，定制的 LED 灯具可以实现对辐射强度和光谱的全方位控制。

1.4.2 发光效率及功率要求

有效地将电能转化为光能是选择室内植物栽培光源的一个重要因素。其原因是，如果为作物提供适当的照明条件所需的电力消耗非常高，那么从经济上来说，这一程序对于作物生产系统的全面管理可能是不可行的。人工光源的光效是指灯每消耗 1 瓦特电能产生的光通量（lm/W）。必须指出的是，光效只考虑可见光范围内的光谱输出。因此，在红外和紫外线区域发射大量辐射的灯具，与其他灯具相比往往具有较低的发光效率。灯的功率要求是指运行灯所需要的瓦数。功率要求越低，运行电灯就越便宜、越容易。

在所有的人工光源中，HPS 和 MH 灯的发光效率最高（表 1.1）。然而，如果我们考虑植物利用的流明，这个值会显著降低，因为只有蓝色和红色区域的光才能被植物利用。因此，对于植物的生长来说，即使是最节能灯的有用的发光输出量也可能被认为是相当低的。虽然传统光源的光效比最初发展时有了显著改善，但在 80 ~ 125 lm/W 范围内达到了稳定值（图 1.15）。发光效率为 80 ~ 150 lm/W 的 LED 已经在市场上有售。单色 LED 的组合也可以用来产生特定的光谱。这些光谱可以被植物完全利用，从而使有用的发光输出等价于总发光输出。此外，由于 LED 光照技术的快速发展，预计在未来几年内，大于 200 lm/W 的 LED 灯将被开发出来（图 1.15）。典型 LED 所需的功率是大多数传统灯具的 1%~9%，从而使 LED 灯具具有很高的成本效益（表 1.1）。由于 LED 耗电量少，因此这项技术的应用将减少用于发电的化石燃料储备的压力。

表 1.1　用于植物光照的各种电器灯具特点

灯具类型	光谱输出	发光效率/(lm·W^{-1})	能源需求/W	使用寿命/h
白炽灯	广谱	20	15～1 000	1 000
荧光灯	广谱	100～120	5～125	1 000～30 000
HPM	广谱	60	100～250	10 000～20 000
HPS	广谱	80～125	35～1 000	10 000～30 000
金属卤素灯	广谱	100～120	35～400	10 000～20 000
LED	特定波长	80～150	0.1～5	>50 000

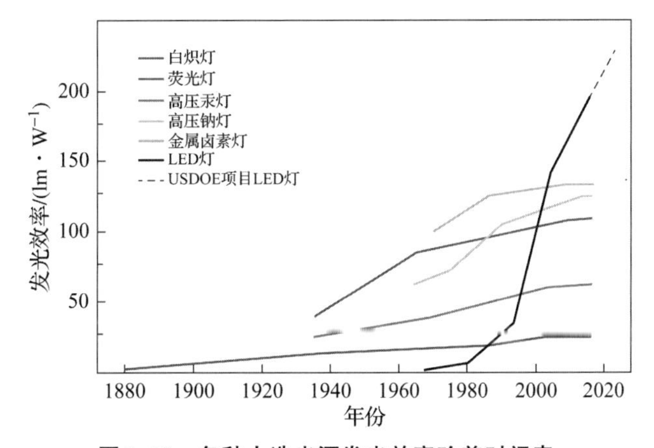

图 1.15　各种人造光源发光效率改善时间表

1.4.3　加热灯具

传统灯具的散热对室内植物培养和离体繁殖都是不利的。在离体培养过程中，大量产生热量的人工光源会使环境温度升高，从而影响作物的品质和形态建成过程。此外，这增加了用于维持温度的冷却系统的负载，导致电力消耗的增加。这些光源需要与作物或栽培物保持安全距离，因为直接暴露在高温下可能是致命的。在分层种植作物的垂直种植模式中，使用表面温度较低的光源可以使作物放置在离光源更近的地方，从而为构建更多的分层提供更多的空间，并获得更高的产量。这一概念也适用于体外培养。在任何形式的能量转换过程中，热量对周围环境的耗散都被认为是系统能量的损失。由于工作温度较低的光源以热量的形式向周围环境损失的能量较少，因此它们能够更有效地将电能转化为光能。

所有的传统灯具都需要将加热传导介质作为操作的重要步骤。在 IL 和 GDL 中发生的电子非弹性碰撞释放出大量的热能，而 LED 却不具备这种条件。和其他导电器件一样，LED 也会因其 P-N 连接点的固有电阻而产生热量。然而，与传统灯具相比，LED 产生的热量微不足道。此外，在现代大功率 LED 设计中引入散热片，使 LED 即使在传导较大电流的情况下也能在较低温度下继续工作。LED 表面温度较低，对植物生长更安全，因为与 IL 和 GDL 相比，LED 实际上不散发任何热量。

1.4.4 寿命、调光、方向性、可用性和安全性

灯具的寿命会影响整体的运营成本，因为在商业规模上，频繁更换大量灯具需要定期投入巨额资金。由于极高的工作温度，传统灯具会逐渐从内部磨损。由于工作温度低，LED 元件不易磨损，寿命延长了数千小时（表 1.1）。

随着 IL 和 GDL 照明元件的老化，灯内表面的沉淀会使灯变暗。因此，尽管灯的功能是最佳的，但它产生的亮度会降低。LED 是固态光源，不含任何蒸气或气体，也不涉及元素蒸发，因此消除了因沉淀而变暗的机会。

所有传统的人工光源，通过它们的设计，向各个方向发射光。在灯具中使用反光涂层可以减少灯具内部光线的损耗。然而，在所需方向上获得的光通量或总有用光明显低于灯产生的总光。一种具有定向发光的人工光源可用于提供更大的光通量给植物，同时显著降低固定装置的损耗。LED 包含一个位于环氧树脂覆盖物内的反射腔，且该反射腔将所有光子集中在一个方向上。此外，LED 的半各向同性空间模式使其成为定向发射器。具有小视角的 LED 和准直透镜等次级光学器件的使用，可以通过将光线导向植物冠层来提高发光效率。

小尺寸和坚固耐用的灯具也增加了它们的可用性。小型照明单元占地面积小，为种植作物提供了更多的空间，尤其是在垂直农场中。此外，灯具由耐用材料制成，易于操作，因此更方便使用。从处理的角度来看，不含汞等有害物质的人造光源是比较安全的。IL 和 GDL 是由不同类型的玻璃填充各种气体组成的。使用者在处理这类灯具时必须小心。GDL 中含有汞，而汞在释放到环境中时具有高毒性，这使废弃 GDL 的处置成为一个令人关注的问题。HIDL 在操作过程中压

力会变高。因此，在任何制造缺陷的情况下，它们都是相当不安全的。这种灯具通常很大，在空间上不具经济性。相反，LED 是小型的固态灯，封装在环氧树脂或塑料镜片内，因此，LED 更坚固、更容易操作，而且只占用很小一部分用于种植植物的空间。从植物生长发育的角度来看，LED 相对于传统灯具的优势如下：

①为植物生长发育选择适宜峰值；

②通用性控制的通量发射和光谱；

③高发光效率；

④体积小，定向发光；

⑤长使用寿命；

⑥发热少；

⑦不因使用时间的增加而变暗；

⑧在空间和功率（瓦数）要求方面是经济的；

⑨塑料机身，更加坚固耐用，易于操作；

⑩易于处理，无任何环境危害。

1.5　结论

人工照明作为植物生长的补充光源和唯一光源的应用已经实践了近一个世纪。照明技术的进步使得在可控环境农业和体外移植生产中大规模使用电灯成为可能。传统上，灯丝和气体灯，即集成电路、FL 和不同的 HID 灯，已被用于温室和受控环境的植物生产单元。这些灯的高功率需求和相对较短的寿命使得这些作物生产系统非常不经济。此外，在处理和处置方面缺乏智能控制和风险，降低了 IL 和 GDL 对大规模室内农业的有效性。高效节能高亮度 LED 的开发已经成为照明技术的一个重大突破，极大地改变了商业和研究活动中的植物光照场景。LED 是一种半导体光源，它比当代所有其他的电灯都能更精确地传递光子。LED 由于具有上述几个优点，因此已被认为是促进光合作用、调节光形态建成和提高叶菜营养品质的一种新型人工光源。随着时间的推移，LED 技术的进步，包括封装、电流下降、磷光涂料、光分布的智能控制、强度和光质，以及价格的降低，将使基于 LED 的照明系统成为新颖的开放式和封闭式植物工厂生产系统的明智选择。

参考文献

Agarwal A, Dutta Gupta S (2016) Impact of light emitting-diodes (LEDs) and its potential on plant growth and development in controlled-environment plant production system. Curr Biotechnol 5:28–43

Anderson JM, Chow WS, Park YI (1995) The grand design of photosynthesis: acclimation of the photosynthetic apparatus to environmental cues. Photosynth Res 46:129–139

Bourget CM (2008) An introduction to light-emitting diodes. HortScience 43(7):1944–1946

Boyle G (2004) Renewable energy: power for a sustainable future, 2nd edn. Oxford University Press, UK

Briggs WR, Christie JM (2002) Phototropins 1 and 2: versatile plant blue light receptors. Trends Plant Sci 7(5):204–210

Bula RJ, Morrow RC, Tibbitts TW, Barta DJ, Ignatius RW, Martin TS (1991) Light-emitting diodes as a radiation source for plants. HortScience 26(2):203–205

Bula RJ, Tibbitts TW, Morrow RC, Dinauer WR (1992) Commercial involvement in the development of space-based plant growing technology. Adv Space Res 12(5):5–10

Cashmore AR, Jarillo JA, Wu YJ, Liu D (1999) Cryptochromes: blue light receptors for plants and animals. Science 284(5415):760–765

Chen J, Zhang N, Guo C, Pan F, Zhou X, Suo H, Zhao X, Goldys EM (2016) Site-dependent luminescence and thermal stability of Eu^{2+} doped fluorophosphate toward white LEDs for plant growth. ACS Appl Mater Interfaces 8:20856–20864

Dutta Gupta S, Jatothu B (2013) Fundamentals and applications of light emitting-diodes (LEDs) in vitro plant growth and morphogenesis. Plant Biotechnol Rep 7:211–220

Harvey RB (1922) Growth of plants in artificial light. Bot Gaz 74:447–451

He G, Zheng L (2010) Color temperature tunable white-light light-emitting diode clusters with high color rendering index. Appl Opt 49(24):4670–4676

Kim HH, Wheeler RM, Sager JC, Yorio NC, Goins GD (2005) Light-emitting diodes as an illumination source for plants: a review of research at Kennedy Space Center. Habitat (Elmsford) 10:71–78

Kitsinelis S (2011) Light sources: technologies and applications. CRC Press, Florida

Lei Z, Xia G, Ting L, Xiaoling G, Ming LQ, Guangdi S (2007) Color rendering and luminous efficacy of trichromatic and tetrachromatic LED-based white LEDs. Microelectron J 38:1–6

Massa G, Kim H, Wheeler RM, Mitchell CA (2008) Plant productivity in response to LED lighting. HortScience 43:1951–1956

Mitchell CA, Both AJ, Bourget CM, Burr JF, Kubota C, Lopez RG, Morrow RC, Runkle ES (2012) LEDs: the future of greenhouse lighting! Chron Hortic 52:6–10

Mpelkas CC (1980) Light sources for horticultural lighting. Inst Electr Electron Eng Trans Ind Appl IA-16(4):557–565

Nakamura S, Fasol G (1997) The blue laser diode: GaN based light emitters and lasers. Springer, Berlin

Nakamura S, Senoh M, Nagahama SI, Iwasa N, Matsushita T, Mukai T (2000) Blue InGaN-based laser diodes with an emission wavelength of 450 nm. Appl Phys Lett 76(1):22–24

Pattison PM, Tsao JY, Krames MR (2016) Light-emitting diode technology status and directions: opportunities for horticultural lighting. Acta Hortic 1134:413–426

Pfeiffer NE (1926) Microchemical and morphological studies of effect of light on plants. Bot Gaz 81:173–195

Pinho P, Halonen L (2014) Agricultural and horticultural lighting. In: Karlicek R, Sun CC, Zissis G, Ma R (eds) Handbook of advanced lighting technology. Springer, Switzerland, pp 1–14

Round HJ (1907) Discovery of electroluminescence—blue light emission from silicon carbide (SiC). Electron World 19:309

Sancar A (2003) Structure and function of DNA photolyase and cryptochrome blue-light photoreceptors. Chem Rev 103(6):2203–2238

Schubert EF (2003) Light-emitting diodes. Cambridge University Press, UK

Shinomura T, Uchida K, Furuya M (2000) Elementary processes of photoperception by phytochrome A for high-irradiance response of hypocotyl elongation in Arabidopsis. Plant Physiol 122(1):147–156

Shur MS, Žukauskas A (2005) Solid-state lighting: toward superior illumination. Proc Inst Electr Electron Eng 93(10):1691–1703

Siemens CW (1880) On the influence of electric light upon vegetation, and on certain physical principles involved. Proc R Soc Lond 30:210–219

Simpson RS (2003) Lighting control—technology and applications. Focal Press, Oxford

Smith H (1995) Physiological and ecological function within the phytochrome family. Annu Rev Plant Biol 46:289–315

Spalding EP, Folta KM (2005) Illuminating topics in plant photobiology. Plant, Cell Environ 28:39–53

Tamulaitis G, Duchovskis P, Bliznikas Z, Breive K, Ulinskaite R, Brazaityte A, Novickovas A, Zukauskas A (2005) High-power light-emitting diode based facility for plant cultivation. J Phys D Appl Phys 38:3182–3187

US Department of Energy (2016) Solid-state lighting: R & D plan. http://energy.gov/sites/prod/files/2016/06/f32/ssl_rdplan_%20jun2016_2.pdf. Accessed 11 Sept 2016

Zheludev N (2007) The life and times of the LED—a 100-year history. Nat Photonics 1:189–192

Zissis G, Kitsinelis S (2009) State of art on the science and technology of electrical light sources: from the past to the future. J Phys D Appl Phys 42:173001

第2章
LED补光

茨城康臣（Yasuomi Ibaraki）

2.1 引言

近年来，由于LED灯的发光效率提高，生产成本和市场价格降低，使得LED光照系统的应用迅速扩展到各个领域。由于各种优势，如控制照明条件的灵活性，包括波长、照射部分和时间，使LED也已经开始在植物工厂中使用。LED不仅用于受控环境下的植物生产（如植物工厂），而且还用作植物补充光源。在植物生产过程中，补光指的是除太阳光照以外的照射，用于改善光环境。LED技术在补光系统中有几个优点：补充照明用于改善植物生长，即弥补光合作用所需的阳光不足；控制植物形态建成，包括开花；保护植物免受病害，并提高植物品质。本章将讨论在补充照明系统中使用LED的优点，以及它们在植物工厂中的几个用途。另外，还将介绍补光效率的评价方法。

2.2 LED补光系统的优点

在植物生产中使用LED作为光源的优点包括其小型化和减轻重量的潜力，低热辐射，以及在波长、强度和光分布方面的灵活性。在补光系统中使用LED的主要优势是它们体积小。小型照明设备可以最大限度地减少对阳光的拦截，即遮阳，从而最大限度地增加植物所接收到的阳光，进而提高生产效率。此外，

LED 的小尺寸有助于增强便携性，这是补光设备的理想特性之一。对补光的要求取决于植物生长和发育阶段，照明设备可以移动，以避免随着植物生长而降低照明效率。此外，LED 补光系统的热量发射率低，可设置在靠近植物的地方。因此，它们适用于内部照明，即照明装置安装于植物冠层内部。例如，LED 灯曾被安装在温室内番茄植株的冠层内。

由于 LED 的使用，使光的光谱效应对植物生长和发育的研究取得了进展，它可以在相对较高的强度下提供较窄的带宽。LED 可用于具有特定波长的补光系统。例如，蓝紫色 LED 补光系统已用于保护植物免受病害，而红色 LED 已用于控制开花。通过调节电流或占空比，LED 的光强度可以很容易地进行控制。这将有助于根据太阳辐射的变化动态控制补光。此外，具有高指向性的 LED 可用于控制照明方向或位置，从而有效地提高照明效率。因此，LED 在控制光环境方面提供了灵活性，并适用于补光。

几种类型的 LED 光照设备的补充照明已被开发。其中，一种可以安装在现有的一般照明设备上，作为荧光灯和电灯的替代品；另一种是专门为植物生产而设计的。这些包括平板形、条形和小单元类型。平板形 LED 光照系统易于操作，提供均匀的照射，但遮光更多。条形 LED 光照系统采用直线排列的 LED 灯，操作方便，既可用于向下照明，也可用于侧向照明。此外，还有由柔性材料组成的带式系统。小单元 LED 光照系统由多个小单元组成，每个小单元配备一至数盏 LED 灯（图 2.1）。这种类型的照明系统可以作为条形或板形，而这取决于单元的布置。此外，可以通过调节单元之间的距离来控制光强。

2.3　光合作用补光

补充照明的主要目的之一是在低光照条件下弥补光合作用所需光的不足。据报道，LED 补光已用于番茄、莴苣、黄瓜、草莓和辣椒。补光用于白天提高光强，夜间延长光周期。

值得注意的是，即使是作为光合作用的补充照明，LED 的光谱特性也是非常重要的。白色 LED 的光谱与太阳光相似。然而，有几种类型的白色 LED 却具有不同的光谱特性。它们对光合作用的影响取决于光谱特性。尽管红色和蓝色光的

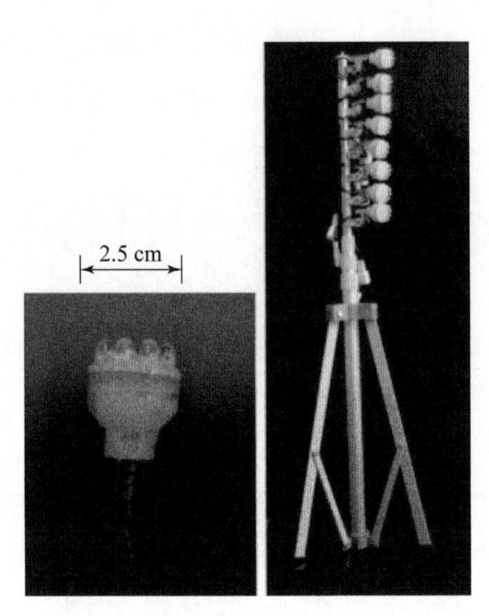

图 2.1 由小单元 LED（左）组成的 LED 补光系统（右）

比值是用来评估植物生长光的光谱特性的指标之一，但据报道，绝对蓝光强度也很重要，会影响光合速率。

辐照位置也很重要，因为光合作用特性取决于叶片年龄或位置，而冠层内部光强分布不均。补光的效果取决于被照射叶片的位置。例如，通过增加光合光子通量密度（Photosynthetic Photon Flux Density，PPFD）来改善光合速率的程度，在已经接受高 PPFD 光照的上部叶片和接受低 PPFD 光照的下部叶片之间可能存在差异。

2.4 用于控制形态建成的补光

在某些种类的植物中，可以通过调节光周期和补光来控制开花，让花农根据市场需求来控制开花。一般来说，在夜间增加补光会抑制短日照植物的花芽分化，而促进长日照植物的花芽形成。这种光周期现象被认为是由光感受器光敏色素引起的。光敏色素有两种形式，分别主要吸收红光和远红光。因此，红光或远红光的照射对控制开花是重要的。红光和远红光比例较高的白炽灯以前曾用于这一目的，但近年来由于其发光效率低和耗电量高，使用受到限制。因此，现在已经测试用 LED 灯来控制开花。

使用波长范围较窄的 LED 灯表明，植物在夜间休息时对光线质量的反应因物种而异，除了红光以外的光也可能影响开花。例如，用于控制菊花开花的补光的最佳光谱特性在不同品种之间存在差异。此外，每日光周期提供的光质量可能会影响有效夜间休息所需的光质量。根据植物开花对夜间不同光谱照射的反应，大致可将其分为 4 类，即红光抑制、红光促进、远红外促进、无影响。

植物生长抑制剂通常用于调控形态建成，但由于其对人类健康和环境的潜在负面影响，最好限制其使用。因此，环境控制是一种很有前途的控制形态建成的替代方法，它包括控制昼夜温差（DIF）和操纵补光系统。蓝光、红光和远红光通常对控制形态建成是有效的。与不同的光感受器（蓝光的向光素和隐花色素，红色和远红光的光敏色素）相联系，LED 灯可以用来控制照射在植物上的光的这些光谱特性。

2.5　其他用途

2.5.1　植物病害预防

最近有报道称，用特定波长的光进行照射具有抑制植物病害的潜力。例如，用紫外线 B（UV－B）光照射可以抑制草莓和玫瑰的疾病，使用荧光灯提供紫外线 B 照射的补光设备现在已经商业化（“Tahunarei”，Panasonic）。另外，有报道称夜间绿光照射对植物病害有抑制作用，补充的蓝紫色 LED 光照（其发射峰值约为 405 nm）已被用于抑制室内番茄病害。人们认为，蓝紫色 LED 光照诱导植物抗病，同时具有直接的抑制作用。也有报道称，红光可诱导植物抗病，尽管没有报道称有额外的红色 LED 光照被用于这个目的。因此，利用光保护植物免受病害是一项新兴的技术，但是不同植物种类的依赖性和光照条件的优化等问题仍有待解决。

2.5.2　提高功能成分浓度

光照射可诱导一些次生代谢产物的产生，因此补充光照作为功能成分有可能改善其含量。许多研究报道了光对次生代谢产物的光谱效应，包括酚酸和类黄酮，它们被用作应激条件下的防御机制。此外，控制光质量经常被报道为增强抗氧化能力，这是因为增加了作为抗氧化剂的代谢物的浓度，如抗坏血酸和黄酮类化合物。Ouzounis 等人（2014）在一项关于蓝/红光比例对玫瑰、菊花和风铃草影响的研究中发现，高蓝光比例增加了酚酸和黄酮类化合物的浓度，尽管不同物种的影响不同。LED 补光可以有效地控制照射在植物上的光的光谱特性。此外，现在有了各种峰值波长的 LED 灯，可以在白天修改光谱，而在夜间用特定波长的光照射植物。

2.6 补光评价

2.6.1 补光效率评价方法

尽管人工照明在植物生产中的使用增加了，但很少有人关注照明的效率。由于包括补光在内的人工照明会消耗能源，从而增加了生产成本，因此提高照明系统的效率至关重要。对照明效率进行充分的评估对于确定提高照明效率的方法至关重要。

如前所述，补光用于各种目的。补光的直接评估包括评估与努力目标相对应的收益和回报。这可以通过计算每单位成本的补充照明或每单位照明所需的能源消耗来得到。例如，评估光合作用补光效率的一种方法是估计用于照射植物的每单位能量产生的生物量。补充照明的可能益处取决于照明的目的，如增加目标成分的浓度或控制花期。

这些参数可以通过比较利用补光和不利用补光栽培的结果来估计。然而，这种方法可能不现实，因为它需要每次比较都在没有补充照明的情况下进行。此外，在某些情况下，比较或量化结果可能是困难的，如用于控制形态建成或防止植物病害的补充照明。另一种可能的重要指标是确定补光对光强分布的影响程度。因此，照明效率也可以通过解释叶片表面可改善的光强程度来评估。

曾开发过一种基于冠层表面光强分布的补光效率评估方法，以光量子通量密度（PPFD）直方图表示。这是基于 Ibaraki 等人（2012a，b）开发的方法，其中使用数码相机获取的特定波长范围内的植物冠层表面的反射图像来估算叶片表面的 PPFD。通过同时成像，由冠层上某一点的 PPFD 测量值确定回归模型，将图像的像素值转换为 PPFD，然后构建 PPFD 直方图。为了表征 PPFD 的分布特征，可以根据 PPFD 直方图计算出受照冠层表面上的平均 PPFD、中值 PPFD 和 PPFD 的方差系数。此外，还可以计算出 PPFD 值大于某一阈值的叶面积分数。该方法已被用于分析温室番茄和人工光照下栽培的莴苣冠层表面 PPFD 的分布。然后，在单位功率消耗（IPPC）的所有被照明叶片上综合的 PPFD 被提出作为评价补光效率的标准。IPPC 的计算公式如下：

$$\text{IPPC}(\mu\text{mol}\cdot\text{s}^{-1}\cdot\text{W}^{-1}\text{或}\ \mu\text{mol}\cdot\text{J}^{-1}) = \frac{\text{平均 PPFD}(\mu\text{mol}\cdot\text{m}^{-2}\cdot\text{s}^{-1})\times\text{投影叶片面积}(\text{m}^2)}{\text{照明耗电量}(\text{W})}$$

Ibaraki 和 Shigemoto（2013）报道了辅助光照下番茄冠层表面 PPFD 的直方图模式取决于冠层结构、光源类型、灯与冠层表面之间的距离以及效率 IPPC 的差异。图 2.2 显示了温室内番茄栽培中，当每株植株在与植株距离相同的条件下，使用相同类型的辅助装置照射时，IPPC 效率的变化情况。需要指出的是，光照效率与冠层结构（叶片分布格局）有关。因此，光照效率随时间的变化而变化。

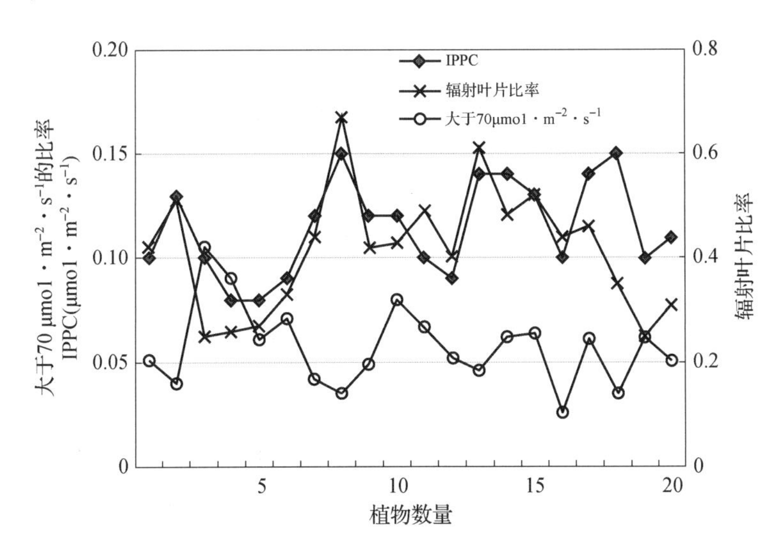

图 2.2　使用条形 LED 光照系统补光效率变化的例子（番茄）

评估各植物效率的参数（$n=20$）

2.6.2 提高补光效率的实践

图 2.3 显示了提高补光效率的策略。一种有效的方法是使用光效高的灯具。然而，照明效率也取决于灯具的布置和被照射的植物冠层结构。应考虑尽量减少不必要的照射，如无植物生长的区域不要照射。这可能取决于几个因素，包括照明方向、灯具的光线分布以及与植物的距离。照明的时机对补光也很重要，夜间照明可以有效地促进莴苣的生长，而昼末照明，即在黑暗开始前的照射，可以有效地控制植物形态。

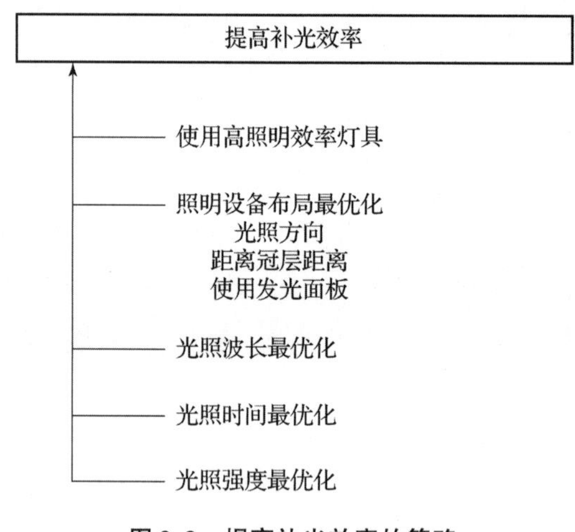

图 2.3 提高补光效率的策略

2.7 结论

LED 补光是一种很有前途的技术，可以通过控制植物生长发育来提高植物的生产力和质量。LED 技术作为补光光源的最大优点是其对光环境的灵活控制。通过使用 LED，可以详细揭示光质量（即光谱）对植物生长和发育的影响，从而可以制定有效的补充照明指南。要充分利用 LED 补光，就必须对 LED 光照的效率进行充分的评价。因此，要评价补光的效率，就必须确定在植物冠层表面分布的光有多少被补光改变。此外，这有助于在补光的研究和应用中提高稳定性和再现性。

参考文献

Carvalho SD, Schwieterman ML, Abrahan CE, Colquhoun TA, Folta KM (2016) Light quality dependent changes in morphology, antioxidant capacity, and volatile production in sweet basil (*Ocimum basilicum*). Front Plant Sci 7:1328

Cope KR, Bugbee B (2013) Spectral effects of three types of white light-emitting diodes on plant growth and development: absolute versus relative amounts of blue light. HortScience 48:504–509

Deram P, Lefsrud MG, Orsat V (2014) Supplemental lighting orientation and red-to-blue ratio of light-emitting diodes for greenhouse tomato production. HortScience 49:448–452

Ebisawa M, Shoji K, Kato M, Shimomura K, Goto F, Yoshihara T (2008) Supplementary ultraviolet radiation B together with blue light at night increased quercetin content and flavonol synthase gene expression in leaf lettuce (*Lactuca sativa* L.). Environ Control Biol 46:1–11

Fukuda N, Nishimura S, Fumiki Y (2004) Effect supplemental lighting during the period from middle of night to morning on photosynthesis and leaf thickness of lettuce (*Lactuca sativa* L.) and tsukena (*Brassica campestris* L.). Acta Hortic 633:237–244

Hidaka K, Dan K, Imamura H, Miyoshi Y, Takayama T, Sameshima K, Kitano M, Okimura M (2013) Effect of supplemental lighting from different light sources on growth and yield of strawberry. Environ Control Biol 51:41–47

Higuchi Y, Sumitomo K, Oda A (2012) Daylight quality affects the night break response in the short-day plant chrysanthemum, suggesting differential phytochrome-mediated regulation of flowering. J Plant Physiol 169:1789–1796

Hisamatsu T (2012) Chapter 13. In: Goto E (ed) Agri-photonics II, the latest technology of plant factories with LED lighting. CMC, Tokyo, pp 114–124 (In Japanese)

Ibaraki Y (2016) Lighting efficiency in plant production under artificial lighting and plant growth modeling for evaluating the lighting efficiency. In: Fujiwara K, Runkle ES (eds) Kozai T. LED lighting for urban agriculture, Springer, pp 151–161

Ibaraki Y, Shigemoto C (2013) Estimation of supplemental lighting efficiency based on PPFD distribution on the canopy surface. J Agric Meteorol 69:47–54

Ibaraki Y, Kishida T, Shigemoto C (2012a) Image-based estimation of PPFD distribution on the canopy surface in a greenhouse. Acta Hortic 956:577–582

Ibaraki Y, Yano Y, OkuharaH Tazuru M (2012b) Estimation of light intensity distribution on a canopy surface from reflection images. Environ Control Biol 50:117–126

Imada K, Tanaka S, Ibaraki Y, Yoshimura K, Ito S (2014) Antifungal effect of 405-nm light on *Botrytis cinerea*. Lett Appl Microbiol 59:670–676

Islam MA, Gislerød HR, Torre S, Olsen JE (2015) Control of shoot elongation and hormone physiology in poinsettia by light quality provided by light emitting diodes-a minireview. Acta Hortic 1104:131–136

Ito S, Yoshimura K, Ibaraki Y (2013) Chapter 14. In: Goto E (ed) Agri-Photonics II. The latest technology of plant factories with LED lighting, CMC, Tokyo, pp 125–132 (In Japanese)

Kanto T, Matsuura K, Yamada M, Usami T, Amemiya Y (2009) UV-B radiation for control of strawberry powdery mildew. Acta Hortric 842:68

Kobayashi M, Kanto T, Fujikawa T (2013) Supplemental UV radiation controls rose powdery mildew disease under the greenhouse conditions. Environ Control Biol 51:157–163

Kudo R, Ishida Y, Yamamoto K (2011) Effects of green light irradiation on induction of disease resistance in plants. Acta Hortic 907:251–254

Li Q, Kubota C (2009) Effects of supplemental light quality on growth and phytochemicals of baby leaf lettuce. Environ Exp Bot 67:59–64

Li X, Lu W, Hu G, Wang XC, Zhang Y, Sun GX, Fang Z (2016) Effects of light-emitting diode supplementary lighting on the winter growth of greenhouse plants in the yangtze river delta of China. Bot Stud 57. doi:10.1186/s40529-015-0117-3

Liao Y, Suzuki K, Yu W, Zhuang D, Takai Y, Ogasawara R, Shimazu T, Fukui H (2014) Night break effect of LED light with different wavelengths on floral bud differentiation of

Chrysanthemum morifolium Ramat 'Jimba' and 'Iwa no hakusen'. Environ Control Biol 52:45–50

Miyoshi T, Ibaraki Y, Sago Y (2016) Development of an android-tablet-based system for analyzing light intensity distribution on a plant canopy surface. Comput Electron Agric 122:211–217

Ochiai M, Liao Y, Shimazu T, Takai Y, Suzuki K, Yano S, Fukui H (2015) Varietal differences in flowering and plant growth under night-break treatment with LEDs in 12 *Chrysanthemum* cultivars. Environ Control Biol 53:17–22

Ouzounis T, Frette X, Rosenqvist E, Ottosen CO (2014) Spectral effects of supplementary lighting on the secondary metabolites in roses, chrysanthemums, and campanulas. J Plant Physiol 171:1491–1499

Samuolienė G, Sirtautas R, Brazaitytė A, Viršilė A, Duchovskis P (2012) Supplementary red-LED lighting and the changes in phytochemical content of two baby leaf lettuce varieties during three seasons. J Food Agric Environ 10:701–706

Shetty R, Fretté X, Jensen B, Shetty NP, Jensen JD, Jørgensen HJ, Newman MA, Christensen LP (2011) Silicon-induced changes in antifungal phenolic acids, flavonoids, and key phenylpropanoid pathway genes during the interaction between miniature roses and the biotrophic pathogen *Podosphaera pannosa*. Plant Physiol 157:2194–2205

Shiga T, Shojil K, Shimada H, Hashida S, Goto F, Yoshihara T (2009) Effect of light quality on rosmarinic acid content and antioxidant activity of sweet basil, *Ocimum basilicum* L. Plant Biotechnol 26:255–259

Suthaparan A, Torre A (2010) Specific light-emitting diodes can suppress sporulation of *Podosphaera pannosa* on greenhouse roses. Plant Dis 94:1105–1110

Tewolde FT, Lu N, Shiina K, Maruo T, Takagaki M, Kozai T, Yamori W (2016) Night time supplemental LED inter-lighting improves growth and yield of single-truss tomatoes by enhancing photosynthesis in both winter and summer. Front Plant Sci 7:448. doi:10.3389/fpls.2016.00448.e-Collection

Tokuno A, Ibaraki Y, Ito S, Araki H, Yoshimura K, Osaki K (2012) Disease suppression in greenhouse tomato by supplementary lighting with 405 nm LED. Environ Control Biol 50:19–29

Trouwborst G, Oosterkamp J, Hogewoning SW, Harbinson J, Ieperen WV (2010) The responses of light interception, photosynthesis and fruit yield of cucumber to LED-lighting within the canopy. Physiol Plant 138:289–300

Wang H, Jiang YP, Jing H (2010) Light quality affects incidence of powdery mildew, expression of defense-related genes and associated metabolism in cucumber plants. Eur J Plant Pathol 127:125–135

Wojciechowska R, Długosz-Grochowska O, Kołton A, Żupnik M (2015) Effects of LED supplemental lighting on yield and some quality parameters of lamb's lettuce grown in two winter cycles. SciHortic 187:80–86

Yang ZC, Kubota C, Chia PL, Kacirac M (2012) Effect of end-of-day far-red light from a movable LED fixture on squash rootstock hypocotyl elongation. Sci Hortic 136:81–86

第3章 LED对植物光传感和信号网络的影响

T. 波科克（T. Pocock）

3.1 引言

2016年，有54%的世界人口居住在城市中心，据推算到2030年将增加到60%。除了人口结构的变化，到2030年，需要生产的粮食将增加50%，这将导致约45%的能源增长和30%的水消耗。与此同时，农业地区正面临着越来越多的气候挑战，遭受着干旱、热浪、洪水、飓风和污染，这对我们的粮食安全构成了威胁。作为对上述问题的回应，许多企业正在投资于可控环境农业（CEA）的集约种植，以确保全年的食物供应。最初，CEA指的是温室，但最近的CEA系统是工厂系统（PF），这里的光完全由电灯提供。这两种类型的设施都配备了供暖、通风和空调（HVAC）系统、CO_2富集系统和照明。正在种植的35 000种植物中，约有7 000种可用于食用。在CEA，主要的粮食作物是番茄、绿叶蔬菜、黄瓜、辣椒和茄子，每一种都含有许多不同的品种。了解和统一植物进化、植物生理过程和适应响应，将有助于促进在LED光源下生长的CEA作物照明规划的发展。

植物在自然界中生存下来，是通过它们感知和整合至少15种不同环境变量（光量、光质、持续时间、温度、湿度、二氧化碳、土壤水分和营养状况等）的能力，同时具有高度敏感性。它们通过复杂的传感和信号网络来管理这些庞大的数据集。它们不仅将光作为光合作用的能量来源，而且还将光作为信息来源，使它们能够预测环境中即将发生的变化并作出反应。植物传感和信号网络的进化使植物王国成为地球上最丰富的王国之一，并使它们能够主宰每一种陆地环境。早期的光信号网络研究是在高、低光合光通量密度（PPFD，400~700 nm）或黑暗条件下进行的，并阐明了光诱导发育（光形态建成）过程中的信号转导步骤。信号转导级联是三步生物化学活动（接收－转导－反应），其用于放大和协调诱导适应模式的信号（图 3.1）。

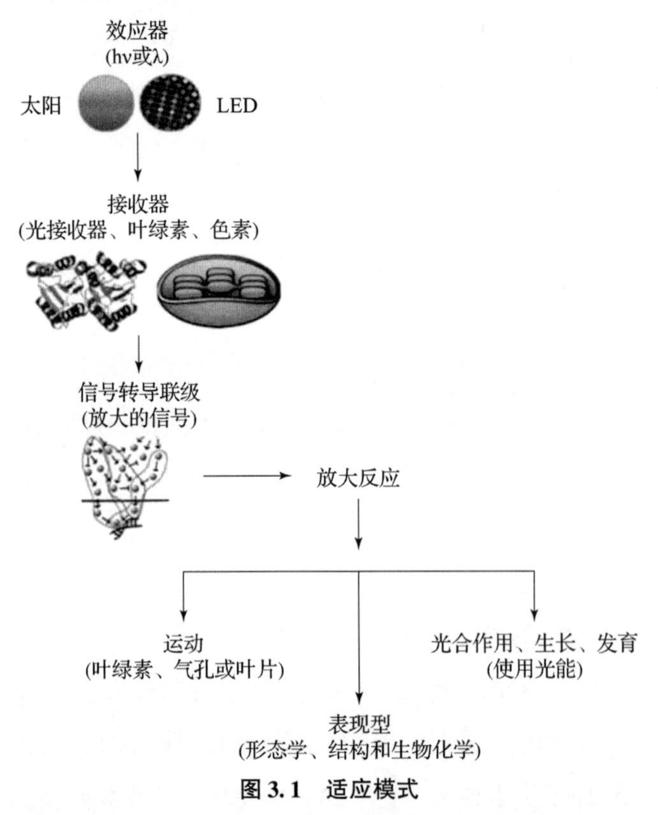

图 3.1 适应模式

光子通量密度（PFD）（hυ）和光谱分布（λ）是植物适应响应的主要效应因子。这些受体由光感受器家族以及叶绿体中的光合作用器官和色素组成。一旦被窄光带、宽光带或强光带激活，它们就会传递信号分子，这些信号分子主要在细胞核中启动适应或管理基因。适应反应包括优化光合效率、改变发育和生长、避让（运动）以及光保护和修复（表型）。传统上，适应性范式一直被认为与应激有关，但这一基础知识具有变革性，可以利用数量（PFD）、质量（λ）、持续时间和时机（脉宽调制（PWM）或光周期）来影响 CEA 作物

第一步是感知和处理由效果器（如光）施加的信号。植物感知光子通量密度（PFD 在 380~750 nm）、日光积分（DLI）、质量（波长和光谱比）、持续时间

（云、光斑、频率和脉宽调制）以及定时（光周期）通过细胞器（叶绿体）和家族个体的光感受器。与动物眼睛不同，植物的光感受器局限于特殊的器官，它嵌入到每一个组织中。此外，光感受器在不同发育阶段的不同组织中表达。在人眼看来，由于植物的固有特性，使植物对光的反应往往是微妙的，但在植物内部，光对植物过程的调节具有动态而强烈的影响。信号转导的第二步通过生化级联反应放大信号，包括第二信使的磷酸化或构象改变，最终导致基因表达的激活或抑制，或者蛋白质和色素的修饰。最后，实现细胞范围、远距离或整个植株的响应。植物有适应环境的能力，这经常与适应相混淆。适应是遗传能力，可以在环境压力下存在许多代。适应反应包括短期（秒到分）或长期（时、周、季）分子和生化事件的可逆重编程，导致植物物理和化学属性的改变。适应环境后的产品在室内或自然界的压力下保护植物，它用于维持光合作用和生长；然而，这些驯化产品可以对人类健康起到保护作用，并分别为消费者和种植者增加效益。积极的适应反应包括营养密度（功能性食品）、抗逆性（货架期）、病原体和食草动物防御代谢产物的增加（香气和味道）和色素沉着（外观）。

植物是有弹性的。植物的另一种独特品质是许多物种拥有可塑性水平。表型可塑性被定义为由单一基因型表达的表型（形态、解剖、发育和营养密度）的范围，作为对环境变化的响应。表型对光的响应包括单位面积叶质量、气孔大小和密度、高度、开花时间、种子大小、水分利用效率、叶片大小、形状和厚度、根冠比、比根长、植物化学防御、色素沉积、叶绿体内能量捕获、类囊体膜动态和光合作用。简而言之，作物与光的相互作用、作物表现不同和理想表型的能力是由遗传决定的，且这将取决于作物品种和品种的选择（图3.2）。

相反，生长条件，特别是光照，已被证明能够进一步推动遗传限制。植物光适应的另一个有趣的方面是它们能够储存和使用PFD和光谱成分几天甚至几个月。硬化、调节或启动是用来描述适应过程的常用术语。由于适应环境提高了作物的抗逆性，农民在进行田间移栽之前，经常将移栽植株放置在阳光和低温冷棚中。作物驯化的影响并不新鲜，但通过存储光记忆来维持和诱导适应反应的想法才刚刚开始在生理和分子水平上被理解。植物适应性基础研究主要集中在模式植物拟南芥（*Arabidopsis thaliana*）细胞和分子水平上的调控胁迫反应。作物生理需要与LED电子特性相匹配，以实现适应，反之亦然。在CEA中使用LED光策略的发展还处于起步阶段，但在电子学和光谱控制方面已经取得了迅速的进展。通过了解植物如何、何时感知和处理窄带的光谱，学习如何使用 LED 来影响农作物可以取得进一步的进展。这篇综述描述了自然光和电光的特性，以及植物如何感知和响应从飞秒（光捕获）到月（发育）的时间尺度上的波动。通过先进的固态技术理解和整合植物生理基础研究到应用 CEA 中，对进一步提高作物产量有很大的潜力。本章讨论了如何利用 LED 的特性，通过传感和信号网络来激活或逆转植物的光适应。

图 3.2 红莴苣 Rouxai 红色素的驯化依赖于光谱（附彩插）

在类似的栽培和环境条件下，28 天生的红莴苣 Rouxai 在磷转换 LED 灯下（左）和冷白色荧光灯下（右）生长的图片。生长条件为 200 μmol · m^{-2} · s^{-1} PPFD，光周期 16 h，昼夜温度 25 ℃/20 ℃，相隔水培单元面积 53 株，EC 1.6（Pocock 数据未发表）

3.2 能够激活植物网络的 LED 系统的特性

电灯已经在 CEA 中使用了近 150 年，园艺照明技术紧跟在人类应用的基础上。迄今为止，温室中特定作物或不同生长阶段（繁殖、营养、开花和结果）的最佳光环境仅限于白炽灯（20 世纪 20 年代）、荧光灯（20 世纪 30 年代）以及高压钠灯（HPS）和金属卤素灯（MHL）等高强度放电灯（20 世纪 50 年代）。植物工厂需要不同的照明策略，因为它们是由密集排列的作物组成的，通常是绿叶蔬菜，而在这些地方，使用荧光灯或最近使用的 LED 系统。自 20 世纪 50 年代以来，第一个技术发展是固态照明，如 LED。1962 年生产的第一个可见光 LED 是红色的。自 20 世纪 90 年代以来，它们变得更亮，这是因为通过材料和沉积的改进，可以使用更多的直接发射波长。磷转换的光已经使用了 50 多年。例如，荧光灯和金属卤素灯混合和应用了发射荧光的天然材料和合成材料，它可以产生人眼可见的白光（380~730 nm）而没有紫外光。2014 年，诺贝尔奖授予了高效蓝色 LED 的发明者，这导致了通过高能蓝色波长的磷光体下转换产生了白色 LED。可调窄带和磷转换波长的广泛可用性提供了几乎无限的光算法。然而，由于作物和波长的特殊性，很难进行概括。在园艺环境中使用 LED 的物理好处包括其长寿命、快速循环（开/关）、光谱分布的多样性（颜色混合）、缺乏红外辐射（热）、新设计的潜力以及在某些情况下节能。LED 系统的 3 个特性可以用来激活有益的适应反应，即数量（PFD）、质量（波长）、持续时间（毫秒到天）和光照时间。

有些植物在弱光下能更好地发挥作用，如绿叶植物（$\leq$250 μmol·m^{-2}·s^{-1}或约 12 DLI）能够平衡光合作用和呼吸作用。另外，一些植物则在较高的光照（>600 μmol·m^{-2}·s^{-1}或约 26 DLI）下表现良好，其上限由资源限制（水、营养物质和二氧化碳）决定。作物水平的 PFD 在 LED 系统下，可以通过夹具工程和设计来调整，如增加 LED 的数量、调整电流、良好的热管理以及使用光学来集中光子或简单地物理移动灯具更接近作物。植物所需要的光强度水平（PFD）远远大于人类的视觉，因而光输出是园艺装置的一个挑战。园艺光系统的光谱分布和最大峰值（λ_{max}）对植物的生长、发育和代谢有显著影响。Johkan 等人（2012）不仅证实了绿光参与光合作用和植物生长，而且还证明绿色 LED 的最大波长差异 10 nm 会对莴苣的光合作用和光形态建成产生显著的负面影响。该现象在蓝色光谱区域也被观察到。在相似 PPFD 下生长的红生菜，蓝色（10%~17%）和红色（90%~87%）比例的光谱造成其鲜质量大大减少，花青素浓度也下降。其中，蓝色 LED 波长为 434 nm 而非 470 nm。因此，作物品种及其栽培品种对 LED 系统发出的窄光带具有不同的敏感性。除了对绿色 LED 的最大波长的影响，这可能对光谱的红色区域产生同样的影响，因为 580~630 nm 的宽波段与光系统Ⅱ光损伤相关。另一个具有高光损伤效率的区域是 UV，低于420 nm。LED 系统的另一个特性是通过脉宽调制（PWM）进行调光，可以用来维持、抑制或激活传感和信号网络。与光合作用非常相似，使用 PWM 的昏暗 LED 由亮相位和暗相位组成。占空比是 LED 亮着的一个周期的分数，通常用百分比表示。低 PFD 是用较低的占空比实现的，而最高 PFD 是在占空比为 100% 时实现的（所有时间）。LED 系统的另一个光调制方面是以赫兹（Hz）或周期每秒为单位的频率；对于 HPS 和荧光灯，频率为 50～60 Hz。虽然 PWM 和频率通常不能调节或在园艺 LED 数据表中描述，但它可以用来调节和适应 CEA 作物。虽然最近 LED 被用作脉冲光源，但在历史上已经使用白炽灯和 HID 光源前的旋转百叶窗研究了脉冲和连续光对植物和藻类光化学和生长的影响，但结果并不一致，而且往往是矛盾的。在波动的太阳光照下，植物光合作用花了几十亿年的时间才进化出来，而利用可编程的窄带电光来探索、理解和改进它也需要时间。

3.3 模拟太阳光

在 CEA 种植高价值和易腐作物（绿叶蔬菜、番茄、黄瓜和辣椒）的优势是全年产量高、视觉品质好、营养价值高，因此使其市场价值高。人们对营养或功能食品的认识和需求不断增加，田间作物的优良香味和风味被认为在很大程度上是由于波动的太阳光照量（PFD）、质量（波长）和分布（时间和空间）导致的。温室作物可以从太阳获得大约 73% 的所需光能，通过大多数温室玻璃的散射光，同时过滤掉大部分 UV－B 和 UV－A。由于温室作物暴露于自然光的波动中，因此需要分别研究温室内作物的照明需求和单光源照明下作物的光谱控制。更好地了解太阳光的动态以及植物传感和信号网络的动态，将对这两种情况都有好处。

太阳波动在长期时间尺度上不断发生，如 11 年周期、年或月（季节性），在短期尺度上包括日、分钟，甚至亚秒时间尺度。LED 技术现在已经使园艺照明能够模拟太阳的空间、光谱、时间和波动特性。在自然界或温室中，PPFD 和光谱都在不断变化，植物立即作出反应或适应。一项对纽约伊萨卡的 DLI 进行长达 14 年的研究表明，在夏季月份的某一天，DLI 的年变化为每天 15 $mol \cdot m^{-2}$（冬季）到每天 60 $mol \cdot m^{-2}$（夏季）。在较短的时间尺度上，在快速移动的云下，太阳辐射的波动可能是显著的，并可在几秒钟内波动高达 600 W/m^2（2 742 $\mu mol \cdot m^{-2} \cdot s^{-1}$）。光的光质也会随着时间发生显著变化。例如，在不同类型云划过天空时，周围植物的生长和遮荫或快速的太阳斑。在佛罗里达州的迈阿密，对不同天空条件下

15个月的太阳光谱分布进行了监测，并观测到了显著的日变化：日出和日落时蓝红比值显著增加；黎明初期蓝红比值下降；日出时蓝红比值显著增加，一小时后下降；日出后红光与远红光比值显著升高。大气中的水分含量、气溶胶和云量是动态的，也会影响到达植物冠层光的数量和类型。在稀薄多云的天空下，蓝光增强了5%~15%，红光减弱了6%~11%，日光积分降低了85%，到达植物的光呈漫反射。显然，自然光照环境是动态的，且动态光照对作物的好处现在可以通过理论和实验来验证。快速控制所有LED特性的能力为针对植物中的特定传感和信号通路开辟了新的可能。植物在自然界中利用光的适应过程通常是有益的，而这现在可以用LED来模拟。

3.4　植物生物学与工程照明系统的整合

在CEA地区，使用固态照明提高作物产量和作物质量的潜力很大，尽管人们还不清楚具体使用哪种波长多长时间、在什么时间以及对特定作物的PPFD值是多少。作物质量是一个主观而复杂的概念。根据期望的结果，它有不同的含义。对于生产者来说，它主要是指高产量、抗逆性、保质期、外观和气味。消费者更有可能将质量描述为新鲜、外观、颜色、气味、味道、质地、营养价值和健康益处。光合作用是植物所有功能的基础，包括生长所需的能量、适应过程以及相应的作物品质改善。因此，任何园艺光系统的一个重要功能是驱动光合作用的能力。McCree（1972）为了确定光合有效辐射（PAR）的光谱边界，研究了22种不同作物的作用光谱，将其归纳并确认为400~700 nm。单独的叶绿素吸收光谱中的蓝色和红色区域。然而，在植物细胞中，叶绿素与一种蛋白质结合并嵌入类囊体膜中，这扩大了其在太阳光谱中的吸收特性。光捕获是光合作用的基础，除了叶绿素，辅助色素也是光捕获复合物的重要组成部分，它们吸收蓝色、绿色和红色区域。辅助色素包括类胡萝卜素，即β－胡萝卜素、玉米黄质和叶黄素。除了捕获光外，它们还通过猝灭被激发的叶绿素和热耗散多余的光能来保护光合装置不受过度激发。从图3.3可以看出，光收集可以被看作是沿着能量梯度将光输送到反应中心。蓝光和红光优先被叶片的正面（顶部）吸收，而与绿光相比，蓝光和红光在驱动该区域的光合作用方面更有效。

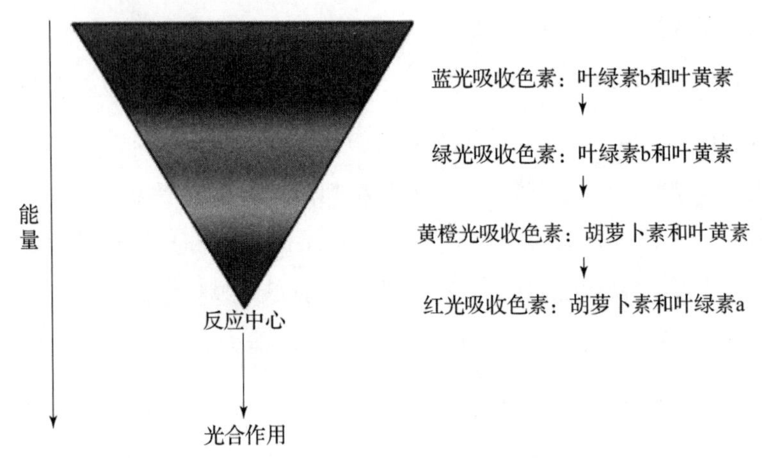

图 3.3 光合天线系统中的光吸收漏斗概念（附彩插）

与接近光系统反应中心的色素蛋白天线复合物相比，天线的远端部分（离反应中心最远的部分）吸收波长较短（能量较高）的物质最多。虽然不是所有的能量转移事件都在走下坡路，但该模式描述了光收集的组织和对最大效率的广谱光的需求

因此，绿光更深入叶片内部，驱动 CO_2 固定在叶片背面（底部）时比蓝光或红光更有效。绿色光在光合作用中被植物吸收和利用，在 CEA 光环境中应该存在。与传统照明不同的是，LED 的独特之处在于其窄带可同时快速激活适应过程中使用的内源性感知和信号网络。通常，植物的感光和信号转导包含至少 12 种不同感光体的 5 个感光体家族。然而，还有另一种主要的传感和信号网络，日常工作以维持光合效率，被称为光合控制。植物传感信号网络之间存在大量冗余和串扰，这增加了为获得所需作物品质而编程 LED 灯程序的复杂性。不同的植物种类、不同的光谱组合、不同的光周期和辐照度以及不同的生长模式已经在已发表的文献中被使用，这使得很难得出一般或明确的结论。

LED 的另一个特性是 PWM。目前关于脉冲传统或 LED 灯对光化学和植物健康的影响的报告很少，在利用这个特性之前，还需要收集更多的证据。在相关文献中，关于脉冲光的好处并没有得到普遍的共识，然而观察到一个共同的特征。在脉冲 LED 光照射下，PWM 暗周期的长度对植物的光合速率有重要影响。从能源的角度来看，Jao 和 Fang（2004）研究了占空比和频率的互动效应对马铃薯植株的生长影响。结论显示，使用蓝色和红色 LED 在 180 Hz 和 50% 的占空比，以及 16 h 光周期和减少能源消耗没有显著影响产量，即使考虑到除热的增长领域。

拟南芥植物从实验室恒定光照条件下到田间波动日照条件下的生长，PSⅡ的最大量子效率更高，NPQ和玉米黄质值更低，光合能力更强。相反，当来自未公开光源的光在200～2 000 μmol·m^{-2}·s^{-1}波动时，可以观察到光合作用的量子产量下降，但NPQ和玉米黄质浓度升高。后一项结果证实了太阳斑模拟研究的结果，短脉冲光（20 s）比长脉冲光（40 min）增加了NPQ。当使用一个以上的波长（颜色），不同的LED脉冲的时间可以改变植物的新陈代谢。研究了脉冲和直流电流（100%占空比）对模式生物拟南芥（*A. thaliana*）的影响。脉冲红色和蓝色LED以2.5 kHz驱动，占空比为45%的相位（$\Phi=0°$）和非相位（$\Phi=180°$），当生长在非相位时，叶面积和叶绿素浓度都受到负面影响。不同光谱区域对植物冠层的照射不均匀，将对传感网络和系统网络产生“影响”，生物学也不同步。

3.5　传感和信号网络：它们是什么以及它们如何工作？

3.5.1　光合传感与信号网络：光合控制

光合传感和信号网络，也被称为光合控制（PSC），在植物中占主导地位，并被用于快速的日常操作。光是植物的必要条件。但矛盾的是，它具有破坏性，如果没有适应机制，植物不可能在陆地环境中生存400万年。PSC引起的有益的光适应反应包括增加光合效率、气孔开放、营养密度、萌发、株高、比叶重和植物防御。叶绿体，更准确地说，是电子传递链不同组成部分的能量平衡，被认为是一个全球植物传感器。复杂的光合反应可以根据它们的时间常数分为3个阶段：初级光化学、电子穿梭和碳代谢。第一阶段初级光化学涉及光系统中的光捕获、能量转移和电荷分离，进而诱导电子转移反应。两个光系统（光系统Ⅱ（PSⅡ）和光系统Ⅰ（PSⅠ）），在类囊体膜内以电化学方式串联工作，它们吸收不同的光谱区域。为了有效的光合作用，它们必须接受相似数量的光能，因为不平衡会导致电子传输速率的限制。初级光化学通常是非常高效和快速的，光捕获复合物发生在飞秒（10^{-15}），而电荷分离发生在皮秒和纳秒（10^{-12}～10^{-9}）。第二阶段涉及从水中提取电子，然后通过一系列电子载体从PSⅡ转移到PSⅠ。除非吸收的光能超过植物代谢过程中利用的化学能，否则这一过程会在微秒至毫秒（$10^{-6}\sim10^{-3}$）之间发生。第三阶段，碳代谢。利用 ATP 和 NADPH 是电化学梯度和电子传输的产物，它发生在秒到分钟的时间。光合作用 3 个阶段的速率常数跨越数量级和不平衡不断发生，要么是通过环境（光、温度、二氧化碳）的变化，要么是在某些情况下，通过昼夜节律。光合作用的 3 个光物理和光化学阶段之间的能量流动的平衡被称为光稳态，并用数学方法表示如下：

$$\sigma_{PS\,II}E_k = n\tau^{-1}$$

其中，$\sigma_{PS\,II}$ 为 PSⅡ的有效吸收截面（光子被吸收并用于光化学的概率），E_k 为辐照度，n 为代谢电子汇的数量，τ^{-1} 为光合电子被代谢汇（碳、氮、硫）所利用的速率。等式左边受光线的数量（强光）、质量（波长）和时间（PWM 或更长的波动）的影响，而右边由酶促反应组成，与温度有关。因此，光照时间和光照持续时间会影响 PSC 作物特性的变化，但温度也必须考虑在内。

LED 可以通过 3 种方式（数量、质量和时间）激活 PSC，这提高了叶绿体内的信号。这些来自叶绿体的信号调控质体的基因表达被认为是逆行的，因为它们将信息传递到细胞核，进而开启适应模式所必需的核基因表达。使用 PSC 提高作物质量的一个好处是可以在使用叶绿素 a 荧光灯（CF）发生视觉适应反应之前就地测量开始的时间。这种非侵入性技术测量叶绿体的氧化还原状态（植物健康和胁迫）经常用于实验室快速测量光化学效率（F_V/F_M，（Y（Ⅱ））和非光化学猝灭（NPQ）。其中，后者是营养密度的指标。简而言之，利用 PSC 和 CF 优化作物可以通过估算特定光源下的叶绿体能量平衡来加快 LED 光照程序的开发。

在作物生长过程中，LED 系统可以在任何时候破坏光稳态。质体醌（Plastoquinone，PQ）将电子从 PSⅡ传送到电子传递链中，而 PQ 是 PSC 中主要的传感器和信号。PQ 的氧化还原状态被测量为 CF 的光化学猝灭，并表示为 $1-q_P$ 或 $1-q_L$。在 PQ 池减少的条件下生长（高 $1-q_P$）具有实际应用价值，因为它可以提高抗旱性、调节植株高度和提高营养质量等。与传统光系统相比，使用 LED 对 PSC 在作物上的光谱激活了解较少。PQ 池可以感知光谱，当光谱分布低于 680 nm 时，PQ 池被“激活”（还原）；当光谱分布包含远红光（ >700 nm）时，PQ 池被“失活”（氧化）。如何利用这一点来影响作物的生长和发育尚不清楚。光合作用过程中光腔酸化（ΔpH）也感知光的变化，并通过激活 PSⅡ中的非光化学猝灭（NPQ）调控电子传递。保护光的叶黄素循环是 NPQ 的重要组成部分，涉及植物中玉米黄质浓度的增加。玉米黄质是眼睛健康的重要营养物质。ΔpH 和 NPQ 在黑暗中颠倒，这种传感系统被认为主要是对波动和高光的响应，而不是光质。然而，最近有报道称，在添加 40% 蓝色和 60% 红色 LED 的自然遮光下生长的兰花（Vivien 和 Purple Star 杂交）具有更高的 NPQ，随之而来的是更高水平的玉米黄质和另一种有益的营养物质——叶黄素。调节 LED 的强度、光谱和时间提供了一种通过调节 PQ、ΔpH 和产生的 NPQ 的氧化还原状态来增加作物营养价值的方法。另外两个鲜为人知的氧化还原信号是硫氧还蛋白和活性氧（ROS）。铁氧还蛋白/硫氧还蛋白（F/T）系统是一种与 PS Ⅰ 相连的光传感器。在植物中，它被发现调节 43 种蛋白质和 15 种生理过程。F/T 系统是通过高光或 PS Ⅰ（>700 nm）相对于 PS Ⅱ（<680 nm）的优先激发激活的，主要参与光合作用的调控。长期以来，活性氧（ROS）仅与光诱导的氧化应激有关。ROS 是目前公认的 PSC 氧化还原信号分子，调控植物对病原体的保护反应。

PSC 下的另一种有益营养物质是红色/紫色色素——花青素。与玉米黄质和叶黄素类似，它们的饮食摄入与人类健康相关，如治疗视力障碍、预防神经系统疾病、降低心血管疾病发病率、提高认知能力。另外，它们还能增强抗氧化防御能力。花青素是一种水溶性色素，属于多酚类黄酮类，存在于所有植物组织中，包括花、浆果和叶子。它们沉积在叶表皮中，起到防晒作用，保护光合作用器官不受过度兴奋和损害。使用 PSC 增加红莴苣花青素浓度的例子是，从导致绿叶高生物量的光谱移至导致红叶生物量较低但花青素含量显著较高的光谱 24 h 后，观察到这一变化。莴苣植株在红色（660 nm）和蓝色（460 nm）或磷转换的白色 LED（高生物量）下生长，转移到冷白色荧光灯（高花青素）下，这导致花青素浓度在 24 h 内增加了 15 倍。莴苣作物变红的现象也通过延时摄影与原位 CF 测量同步捕获（图 3.4）。

在光谱偏移后 1 min 内检测到，PS Ⅱ 有效量子产率（Y（Ⅱ））显著增加，NPQ 显著降低，4 h 后可见变红。在功能上，光化学能量转换效率提高，吸收光能的热耗散降低。在实验中，植物被转移到它们最初的生长光线下，驯化过程被完全逆转（数据未发表）。光谱分析显示，这种适应响应的最大波长在 402 nm、530 nm 或 485 nm，目前正在实验室中进行研究。人们从胁迫的角度对 PSC 下的

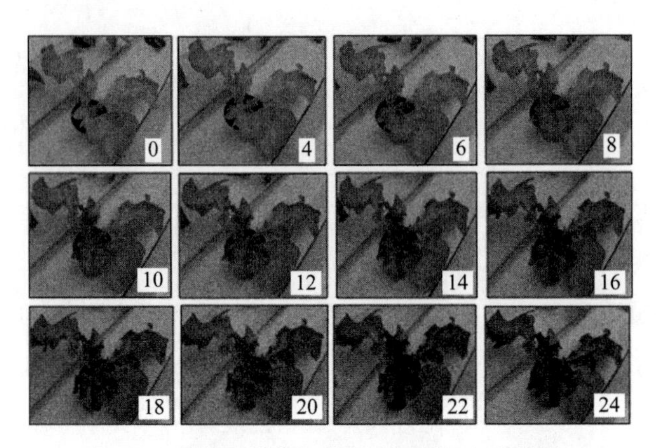

图 3.4 莴苣作物变红的延时摄影图（附彩插）

在第 24 天，将红莴苣 Rouxai 的延时摄影从磷转化的园艺 LED 环境（植物生物量较高但生物化学（色素沉着）较差）转移到冷白色荧光环境（植物生物量较低，但生物化学（色素沉着）较高）。帧右下方的数字表示偏移后的小时数

适应反应进行了广泛的研究。然而，如上所述，光可以以多种方式诱导在 CEA 生长的作物的适应反应。

3.5.2 光感受器传感与信号网络：光感受器控制

光感受器（PR）传感和信号网络，在这里被称为光感受器控制（PRC），涉及大量的光感受器，从 UV - B（280 ~ 315 nm）到远红外（700 ~ 750 nm）的光谱。新组织的长期发育和生成受光感受器控制，但是它与快速行动的光合控制并行和协调运作。编码光敏色素和隐花色素这两类光感受器的基因也受到昼夜调节，表明昼夜节律也受到控制。这表明调节窄光带与光感受器表达的昼夜节律相协调可能是另一种优化作物生长和发育的方法，尽管还需要更多的研究。

所有的 PRS 都包含有机的、非蛋白的成分，称为载色体（Chromophores），它是光子吸收的主要部位。研究最好的 PR 类是五成员的光敏色素（PHY）家族，它通过其载色体——光敏色素移动素来感知红光和远红光的比例。生物不活跃的 P_r 形式在黑暗中合成，并在红光（660 ~ 670 nm）存在下在 1 ~ 2 min 内转化为活性的 P_{fr}形式。在远红光（725 ~ 735 nm）下，P_{fr}光的转换是可逆的，因此 R 光和 FR 光作为快速分子光开关。利用突变体，阐明了 PHYA - E 变种的许多特定功能，包括大量植物发育过程，如种子萌发、去黄化、避荫和植物高度、分枝、气孔发育、光周期反应和开花、昼夜时钟、植物免疫（食草动物/病原体）和耐寒性。光敏色素个体受红光和远红光以及光通量的控制，在植物的整个生命周期中具有独特的重叠作用。黑暗环境中最丰富的光敏色素是 PHYA，它作为一个分子开关，调节萌发、去黄化、高度、叶结构、气孔指数、昼夜节律钟挟带和光周期感知。绿光也被植物感知为“荫蔽”，并诱导了与 PHY 类似的荫蔽形态，表明典型的红光/远红外光响应实际上可能更广泛、更冗余。通过对 PHY 的控制，可以利用 LED 开发精细调节和定时的光程序，在作物的整个生命周期中提高有益的作物品质。

UV－A 或蓝光感受器有 3 类明确分类，即隐花色素（CRY1、CRY2 和 CRY3）、向光色素（PHOT1 和 PHOT2）、Zeitlupes（ZTL、FKF1 和 LKP2）。第一类隐花色素（CRY）是普遍存在于所有领域的光感受器。模式植物拟南芥中有 3 个 CRY。其中，CRY1 参与光形态学（如株高和植物化学物质）；CRY2 参与调节光周期开花；CRY3 定位于线粒体和叶绿体，发挥修复紫外线诱导的 DNA 损伤的作用。CRYs 包含两个载色体，黄素腺嘌呤二核苷酸（FAD）作为主要的光传感器和蝶呤衍生物，从近紫外区（370～390 nm）采集并转移额外的光能到 FAD。CRYs 在 400～500 nm 的光子照射下，在微秒内表现出最大的活性，最大波长在 450 nm，肩部在 430～470 nm，而活性较低的蝶呤在 380 nm 处吸收最大。所有植物蓝光感受器的吸收和活化特性都是相似的。除上述例子外，CRYs 还参与控制种子休眠和萌发、去黄化、昼夜节律钟、花青素生物合成、分枝和气孔开放。与 PHYs 类似，CRYs 也有一个光循环，蓝光激活，黑暗或绿光（500～600 nm）逆转或平衡活性。CRYs 不仅能感知蓝光，而且在高 PFDs 的情况下，它们还能感知蓝绿比的变化，并对其做出反应。然而，也有报道称，在低光条件下，绿光反应会增强，正如在光线较暗的月份北方温室中发现的那样。第二类特殊的 UV－A/蓝光传感器是向光素（PHOT）和 Zeitlupe（ZTL）家族，它们共享一个 FMN 色团和光氧电压域（LOV）。PHOTs 和 ZTLs 吸收和激活的光谱区域与 CRYs 相同；然而，与 CRYs 不同的是，它们一旦被激活，就不会被绿光逆转。事实上，当它们处于活性形式时，它们的吸收光谱会向下移动到350～450 nm。在低光条件下，拟南芥有两个 PHOT，即 PHOT1 和 PHOT2，它们调节多种相对快速的响应，以优化光合效率和生长。其中，包括向光性、叶绿体积累或回避反应、气孔开放和叶片变平。ZTL 具有不同的功能，它们主要参与控制较慢的光响应，如昼夜时钟的牵引和开花的开始。ZTL 的 3 个成员 ZTL、FKF1 和 LPK2 的暗失活较慢，大约 62. 5 h，而 PHOT 的暗失活时间为几十秒，因此在夜间不会完全恢复到它们的失活状态。过去和最近发现类植物感光抗紫外线轨迹 8（UVR8）在 UV－B 吸收范围（280～315 nm）诱发光保护和修复机制，以应对 UV－B 损伤，如细胞核的运动和锚定的植物细胞以及其他未知的适应流程。

3. 6　结论

不难想象，未来的 CEA 将采用先进的 LED 光照自动化技术，其光谱组合经过编程，可以通过传感技术或手动指令来驱动作物的生理过程。光是植物生长发育的最大效应器。当 LED 系统完全集成到 CEA 控制系统中时，电气和生物效应将会加速。在工程方面，LED 阵列可以是静态的，也可以是动态的，几乎园艺相关范围内的每一个光谱比例都可以在你想要的时候以任何方式传递。LED 参与驯化模式将影响作物，然而个体表型可塑性（灵活性）的水平是重要的考虑因素。如果不使用荧光粉进行 LED 下变频，太阳光谱的连续分布就是无法实现的，但可以模拟出光谱的波动和 PFD。这能在产量、稳健性或养分浓度方面提高作物生产力吗？规划光环境是影响作物的一种方式，但利用植物来改变环境是另一种策略。例如，基础研究表明，在环境 CO_2浓度（350～400 ppm）下，气孔的数量和孔径受到蓝光和绿光的高度调节。当高密度 CEA 中的相对湿度过高时，比如 PFs，或者当光合作用因昼夜节律或压力而下调时，停止作物蒸腾是否有益？植物适应响应可以很好地描述为 PSC 和 PRC，一旦确定了特定的作物和所需的作物属性，就可以指定和验证 LED 程序。园艺照明项目可以从工程的角度单独制造，本章提供的信息将在照明方面为制造商、种植者和消费者提供帮助。植物与光的关系是复杂的，还有很多现象有待发现。

致谢

这项工作主要是由美国国家科学基金会工程研究中心项目（ERC），根据美国国家科学技术基金会合作协议（编号：EEC－0812056）提供支持，部分由纽约州根据 NYSTAR 合同 C090145 和 NYSERDA 合同 J50562 提供支持。

参 考 文 献

Ahmed M, Cashmore AR (1993) HY4 gene of *A. thaliana* encodes a protein with characteristics of a blue-light photoreceptor. Nature 366:162–166

Ahmed M, Grancher N, Heil M, Black RC, Giovani B, Galland P, Lardemer D (2002) Action spectrum for cyptochrome-dependent hypocotyl growth inhibition in *Arabidopsis*. Plant Physiol 129:774–785

Albright LD, Both A-J, Chiu AJ (2000) Controlling greenhouse light to a consistent daily integral. T Am Soc Agri Eng 43:421–431

Alter P, Dreissen A, Luo F-L, Matsubara S (2012) Acclimatory responses of *Arabidopsis* to fluctuating light environment: comparison of different sunfleck regimes and accessions. Photosynth Res 113:221–237

Ballare C (2014) Light regulation of plant defense. Annu Rev Plant Biol 65:1–790

Barrero JM, Downie AB, Xu Q, Gubler F (2014) A role for barley CRYTOCHROME1 in light regulation of grain dormancy and germination. Plant Cell 26:1094–1104

Baxter A, Mittler R, Suzuki N (2014) ROS as key players in plant stress signaling. J Exp Bot 65:1229–1240

Bian ZH, Yang QC, Liu WK (2014) Effects of light quality on the accumulation of phytochemicals in vegetables produced in controlled environments: a review. J Sci Food Agri 95:869–877

Biswal B, Joshi PN, Raval MK, Biswal UC (2011) Photosynthesis, a global sensor of environmental stress in green plants: stress signaling and adaptation. Curr Sci 101:47–56

Blankenship RE (2002) Molecular mechanisms of photosynthesis. Blackwell Science Ltd, Oxford

Bouly JP, Schleicher E, Dionisio-Sese M, Vandenbussche F, Van der Straeten D, Bakrim N, Meier S, Batschauer A, Galland P, Bitti R, Ahmad M (2007) Cryptochrome blue light photoreceptros are activated through interconversion of flavin redox states. J Biol Chem 282:9383–9391

Buchanan B, Balmer Y (2005) Redox regulation: a broadening horizon. Annu Rev Plant Biol 56:187–220

Casal J, Sanchez R (1998) Phytochromes and seed germination. Seed Sci Res 8:317–329

Casal J (2000) Phytochromes, cryptochromes, phototropin: photoreceptor interactions in plants. Photchem Photobiol 71:1–11

Casal J (2013) Photoreceptor signaling networks in plant responses to shade. Annu Rev Plant Biol 64:1–863

Casson S, Hetherington A (2010) Environmental regulation of stomatal development. Curr Opin Plant Biol 13:90–95

Chaves I, Byrdin M, Hoang N, van der Horst TJ, Batschauer A, Ahmad M (2011) The cryptochromes: blue light photoreceptors in plants and animals. Annu Rev Plant Biol 62:335–364

Chen M, Chory J (2011) Phytochrome signaling mechanisms and the control of plant development. Trends Cell Biol 21:664–671

Chi W, Sun X, Zhang L (2013) Intracellular signaling from plastid to nucleus. Annu Rev Plant Biol 64:559–582

Chory J (2010) Light signal transduction: an infinite spectrum of possibilities. Plant J 61:982–991

Christie JM (2007) Phototropin blue-light receptors. Annu Rev Plant Biol 58:21–45

Christie JM, Blackwood L, Petersen J, Sullivan S (2015) Plant flavoprotein photoreceptors. Plant Cell Physiol 56:401–413

Clark GB, Thompson G Jr, Roux SJ (2001) Signal transduction mechanisms in plants: an overview. Curr Sci 80:170–177

Cohu CM, Lombardi E, Adams WW III, Demmig-Adams B (2014) Increased nutritional quality of plants for long-duration spaceflight missions through choice of plant variety and manipulation of growth conditions. Acta Astronaut 94:799–806

Conrad KS, Manahan CC, Crane BR (2014) Photochemistry of flavoprotein light sensors. Nat Chem Biol 10:801–809

Crisp P, Ganguly D, Eichten SR, Borevitz O, Pogson BJ (2016) Reconsidering plant memory: intersections between stress recovery, RNA turnover, and epigenetics. Sci Adv 2:1–14

Davies KM (2004) An introduction to plant pigments in biology and commerce. In: Davies K (ed) Plant pigments and their manipulation. Blackwell Publishing, Oxford, p 1

Demarsy E, Fankhauser C (2009) Higher plants use LOV to perceive blue light. Curr Opin Plant Biol 12:69–74

Demmig-Adams B, Cohu CM, Muller O, Adams WW III (2012) Modulation of photosynthetic energy conversion efficiency in nature: from seconds to seasons. Photosynth Res 113:75–88

Devlin P, Kay S (2000) Cytochromes are required for phytochrome signaling to the circadian clock but not for rhythmicity. Plant Cell 12:2499–2509

Dodd AN, Kusakina J, Hall A, Gould PD, Hanaoka M (2014) The circadian regulation of photosynthesis. Photosynth Res 119:181–190

Durnford D, Falkowski P (1997) Chloroplast redox regulation of nuclear gene transcription during photoacclimation. Photosynth Res 53:229–241

Ensminger I, Busch F, Huner NPA (2006) Photostasis and cold acclimation: sensing low temperature through photosynthesis. Physiol Plantarum 126:28–44

Esteban R, Moran JF, Becerril JM, García-Plazaola I (2015) Versatility of carotenoids: an integrated view on diversity, evolution, functional roles and environmental interactions. Environ Exp Bot 119:63–75

Falkowski PG, Chen YB (2003) Photoacclimation of light harvesting system in eukaryotic algae. In: Green BR, Parson WW (eds) Advances in photosynthesis and respiration: light harvesting antennas in photosynthesis, vol 13. Kluwer, The Netherlands, p 423

Fankhauser C, Staiger D (2002) Photoreceptors in *Arabidopsis thaliana*: light perception, signal transduction and entrainment of the endogenous clock. Planta 216:1–16

Foyer CH, Neukermans J, Queval J, Noctor G, Harbinson J (2012) Photosynthetic control of electron transport and the regulation of gene expression. J Exp Bot 63:1637–1661

Franklin K, Whitelam G (2007) Light-quality regulation of freezing tolerance in *Arabidopsis thaliana*. Nat Genet 39:1410–1413

Franklin KA (2008) Shade avoidance. New Phytol 179:930–944

Franklin K, Quail P (2010) Phytochrome functions in *Arabidopsis* development. J Exp Bot 61:11–24

Galvão VC, Frankhauser C (2015) Sensing the light environment in plants: photoreceptors and early signaling steps. Curr Opin Neurobiol 34:46–53

George NC, Denault KA, Seshadri R (2013) Phosphors for solid-state white lighting. Annu Rev Mater Res 43:481–501

Giraudat J, Schroeder J (2001) Cell signaling and gene regulation: plant signal transduction pathways: greying of the black boxes. Curr Opin Plant Biol 4:379–381

Goosey L, Palecanda L, Sharrock RA (1997) Differential patterns of expression of the *Arabidopsis* PHYB, PUYD, and PHYE phytochrome genes. Plant Physiol 115:959–969

Gratani L (2014) Plant phenotypic plasticity in response to environmental factors. Adv Bot 2014:1–17

Gruda N (2005) Impact of environmental factors on product quality of greenhouse vegetables for fresh consumption. Crit Rev Plant Sci 24:227–247

Heijde M, Ulm R (2012) UV-B photoreceptor-mediated signaling in plants. Trends Plant Sci 17:230–237

Hennessey TL, Field CB (1991) Oscillations in carbon assimilation and stomatal conductance under constant conditions. Plant Physiol 96:831–836

Hoang N, Bouly JP, Ahmad M (2008) Evidence of a light-sensing role for folate in *Arabidopsis* cryptochrome blue-light receptors. Mol Plant 1:68–74

Hogewoning SW, Trowborst G, Maljaars H, Poorter H, van Ieperen W, Harbinson J (2010) Blue light dose-response of leaf photosynthesis, morphology, and chemical composition of *Cucumis sativus* grown under different combinations of red and blue light. J Expt Bot 61:3107–3117

Huner NPA, Öquist G, Sarhan F (1998) Energy balance and acclimation to light and cold. Trends Plant Sci 3:224–230

Hüner NPA, Bode R, Dahal K, Hollis L, Rosso D, Krol M, Ivanov AG (2012) Chloroplast imbalance governs phenotypic plasticity: the "grand design of photosynthesis" revisited. Front Plant Sci. doi:10.3389/fpls.2012.00255

IPCC (2014) Climate change 2014: synthesis report. In: Pachauri RK, Meyer LA (eds) Contribution of working groups I, II and III to the fifth assessment report of the intergovernmental panel on climate change. IPCC, Geneva, p 151

Iwabuchi K, Hidema J, Tamura K, Takagi S, Hara-Nishimura I (2016) Plant nuclei move to escape ultraviolet-induced DNA damage and cell death. Plant Physiol 170:678–685

Jao RC, Fang W (2004) Effects of frequency and duty ratio on the growth of potato plantlets in vitro using light emitting diodes. HortScience 39:375–379

Johkan M, Shoji K, Goto F, Hahida S, Yoshihara T (2012) Effect of green light wavelength and intensity on photomorphogenesis and photosynthesis in *Lactuca sativa*. Environ Exp Bot 75:128–133

Kami C, Lorrain S, Hornitschek P, Fankhauser C (2010) Light-regulated plant growth and development. Curr Top DevBiol 91:29–66

Karpinski S, Szechynska-Hebda M (2010) Secret life of plants from memory to intelligence. Plant Signal Behav 5:1391–1394

Khoshbakht K, Hammer K (2008) How many plant species are cultivated? Genetic Res Crop Evol 55:925–928

Kiang N, Sieffert J, Govindjee B (2007) Spectral signatures of photosynthesis I: review of earth organisms. Astrobiol 7:222–251

Kono M, Terashima I (2014) Roles of the cyclic electron flow around PSI (CEF-PSI) and O_2-dependent alternative pathways in regulation of the photosynthetic electron flow in short-term fluctuating light in *Adrabidopsis thaliana*. Plant Cell Physiol 55:990–1004

Koorneef M, Alonso-Blanco C, Peeters AJM, Soppe W (1998) Genetic control of flowering time in *Arabidopsis thaliana*. Annu Rev Plant Biol 49:345–370

Kopp G, Lean J (2011) A new, lower value of total solar irradiance: evidence and climate significance. Geophys Res Lett 38:1–7

Kopsell DA, Sams CE (2013) Increases in shoot tissue pigments, glucosinolates, and mineral elements in sprouting broccoli after exposure to short duration blue light from light emitting diodes. J Am Soc Hortic Sci 138:31–37

Kozai T, Niu G, Takagaki M (eds) (2015) Plant factory: an indoor vertical farming system for efficient quality food production. Academic Press

Krames M (2016) 6-1: invited paper: status and future prospects for visible-spectrum light-emitting diodes. SID Symp Dig Tech Pap 47:39–41

Kromdijk J, Glowacka K, Leonelli L, Gabilly ST, Iwai M, Niyogi KK, Long SP (2016) Improving photosynthesis and crop productivity by accelerating recovery from photoprotection. Science 354:857–861

Leduc N, Roman H, Barbier F, Péron T, Huché-Thélier L, Lothier J, Demotes-Mainard S, Sakr S (2014) Light signaling in bud outgrowth and branching in plants. Plants 3:223–250

Lee D, Downum K (1991) The spectral distribution of biologically active solar radiation at Miami, Florida, USA. Biometeorology 35:48–54

Lee R, Hernandez-Andres J (2005) Colors of the daytime overcast sky. Appl Optic 44:5712–5722

Lehmann S, Haridon FL, Tjamos SE, Metraus JP (2015) Reactive oxygen species and plant resistance to fungal pathogens. Phytochem 112:54–62

Li J, Li G, Wang H, Deng XW (2011) Phytochrome signaling mechanisms. *Arabidopsis Book* 9: e0148. doi:10.1199/tab.0148

Li QH, Yang HQ (2007) Cryptochrome signaling in plants. Photochem Photobiol 83:94–101

Lila MA (2004) Anthocyanins and human health: an in vitro investigative approach. J Biomed Biotechnol 5:305–313

Lin C (2000) Photoreceptors and regulation of flowering time. Plant Physiol 123:39–50

Lin C, Shalitin D (2003) Cryptochrome structure and signal transduction. Annu Rev Plant Biol 54:469–496

Lin C, Todo T (2005) The cryptochromes. Genome Biol 6:220.1–220.9

Liu H, Liu B, Zhao C, Pepper M, Lin C (2011) The action mechanisms of plant cryptochromes. Trend Plant Sci 16:684–691

Marin A, Ferreres F, Barberà GG, Gil MI (2015) Weather variability influences color and phenolic content of pigmented baby leaf lettuces throughout the season. J Agri Food Chem 63:1673–1681

Maxwell K, Johnson GN (2000) Chlorophyll fluorescence-a practical guide. J Exp Bot 51:659–668

McCree K (1972) The action spectrum, absorptance and quantum yield of photosynthesis in crop plants. Agri Meteorol 9:191–216

Mittler R, Vanderauwera S, Suzuki N, Miller G, Tognetti VB, Vanderpoele K, Gollery M, Shulaev V, Van Breusegem F (2011) ROS signaling: the new wave? Trend Plant Sci 16:300–309

Möglich A, Yang X, Ayers RA, Moffat K (2010) Structure and function of plant photoreceptors. Annu Rev Plant Biol 61:1–720

Murchie EH, Lawson T (2009) Agriculture and the new challenges for photosynthesis research. New Phytol 181:532–552

Müller P, Li XP, Niyogi KK (2001) Non-photochemical quenching. A response to excess light energy. Plant Physiol 125:1558–1566

Nelson DC, Lasswell J, Rogg LE, Cohen MA, Bartel B (2000) FKF1, a clock-controlled gene that regulates the transition to flowering in *Arabidopsis*. Cell 101:331–340

Nicotra AB, Atkin OK, Bonser SO, Davidson AM, Finnegan EJ, Mathesius U, Poot P, Purugganan MD, Richards CL, Valadares F, van Kleunen M (2010) Plant phenotypic plasticity in a changing climate. Trend Plant Sci 15:684–692

Nishio JN (2000) Why are higher plants green? Evolution of the higher plant photosynthetic pigment complement. Plant Cell Environ 23:539–548

Niyogi KK (1999) Photoprotection revisited: genetic and molecular approaches. Annu Rev Plant Biol 50:333–359

Olvera-Gonzalez E, Alaniz-Lumbreras D, Torres-Argüelles González-Ramirez E, Villa-Hernández J, Araiza-Esquivel M, Ivanov-Tsonchev R, Olvera-Olvera C, Castaño VM (2013) A LED-based smart illumination system for studying plant growth. Light Res Technol 46:128–139

Öquist G, Huner NPA (2003) Photosynthesis of overwintering evergreen plants. Annu Rev Plant Biol 54:329–355

Ouzounis T, Fretté Z, Ottosen C-O, Rosenqvist E (2014) Spectral effects of supplementary lighting on the secondary metabolites in roses, chrysanthemums, and campanulas. J Plant Physiol 175:192

Pfalz J, Liebers M, Hirth M, Grübler B, Schröter H, Dietzel B (2012) Environmental control of plant nuclear gene expression by chloroplast redox signals. Front Plant Sci 3:257–266

Pfannschmidt T, Nilsson A, Allen JF (1999) Photosynthetic control of chloroplast gene expression. Nature 397:625–628

Pfannschmidt T (2003) Chloroplast redox signals: how photosynthesis controls its own genes. Trends Plant Sci 8:33–41

Piipo M, Allahverdiyeva Y, Paakkarinen V, Suoranto UM, Battchikova N, Aro EM (2006) Chloroplast-mediated regulation of nucleargenes in *Arabidopsis thaliana* in the absence of light stress. Physiol Genomics 25:142–152

Pocock T, Hurry V, Savitch LV, Hüner NPA (2001) Susceptibility to low-temperature photoinhibition and the acquisition of freezing tolerance in winter and spring wheat: the role of growth temperature and irradiance. Int J Plant Biol 113:499–506

Pocock T (2015a) Advanced lighting technology in controlled environment agriculture. Light Res Technol. doi:10.1177/1477153515622681

Pocock T (2015b) Light-emitting diodes and the modulation of specialty crops: light sensing and signaling networks in plants. HortScience 50:1281–1284

Pocock T (2017) Energy, LEDs and enhanced plant yield in controlled environment agriculture. NYSERDA report number 31793 (revised Sept 2014). New York State Energy and Research Development Authority

Pokorny R, Klar T, Hennecke U, Carell T, Batschauer A, Essen LO (2008) Recognition and repair of UV lesions in loop structures of duplex DNA by DASH-type cryptochrome. Proc Natl Acad Sci USA 105:21023–21027

Potters G, Horemans N, Jansen MAK (2010) The cellular redox state in plant stress biology. Plant Physiol Biochem 48:292–300

Reinhardt K, Smith WK, Carter GA (2010) Clouds and cloud immersion alter photosynthetic light quality in a temperate mountain cloud forest. Botany 88:462–470

Rosevear MJ, Young AJ, Johnson GN (2001) Growth conditions are more important than species origin in determining leaf pigment content of British plant species. Func Ecol 15:474–480

Ruban AV (2009) Plants in light. Commun Integrat Biol 2:50–55

Ruban A (2015) Evolution under the sun: optimizing light harvesting in photosynthesis. J Exp Bot 66:7–23

Sager J, Giger W (1980) Re-evaluation of published data on the relative photosynthetic efficiency of intermittent and continuous light. Agric Meteorol 22:289–302

Sakamoto K, Briggs WR (2002) Cellular and subcellular localization of Phototropin 1. Plant Cell 14:1723–1735

Selby CP, Sancar A (2006) Acryptochrome/photolyase class of enzymes with single-stranded DNA-specific photolyase activity. Proc Natl Acad Sci USA 103:17696–17700

Sellaro R, Crepy M, Trupkin SA, Karayekov E, Buchovsky AS, Rossi C, Casal JJ (2010) Cryptochrome as a sensor of the blue/green ratio of natural radiations in *Arabidopsis*. Plant Physiol 154:401–409

Semba RD, Dagnelie G (2003) Are lutein and zeaxanthin conditionally essential nutrients for eye health? Med Hypothes 61:465–472

Scheffers B, Joppa LN, Pimm SL, Laurance WF (2012) What we know and don't know about Earth's missing biodiversity. Trend Ecol Evol 27:501–510

Schottler M, Toth S (2014) Photosynthetic complex stoichiometry dynamics in higher plants: environmental acclimation and photosynthetic flux control. Frontier Plant Sci 5:1–15

Shimada A, Taniguchi Y (2011) Red and blue pulse timing control for pulse width modulation light dimming of light emitting diodes for plant cultivation. J Photochem Photobiol 104:399–404

Snowdon KC, Inzé D (2016) Editorial overview: cell signaling and gene regulation: the many layers of plant signaling. Curr Opin Plant Biol 33:iv–vi

Smith H, Whitelam GC (1997) The shade avoidance syndrome multiple responses mediated by multiple phytochromes. Plant Cell Environ 20:840–844

Somers DE, Devlin PF, Kay SA (1998) Phytochromes and cryptochromes in the entrainment of the *Arabidopsis* circadian clock. Science 282:1488–1490

Somers DE, Fujiwara S (2009) Thinking outside the F-box: novel ligands for novel receptors. Trend Plant Sci 14:206–213

Suetsugu N, Wada M (2013) Evolution of three LOV blue light receptor families in green plants and photosynthetic stramenopiles: phototropin, ZTL/FKF1/LKP2 and autochrome. Plant Cell Physiol 54:8–23

Sun J, Nishio JN, Vogelman TC (1998) Green light drives CO_2 fixation deep within the leaves. Plant Cell Physiol 39:1020–1026

Taiz L, Zeiger E (2010) Plant physiology, 5th edn. Sinauer Associates Inc., Sunderland, p 782

Takahashi S, Milward SE, Yamori W, Evans JR, Hillier W, Badger MR (2010) The solar action spectrum of photosystem II damage. Plant Physiol 153:988–993

Takemiya A, Inoue S, Doi M, Kinoshita T, Shimazaki K (2005) Phototropins promote plant growth in response to blue light in low light environments. Plant Cell 17:1120–1127

Tennessen DJ, Bula RJ, Sharkey TD (1995) Efficiency of photosynthesis in continuous and pulsed light emitting diode irradiation. Photosynth Res 44:261–269

Terashima I, Fujita T, Inoue T, Chow WS, Oguchi R (2009) Green light drives leaf photosynthesis more efficiently than red light in strong white light: revisiting the enigmatic question of why leaves are green. Plant Cell Physiol 50:684–697

Thelier M, Luttge U (2012) Plant memory: a tentative model. Plant Biol 15:1–12

Thomas B (2006) Light signals and flowering. J Exp Bot 57:3387–3393

Tikkanen M, Grieco M, Kangasjärvi S, Aro EM (2010) Thylakoid protein phosphorylation in higher plant chloroplasts optimizes electron transfer under fluctuating light. Plant Physiol 152:723–735

Tomson T (2010) Fast dynamic process of solar radiation. Sol Energy 84:318–323

Trewavas A (2002) Plant intelligence: mindless mastery. Nature 515:841

United Nations, Department of Economic and Social Affairs, Population Division (2016) The World's Cities in 2016—Data Booklet (ST/ESA/SER.A/392)

U.S. Global Change Research Program (2015) Our changing planet: the U.S. Global Change Research Program for Fiscal Year 2016, Washington, DC, USA

Van Broekhoven J (2001) Lamp Phosphors. In: Kane R, Sell H (eds) Revolution in lamps: a chronicle of 50 years of progress. Fairmont Press Inc., GA, p 288

Vogelmann TC, Han T (2000) Measurements of gradients of absorbed light in spinach leaves from chlorophyll fluorescence profiles. Plant Cell Environ 23:1303–1311

Wang H, Gu M, Cui J, Shi K, Zhou Y, Yu J (2009) Effects of light quality on CO_2 assimilation, chlorophyll-fluorescence quenching, expression of Calvin cycle genes and carbohydrate accumulation in *Cucumis sativus*. J Photochem Photobiol 96:30–37

Wang Y, Folta K (2013) Contributions of green light to plant growth and development. Am J Bot 100:70–78

Wituszynska W, Galazka K, Rusaczonek A, Vanderauwera S, Van Breusegem F, Karpinski S (2013) Multivariable environmental conditions promote photosynthetic adaptation potential in *Arabidopsis thaliana*. J Plant Physiol 170:548–559

Wheeler R (2008) A historical background of plant lighting: an introduction to the workshop. HortScience 43:1942–1943

Zachgo S, Hanke GT, Scheibe R (2013) Plant cell microcompartments: a redox-signaling perspective. Biol Chem 394:203–216

Zhang T, Maruhnich SA, Folta KM (2011) Green light induces shade avoidance symptoms. Plant Physiol 157:1528–1536

Zhu XG, Ort DR, Whitmarsh J, Long SP (2004) The slow reversibility of photosystem II thermal energy dissipation on transfer form high to low light may cause large losses in carbon gain by crop canopies: a theoretical analysis. J Exp Bot 55:1167–1175

Zikihara K, Iwata T, Matsuoka D, Kandori H, Todo T, Tokutomi S (2006) Photoreaction cycle of the light, oxygen, and voltage domain in FKF1 determined by low-temperature absorption spectroscopy. Biochem 45:10828–10837

第 4 章
受控农业环境中 LED 光照优化

马克 · W. 范 · 伊塞尔（Marc W. van Iersel）

4.1 引言

受控环境农业主要是指一系列生产系统，包括管道、温室和室内生产设施（通常称为垂直农场或植物工厂）。受控环境农业的主要目标是为种植者提供一定程度的控制作物所暴露的环境条件，从而延长作物生长季节，提高作物产量和质量。本章的重点是温室和室内生产，因为其他形式的受控环境农业（如高管道）很少使用补充照明。

温室和室内生产设施的照明情况和要求不同。在温室里，阳光通常是主要的光源，为提高作物的产量和品质，可提供补充电光源。这在高纬度地区尤其有益，因为在高纬度地区，日光积分（DLI，光合光子通量密度（PPFD）在 24 h 内的积分）的季节波动较大，而冬季 DLI 较低。室内生产系统最多只能接收所需阳光的一小部分，并且高度依赖于电力照明。

在温室和室内生产设施中提供照明所需的电费都很高。温室的补充照明通常是仅次于人工的第二高的运营费用。例如，一个 1 000 W 的高压钠（HPS）灯功率约 1 075 W，包括灯泡和镇流器。如果每公顷 600 盏 1 000 W 的 HPS 灯每年使用 180 天，每天使用 16 h，电费为每千瓦时 0. 10 美元，则每年运行这些灯所需的电费为近 18 万美元。美国温室蔬菜的平均农场年产值均为 70 万美元/公顷（USDA - NASS 2014）。因此，采用更高效的照明策略，降低运营费用将对温室的盈利能力产生重大影响。

尽管电灯的成本很高，但温室里的光照水平却往往控制得很差。由于温室结构的遮阳或天气条件的变化，温室作物从太阳获得的光数量变化很大，可以在几秒钟内发生变化。同样，天气条件的逐日变化会导致 DLI 的大变异性，而地球相对于太阳位置的季节性变化则会导致一年中 DLI 的大差异。这些变化取决于纬度，而且离赤道越远，变化越大。

电灯通常是室内生产设施中作物生长所需的唯一光源，因此提供电灯的成本甚至比温室更重要。Zeidler 等（2013）发表了一份关于建造和运营大型摩天大楼式垂直农场的技术和财务方面的综合评估报告。他们估计，与实地生产相比，他们设计的垂直农场可以增加单位面积 1 115 倍的产量。但 LED 光照系统的成本占垂直农场初始资本成本约 30%，电力占年运营成本约 60%。这些电力大部分用来为农作物提供照明和空调，空调需要去除灯产生的热量。通常估计，垂直农场总运营成本的 40%~50% 与照明有关。由于高资本和运营成本，因此在可预见的未来，垂直农场生产主要作物在财务上不太可行。更高效的照明技术对于提高垂直农场的可持续性和盈利能力至关重要。

为控制环境农业制定最佳的照明策略是复杂的，因为在这种策略中应该包括许多因素。这些因素包括照明系统的资本成本、灯光效率、电力成本（短期和长期都可能变化）、作物拦截和使用所提供的光以产生可销售产量的能力、这种光对作物质量的影响以及作物的价值。本章的目的是概述如何利用植物对光反应的生理信息来开发更有效和经济的方法来受控环境农业的照明。

4.2 LED 作为生长灯的益处

LED 在受控环境农业中逐渐普及。长期以来，人们一直认为这种灯比其他灯更节能，但这并没有得到数据的支持。Nelson 和 Bugbee（2014）以及 Wallace 和 Both（2016）最近比较了各种 LED 和 HPS 生长灯的能源效率，以每焦耳电能产生的光合光子摩尔来表示。他们报告说，最好的 LED 灯和 HPS 灯具有相似的效率。最近 LED 技术的改进提高了一些最新的 LED 灯的效率，超过了最高效的 HPS 灯（见第 5 章）。然而，LED 灯仍然没有普遍比 HPS 灯更高效。

4.2.1　辐射热低

与 HPS 或金属卤化物灯相比，LED 灯的另一个优点是它们产生的辐射热很少，这使它们可以放置在接近或冠层内，而不会损害作物。增加灯光与顶棚的距离，确保光线能够有效地传递到叶片上。对于室内生产系统，它减少了空间需求，允许多层生产系统，不同的货架相对靠近（图 4.1）。通过使用合适的透镜和反射器，还可以设计 LED 灯具，以确保大部分发出的光确实传送到灯罩上。总的来说，这可以更有效地利用能源、光线和空间。

图 4.1　AeroFarms（Newark，NJ，USA）为绿叶蔬菜设计的多层 LED 光照生产系统（附彩插）

4.2.2　光谱控制

一般来说，LED 产生的光在一个相当狭窄的光谱范围内，通常表示为半峰全宽（FWHM），即 PPFD 至少是最大 PPFD 的一半的波长范围（图 4.2）。LED 有许多不同波长的峰，为光谱的产生提供了很大的灵活性。白光可以通过混合不同波长的 LED 产生（如蓝色、绿色、红色或蓝色和黄色），最常见的 LED 白色灯是通过在蓝色 LED 上涂上磷光体（更多细节见第 1 章）。荧光粉会吸收蓝色 LED 发出的部分光子，并通过发光重新发出波长更长的光，产生白光。发射光谱可以根据磷光涂层的类型和数量进行调整。添加荧光粉涂层降低了 LED 的效率，因此白色 LED 的效率低于蓝色或红色 LED。由于叶绿素在光谱的蓝色和红色区域有吸收峰，因此许多 LED 生长光只使用红色和蓝色 LED。然而，认为植物不能有效利用叶绿素吸收峰以外波长光的想法是不正确的。高等植物有多种类胡萝卜素，它们是光系统Ⅰ和Ⅱ周围收集光的复杂系统的一部分。这些类胡萝卜素有效地吸收了叶绿素 a 和 b 没有吸收的大部分光线。因此，植物可以非常有效地利用波长为 400 ~ 700 nm 的大部分光进行光合作用。目前还不清楚最大光合效率的最佳光谱是什么（更深入的讨论见 4. 3. 3 节）。除了驱动光合作用，光谱可以对植物的形态和次生化合物的生产有明显的影响。随着 LED 光照技术的出现，利用光谱来提高植物的品质已经成为受控环境农业的重要手段。

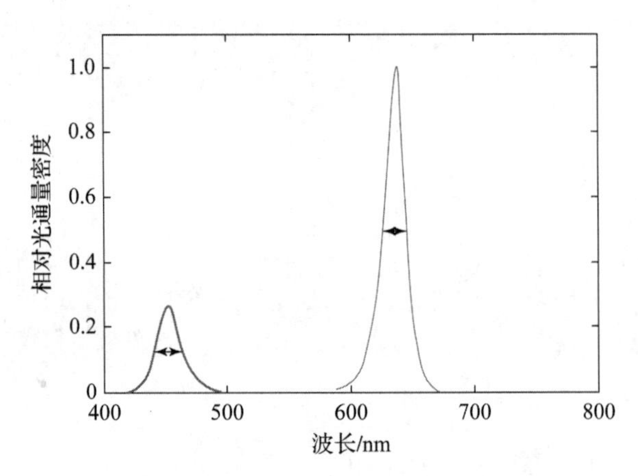

图 4. 2　蓝色和红色 LED 生长光的光谱分布

水平箭头表示半峰全宽（FWHM），为光谱峰尖锐程度的度量

4. 2. 3　LED 灯的可控性

LED 灯一个未被充分利用的特性是能够快速、精确地控制其发光强度，且通常利用电流控制或脉宽调制来实现。脉宽调制可以控制 LED 灯打开/关闭的频率（通常为每秒数千次）和占空比（LED 灯在每个短暂的打开/关闭周期中通电时间所占的比例）。降低 LED 灯的占空比会减少 PPFD。在技术上，控制 LED 灯的发光强度很容易且成本低廉。基于作物有效利用光的能力，控制系统可以快速调节 LED 灯的 PPFD。然而，通过控制 LED 灯来提供 PPFD 优化方法的研究却很少。事实上，尽管补充照明的成本较高，但一直很少有研究涉及最佳的照明策略。

4.3　优化光照控制

Heuvelink 和 Challa（1989）根据一个简单的经济原则制定了补充照明的指导方针：提供更多补充照明的成本需要低于或等于增加补充照明所产生的额外收益的价值。他们利用作物光合作用模型预测碳水化合物产量和作物转化效率（每克碳水化合物可销售产品的克数），预测了在补充光照的情况下可实现的销售产量的增加。考虑到运营电灯所需的电力价格和收获的产品的销售价格，他们能够计算出补充照明的收支平衡点。目前还不清楚这些指导方针是否曾被温室产业执行过。

Clausen 等人（2015）使用类似的方法开发了一个基于叶片光合作用模型的补充照明控制系统。他们的方法考虑了天气预报和实时电价，在电价较低时优先提供补充照明。该系统可以通过编程实现特定的“每日光合作用积分”，由叶片光合作用模型计算得到。使用开发的 DynaLight 桌面软件实施这一策略，风铃草的生产节省了 25% 的能源，而作物质量没有显著下降。

Albright 等人使用了一种不同的方法来控制莴苣生产中的光。基于多个温室试验，他们确定莴苣生物量积累与作物在生产周期中获得的 PPFD 累积量密切相关。他们开发了一种名为“光影系统工具”（LASSI）的系统，可以根据需要使用阴影和补充光来控制温室内的 DLI。LASSI 每小时决定是否需要遮光或补充光，且当电价较低时，会优先提供补充光。在温室内控制 DLI 可以实现全年稳定和可预测的莴苣产量。

值得注意的是，所有这些照明控制方法都是基于 HPS 灯的使用。为 HPS 灯开发的算法可能不适用于 LED 灯。HPS 灯的输出光不能被精确控制，灯不能快速开关。但是，LED 灯可以被精确地控制以做出快速的调整，因此可以通过编程对环境或作物的生理参数做出即时的反应。对于未精确控制 HPS 灯，这是一个显著的改进。通过充分利用 LED 灯的可控性，可以提高 LED 光照的成本效益。具体来说，只有当作物能够有效利用补充光时，才提供补充光。

4.3.1　最佳光量

为了制定最佳的照明策略，重要的是要定量地了解作物如何利用光。作物光利用效率可分为光吸收和光吸收利用两部分。光吸收在很大程度上取决于冠层的大小：小的植物会截取所提供的光中相对较小的一部分。这种低效率可以通过种植更紧密的植物来降低，这在苗木生产中很常见。例如，观赏幼苗通常在密度高达4 000 株/m^2的情况下生长。同样，植物工厂里的绿叶蔬菜通常生长密度很高（图4.3）。虽然这些高密度植物的主要目标是尽可能有效地利用可用的空间，但它也增加了光的截留。当使用补充照明时，这可能是有益的，因为更大的植物密度将增加光截留，从而增加补充照明的经济效益。

图 4.3 AeroFarms（Newark，NJ，USA）在 LED 光照下高密度生产微绿色植物（附彩插）

高密度植物优化了空间利用，并确保作物能够截留大部分光

也可以通过控制光的质量（即光的光谱组成）来增加冠层光的截取。光敏色素是一种色素 - 蛋白质复合物，在控制细胞和叶片生长中起着重要作用。其活性取决于光敏色素的光平衡，而这种光平衡可以通过改变红光和远红光的比例来控制。高比例的远红光通常会引起植物的荫蔽反应。许多植物的反应是产生更大更薄的叶子（增加特定的叶面积），尽管这种反应是取决于物种。Demotes - Mainard 等人（2016）最近对光敏色素调控植物生长发育的分子机制进行了研究。对于许多作物物种来说，使用高比例的远红光可以增加冠层的大小，从而增加光的截留。这在苗期尤其有价值，因为这一时期的光截留通常很低。Kubota 等人（2012）发现，在光周期结束时提供远红光，增加了光截留和纯 LED 光下生长的小叶莴苣的生长。有趣的是，他们没有在温室生长的莴苣中看到这样的增长，这可能是因为阳光中已经含有丰富的远红光，特别是在光周期的开始和结束时。

LED 灯在光拦截方面比 HPS 灯有一些优势。使用适当的反射器或透镜可以将提供的光线聚焦到作物冠层上。在如青椒、黄瓜和番茄、高藤类作物中，可以使用 LED 来进行冠层内部照明。在冠层内放置 LED 灯可以有效地拦截光线，同时为冠层接收不到阳光的部分提供光照。

作物光利用效率的另一个组成部分是利用被叶片吸收的光。大多数植物的叶片通常会吸收到达叶片 84% 的光。被吸收的光可用于光合作用的光反应（光化学）中的电子传递。光化学导致还原铁氧还蛋白的产生，进而产生 NADPH。光化学产生的 NADPH 和 ATP 随后可用于卡尔文循环产生碳水化合物。然而，并不是所有被吸收的光都用于光化学，其中一部分会以热量的形式散失，而一小部分（通常为 1%~2%）会以叶绿素荧光的形式重新释放出来。

光系统Ⅱ通常被认为是高等植物叶绿体中线性电子传递链中最慢的部分。当一个光子的激发能到达光系统Ⅱ的反应中心时，这个能量被用来将一个电子从反应中心叶绿素移动到脱镁叶绿素，然后进入质体醌池。反应中心叶绿素随后从水分子接收到一个电子，该电子在析氧复合体中分裂为氢离子和氧。当电子从反应中心叶绿素移动到质体醌池时，光系统Ⅱ的反应中心短暂关闭，即它不能接受额外的激发能。在高光条件下，更多的激发能会到达光系统Ⅱ的反应中心，导致更多的电子输运，同时封闭反应中心的比例也更高。当更多的反应中心关闭时，植物必须上调过程来消耗多余的光能，因为额外吸收的能量会导致光抑制（对光合机制的破坏）。多余光能的耗散通过各种过程发生，这些过程统称为叶绿素荧光的非光化学猝灭。非光化学猝灭至少是部分地由叶绿体腔的 pH 控制的。高速率的电子传输导致了 H^+ 在腔内的积累，而由此产生的低 pH 值上调了有助于耗散多余光能的过程。在过去几年中，已经发表了几篇关于这些过程的高质量研究报告。

光系统Ⅱ的量子产量（Φ_{PSII}）是被光系统Ⅱ吸收的光的一部分。光系统Ⅱ的捕光复合体用于通过光系统Ⅱ进行电子传输。在较高的光照下，更多的 PSⅡ反应中心被关闭，Φ_{PSII} 下降。这对控制补充照明有直接的影响。在理想情况下，当补充照明可以最有效地用于电子传输时，即在低环境光条件下，大多数反应中心是开放的，Φ_{PSII} 是高水平的。因此，当环境光水平较低时，补充照明效率将较高。基于环境光照水平控制补充照明的原理与光合作用模型驱动的补充照明控制方法是一致的。这些光合作用模型表明，随着 PPFD 的增加，光合作用呈非线性增加。因此，在低环境光条件下，补充照明有望对光合作用产生最大的影响。

要提供多少补充光，这个问题没有标准的答案。这取决于补充光照所带来的预期经济产量增加、收获产品的价值以及与提供补充光照相关的成本。这使很难，甚至不可能为补充照明提供普遍适用的指导方针。照明控制策略需要量身定制，以适应特定作物和生产系统的需要。

4.3.2 叶绿素荧光作为一种监测作物表现的工具

了解植物如何有效利用吸收的光可以帮助确定补充的光是否可能被有效利用。叶绿素荧光测量可用于监测作物光合利用效率，特别是 $\Phi_{PSⅡ}$。脉冲调幅叶绿素荧光测定法已成为一种常用的监测光化学过程的技术。将稳态荧光与饱和光条件下的荧光测量相结合，可以计算出 $\Phi_{PSⅡ}$。注意，$\Phi_{PSⅡ}$（通过 PSⅡ传输的电子和被吸收的光子之间的比率）和光合作用的量子产量（每个光子产生的固定的 CO_2分子或 O_2分子）是衡量不同植物在光合作用过程中利用光的效率的方法。原则上，叶绿素荧光和 CO_2交换测量都可以用来确定光合作用对环境条件的响应，包括光。然而，与 CO_2交换相比，叶绿素荧光有明显的优势，即更便宜，设备不需要定期校准，而且它能对光照条件的变化做出即时反应。

如果已知 $\Phi_{PSⅡ}$和 PPFD，则可以估算出光系统Ⅱ的电子传输速率，这通常反映了光合作用的总体速率。Schapendonk 等人（2006）将这一原理应用于温室玫瑰，发现电子传输速率和叶片净光合作用之间存在很强的相关性。他们的结论是，叶绿素荧光测量可以用于温室照明的实时优化控制，以优化生长和产量。然而，他们似乎还没有实现这种方法。Janka 等人（2015）使用 $\Phi_{PSⅡ}$测量来监测菊花在强光和高温胁迫下的表现。他们监测了 $\Phi_{PSⅡ}$的日波动，以及非光化学猝灭。通过对光系统Ⅱ的暗适应测量，他们还能够检测到白天强光或温度胁迫对光系统Ⅱ的损伤。

图 4.4 和 4.5 概述了如何利用荧光数据来制定最佳照明策略。温室内的 PPFD 是高度动态的，$\Phi_{PSⅡ}$对 PPFD 的变化做出快速反应。简单地看一下 $\Phi_{PSⅡ}$一天内的动态变化，似乎这些变化太快，难以预测，没有多少实际用途。然而，当绘制 $\Phi_{PSⅡ}$与 PPFD 时，很明显两者之间存在很强的关系。随着 PPFD 的增大，量子产率逐渐减小，而电子传输速率逐渐增大。这些关系因物种而异（图 4.5），因此需要有关光合反应对 PPFD 响应的定量、作物特异性的信息来制定最佳的光照策略。由于植物特异性的光响应可能取决于环境条件和生产实践（如盐度、肥力），使得这一任务变得更加复杂。迄今为止，很少有人研究对 $\Phi_{PSⅡ}$或电子传输

速率的实时测量，以优化作物在受控环境中的生长条件。然而，这项技术很有前途，因为它提供了植物利用光效率的定量信息。重要的是要注意 $\Phi_{PS II}$ 和电子传输速率之间的内在平衡：为了实现高电子传输速率，需要高 PPFD，但这必然会导致相对较低的 $\Phi_{PS II}$（图4.5）。

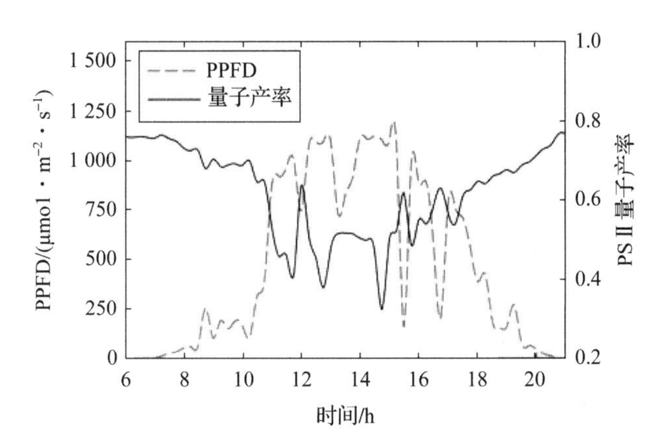

图4.4　温室天竺葵15 h内光合光子通量密度（PPFD）的变化及光系统Ⅱ的量子产率

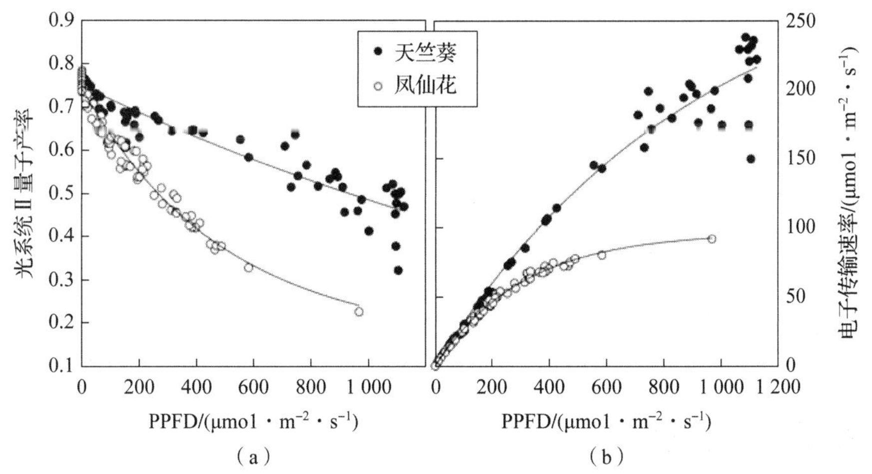

图4.5　天竺葵和凤仙花光合光子通量密度（PPFD）与光系统Ⅱ量子产率和电子传输速率的关系

（a）与光系统Ⅱ量子产率的关系；（b）与电子传输速率的关系

叶绿素荧光和二氧化碳交换测量的局限性是因为这些都是典型的点测量。测量整个冠层的一片叶子的一小部分可能不能代表整个作物。原则上，扫描整个冠层可以提供光合作用的空间变异信息。目前，叶绿素荧光成像系统价格昂贵，而且仅限于研究应用，而且大多数都局限于单个叶片或小型植物。在更大尺度上确定叶绿素荧光的遥感技术，通常测量太阳诱导的叶绿素荧光。太阳诱导的叶绿素荧光测量可以监测冠层光化学活性的空间差异和时间变化，但不允许定量 $\Phi_{PS\,II}$ 或计算电子传输速率。这仍然是一项相对较新的技术，在解释这些信号方面存在着严峻的挑战。这项技术是否适合在商业园艺生产中大规模应用还有待观察。

4.3.3 重新审视光合作用的最佳光谱

LED 提供了独特的机会来调整光谱，以满足作物的需要。最近有多篇文章综述了光谱对植物生长、发育和次生代谢的影响。这里的目的不是补充这些综述，而是强调光合作用中光的光谱组成中一些未被重视或忽视的方面。

早在 80 多年前，就有大量关于光合作用光谱的研究。McCree 做了一系列全面的研究，以量化叶片如何有效地利用不同波长的光进行光合作用。他使用了在不同条件下生长的不同物种，结果仍然被认为是光合作用光谱的标准。他根据到达叶片的光子的能量（作用光谱）和被吸收光子的数量（光合作用的量子产量）确定了光合作用的光谱响应。结果表明，红光（625～675 nm）的利用效率最高，而在光谱的蓝色部分（450 nm，图 4.6）有一个较低的峰。这些峰大致对应于主要光合色素——叶绿素的吸收峰。然而，许多其他的光合色素参与类囊体膜的光吸收。这些色素可以吸收叶绿素 a 和 b 吸收不了的大部分光，并将激发能量转移给叶绿素，使植物能够利用波长为 400～700 nm 大部分光进行光合作用。McCree（1972）证实，植物可以非常有效地利用绿光和黄光（图 4.6）。

McCree 的作用光谱已经被其他研究人员复制得出了类似的结果。尽管我们对光合作用的作用光谱有所了解，但最近的文献中仍有一些人认为，绿色和黄色的光在光合作用中被低效地利用。

研究光谱对光合效率影响的一个重要限制是，不同波长的光通常是通过使用单色器或过滤器来提供的。在这两种情况下，产生的光在感兴趣的波长上都不会有一个尖锐的峰值。例如，Hogewoning 等人（2012）报道了他们使用的滤波器的半宽调制范围在 10～40 nm。McCree（1972）没有详细说明他所使用的不同波长光的确切光谱分布。然而，这一信息可能与解释他的结果有关，特别是在光合作用的量子产量变化迅速的波长。正如 Emerson 和 Lewis（1943）最初描述的那样，McCree（1972）发现当光的波长从 675 nm 增加到 700 nm 时，光合作

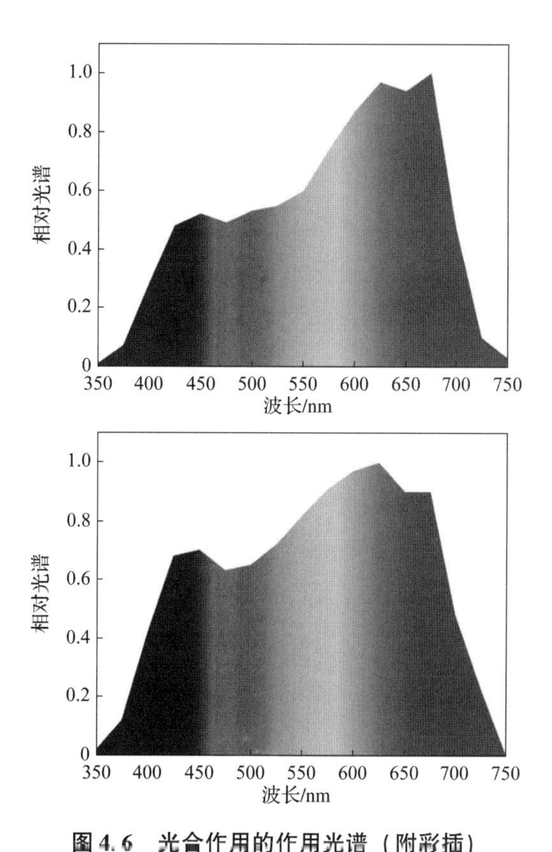

图 4.6　光合作用的作用光谱（附彩插）

基于光到达叶片表面的入射能量通量（上）和相对量子产量（下）。

根据 McCree（1972，表 6）对 8 种大田植物的测量数据

用的量子产量迅速下降。假设提供的光在中心峰值周围是对称分布的，那么用于测量 700 nm 波长的光有一半的波长在 700 nm 以下。这似乎很可能是观察到的 700 nm 光的光合作用是那些较短波长光子的结果，而不是波长超过 700 nm 的光子。这一解释似乎与 Inada（1976）和 Hogewoning 等人（2012）的发现一致，他们发现在波长超过 680 nm 时，光合活性下降得更快。在波长超过 680 nm 时，光合作用量子产量的下降是由于光系统Ⅰ和Ⅱ的激发不平衡，光系统Ⅱ在这些波长处于欠激发状态所致。

某些波长可能导致光系统Ⅰ和Ⅱ的激发不均匀，这是光合光谱响应曲线的另一个限制。由于这些曲线是在窄波长光下测量光合作用而得到的，因此这些曲线没有考虑不同波长可能的协同效应。McCree（1972）已经认识到他的数据的这一局限性，并指出“不可能从任何作用光谱或光谱量子产量曲线来计算白光光源

的光合效率”。因此，我们仍然缺乏关于广谱光光合效率的良好定量信息。增效作用可以解释不同光的光合效率的意想不到的差异。例如，Zhen 和 van Iersel（2017）在白光和红/蓝 LED 光下比较了莴苣（*Lactuca sativa*）的 Φ_{PSII} 和净光合作用。研究发现在相同 PPFD 下，白光下的 Φ_{PSII} 和净光合作用均高于红/蓝光下。此外，随着 PPFD 的增加，红/蓝光下的 Φ_{PSII} 比白光下降更快。这导致随着 PPFD 的增加，红/蓝/白光下的净光合作用差异越来越大（图 4.7）。

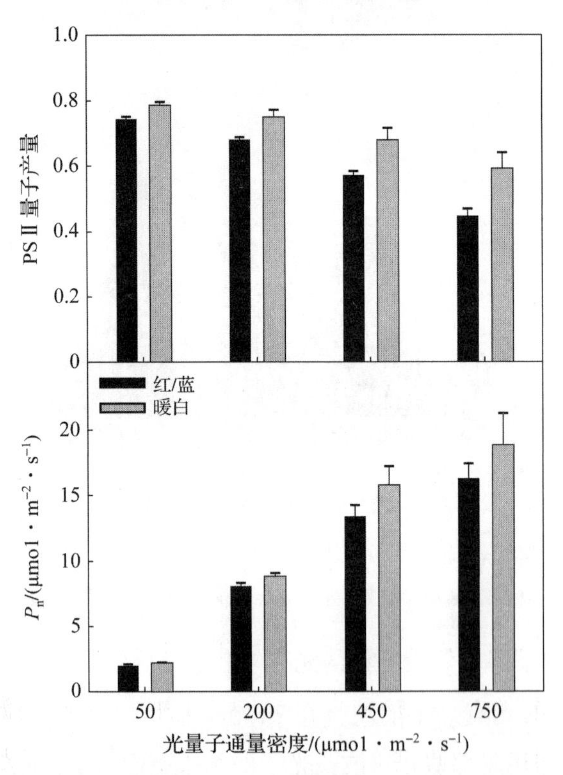

图 4.7 在不同 PPFD 条件下，红/蓝或暖白 LED 光下莴苣光系统 Ⅱ 的量子产量（上图）和净光合速率（P_n）（下图）

与红/蓝光相比，暖白光能产生较高的量子产量和净光合作用（数据由 Zhen 和 van Iersel 提供）

艾默生等人（1957）第一次描述了不同波长光的协同效应。他们发现，将红光和远红光相结合的光合速率高于基于这两种光源自身的光合速率之和的预期。Emerson 实验室的工作产生了光合作用的光反应依赖于两种不同的光系统的假说，这一假说后来得到了证实。光系统 Ⅰ 和 Ⅱ 的确切作用光谱仍然未知，但很明显，远红光（>680 nm）比光系统 Ⅱ 能更有效地刺激 PS Ⅰ，并需要高效光化学。

4.3.4　远红光的重要性

远红光对激发光系统 I 的重要性涉及关于单光源 LED 光照的最佳光谱的问题。大多数 LED 生长灯被设计用来提供波长范围在 400 ~ 700 nm 的大部分光，这部分光谱通常被认为是光合活性的。仅由红色和蓝色 LED 制成的生长灯几乎不含远红光，而白色 LED 只含有一小部分远红光。白光 LED 中有多少远红光取决于 LED 的磷光涂层。

为了确定远红光对 Φ_{PSII} 和光合作用的影响，Zhen 和 van Iersel（2017）观察了红/蓝 LED 提供的光和远红光之间的相互作用（峰值在 735 nm）。他们的报告称，添加远红光持续增加了暴露在红光/蓝光下的莴苣的净光合作用。这种净光合作用的增加不仅仅是光水平增加的结果，添加远红光也增加了 Φ_{PSII}。这表明添加远红光使得提供的光在光合作用的光反应中得到了更有效的利用。他们将这种效应归因于远红光增加了光系统 I 的激发。这增加了光系统 I 的电子传输，进而导致类囊体膜中质体醌池更快地再氧化。这有助于电子从光系统Ⅱ转移到质体醌池，重新打开光系统Ⅱ的反应中心，并允许光系统Ⅱ更有效地利用激发能。与几乎没有远红光的红光/蓝光相比，白光 LED 光谱中少量的远红光可以解释较高的 Φ_{PSII} 和净光合作用（图 4.7）。

当 LED 灯作为唯一的光合光源时，通过远红光提高光合效率是很重要的。由于许多商用 LED 种植灯可能缺乏远红光，因此用远红光补充现有的灯可以提高光合光利用效率，促进作物生长，并提高室内种植系统的能源效率。然而，这可能与在有阳光的情况下提供 LED 灯没有什么关系，因为阳光包含大量的远红光（如温室的补光）。

4.3.5　绿光促进光合作用

由于大多数植物对绿光的吸收效率低于其他波长的光，因此绿光通常被认为是低效的，在光合作用研究中很少受到关注。然而，Kim 等人（2004）报告称，在红/蓝 LED 光的基础上增加 24% 的绿光，即使两种光照处理的总 PPFD 相同，莴苣的生物量也会增加 47%。他们将绿光促进生长的作用归因于它能更深入地穿透叶片和冠层。由于红色和蓝色的光能被叶绿素有效吸收，因此大多数红色和蓝色的光子被叶片表面的几个细胞层吸收，而绿色的光子可以进一步穿透。不同波长的光子在光的穿透能力上的差异对叶片利用光进行光合作用的能力有重要的影响。在一项研究中，Terashima 等人（2009）表明，补充红光或绿光对光合作用的刺激作用取决于白光的 PPFD。他们通过白光定量测定了 0～1200 $\mu mol \cdot m^{-2} \cdot s^{-1}$ PPFD 水平下叶片的光合作用，然后确定少量额外的红光或绿光如何有效地增加光合作用。在弱光条件下，红光比绿光对光合作用有更大的刺激作用。这可能是因为红光比绿光吸收更有效，$\Phi_{PS II}$ 也更高。然而，在白光下高 PPFDs 时，补充红光对叶片光合作用的促进作用小于绿光。在高 PPFD 的情况下，接近叶片表面的细胞层已经接近光饱和，许多反应中心关闭，额外的光对电子传输和光合作用几乎没有影响。绿光可以穿透更深的叶片，从而到达那些还没有被白光饱和的细胞。由于穿透性更强，绿光比红光的利用效率更高，但只在强光条件下使用。

这些结果以及 Emerson 等人（1957）、Zhen 和 van Iersel（2017）的结果表明，PPFD 并不是光合作用的简单驱动因素，PPFD 与光谱之间存在交互作用。这种影响在整个冠层中可能比在单个叶片中更明显，因为在一个冠层中可能存在主要的光质差异。关于不同波长对光合作用的交互作用，以及这如何取决于 PPFD，目前还缺乏深入的认识。对这种相互作用的更好理解将有助于设计更好的种植灯，并将允许研究人员为种植者制定更好的指导方针。

4.3.6 LED 灯的自适应控制

从光合作用模型以及本章给出的数据（图 4.5、图 4.7 和图 4.8）表明，当 PPFD 相对较低时，光的利用效率最高。为了利用这一点，当环境 PPFD 较低时，应优先提供补充光。van Iersel 和 Gianino（2017）开发了一种独立的、自适应的 LED 灯控制器，可以自动做到这一点（图 4.9）。该控制器旨在防止在冠层水平的 PPFD 下降到用户定义的阈值以下。冠层的 PPFD 是用量子传感器测量的。当 PPFD 下降到阈值以下时，LED 的占空比自动增加，以提供足够的光到达该阈值，但不超过该阈值。因此，当阳光很少时，LED 灯自动提供更多的光，随着阳光的增加而变暗。这种照明控制方法确保在植物能够最有效地利用它的时候提供补充光。这种自适应照明系统的早期试验表明，与使用计时器控制的 LED 相比，它可以减少60%的能源消耗，仅减少10%的作物生物量。这种自适应控制方法的简单性使得它很容易在商业环境中实现，特别是在温室中。这种方法的好处是可以同时考虑实时电价和主要在环境PPFD和电力成本较低时提供补充照明。

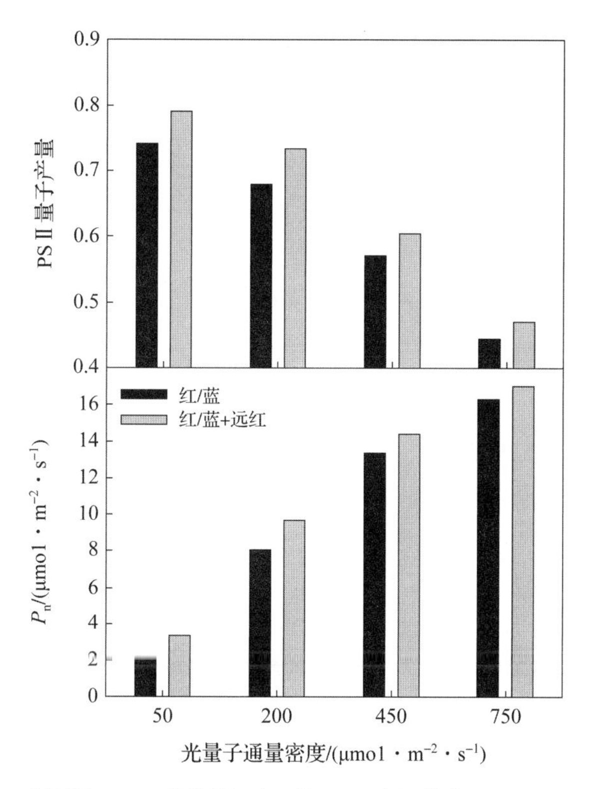

图4.8　在不同PPFD条件下，红/蓝LED光下莴苣（*Lactuca sativa*）光系统Ⅱ的量子产量（上图）和净光合速率（下图）

添加远红光始终能产生更高的量子产量和净光合作用（数据由Zhen和van Iersel提供）

特定作物的光照阈值可以部分根据该作物的特定PPFD响应曲线确定（图4.5）。例如，PPFD阈值对天竺葵可能比凤仙花更高，因为天竺葵可以使用更高的PPFD，比凤仙花更有效。PPFD阈值可能还需要依赖于作物的价值，因为相对较低的Φ_{PSII}与较高的电子传输速率（和生长速率）对于高价值作物可能是经济的，但对于低价值作物则不是。

4.3.7　LED灯的生物反馈控制

根据特定的PPFD阈值控制光照相对容易，但不能解释作物中潜在的生理变

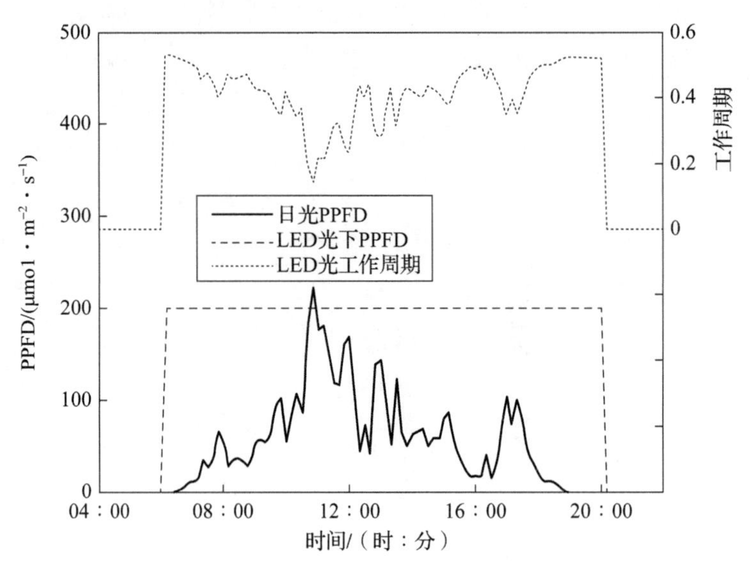

图 4.9 一种自适应 LED 灯控制器的性能

编制了控制程序，以防止冠层 PPFD 下降到 200 μmol · m^{-2} · s^{-1}以下。尽管太阳光提供的 PPFD 波动较大，但照明控制器通过不断调节 LED 灯的占空比，准确地将 PPFD 保持在冠层水平。

化。除了控制光照水平本身，还可以根据作物的生理特性调整光照强度。Schapendonk 等人（2006）提出，电子传输速率的测量可以用于照明控制。如果利用叶绿素荧光测定实时电子传输速率，则可以调节 LED 灯提供的 PPFD 以保持特定的电子传输速率（图 4.10）。该方法的技术可行性已被 van Iersel 等人（2016a，b）证明，生物反馈系统可用于各物种中维持一系列不同的电子传输速率。他们的研究结果还显示了在这种生物反馈系统中需要考虑的一个重要问题：为了确定 Φ_{PSII}，需要一个短的、饱和光脉冲。但过于频繁地使用这样的脉冲会对光系统Ⅱ造成损害，降低 Φ_{PSII}。如果发生这种情况，那么被测量的叶斑将不能代表叶片的其余部分，更不用说整个冠层。为了尽量减少对光系统Ⅱ的损伤，建议至少间隔 15 min 使用饱和光脉冲。

在 12 h 的光周期内保持稳定的电子传输速率时，由于 Φ_{PSII} 在整个光周期内缓慢下降，PPFD 需要逐渐上调。这种 Φ_{PSII} 的降低可能是非光化学猝灭上调的结果，但也不能排除其部分原因是饱和脉冲对光系统Ⅱ的破坏。

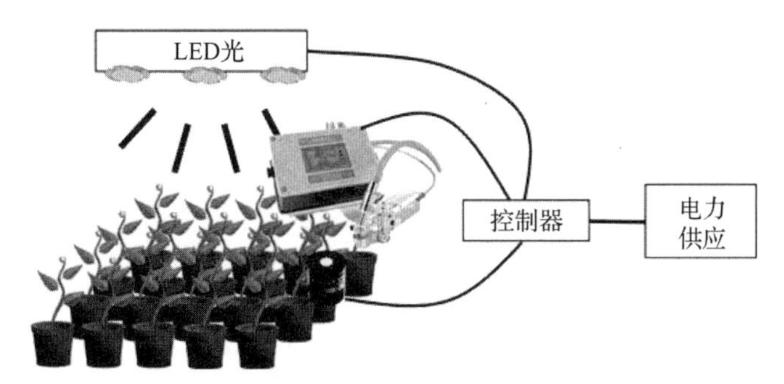

图 4.10　控制 LED 光照的叶绿素荧光生物反馈系统图

利用叶绿素荧光计和量子传感器测定了光系统 Ⅱ 和 PPFD 的量子产量。控制器使用这些数据来确定电子传输速率，将该值与用户定义的目标值进行比较，然后通过改变占空比或电流来改变 LED 灯的光输出。

Carstensen 等人（2016）提出了一种不同的方法来控制受控环境中的生物反馈照明。他们使用分光光度计远程检测植物冠层的可变叶绿素荧光发射，测量波长为 700 ~ 780 nm。使用蓝色 LED 诱导荧光，其光输出以逐步或正弦模式改变。利用线性黑箱模型分析叶绿素荧光的动态变化。由此产生的模型的复杂性似乎表明了作物的光利用效率和/或以前的光诱导胁迫。原则上，这一信息可能用于 LED 灯的反馈控制，但这还没有实现。与叶绿素荧光的单点测量相比，这种遥感方法的重要优点是：①可以感测冠层的整个区域；②它不需要饱和光脉冲，从而降低了光抑制的风险；③传感器可以远程安装。尽管 Carstensen 等人（2016）使用的分光光度计不能成像，但通过使用成像传感器和适当的滤光片远程监测叶绿素荧光，似乎可以使用相同的一般原理来确定空间变异性。

4.4　结论

与 HPS 灯等传统灯相比，LED 灯有很大的潜力提供更有效的补充光。LED 灯提供了控制光谱和 PPFD 的机会。为了充分利用 LED 提供的机会，我们需要更好地了解光谱对光合作用的影响，以及决定光捕获和光合效率的生理过程。目前，对不同波长的光对光合作用的相互作用仍然知之甚少，值得更多的研究。受控环境的农业产业将受益于更智能的补充照明控制策略，以考虑作物光的使用。其他可能需要纳入最佳照明控制策略的因素包括实时电价和作物价值。

参考文献

Albright LD, Both AJ, Chiu AJ (2000) Controlling greenhouse light to a consistent daily integral. Trans ASAE 43:421–431

Banerjee C, Adenaeuer L (2014) Up, up and away! The economics of vetical farming. J Agric Stud 2:40–60

Björkman O, Demmig B (1987) Photon yield of O_2 evolution and chlorophyll fluorescence at 77 k among vascular plants of diverse origins. Planta 170:489–504

Brodersen CR, Vogelmann TC (2010) Do changes in light direction affect absorption profiles in leaves? Funct Plant Biol 37:403–412

Bugbee B (2016) Toward an optimal spectral quality for plant growth and development: the importance of radiation capture. Acta Hortic 1134:1–12

Carstensen AM, Pocock T, Bånkestad D, Wik T (2016) Remote detection of light tolerance in basil through frequency and transient analysis of light induced fluorescence. Comput Electron Agric 127:289–301

Clausen A, Maersk-Moeller HM, Corfixen Soerensen J, Joergensen BN, Kjaer KH, Ottosen CO (2015) Integrating commercial greenhouses in the smart grid with demand response based control of supplemental lighting. In: International Conference Industrial Technology Management Science (ITMS 2015), pp 199–213

Chen L, Lin CC, Yeh CW, Liu RS (2010) Light converting inorganic phosphors for white light-emitting diodes. Materials 3:2172–2195

Demmig-Adams B, Cohu C, Muller O, Adams W III (2012) Modulation of photosynthetic energy conversion efficiency in nature: from seconds to seasons. Photosyn Res 113:75–88

Demotes-Mainard S, Péron T, Corot A, Bertheloot J, Le Gourrierec J, Pelleschi-Travier S, Crespel L, Morel P, Huché-Thélier L, Boumaza R, Vian A, Guérin V, Leduc N, Sakr S (2016) Plant responses to red and far-red lights, applications in horticulture. Environ Exp Bot 121:4–21

Emerson R, Lewis CM (1943) The dependence of the quantum yield of chlorella photosynthesis on wave length of light. Amer J Bot 30:165–178

Emerson R, Chalmers R, Cederstrand C (1957) Some factors influencing the long-wave limit of photosynthesis. Proc Nat Acad Sci USA 43:133–143

Evans JR (1987) The dependence of quantum yield on wavelength and growth irradiance. Aust J Plant Physiol 14:69–79

Genty B, Briantais JM, Baker NR (1989) The relationship between the quantum yield of photosynthetic electron transport and quenching of chlorophyll fluorescence. Biochim Biophys Acta—General Subj 990:87–92

Gómez C, Mitchell CA (2016) Physiological and productivity responses of high-wire tomato as affected by supplemental light source and distribution within the canopy. J Amer Soc Hort Sci 141:196–208

Gorbe E, Calatayud A (2012) Applications of chlorophyll fluorescence imaging technique in horticultural research: a review. Scientia Hort 138:24–35

Heuvelink E, Challa H (1989) Dynamic operation of artificial lighting in greenhouses. Acta Hortic 260:401–312

Hill R, Bendall F (1960) Function of the two cytochrome components in chloroplasts: a working hypothesis. Nature 186:136–137

Hogewoning SW, Wientjes E, Douwstra P, Trouwborst G, van Ieperen W, Croce R, Harbinson J (2012) Photosynthetic quantum yield dynamics: from photosystems to leaves. Plant Cell 24:1921–1935

Hoover WH (1937) The dependence of carbon dioxide assimilation in a higher plant on wavelength of radiation. Smithson Inst. Misc. Collections 95:1–13

Horton P (2012) Optimization of light harvesting and photoprotection: molecular mechanisms and physiological consequences. Phil Trans Royal Soc B: Biol Sci 367:3455–3465

Inada K (1976) Action spectra for photosynthesis in higher plants. Plant Cell Physiol 17:355–365

Janka E, Körner O, Rosenqvist E, Ottosen CO (2015) Using the quantum yields of photosystem II and the rate of net photosynthesis to monitor high irradiance and temperature stress in chrysanthemum (*Dendranthema grandiflora*). Plant Physiol Biochem 90:14–22

Kim HH, Goins GD, Wheeler RM, Sager JC (2004) Green-light supplementation for enhanced lettuce growth under red-and blue-light-emitting diodes. HortScience 39:1617–1622

Kjaer KH, Ottosen CO, Jørgensen BN (2011) Cost-efficient light control for production of two campanula species. Scientia Hort 129:825–831

Kubota C, Chia P, Yang Z, Li Q (2012) Applications of far-red light emitting diodes in plant production under controlled environments. Acta Hortic 952:59–66

Laisk A, Oja V, Eichelmann H, Dall'Osto L (2014) Action-spectra of photosystems II and I and quantum yield of photosynthesis in leaves in state 1. Biochim Biophys Acta—Bioenerg 1837:315–325

Lawlor DW (2000) Photosynthesis. Bios Scientific Publishers, Oxford, UK

Mathieu JJ, Albright LD, Leed AR (2004) A stand-alone light integral controller. Acta Hortic 633:153–159

Maxwell K, Johnson GN (2000) Chlorophyll fluorescence—a practical guide. J Exp Bot 51:659–668

McCree KJ (1972) The action spectrum, absorptance and quantum yield of photosynthesis in crop plants. Agric Meteorol 9:191–216

Myers J (1971) Enhancement studies in photosynthesis. Ann Rev Plant Physiol 22:289–312

Nelson JA, Bugbee B (2014) Economic analysis of greenhouse lighting: light emitting diodes vs high intensity discharge fixtures. PLoS ONE 96:e99010

Ouzounis T, Rosenqvist E, Ottosen CO (2015) Spectral effects of artificial light on plant physiology and secondary metabolism: a review. HortScience 50:1128–1135

Pinto F, Damm A, Schickling A, Panigada C, Cogliati S, Müller-Linow M, Balvora A, Rascher U (2016) Sun-induced chlorophyll fluorescence from high-resolution imaging spectroscopy data to quantify spatio-temporal patterns of photosynthetic function in crop canopies. Plant, Cell Environ 39:1500–1512

Pocock T (2015) Light-emitting diodes and the modulation of specialty crops: light sensing and signaling networks in plants. HortScience 50:1281–1284

Porcar-Castell A, Tyystjärvi E, Atherton J, van der Tol C, Flexas, J, Pfundel EE, Moreno J, Frankenberg C, Berry JA (2014) Linking chlorophyll *a* fluorescence to photosynthesis for remote sensing applications: mechanisms and challenges. J Exp Bot 65:4065–4095

Ruban AV (2015) Evolution under the sun: optimizing light harvesting in photosynthesis. J Exp Bot 66:7–23

Sager JC, Smith WO, Edwards JL, Cyr KL (1988) Photosynthetic efficiency and phytochrome photoequilibria determination using spectral data. Trans ASAE 31:1882–1889

Schapendonk AHCM, Pot CS, Yin X, Schreiber U (2006) On-line optimization of intensity and configuration of supplementary lighting using fluorescence sensor technology. Acta Hortic 711:423–430

Singh D, Basu C, Meinhardt-Wollweber M, Roth B (2015) LEDs for energy efficient greenhouse lighting. Renew Sustain Energy Rev 49: 139–147

Takayama K (2015) Chlorophyll fluorescence imaging for plant health monitoring. In: Dutta Gupta S, Ibaraki Y (eds) Plant image analysis: fundamentals and applications. CRC Press, Boca Raton, pp 207–228

Terashima I, Fujita T, Inoue T, Chow WS, Oguchi R (2009) Green light drives leaf photosynthesis more efficiently than red light in strong white light: revisiting the enigmatic question of why leaves are green. Plant Cell Physiol 50:684–697

USDA-NASS (2014) 2012 Census of agriculture. United States summary and state data

van Iersel MW, Dove S (2016) Maintaining minimum light levels with LEDs results in more energy-efficient growth stimulation of begonia. In: 2016 conference program, American society for horticultural science. https://ashs.confex.com/ashs/2016/meetingapp.cgi/Paper/24412

van Iersel MW, Gianino D (2017) An adaptive control approach for LED lights can reduce the energy costs of supplemental lighting in greenhouses. HortScience 52:72–77 van Iersel MW, Mattos E, Weaver G, Ferrarezi RS, Martin MT, Haidekker M (2016a) Using chlorophyll fluorescence to control lighting in controlled environment agriculture. Acta Hortic 1134:427–433

van Iersel MW, Weaver G, Martin MT, Ferrarezi RS, Mattos E, Haidekker M (2016b) A chlorophyll fluorescence-based biofeedback system to control photosynthetic lighting in controlled environment agriculture. J Amer Soc Hort Sci 141:169–176

Wallace C, Both AJ (2016) Evaluating operating characteristics of light sources for horticultural applications. Acta Hortic 1134:435–443

Watanabe H (2011) Light-controlled plant cultivation system in Japan—Development of a vegetable factory using LEDs as a light source for plants. Acta Hortic 907:37–44

Zeidler C, Schubert D, Vrakking V (2013) Feasibility study: vertical farm EDEN. German aerospace center, institute of space systems. 117 pp

Zhen S, van Iersel MW (2017) Far-red light is needed for efficient photochemistry and photosynthesis. J Plant Physiol 209:115–122

第5章
LED光照的经济性

布鲁斯·巴戈比（Bruce Bugbee）

5.1 引言

本章将分析用于植物生长LED光照的最新经济技术，将广泛使用的、最高效的传统技术（1 000 W高压钠灯，HPS）与最高效的LED技术进行比较。其中，包括设备的初始成本及运营成本。因为LED技术在每个光合光子上的成本要高得多，所以提高固定灯具的效率和降低电力成本需要证明投资的合理性。然而，除了初始成本和持续的电力成本，LED和HPS技术之间还有一个重要的区别。或许LED灯具最大的成本在于其高度聚焦的输出，这可以显著提高辐射传输到植物叶片的效率，从而减少灯具数量，降低电力成本。

本书的读者应该很清楚人类照明和植物光照的根本区别，但其中的一些方面还没有很好地被理解。本章还将介绍量化植物生长的光照效果的单位和术语。

通常认为LED技术比高压钠技术能显著降低叶片温度，这主要是由光合辐射强度的差异造成的。本章将介绍一种分析温室叶片温度和室内单光源照明的能量平衡模型。该模型表明，不同照明技术之间的热差异比通常假设的要小。最后，本章将综述近年来光谱对光合作用的影响研究结果。这些结果表明，许多光谱效应主要是由叶片扩张和辐射捕获增加引起的，而不是由于光合作用增加引起的。

5.2 LED 光照经济学：2014 年初步分析

在一项全面的研究中，Nelson 和 Bugbee（2014）报道了多种照明技术的光合（400~700 nm）光子效率和分布模式，包括 10 种 LED 灯具。他们发现最高效的 LED 和最高效的双头 HPS 灯具的效率几乎相同，同为 1.66~1.70 $\mu mol \cdot J^{-1}$。这些灯具的效率比常用的大型 HPS 固定灯具提高了 70%。最高效的陶瓷金属卤素灯和荧光灯具分别为 1.46 $\mu mol \cdot J^{-1}$ 和 0.95 $\mu mol \cdot J^{-1}$。

Nelson 和 Bugbee（2014）计算了每种类型的灯具每传递一个光子的初始成本，并确定 LED 灯具的成本是 HPS 灯具的 5~10 倍。因此，由于高资本成本，导致五年的电力成本加上每摩尔光子的固定成本是 LED 固定装置成本的 2.3 倍。他们的分析表明，这两种技术的长期维护成本都很小。同时指出，LED 灯具聚焦特定区域光子的独特能力，可以用于提高植物冠层的光子捕获能力。

5.3 衡量植物生长的电效率的最佳指标是微摩尔/焦耳

灯具的电效率有时仍然用人类光感知的单位来表示（效能、流明或每瓦英尺烛光）或能源效率（每瓦的辐射量输出），但光合作用和植物生长是由摩尔的光子所决定的。因此，光照效率最好基于光子效率，单位为 μmol 光合光子/焦耳能量输入。这对 LED 来说至关重要，因为最节能的颜色是深红色和蓝色波长。通过红、蓝、冷白色 LED 的对比，可以看出两者的区别（表 5.1）。红色光子的能量含量越低，每单位输入能量（每光子的能量与波长成反比，Planck 方程）就能输出更多的光子。相反，蓝色 LED 具有较高的能量效率，但光子效率相对较低。

表 5.1 比较 3 种 LED 和 3 种测量单位的效率

LED 颜色	波长或色温	光子效率[a]/($\mu mol \cdot J^{-1}$)	电效率[b]/%	发光效率[c]/($lm \cdot W^{-1}$)
冷白	5 650 K	1.52	33	111
红	655 nm	1.72	32	47

续表

LED 颜色	波长或色温	光子效率[a]/(μmol · J^{-1})	电效率[b]/%	发光效率[c]/(lm · W^{-1})
蓝	455 nm	1.87	49	17

测量植物生长电效率的最佳单位是 μmol · J^{-1}。电力效率单位为 W（转载经 Nelson 和 Bugbee 2014 年许可）。

a 光子效率是光合作用最合适的衡量标准；

b 电子效率和光子效率之间的关系取决于波长（Plank 方程 $E = hc/\lambda$）；

c 发光效率的数值表明，它是非常不适合作为一个指示植物的照明效率。

5.4　LED 灯具聚焦光子的价值

LED 灯具的一个经常被忽视的优点是它们能够聚焦光子。Nelson 和 Bugbee（2014）指出，LED 灯具聚焦光子的独有特性可以用来提高植物冠层的光子捕获能力。图 5.1 显示了基于灯具输出角度 LED 和 HPS 技术的典型经济交叉点。当一个高效的灯具被用于一个由植物有效捕获光子的系统时，则能够达到最低的照明系统成本。

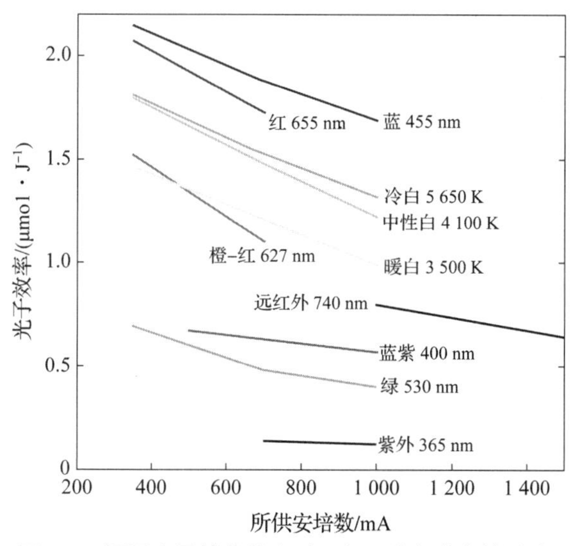

图 5.1　冠层光子捕获效率对五年平均年成本的影响

最低的照明成本是通过 1 000 W 的双端 HPS 技术实现的。120°光束角度的所有辐射都可以被植物冠层利用（转载经 Nelson 和 Bugbee 2014 年许可）

5.5 LED 灯具的独特性

LED 中最节能的颜色分别为蓝色、红色和冷白色（图 5.2），因此 LED 灯具通常为这些颜色的组合。LED 的其他单色颜色有时被用来增加特定波长，以控制植物生长和发育（详见 Massa 等人 2008 年对 LED 独特应用的综述）。紫外线（UV）辐射几乎不存在于 LED 灯具中，因为 UV – LED 显著降低了灯具的效率。阳光中有 9% 的紫外线辐射（占光合光子通量的百分比；PPF），标准电灯有 0.3%~8% 的紫外线（PPF 的百分比）。缺乏紫外线辐射会导致某些植物的失调，最常见的就是膨大。这是当 LED 灯具在没有阳光的情况下使用时值得注意的问题。LED 灯具通常也有最小的远红光辐射（710 ~ 740 nm），这减少了一些光周期物种的开花时间。绿光（530 ~ 580 nm）在许多 LED 灯具中都很低。绿光穿透叶片，从而有效地传递到下部植物叶片。然而，在温室中使用 LED 时，缺少紫外线、绿色和远红光波长的情况通常较小，因为大多数辐射来自广谱太阳光。

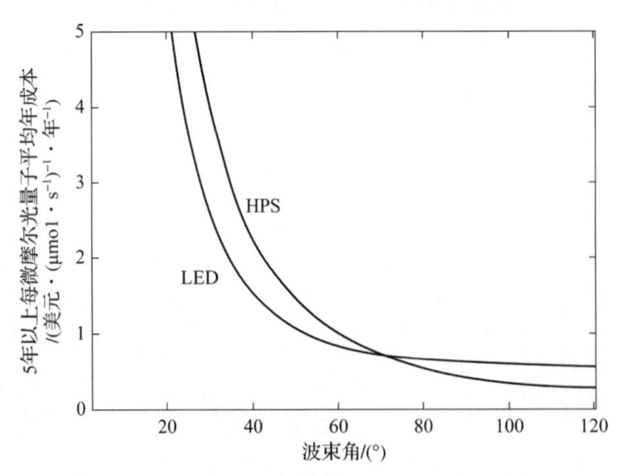

图 5.2 驱动电流和颜色对 LED 光子效率的影响

飞利浦 LumiLEDs LED 数据，由 Mike Bourget，Orbitec 提供（经 Nelson 和 Bugbee 2014 年许可复制）

5.6 2014 年以来 LED 功效研究进展

虽然 LED 技术还没有重大的根本性进步，但制造商们已经继续使灯具更加可靠，并进一步优化了驱动器和光学系统，以提高效率。2016 年春天，我们测试了一款新的 600 W 白光 LED 灯具，该灯具来自 Fluence Bioengineering 公司（型号 VYPRx PLUS），平面集成处理的效果为 2.05 μmol · J^{-1}。罗格斯大学（Rutgers University）使用积分球对相同的灯具进行了测试，测量值分别为 2.02 μmol · J^{-1}和 2.05 μmol · J^{-1}。这些值比我们实验室先前评估的技术高出约 20%。这种器件的光子分布比大多数 LED 器件更宽，因此很难利用聚焦光子，但其分布仍然比 HPS 器件更集中。目前已经有一些关于植物光照应用的高效 LED 灯具的说法，但这是我们测试的第一个效能高于 2 μmol · J^{-1}的灯具。既往最佳效果为 1.7 μmol · J^{-1}。

2016 年 8 月，犹他州立大学对飞利浦照明公司的 3 种新型 LED 灯具进行了测试。这些固定装置是迄今为止具有最高的功效。所有型号均为飞利浦 GPL 顶灯。结果如下：

①深红色/白色远红 175 W：1.94 ±0.05 μmol · J^{-1}；

②深红色/白色中蓝色 200 W：2.44 ±0.05 μmol · J^{-1}；

③深红色/白色中蓝色 200 W：2.46 ±0.05 μmol · J^{-1}。

3 种固定装置的值分别为 1.94 μmol /J、2.44 μmol · J^{-1}和 2.46 μmol · J^{-1}。3 种固定装置中的两个（2.44 和 2.46）是在我们测试过的所有灯具中效能最高的。上述处理的变异（±0.05）为 3 种重复灯具间的标准差。罗格斯大学（Rutgers University）也对其中一种灯具在积分球上进行了测试。在犹他州立大学（Utah State University），同一种灯具的有效性在 2% 以内。白光输出的 LED 灯具的最佳效果为 2.05 μmol · J^{-1}（Fluence Bioengineering，见前段）。与 2014 年现有的技术相比，所有这些数值都显著增加了 1.7 μmol · J^{-1}。

这些灯具的更高效能并不意味着它们是最具成本效益的植物光照选择。飞利浦的灯具售价为 400 ~ 800 美元，只有 175 ~ 215 W。这仍然是 HPS 技术初始成本的 5 ~ 10 倍（1 000 W 灯具需 400 美元）。假设每千瓦时 0.10 美元，所有类型的灯具的光子捕获量相等，如果灯具每天使用 16 h（室内栽培），则收回初始资本投资的时间为 5 ~ 10 年。如果灯具每天使用 5 h（温室中的补充照明），则收回初始投资所需的时间为 15 ~ 30 年。投资回报的变化取决于灯具的初始成本。

选择最具成本效益的照明技术取决于多个因素，包括电力成本、灯具成本、冷却成本、每年运行的时数，特别是植物冠层捕获的 PPF 的比例。大多数灯具的价格在数量上有折扣。Nelson 和 Bugbee（2013）开发了一个在线计算器来促进对选项的全面分析：http://cpl. usu. edu/htm/publications/file = 15575。

来自 Fluence 生物工程公司的 600 W 灯具，每输出一个光子的初始成本更低。虽然它的效率较低，但回报时间与飞利浦的灯具相似。飞利浦和 Fluence 生物工程灯具的聚焦输出都不如之前的 LED 灯具。这种更宽的光子分布使得典型 LED 灯具的狭窄输出更加难以利用。如果用户可以利用 LED 灯具更聚焦的光子分布，光子捕获就会增加，回报时间也会减少。随着技术的进步，LED 的效率正在被评估。

5.7 效能和效率的定义

效率一词通常用于分子和分母中具有相同单位的比率，如瓦特每瓦特。当分子和分母的单位不相同时，如微摩尔每焦耳时，则不可使用效率表示。

当分子和分母的单位相同时，可以计算出效率的百分比，理论上该比率是 100%。然而，当单位不同时，100% 的效率是没有意义的。虽然一个灯具的效率可以用输出瓦特/输入瓦特来计算，但植物的生长是由摩尔光子决定的，而不是由瓦特能量决定的。最合适的测量方法是效率，单位是摩尔每焦耳。效率一词常被用来指每焦耳的微摩尔比。这是一个有用的描述性术语，但在技术上并不正确。

5.8 电气照明技术的热效应

人们通常认为，使用 LED 比高压钠灯能使叶片温度更低。照明设备的热特性影响植物生长和蒸腾速率，并改变加热和冷却成本。Nelson 和 Bugbee（2015）通过测量叶片在 4 种辐射源下吸收的辐射来评估这种效应的大小：①田间的阳光；②玻璃温室中的阳光；③高压钠灯；④ LED 下的室内植物。然后，他们使用一个机械能量平衡模型来分析和比较叶片与空气的温差。在相同的光合光子通量下比较叶片温度。他们发现，植物水分状况和叶片蒸腾冷却的影响远大于辐射源的影响。如果植物不受水分胁迫，那么在所有 4 种辐射源下的叶片通常与气温差在 2 ℃以内。在晴空条件下，较冷的天空温度意味着当光合光子通量、气孔导度、风速、蒸汽压亏缺和叶片大小相等时，叶片始终比温室内或室内植物的叶片温度低。在缺水和低风的最糟糕的情况下，在任何光照条件下，叶片都会比气温高

6~12 ℃。由于 LED 灯具主要通过对流而不是辐射来散发热量，因此它们的叶片温度比 HPS 灯具下的略低，但 LED 技术对叶片温度的影响通常比假设的要小得多。

LED 灯具几乎不发射近红外辐射（NIR；700~3 000 nm），而该辐射不易被叶片吸收（图 5.3）。被吸收的光合作用（400~700 nm）和长波辐射（3 000~100 000 nm）只占约为 95%，而被吸收的非光合作用的太阳近红外光（700~3 000 nm）吸收约 20%，因此对叶片加热的影响较小。

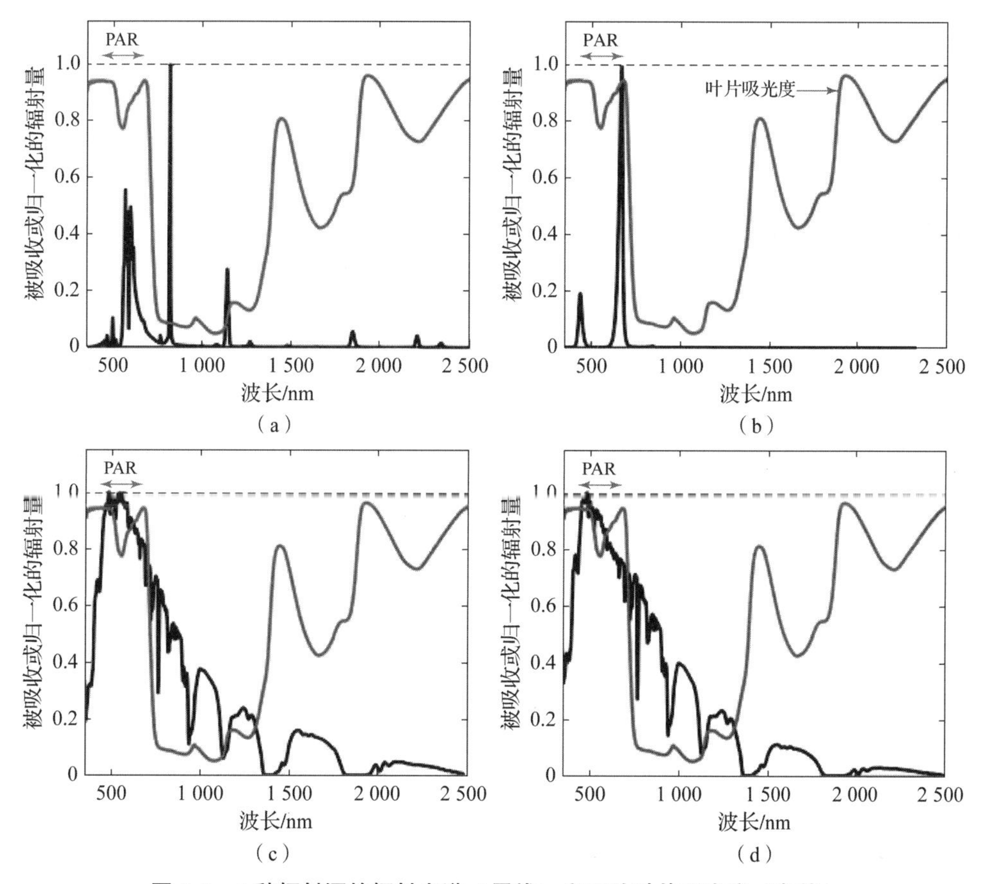

图 5.3 4 种辐射源的辐射光谱（黑线）和平均叶片吸光度（灰线）

（a）HPS；（b）LED；（c）温室太阳光；（d）太阳光

（经 Nelson 和 Bugbee 许可转载，2015）

当 LED 灯具具有与 HPS 灯具相同的电力效率时，它们每个光合光子产生同等数量的热量。然而，LED 灯具会将大部分热量从植物中散发出去，而 HPS 灯具则会向植物散发更多的热量。

Nelson 和 Bugbee（2015）发现，叶片与气温差总是小于2 ℃，除非参数接近其极值（图5.4）。无论环境条件如何，HPS > 温室太阳光 > LED > 晴天阳光的相对顺序没有变化。

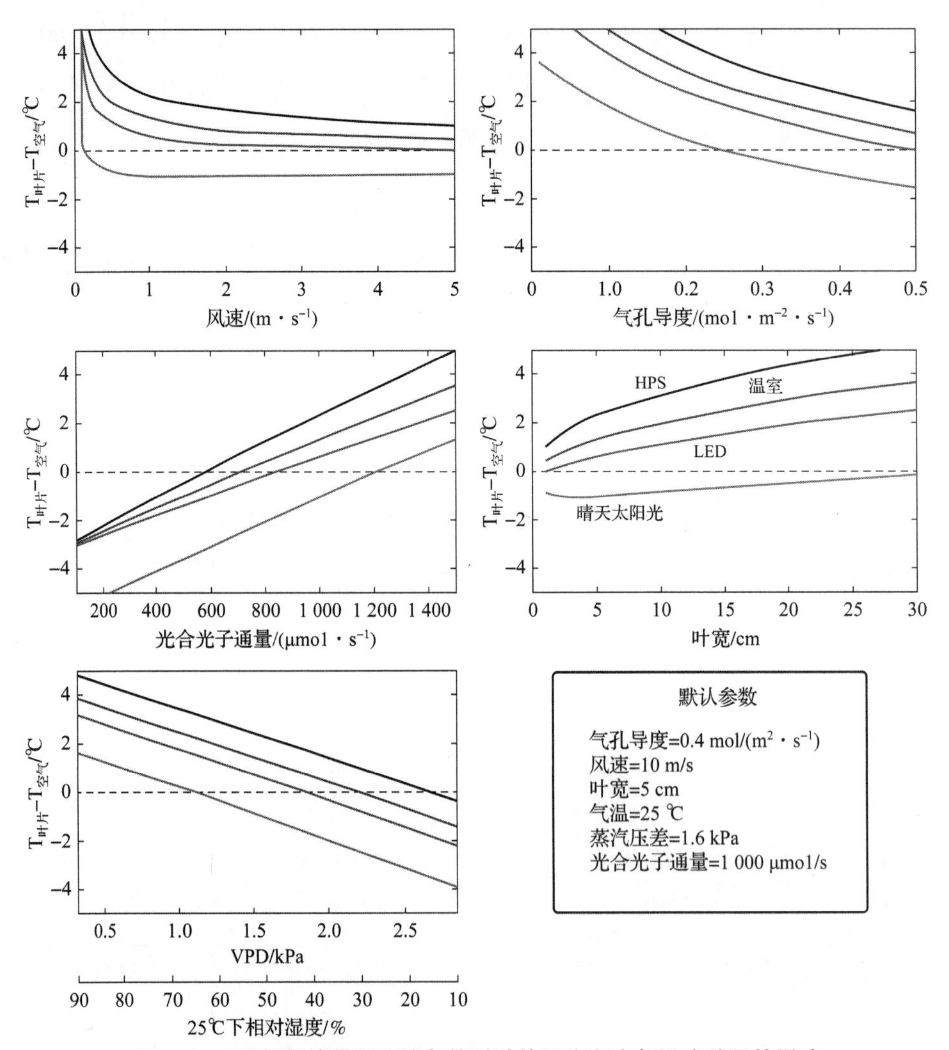

图5.4　4种辐射情景下环境条件对叶片温度和空气温度差异的影响

（经 Nelson 和 Bugbee 许可转载，2015 年）

5.8.1　CO_2升高对叶片温度的影响

在受控环境中，经常添加补充CO_2，使气孔导度降低10%~40%，并使叶片温度升高。Nelson 和 Bugbee（2015）的分析表明，无论辐射源如何，CO_2升高使叶片温度每升高 1 ℃，气孔导度都会降低 30%。

5.8.2　光照技术对茎尖温度的影响

茎尖温度可以用来预测开花时间和植物发育速率。Nelson 和 Bugbee（2015）研究发现，光照技术可影响茎尖温度，从而改变开花和植物发育的时间。

5.8.3　光照技术对果实和花温度的影响

Nelson 和 Bugbee（2015）的分析表明，最坏的情况分析将代表具有低蒸腾量的花、水果和较厚的植物部分，包括高价值作物，如番茄、草莓和大麻。这些较厚的结构比薄的叶片会吸收更多的辐射，并有更少的气孔用于蒸腾冷却。根据 Nelson 和 Bugbee（2015）的分析，LED 技术有可能减少这些厚部分、降低蒸腾植物的加热。然而，在叶片和茎尖受益于加热的条件下（如在凉爽气候条件下的温室），HPS 技术将更有效地对植物进行加热。

5.9　单叶光合作用的光谱效应

虽然我们已经定义了在 400 ~ 700 nm 的所有光子的同等权重的光合光子通量，但进一步的研究表明，这并不是十分正确的。Hoover（1937）使用彩色滤光片获得狭窄的光谱，并测定了 29 个物种光合作用的光谱效应（图 5.1）。他没有测定辐射吸收的仪器，所以他的结果是按入射光子来测量的。他在蓝色和红色区域发现了相对尖锐的峰值，并称物种之间的差异很小。

35 年后，McCree（1972a，b）和 Inada（1976）重新研究了光谱对光合作用和量子产量的影响。在较低的 PPF 条件下，在较短的时间间隔（分钟）内，所有响应曲线均由单叶生成。所有的研究都包括超过 20 种的平均物种。20 世纪 70 年代的研究证实了 Hoover（1937）的发现，表明物种之间只有很小的差异。研究之间的差异明显大于所研究物种之间的差异。

McCree 和 Inada 均发现，在每个吸收的光子中，蓝色/青色光子的使用效率低于橙色/红色光子，但随着光的颜色从青色变为绿色，量子产量迅速增加（在 520 ~ 550 nm（图 5.5））。

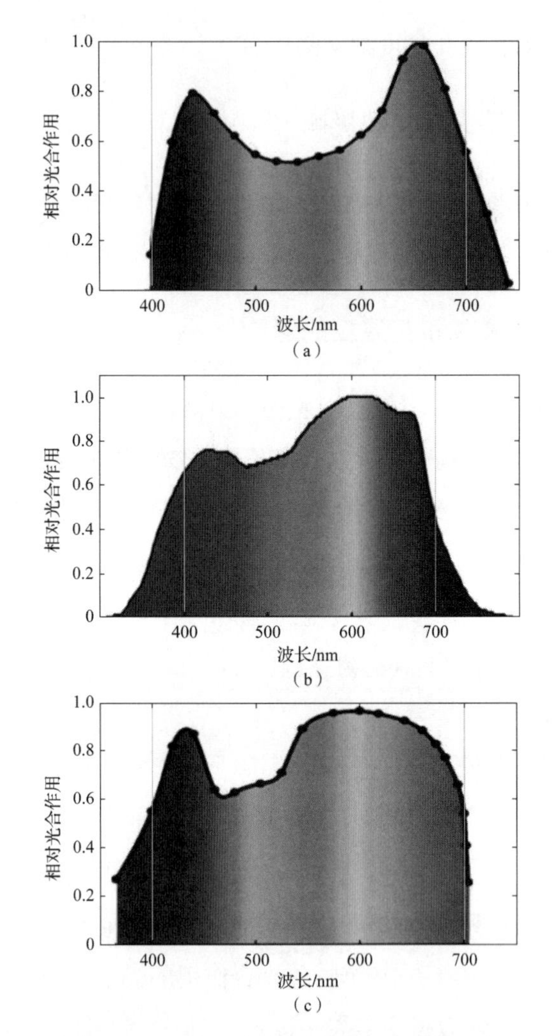

图 5.5　光谱对光合作用的影响（附彩插）

（a）Hoover（1937）；（b）McCree（1972a，b）；（c）Inada（1976）

所有曲线都是根据原始数据重新绘制的。黑色圆圈表示测量波长。Hoover 曲线是指每入射光子。McCree 曲线和 Inada 曲线是每个被吸收的光子，因此它们反映了光合作用的量子产量。如果是每个入射光子（从 0.6 增加到 0.7），Hoover 曲线中的绿光下降将增加约 15%（经 Bugbee 2016 年许可转载）

各研究的测量方法相似，但 McCree（1972a，b）的研究对原理进行了最全面的讨论。然而，不同研究之间的差异表明，McCree 曲线不应被视为光质和光合作用的决定性参考。更重要的是，一些较长时间间隔的研究表明，在较高的 PPF 下，使用这些曲线来预测混合光下整个植物的光合作用通常是不合适的。

5.10　根据作物生长速率和叶面积指数测定全株净光合作用

植物生长分析常将作物生长速率（CGR；每天每平方米地面面积的干质量克数）转化为两个组成部分：净同化率（NAR；每天每平方米叶片干质量克数）和叶面积指数（LAI；每平方米土地上的叶面积）。方程如下：

$$CGR = NAR \times LAI$$

作物生长速率（生物量增益）和叶面积指数不难测量。CGR 与 LAI 的比值产生了测量区间内的综合净同化率（NAR = CGR/LAI）。NAR 是整个作物在一段时间内的平均光合效率。

NAR 与单叶光合速率（P_{net}）有关，但存在重要差异。单片叶片的净光合作用通常是通过将叶片的一部分夹在一个小室中，并在短时间间隔（分钟）内测量 CO_2的吸收来确定的。测量单位是每秒每平方米叶片的微摩尔 CO_2。这个测量代表了在测量时，PPF 入射到叶片上时部分叶片的光合速率。NAR 整合了日碳吸收和夜间呼吸损失，以提供植物全光合作用日净值。

20 世纪 80 年代，便携式光合作用系统的发展，导致了“夹持式”光合作用测量方法的广泛使用。这些系统提供了光合速率的快速指示，这些测量方法很有希望阐明遗传和环境对产量的影响。不幸的是，几十年来的大量研究表明，单叶光合速率与产量的相关性很差。虽然这意味着光合效率对生长至关重要，但这是整个作物在一段时间内的平均光合效率。问题是短期测量单个叶片的 P_{net}不能很好地预测整个植物的每日光合作用。

5.11　辐射捕获效率的重要性

虽然 NAR 比 P_{net}的短期测量更能准确预测环境对整个植物光合作用的影响，但辐射捕获效率（被截获的辐射部分）与生物量增加最密切相关。叶面积和辐射捕获的增加通常与叶片变薄有关，其中 NAR 减少。在一项经典的研究中，Evans 和 Dunstone（1970）发现，现代高产小麦品种的叶片光合速率比它们的野生祖先要低。

由于 LAI 决定辐射捕获，并与冠层光合作用和干质量增加高度相关，因此一些研究试图将辐射捕获效率与冠层光合效率区分开来。辐射捕获效率的提高几乎是产量增加的全部原因。生物量生产力的增加与叶面积的增加密切相关，这通常是由于自遮荫的增加而导致光合速率的下降。

5.12　单叶光合效率的光谱效应

为了了解光谱对植物生长的影响，一些研究集中在短时间间隔的单叶光合效率上。许多研究已经证实了增加蓝光对光合效率的影响。Goins 等人（1997）和 Yorio 等人（2001）证明了一些蓝光对于有效的光合作用是必要的。Hogewoning 等人（2010）发现，将蓝光从 0 增至 7% 可以使光合能力翻倍。Terfa 等人（2013）表明，当蓝光增加 5%～20% 时，叶片厚度增加，从而增加了光合能力。Wang 等人（2014）发现，黄瓜的气孔导度和净光合速率随着蓝光的增加而增加。Hernández 和 Kubota（2015）测量到，当蓝光比例从 10% 增至 80% 时，黄瓜中的 P_{net} 增加了 20%。相比之下，Ouzounis 等人（2015）发现，蓝光组分对玫瑰、菊花、风铃花和莴苣的光合作用没有影响。这些研究的结果与 Hoover（1937）、McCree（1972a，b）和 Inada（1976）的光谱效率曲线相反，表明蓝光在光合作用中的利用效率较低。长期研究表明，光质量对光合效率的影响明显受到其他相互作用因素的影响。

5.13　蓝光比例对生长的影响

一些研究表明，当蓝色光子的比例增加约 5% 时，整个植物生长（干质量）下降。这通常被解释为蓝光增加对光合作用减少的影响。这种解释几乎一直是不正确的。光合效率用量子产量来衡量，即每摩尔光子吸收固定的碳量。增加蓝光比例抑制细胞分裂和细胞扩张，从而减少叶面积。叶面积的减少降低了光子捕获。这种蓝光诱导的光子捕获的降低通常是增长下降的主要原因。光谱对光合效率的直接影响往往很小。当从单叶到整株植物和植物群落进行推断时，这种区别是至关重要的。

5.14　蓝光组分对发育的影响

植物发育在这里被定义为植物的大小和形状。一株没有分株的较高植物可能与一株高分枝的矮株植物生长（干质量）相同，只是它们的发育方式不同。小麦，包括所有禾本科作物，似乎对光质的敏感性最小；番茄非常敏感；黄瓜、萝卜和辣椒具有中等敏感性；大豆和莴苣的敏感性较低。蓝光可以改变次生代谢，这些化合物可以提供保护，免受生物和非生物胁迫。蓝光与辐射强度（PPF）相互作用，并随发育阶段而变化。物种间反应的多样性表明，从拟南芥的研究中推断其他作物时应谨慎。然而，物种之间的相似性表明，植物可以通过共同的反应来分类。

5.15　绿光组分对光合作用和生长的影响

绿光可以改变植物的发育，尽管它的作用可能随着 PPF 的增加而减少。Sun 等人（1998）发现，红光和蓝光主要驱动 CO_2 固定于叶片上层，而绿光穿透更深，驱动 CO_2 固定于叶片下层细胞。Broadersen 和 Vogelmann（2010）测量了叶片横截面上的叶绿素荧光，发现绿光比红光或蓝光穿透得更深。因此，一旦单个叶片的上部和上部冠层作为一个整体达到饱和，更高比例的绿光应该是特别有益的。Terashima 等人（2009）证实了这一效应，他们报道在强光背景下，绿光比红光或蓝光能更有效地驱动叶片 P_{net}。因此，通过对叶片下层细胞和叶片层的绿光穿透，可以增加整株 P_{net} 的含量。

一些研究表明，高绿光组分可以促进植物生长。Kim 等人（2004 年）研究称，在相同的总 PPF 下，用绿色荧光灯发出的绿光补充红色和蓝色 LED 可使莴苣的生长提高 48%。结果表明，绿光太多（51%）或太少（0%）均会导致生长下降，而 24% 左右是最理想的。

Johkan 等人（2012 年）在 3 个 PPF 环境下使用带冷白色荧光控制的 LED 种植莴苣。随着 PPF 的降低和绿光比例的增加，莴苣植株表现出更强的避荫反应。在低温白色荧光灯下生长的植物比在 LED 下生长的植物生长得更正常、更快。这些结果与 Kim 等人（2004）的发现一致。

与这些研究相反，Hernández 和 Kubota（2015）发现，添加 24% 的绿光对黄瓜的生长（干质量）没有影响。Snowden 等人（2016）对 7 种物种进行了综合研究，研究了在 PPF 为 200 $\mu mol \cdot m^{-2} \cdot s^{-1}$ 和 500 $\mu mol \cdot m^{-2} \cdot s^{-1}$ 时蓝光和绿光组分的影响。某些物种的辐射质量与辐射强度（PPF）存在显著的交互作用。在 PPF 为 500 $\mu mol \cdot m^{-2} \cdot s^{-1}$ 的条件下，将蓝光从 11% 增至 28%，则番茄、黄瓜、

萝卜和辣椒的干质量均降低，但对大豆、莴苣和小麦等均未产生显著影响。在 PPF 为 200 μmol · m^{-2} · s^{-1}时，增加蓝光仅对番茄干质量影响显著（图 5.6）。

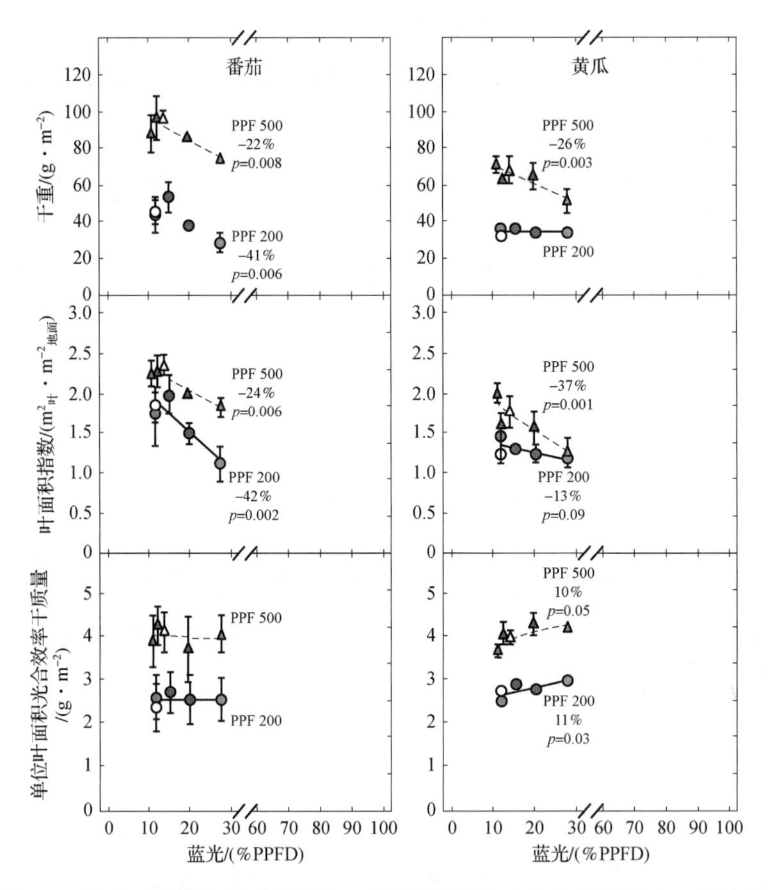

图 5.6 蓝光对番茄和黄瓜干质量、叶面积指数和光合效率的影响（附彩插）

两种植物都对蓝光高度敏感。黄瓜的光合作用可能会增加，因为在较高的蓝光比例下自遮荫会减少。图来自 Snowden 等人 2016 年的数据

本研究采用经典技术来确定 21 天生长周期的综合净同化速率（光合效率）。NAR 是由干质量增重与叶面积之比决定的。7 种黄瓜的光合效率均无随蓝光增加而下降的迹象，但黄瓜的光合效率随蓝光增加而增加。这些结果表明，蓝光对叶面积和辐射截留的影响是导致植株生长下降的根本原因。

Snowden 等人（2016）还发现，增加蓝光对黄瓜、萝卜和辣椒的 PPF 值为 500 μmol · m^{-2} · s^{-1}时的影响大于 200 μmol · m^{-2} · s^{-1}时的影响，但对其他 4 种物种来说，PPF 和蓝光值之间没有显著的相互关系。在 Snowden 的研究中，绿光

的比例从0至30%不等。与对蓝光的显著影响相比，绿光分数的增加导致的差异不显著，且不同物种之间和不同PPF水平之间的效应没有一致的方向（图5.7）。综上所述，不同物种对蓝光的敏感性存在显著差异。蓝光的作用受叶面积变化的调节，但对光合作用无显著影响。

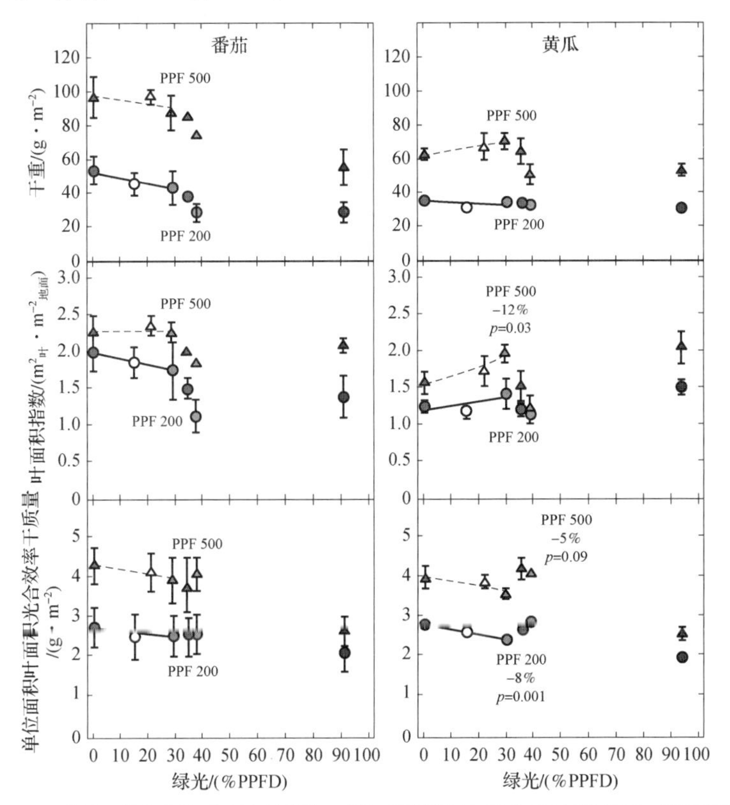

图5.7 绿光对番茄和黄瓜干质量、叶面积指数和光合效率的影响（附彩插）

绿色符号代表绿色LED发出的光，92%的输出波长在500～600 nm。回归线将处理与来自LED的蓝色、绿色和红色PPF组分连接起来。随着绿光比例的增加，红光减少。图来自Snowden等2016年的数据

与多个关于绿光对生长影响（增加或减少）的报告相反，Snowden等人（2016）发现，在物种之间绿光对生长或光合效率没有一致的影响。

5.16 结论

LED灯具的功效增加了，而实现投资盈亏平衡的相关时间减少了。LED灯具一个被忽视的优点是它们更集中的光分布。LED的优势主要来自其小尺寸和瓦

数。因为一个 LED 只有 1 W，所以需要 1 000 个 LED 才能等于一个 1 000 W 的 HPS 灯具的输入功率。这些单一 LED 可以被定位以提高辐射转移到植物叶片的效率。当用户利用这一特性时，LED 通常是植物生长照明的首选技术。本章还综述了 LED 技术对叶片温度的影响。在相同的光合光子通量下，LED 的冷却效果约为 2 ℃，比通常假设的要小得多。蓝光对叶片扩张和辐射捕获的影响显著，而绿光对叶片扩张和辐射捕获的影响最小。这些发现与我们重新发现了广谱光对植物生长和发育的价值的观点是一致的。

参 考 文 献

Beadle CL, Long SP (1985) Photosynthesis—is it limiting to biomass production? Biomass 8:119–168

Broadersen CR, Vogelmann TC (2010) Do changes in light direction affect absorption profiles in leaves? Funct Plant Biol 37:403–412

Bugbee B (1995) The components of crop productivity: measuring and modeling plant metabolism. Am Soc Gravit Space Biol 8:93–104

Bugbee B (2016) Toward an optimal spectral quality for plant growth and development: the importance of radiation capture. Acta Hort 1134:1–12

Bugbee B, Monje O (1992) The limits of crop productivity: Theory and validation. BioScience 42:494–502

Bugbee B, Salisbury FB (1988) Exploring the limits of crop productivity: photosynthetic efficiency in high irradiance environments. Plant Physiol 88:869–878

Chen XL, Guo WZ, Xue XZ, Wang LC, Qiao XJ (2014) Growth and quality responses of 'Green Oak Leaf' lettuce as affected by monochromic or mixed radiation provided by fluorescent lamp (FL) and light-emitting diode (LED). Sci Hortic 172:168–175

Cope KR, Bugbee B (2013) Spectral effects of three types of white light-emitting diodes on plant growth and development: absolute versus relative amounts of blue light. HortScience 48:504–509

Cope K, Snowden MC, Bugbee B (2014) Photobiological interactions of blue light and photosynthetic photon flux: effects of monochromatic and broad-spectrum light sources. Photochem Photobiol 90:574–584

Craig DS, Runkle ES (2013) A moderate to high red to far-red light ratio from light-emitting diodes controls flowering of short-day plants. J Am Soc Hortic Sci 138:167–172

Dougher TAO, Bugbee B (2001) Differences in the response of wheat, soybean, and lettuce to reduced blue radiation. Photochem Photobiol 73:199–207

Dougher TAO, Bugbee B (2004) Long-term blue light effects on the histology of lettuce and soybean leaves and stems. J Am Soc Hort Sci 129:467–472

Evans LT (1993) Crop evolution, adaptation and yield. Cambridge University Press, Cambridge

Evans LT (1998) Greater crop production: whence and whither? In: Waterlow JC, Armstrong DG, Fowdenand L, Riley R (eds) Feeding a world population of more than eight billion people—a challenge to science. Oxford University Press, Oxford, pp 89–97

Evans LT, Dunstone RL (1970) Some physiological aspects of evolution in wheat. Aust J Biol Sci 23:725–741

Fitter A, Hay RKM (2012) Environmental Physiology of Plants, 3rd edn. Academic Press, London

Folta KM, Maruhnich SA (2007) Green light: a signal to slow down or stop. J Exp Bot 58:3099–3111

Goins G, Yorio N, Sanwo M, Brown C (1997) Photomorphogenesis, photosynthesis, and seed yield of wheat plants grown under red light-emitting diodes (LEDs) with and without supplemental blue lighting. J Exp Bot 48:1407–1413
Hernández R, Kubota C (2015) Physiological responses of cucumber seedlings under different blue and red photon flux ratios using LEDs. Environ Exp Bot 121:66–74
Hogewoning SW, Trouwborst G, Maljaars H, Poorter H, van Ieperen W, Harbinson J (2010) Blue light dose-responses of leaf photosynthesis, morphology, and chemical composition of *Cucumis sativus* grown under different combinations of red and blue light. J Exp Bot 61:3107–3117
Hoover WH (1937) The dependence of carbon dioxide assimilation in a higher plant on wave-length of radiation. Smithson Misc Collect 95:1–13
Hunt R (1982) Plant growth analysis. Institute of Terrestrial Ecology
Inada K (1976) Action spectra for photosynthesis in higher plants. Plant Cell Physiol 17:355–365
Johkan M, Shoji K, Goto F, Hahida S, Yoshihara T (2012) Effect of green light wavelength and intensity on photomorphogenesis and photosynthesis in *Lactuca sativa*. Environ Exp Bot 75:128–133
Keating K, Carberry P (1993) Resource capture and use in intercropping: solar radiation. Field Crops Res 34:273–301
Kim HH, Goins G, Wheeler R, Sager JC, Yorio NC (2004) Green-light supplementation for enhanced lettuce growth under red and blue LEDs. HortScience 39:1616–1622
Klassen SP, Ritchie G, Frantz JM, Pinnock D, Bugbee B (2003) Real time imaging of ground cover: relationships with radiation capture, canopy photosynthesis, and daily growth rate. In: Schepers J, Van Toai T (eds) Digital imaging and spectral techniques: applications to precision agriculture and crop physiology. American Society of Agronomy Special Publication No. 66, Madison, pp 3–14
Long S, Zhu X, Naidu SL, Ort D (2006) Can improvement in photosynthesis increase crop yields? Plant Cell Environ 29:315–330
Massa GD, Kim HH, Wheeler RM, Mitchell CA (2008) Plant productivity in response to LED lighting. HortScience 43:1951–1956
McCree KJ (1972a) The action spectrum absorptance and quantum yeild of photosynthesis in crop plants. Agric Meteorol 9:191–216
McCree KJ (1972b) Test of current definitions of photosynthetically active radiation against leaf photosynthesis data. Agric Meteorol 10:443–453
Monje O, Bugbee B (1998) Adaptation to high CO_2 concentration in an optimal environment: radiation capture, canopy quantum yield, and carbon use efficiency. Plant Cell Environ 21:315–324
Morrow RC, Tibbitts TW (1988) Evidence for involvement of phytochrome in tumor development on plants. Plant Physiol 88:1110–1114
Nelson J, Bugbee B (2013) Spectral characteristics of lamp types for plant biology. http://cpl.usu.edu/files/publications/poster/pub__6740181.pdf. Accessed 30 Nov 2016
Nelson J, Bugbee B (2014) Economic analysis of greenhouse lighting: light emitting diodes vs. high intensity discharge fixtures. PLoS ONE 9(6):e99010. doi:10.1371/journal.pone.0099010
Nelson J, Bugbee B (2015) Analysis of environmental effects on leaf temperature under sunlight, high pressure sodium and light emitting diodes. PLoS ONE 10(10):e0138930. doi:10.1371/journal.pone.0138930
Nishio JN (2000) Why are higher plants green? Evolution of the higher plant photosynthetic pigment complement. Plant Cell Environ 23:539–548
Ouzounis T, Parjikolaei BR, Fretté X, Rosenqvist E, Ottosen CO (2015) Predawn and high intensity application of supplemental blue light decreases the quantum yield of PSII and enhances the amount of phenolic acids, flavonoids, and pigments in *Lactuca sativa*. Front Plant Sci. doi:10.3389/fpls.2015.00019
Snowden MC, Cope K, Bugbee B (2016) Sensitivity of seven diverse species to blue and green light: interactions with photon flux. PLoS ONE 11(10):e0163121. doi:10.1371/journal.pone.0163121

Sun J, Nishio JN, Vogelmann TC (1998) Green light drives CO_2 fixation deep within leaves. Plant Cell Physiol 39:1020–1026
Terashima I, Fujita T, Inoue T, Chow WS, Oguchi R (2009) Green light drives leaf photosynthesis more efficiently than red light in strong white light: revisiting the enigmatic question of why leaves are green. Plant Cell Physiol 50:684–689
Terfa MT, Solhaug KA, Gislerød HR, Olsen JE, Torre S (2013) A high proportion of blue light increases the photosynthesis capacity and leaf formation rate of *Rosa* × *hybrida* but does not affect time to flower opening. Physiol Plant 148:146–159
Wang Y, Folta KM (2013) Contribution of green light to plant growth and development. Am J Bot 100:70–78
Wang XY, Xu XM, Cui J (2014) The importance of blue light for leaf area expansion, development of photosynthetic apparatus, and chloroplast ultrastructure of *Cucumis sativus* grown under weak light. Photosynthetica 53(2):213–222
Yorio NC, Goins G, Kagie H, Wheeler R, Sager JC (2001) Improving spinach, radish, and lettuce growth under red LEDs with blue light supplementation. HortScience 36:380–383
Zhang T, Maruhnich SA, Folta KM (2011) Green light induces shade avoidance symptoms. Plant Physiol 157:1528–1536

第 6 章
LED 光照与植物光合作用光质研究综述

莫斯特·塔赫拉·纳兹宁 (Most Tahera Naznin)、
马克·勒夫斯鲁德 (Mark Lefsrud)

6.1 引言

太阳发射到地球表面的全部辐射中，近一半是波长为 390 ~ 700 nm 的可见光。例如，太阳是一个广谱光源，持续地发射各种波长的光子（没有强发射线），人类大脑可以感知到“白光”。事实上，棱镜可以显示真正的白光，它是紫（400 ~ 450 nm）、蓝（450 ~ 520 nm）、绿（520 ~ 560 nm）、黄（560 ~ 600 nm）、橙（600 ~ 625 nm）、红（625 ~ 700 nm）的混合光（表 6.1）。可见光在波长较短的一端是不可见的紫外线电磁辐射（10 ~ 400 nm），而在波长较长的一端是红外辐射（700 nm ~ 1 mm），这大约是入射到地球表面太阳辐射的一半。电磁波谱的这 3 个波长区域对于生物系统来说是极其重要的。植物利用与可见光波长范围（400 ~ 700 nm）大致相同的光进行光合作用。相反，树叶反射的绿色比其他任何颜色的光子的比例都高，这使它们具有常见的绿色。

光合作用是利用光能产生 ATP 和 NADPH 的光生化过程，最终在有机分子中碳原子的组装中被消耗。在功能上，光子被蛋白质叶绿素 - 类胡萝卜素复合物（形成光系统的捕光天线）收集，然后转移到光系统反应中心，在那里产生电子，这些过程发生在叶绿体中。如果光照太弱，那么光合作用就不能有效工作，就会出现黄化症状。然而，过多的光会产生氧自由基并引起光抑制。这两种现象都严重限制了初级生产力。在人工光照条件下生长的植物的光合作用过程经常被改变。LED 是一种替代光源，为保护性栽培创造了新的机会。

表 6.1 与生物系统特别相关的紫外线、可见光和红外线波长区域的选定特性

颜色	波长范围/nm	代表波长/nm	能量/(eV · 光子$^{-1}$)	能量/(kcal · mol 光子$^{-1}$)
紫外光	<400	254	4.88	112.5
紫光	400~425	410	3.02	69.7
蓝光	425~490	460	2.70	62.7
绿光	490~560	520	2.39	55.0
黄光	560~585	580	2.14	49.3
橙光	585~640	620	2.00	46.2
红光	640~740	680	1.82	42.1
远红光	>740	1 400	0.88	20.4

6.2 LED

LED 工作功率低，发射带宽窄，光谱分布易于控制（更多细节见第 1 章）。窄带宽的发射和易于控制的光谱组成是由固态照明的性质决定的。LED 由一个具有“P”和“N”结的正偏二极管组成，而电致发光是通过在结内添加化学杂质来实现的。“P”结被掺杂了元素（也称为杂质），这些元素有丰富的价电子可用来导电，而“N”结被掺杂了缺乏电子或空穴的元素。在没有外加电压的情况下，以势能为特征的“N-P”结之间达到电磁平衡。然而，当二极管处于平衡状态时，没有净电流放电发生。相反，当施加外部电压时，平衡不再存在，电子从“N”流向“P”结，流向位于结之间的耗尽区域。一旦电子与耗损区的空穴结合，电子从导带下降到价带，从而导致光子发射。

导带是指源于“N”结的自由电子的能量，而价带是指源于“P”结的空穴的价能。LED 释放的光子对应于传导带和价带的能量差，也称为带隙。通过改变掺杂物质和掺杂浓度，可以很容易地控制 LED 的带隙。当在 LED 的固体衬底内形成键时，会发生离域分子轨道。LED 可以产生 350~940 nm 的光，而且与其他商业照明技术相比，LED 的光谱组成控制更强。图 6.1 所示为不同颜色 LED 的光谱。

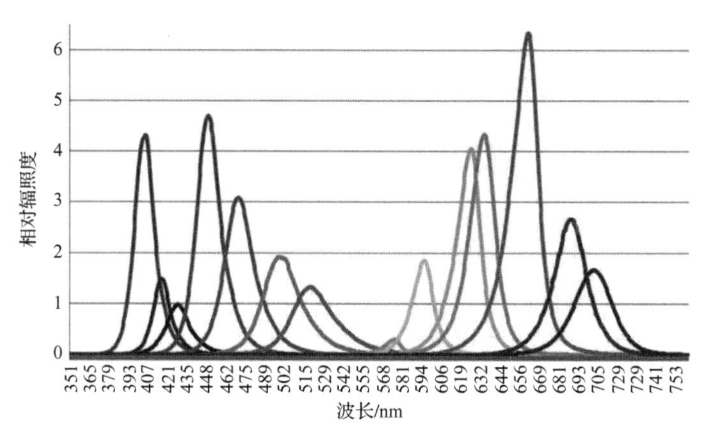

图 6.1　不同颜色 LED 的光谱（附彩插）

14 种不同 LED 阵列在 1.4 A 时的相对辐照度与峰值波长的关系。

相对辐照度是在 $\mu mol \cdot m^{-2} \cdot s^{-1}$ 尺度上测量的

6.3　光合作用

光合作用是一种化学过程，通过光合生物体中一系列复杂的氧化/还原反应，光子的电磁能量被吸收、转移，并以化学方式存储在碳水化合物分子中（图 6.2）。光合作用生物体也被称为光自养生物体，包括细菌、藻类以及植物物种，它们是地球上所有其他生命形式的主要能量来源。光合作用过程可以用下列简化方程来描述：

$$光能+6CO_2+12H_2O \rightarrow C_6H_{12}O_6+6O_2+6H_2O$$

光合作用发生在叶绿体内，而叶绿体是一种含叶绿素的质体细胞器，专门用于生产能量。在叶绿体中，光合作用产生能量的光氧化-还原反应发生在第三个内部类囊体膜系统中，该系统形成一组扁平的类囊体圆盘，通常堆积在基粒中。

在类囊体膜上嵌有 5 种膜蛋白复合物，它们参与电子传递以及伴随的能量载体分子 NADPH 和 ATP 的合成，进而为碳水化合物的合成提供燃料。其中，最突出的是两个主要的光合作用光反应中心，即膜蛋白光系统Ⅰ和Ⅱ复合物（PS Ⅰ

和 PS Ⅱ），以它们的发现顺序命名，这与它们的自然进化顺序是相反的。这些色素系统也被称为色素系统Ⅰ和Ⅱ，由相关的叶绿素和类胡萝卜素天线色素阵列组成。这些分子参与收集用于光合作用的光能，以这样一种方式排列，以便最大限度地捕获和转移光能。叶绿素 a 是光合作用中的主要色素，发生在所有光合生物的光反应中心。在 PS Ⅱ中，反应中心叶绿素 a 根据激发波长被称为 P－680，而在 PS Ⅰ处叶绿素 a 的形式为 P－700。辅助天线色素在高等植物中是高度保守的，包括叶绿素 b 和类胡萝卜素、β－胡萝卜素以及类胡萝卜素亚群叶黄素、紫黄质、前黄质和玉米黄质。类胡萝卜素和叶黄素是脂溶性的黄色、橙色和红色次生植物色素，是植物、藻类、真菌和细菌中独特合成的。它们围绕在光反应中心周围收集光能，并通过共振能量转移，将光能输送到反应中心的叶绿素 a。在棉花（*Gossypium hirsutum* L.）中，叶黄素是 PS Ⅱ的主要类胡萝卜素，而β－胡萝卜素是 PS Ⅰ的主要类胡萝卜素。在 PS Ⅱ复合物中，β－胡萝卜素在反应中心附近高度集中，而叶黄素则存在于几个捕光天线组件中。当足够的光子能量激发 PS Ⅱ中叶绿素 a 色素 P－680 形式的电子时，光合作用就被激活了，将电子从叶绿素 a 中喷射出来，有效地将它们氧化。在类囊体腔内，水的光解作用将其分解为两个氢离子（质子，H^+）和自由 O^{2-} 离子。O^{2-} 离子结合形成双原子氧，而留在类囊体腔内的质子有助于在类囊体膜上建立质子梯度，给它提供能量，最终用于 ATP 合成和/或光保护。PSⅡ的电子传递链（图 6.2）将分离的高能电子转移到膜中的质体醌（PQ）。质体醌然后把电子虹吸到第二个蛋白质复合物细胞色素 *bf*，在那里它们失去能量，将额外的质子泵入类囊体腔中。质体蓝素（PC）然后将耗尽的电子转移到 PSⅠ，在 PSⅠ中光子光能激发 P－700 叶绿素分子，从而将这些相同的电子提升到一个更高的能量激发态。当对光辐射的吸收超过光合作用的能力时，过量的激发能可导致三态激发态叶绿素（^{3}Chl）和反应单线态氧（$^1O_2$）的形成。类胡萝卜素色素通过猝灭^{3}Chl 来消耗多余的能量，并结合$^1O_2$来抑制氧化损伤，从而来保护光合结构。铁氧还蛋白（Ferrodoxin，FD）将它们转移到第四个类囊体膜蛋白复合体，即 NADP 还原酶，$NADP^+$在叶绿体基质中被还原为 NADPH。最后，第五类囊体膜复合体 ATP 合酶，利用光解水建立的质子梯度和通过细胞色素 *bf* 复合体的电子流动产生的质子动力，反向运转其质子泵，将 ADP 和无机磷酸盐转化为 ATP。在叶绿体基质，ATP 和 NADPH 为大气中 CO_2

的固定及其在 Calvin 循环反应，由 RuBisco（核酮糖 -1，5 -二磷酸羧化酶）所介导，被认为是地球上最丰富的蛋白质。

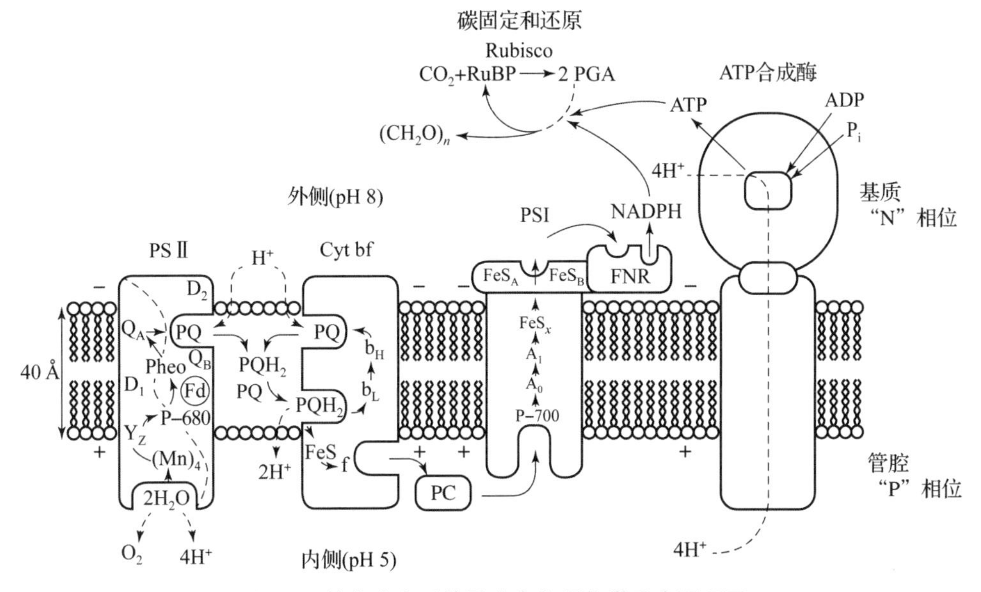

图 6.2　植物光合系统及光合作用化学反应原理图

（摘自 Falkowski 和 Raven，2007）

6.4　光合色素

植物色素具有特定的波长吸收模式，称为吸收光谱（表 6.2）。叶绿素在红色和蓝色区域强烈吸收光的波长，而对绿色波长吸收很少。在丙酮中，叶绿素 a 在 430 nm 和 663 nm 处有吸收峰，而叶绿素 b 在 453 nm 和 642 nm 处有吸收峰。β -胡萝卜素和丙酮中的叶黄素在蓝光区域吸收强烈，分别在 454 nm 和 448 nm 处出现峰值。这些色素都有局部吸收峰，β -胡萝卜素在 477 nm 处有第二个吸收峰，叶黄素在 422 nm 和 474 nm 处有两个局部吸收峰。然而，植物的吸收峰可以移动到 38 nm，这取决于叶绿体周围的特定环境。这些波长光的吸收并不总是与叶绿素和类胡萝卜素的生物合成直接相关。生物合成所需的特定波长光的吸收被称为作用光谱（图 6.3）。波长在 500 nm 和高于 700 nm 的光导致叶绿素的生物合成很少。

表6.2 在丙酮中植物色素的吸收峰和局部吸收峰

色素	丙酮的吸收峰/nm	丙酮的局部吸收峰/nm
β-胡萝卜素	454	477
叶绿素 a	663	430
叶绿素 b	642	453
叶黄素	448	422，474

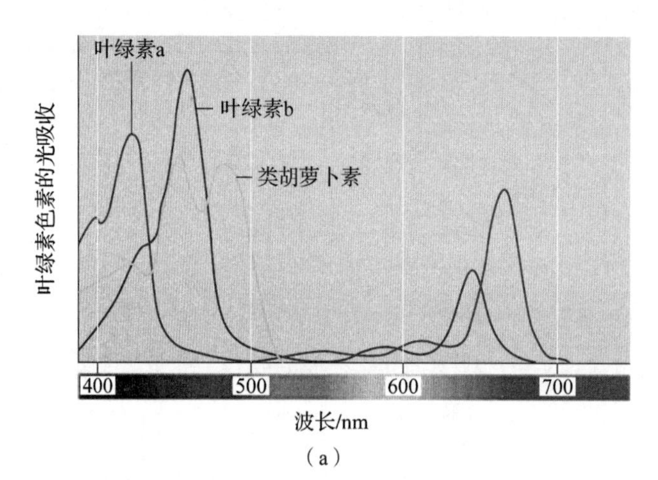

(a)

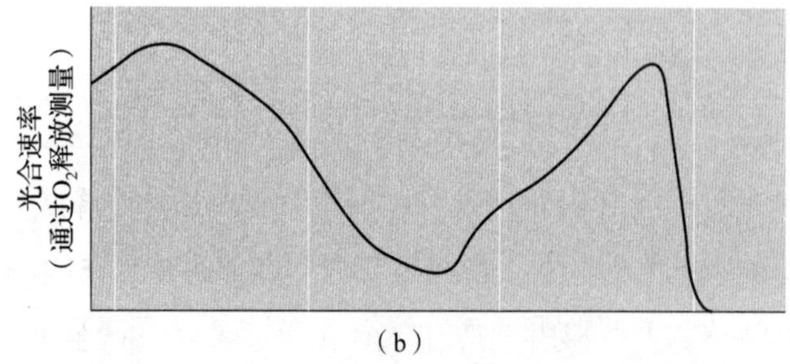

(b)

图6.3 叶绿素和天线色素的吸收光谱和作用光谱

(a) 吸收光谱；(b) 作用光谱

(改编自 Cambell et al.，1999)

类胡萝卜素是植物的次生代谢产物和重要的色素，被用作天线色素，以减少叶绿素分子活性三重态对光合成分的损害。叶黄素和β-胡萝卜素是触角色素中两种主要的类胡萝卜素。Ohasi-Kaneko等人（2007）发现，在相同PPFD（300 $\mu mol \cdot m^{-2} \cdot s^{-1}$）下，蓝色荧光灯下菠菜的类胡萝卜素浓度高于白色荧光灯下菠菜的类胡萝卜素浓度。Li等人（2009）同样发现，在PPFD为300 μmol·m^{-2}·s^{-1}的蓝色荧光灯下，菠菜中的叶黄素和β-胡萝卜素浓度显著增加。相比之下，Cui等人（2009）发现，在塑料管道温室中生长且每天补充4 h的红色或黄色LED灯的黄瓜幼苗的类胡萝卜素浓度增加。Lefsrud等人（2008）发现，在红色（640 nm）和蓝色（440 nm）LED下，羽衣甘蓝的叶黄素和β-胡萝卜素积累量分别最高。

6.5　LED对叶绿素荧光的影响

叶绿素荧光是一种无创测量PSⅡ活性的方法。PSⅡ活性对非生物和生物因子的敏感性，使其不仅成为了解光合作用机制的关键技术，而且成为植物如何响应环境变化的更广泛的指标。叶绿素分子吸收的光能可以驱动光合作用（光化学）、以热的形式重新散发或者以光的形式重新发射。Fv/Fm代表PSⅡ的最大潜在量子产率，Fv/Fm值在0.79~0.84范围内是许多植物的最优值，较低的Fv/Fm值表明植物受到胁迫。为了研究LED对叶绿素荧光的影响，Kim和Kim（2014）应用4个光质量水平（红、蓝、红+蓝和白光LED）研究了LED光对嫁接黄瓜幼苗叶绿素荧光的影响。他们发现，在红色LED下，荧光变量（Fv）最高，而在蓝色LED下，荧光变量（Fv）显著降低。蓝光LED的量子产率（Fv/Fm）最大。但在红色LED下，接穗的Fv/Fm显著降低。Metallo等人（2016）发现，在花椰菜发芽过程中，LED光对PSⅡ的量子产率（Fv/Fm）有影响。在5%蓝/95%红的LED处理下，荧光量子产率最高，而在20%蓝/80%红的LED处理下，荧光量子产率差异不显著。蓝色LED下，鱼腥草（*Houttuynia cordata*）幼苗叶绿素荧光参数最大量子产率（Fv/Fm）、光化学猝灭系数（qP）和光量子产量（qY）值最高，绿色LED下最低。叶绿素荧光参数Fv/Fm在40%蓝/60%红和0%蓝/100%红时在0.52~0.72范围内，但总体上比对照（32% B蓝/白）蝴蝶兰“Vivien”品种和“Purple Star”品种中略高。

6.6 LED 对植物光合作用和生长的影响

Bula 等人（1991）报道了在红色 LED 下莴苣生长的初步实验。红色 LED 能促进植物生长，因为这些波长与叶绿素和光敏色素的吸收峰完全吻合。除了能更好地激发不同类型的光感受器外，蓝色和红色的光组合比单色光下的光合活性更高。Naznin 等人（2012）研究了 14 种不同波长的 LED（405 nm、417 nm、430 nm、450 nm、470 nm、501 nm、520 nm、575 nm、595 nm、624 nm、633 nm、662 nm、680 nm 和 700 nm）对番茄、莴苣和矮牵牛幼苗光合作用的影响。他们发现，光合作用、吸光度、量子产率和作用光谱峰分别在 417 ~ 450 nm 和 630 ~ 680 nm 范围内。Stutte 等人（2009）报道了利用远红光（730 nm）和红光（640 nm）可以增加莴苣植株的生物量积累和叶长。添加远红外（735 nm）和红（660 nm）LED 对甜椒株高和生物量有显著的促进作用。红色（640 nm）LED 作为单一光源可增加红叶甘蓝花青素的积累。

一些实验表明，蓝色（400 ~ 500 nm）LED 与红色 LED 结合对植物的形态、生长和光合作用有影响。Goins 等人（1997）发现小麦（*Triticum aestivum* L.，cv. "USU - Super Dwarf"）植株在单独的红色 LED 灯下可以完成完整的生命周期，但在红色 LED 灯加蓝光的条件下可以产生更高的茎干质量积累和更多的种子。蓝色（440 nm 和 476 nm）LED 与红色 LED 结合可以提高大白菜的叶绿素含量。Naznin 等人（2016）观察到，在不同比例的红色和蓝色 LED 下培养的香菜植株的鲜和干质量积累高于 100% 红色 LED 下培养的植株。气孔的开放是由蓝光光感受器控制的。这可能反映了随着蓝光照射水平的增加，地上部干物质增加。Schwalb 等人（2014）研究了不同比率的红（660 nm）、蓝（435 nm）LED（1∶10、1∶5、1∶1、2∶1、3∶1、4∶1、5∶1、6∶1、7∶1、8∶1、9∶1、10∶1、11∶1、12∶11、13∶1、14∶1、15∶1、20∶1、25∶1、30∶1、50∶1 和 100∶1）在莴苣和矮牵牛幼苗的光合作用和没有背景宽带高压钠辐射的影响。他们发现，最佳光合作用范围出现在红蓝比率为 5∶1 ~ 15∶1 的范围内，但矮牵牛花在没有背景辐射的情况下，其最大光合作用范围为 50：1。

绿色（505 nm 和 530 nm）LED 和 HPS 灯能促进黄瓜更好的生长。Johkan 等人（2012）报道了高 PPF（300 μmol · m^{-2} · s^{-1}）的绿色 LED 可促进莴苣植株的生长。在绿色、红色和蓝色 LED 下生长的幼苗比单独在红色（630 nm）和蓝色（470 nm）下生长的幼苗株高更高。超过 50% 的 LED 绿光照射会导致植物生长减少，而 24% 的绿光照射则会促进某些物种的生长。只有绿光不足以使植物达到最佳生长状态，因为它被植物吸收的最少，但与红光和蓝光结合时，绿光可能会显示出一些重要的生理效应。

6.7　结论

综上所述，不同光质对植物光合作用和生长发育有影响。研究表明，植物对光质的变化具有高度的生理、形态和解剖可塑性。研究确定物种特有的最佳光谱对植物的最大生长是有益的。

参 考 文 献

Baker NR, Rosenqvist E (2004) Applications of chlorophyll fluorescence can improve crop production strategies: an examination of future possibilities. J Exp Bot 55(403):1607–1621
Barber J, Andersson B (1992) Too much good thing: light can be bad for photosynthesis. Trends Biochem Sci 17:61–66
Benton JJ (eds) (2005) Hydroponics: a practical guide for the soilless grower. CRC Press, Florida
Brown CS, Schuerger AC, Sager JC (1995) Growth and photomorphogenesis of pepper plants under red light-emitting diodes with supplemental blue or far-red lighting. J Am Soc Hort Sci 120:808–813
Bula RJ, Morrow RC, Tibbits TW, Barta RW, Ignatius RW, Martin TS (1991) Light emitting diodes as a radiation source for plants. HortScience 26:203–205
Cambell NA, Reece JB, Mitchell LG (eds) (1999) Biology. Wesley Longman Inc., Menlo Park, California
Cooper GM (ed) (2000) The cell: a molecular approach. Sinauer Associates, Sunderland Massachusetts, USA
Cui J, Ma ZH, Xu ZG, Zgang H, Chang TT, Liu HJ (2009) Effects of supplemental lighting with different light qualities on growth and physiological characteristics of cucumber, pepper and tomato seedlings. Acta Hortic Sin 5:663–670
Darko E, Heydarizdeh P, Schoefs B, Sabzalian MR (2014) Photosynthesis under artificial light: the shift in primary and secondary metabolism. Phil Trans R Soc B 369:1–7

Demmig-Adams B, Gilmore AM, Adams WW III (1996) In vivo functions of carotenoids in higher plants. FASEB J10:403–412
Falkowski PG, Raven RA (eds) (2007) Aquatic photosynthesis. Princeton University Press, Princeton, New Jersey
Farabee MJ (2007) On line biology book photosynthesis. Estrella Mountain Community College, Avondale, Arizona
Frank HA, Cogdell RJ (1996) Carotenoids in photosynthesis. Photochem Photobiol 63:257–264
Folta KM (2004) Green light stimulates early stem elongation, antagonizing light-mediated growth inhibition. Plant Physiol 135:1407–1416
Goins GD, Yorio NC, Sanwo MM, Brown CS (1997) Photomorphogenesis, photosynthesis and seed yield of wheat plants grown under red light-emitting diodes (LEDs) with and without supplemental blue lighting. J Exp Bot 48:1407–1413
Heber U, Shuvalov VA (2005) Photochemical reactions of chlorophyll in dehydrated photosystem II: two chlorophyll forms (680 and 700 nm). Photosyn Res 84:85–91
Hopkins WG, Huner NPA (eds) (2004) Introduction to plant physiology. John Wiley and Sons, Hoboken, New Jersey
Ieperen VW, Trouwborst G (2008) The application of LEDs as assimilation light source in greenhouse horticulture: a simulation study. Acta Hort 33:1407–141
Johkan M, Shoji K, Goto F, Hahida S, Yoshihara T (2012) Effect of green light wavelength and intensity on photomorphogenesis and photosynthesis in *Lactuca sativa*. Environ Exp Bot 75:128–133
Kasap S (2001) PN junction devices and light emitting diodes. Special custom e-book. http://www.kasap.usask.ca/samples/PNJunctionDevices.pdf. Accessed 10 Sep 2016
Keefe TJ (2007) The nature of light. http://www.ccri.edu/physics/keefe/light.htm. Accessed 5 Nov 2016
Kim YH, Kim HG (2014) Chlorophyll fluorescence characteristics of cucumber grafted seedlings graft-taken under LED illumination with different light quality and light intensity. Ag Eng 2014: topics in animal husbandry, welfare, rural buildings and greenhouses. In: International conference of agricultural engineering, Zurich, July 2014. Lecture notes in animal husbandry, welfare, rural buildings and greenhouses, vol 304. Geystiona, pp 1–8
Kopsell DA, Lefsrud M, Kopsell D (2009) Pre-harvest cultural growing conditions can influence carotenoid phytochemical concentrations in vegetable crops. Acta Hortic 841:283–294
Koning RE (1994) Light. Plant physiology information website. http://plantphys.info/plantphysiology/light.shtml
Koski VM, French CS, Smith JHC (1951) The action spectrum for the transformation of protochlorophyll to chlorophyll a in normal and albino corn seedlings. Arch Biochem Biophys 31:1–17
Landrum JT, Bone RA (2001) Lutein, zeaxanthin, and the maclar pigment. Arch Biochem Biophys 385:8–40
Lefsrud MG, Kopsell DA, Sams CE (2008) Irradiance from distinct wavelength light-emitting diodes affect secondary metabolites in Kale. HortScience 43:2243–2244
Li J, Hikosaka S, Goto E (2009) Effects of light quality and photosynthetic photon flux on growth and carotenoid pigments in spinach (*Spinacia oleracea* L.). Acta Hortic 907:105–110
Li H, Tang C, Xu Z, Liu X, Han X (2012) Effects of different light sources on the growth of non-heading chinese cabbage (*Brassica campestris* L.). J Agr Sci 4:262–273
Maxwell K, Johnson GN (2000) Chlorophyll fluorescence a practical guide. J Exp Bot 51:659–668
Metallo RM, Kopsell DA, Sams CE, Morrow RC (2016) Management of LED light quality to maximize biomass and chlorophyll fluorescence in sprouting broccoli in controlled environments. In: ASHS 2016: topics in growth chambers and controlled environments 1. American Society for Horticultural Sciences annual conference, Atlanta, August 2016. Poster notes in growth chambers and controlled environments 1. HortScience, p 213
Mishra S (2004) Photosynthesis in plants. Discovery Publishing House, New Delhi, India
Mizuno T, Amaki W, Watanabe H (2011) Effects of monochromatic light irradiation by LED on the growth and anthocyanin contents in laves of cabbage seedlings. Acta Hortic 907:179–184

Morrow RC (2008) LED Lighting in horticulture. HortScience 43:1951–1956
Murchie EH, Lawson T (2013) Chlorophyll fluorescence analysis: a guide to good practice and understanding some new applications. J Exp Bot 64(13):3983–3998
Nanya K, Ishigami Y, Hikosaka S, Goto E (2012) Effects of blue and red light on stem elongation and flowering of tomato seedlings. Acta Hortic 956:261–266
Naznin MT, Lefsrud M, Gravel V, Hao X (2016) Different ratios of red and blue LEDs light affect on coriander productivity and antioxidant properties. Acta Hortic 1134:223–229
Naznin MT, Lefsrud M, Gagne JD, Schwalb M, Bissonnette B (2012) Different wavelengths of LED light affect on plant photosynthesis. In: ASHS 2012: topics in crop physiology. American Society for Horticultural Sciences annual conference, Florida, August 2012. Lecture notes in crop physiology, vol 47(9). HortScience, p S191
Novičkovas A, Brazaitytė A, Duchovskis P, Jankauskienė J, Samuolienė G, Viršilė A, Sirtautas R, Bliznikas Z, Žukauskas A (2012) Solid-statelamps (LEDs) for the short-wavelength supplementary lighting in greenhouses: experimental results with cucumber. Acta Hortic 927:723–730
Ogawa T, Inoue Y, Kitajima M, Shibata K (1973) Action spectra for biosynthesis of chlorophylls a and b and β-carotene. Photochem Photobiol 18:229–235
Ohashi-Kaneko K, Takase M, Kon N, Fujiwara K, Kurata K (2007) Effect of light quality on growth and vegetable quality in leaf lettuce, spinach and komatsuna. Environ Control Biol 45:189–198
Opdam JG, Schoonderbeek GG, Heller EB, Gelder A (2005) Closed greenhouse: a starting point for sustainable entrepreneurship in horticulture. Acta Hortic 691:517–524
Ouzounis T, Fretté X, Ottosen CO, Rosenqvist E (2014) Spectral effects of LEDs on chlorophyll fluorescence and pigmentation in Phalaenopsis 'Vivien' and 'Purple Star'. Physiol Plant 154(2):314–327
Sandmann G (2001) Carotenoid biosynthesis and biotechnological application. Arch Biochem Biophys 385:4–12
Schoefs B (2002) Chlorophyll and carotenoid analysis in food products. Properties of the pigments and methods of analysis. Trends Food Sci Technol. doi:10.1016/S0924-2244(02)00182-6
Schwalb M, Naznin MT, Lefsrud M (2014) Determination of the effect of red and blue ratios of LED light on plant photosynthesis.In: ASHS 2014: topics in growth chambers and controlled environments 2. American Society for Horticultural Sciences annual conference, Florida, July 2014. Lecture notes in growth chambers and controlled environments 2, vol 49(9). HortScience, p S241
Steigerwald DA, Bhat JC, Collins D, Fletcher RM, Holcomb MO, Ludowise MJ, Martin PS, Rudaz SL (2002) Illumination with solid state lighting technology. IEEE J Sel Top Quant Electron 2(8):310–320
Stutte GW, Edney S, Skerritt T (2009) Photoregulation of bioprotectant content of red leaf lettuce with light-emitting diodes. HortScience 44:79–82
Solymosi K, Schoefs B (2010) Etioplast and etio-chloroplast formation under natural conditions: the dark side of chlorophyll biosynthesis in angiosperms. Photosynth Res 105(2):143–166
Solymosi K, Keresztes A (2012) Plastid structure, diversification and interconversions II. Landplants. Curr Chem Biol 6(3):187–204
Taiz L, Zeiger E (eds) (1998) Plant physiology. Sinauer Associates Inc., Sunderland, Massachusetts, USA
Thayer SS, Bjorkman O (1992) Carotenoid distribution and deepoxidation in thylakoid pigment-protein complexes from cotton leaves and bundle-sheath cells of maize. Photosynth Res 33:213–235
Wang Z, Tian J, Yu B, Yang L, Sun Y (2015) LED light spectrum affects the photosynthetic performance of *Houttuynia Cordata* seedlings. Am J Opt Photonics 3(3):38–42

第 7 章
园艺用 LED 光照

尤尔加·米廖斯基（Akvilė Viršilė）、玛吉特·奥勒（Margit Olle）、帕维尔·杜乔夫斯基（Pavelas Duchovskis）

7.1 引言

为了促进植物生长和发育，在园艺中使用补光已经有一个多世纪了。然而，这项技术是从照明行业借鉴而来的，而不是最初为植物设计的。几种灯技术已被用于植物栽培和研究，如白炽灯、荧光灯、金属卤化物灯和高强度放电灯。每种技术的应用已经被广泛的园艺作物优化，用于光周期控制、改变植物形态和增强光合作用。今天，我们正处于一场照明革命之中。LED 正在几乎所有室内和室外照明应用中取代传统灯具，LED 技术的快速进步为园艺照明的进步提供了机会。

LED 的特殊优势包括能够控制光谱输出和光强（光合光子通量 PPF）。LED 发射窄带波长从 UV－C（约 250 nm）到红外光（约 1 000 nm）。它是第一个能够在光谱中选择特定波长的光源，与植物光感受器的吸光度相匹配，从而影响特定的植物发育过程。

LED 的引入为通过调节光参数来控制植物的生长、发育和代谢提供了可能性。然而，在园艺系统中，很难在自然植物需求和基于商业目的的技术选择之间取得平衡。园艺业的主要目标是以最低成本生产高质量和高生产力的蔬菜产品。因此，园艺植物的栽培条件往往不符合种植者的技术目标，而是植物的自然生理需要。在自然环境中，植物根据太阳光谱和强度的变化来适应它们的生理活动。一般来说，它们能够在各种环境中生存和繁荣，并能够适应人工照明条件；然而，暴露在超出植物自然耐受带的光参数下也可能有负面的结果。创新的LED系统为照明控制增加了全新的维度；然而，LED的功能取决于特定的光生物学、生理学和技术知识的正确操作。例如，窄光谱LED必须仔细地配比，以获得所需的植物响应。因此，LED在园艺中的应用与植物光形态建成的知识密切相关。LED在植物光照中的应用研究成果于20世纪90年代初首次发表，近五年来发表的论文数量有了较大的增长。然而，由于不同植物种类和品种的结果存在差异，目前还没有建立通用的LED光照模型，对于不同发育阶段的园艺植物，以及种植者的目标，LED光照参数的问题仍然存在。

7.2　园艺用LED光照的概念及其产生

早在20世纪90年代初，美国就有关于LED在植物栽培中应用的初步报道，他们主要集中于发展用于空间任务的植物栽培系统，并由Morrow（2008）进行了综述。当时，只有红色LED（约660 nm）有足够的光合光子通量输出来满足植物的需求。莴苣、菠菜、萝卜、马铃薯和小麦的首次实验结果显示，正常生长和光合作用需要蓝光，用蓝色荧光灯增强光谱。然而，对LED的全面研究始于大功率蓝色LED的发展。许多研究已经证实，在温室条件下，不同比例的红光和蓝光的光谱组合对各种植物的栽培是充分有效的。使用红色和蓝色的LED灯是生产者的主要选择，因为这些波长能被植物的主要色素（叶绿素）有效吸收。此外，与其他LED颜色相比，红色和蓝色光的组合提供了最高的光子效率。这是这种双组分LED光谱在早期商业应用中占主导地位的主要原因。

7.2.1　光谱效率概念

McCree（1971）在半个世纪前提出的光合作用的广义光谱表明，红色和橙色光光子的效率最高，而绿色光光子的效率明显低于红色和蓝色光。在此之后，人们讨论最多的LED优点之一是，它可以通过只选择生理上高效的光波来组合照明光谱，避免将能量浪费在非生产性的颜色上，如绿色和黄色。然而，在较低的光合光子通量密度下，单叶在较短的时间间隔内形成了光合响应曲线。近年来，这一趋势已转变为更全面的方法。光效率不再以单个叶片的响应来衡量，而是以整个植物冠层的响应来衡量，光在不同冠层中的分布表明了宽光谱对植物生长发育的重要性。除了主要的光合作用叶绿素色素，其他植物色素，如类胡萝卜素和花青素，也能够收获光。所有这些色素都有不同的吸收光谱，使植物能够吸收广泛的复合光谱。然而，光参数作为光合作用的主要能量来源，也在基因表达、生理、形态和代谢过程中发挥信号作用。植物对光环境的反应是由不同的光感受器的作用决定的。光敏色素、隐花色素、促光素和 UVR8 传感器的信号通路被整合在一起，以微调植物的发育和光合状态（图 7.1）。了解植物个体的反应，以及光感受器和光合信号网络之间的协同作用，有助于作物生长调控 LED 光程序的选择和时机。通过定制的 LED 灯具选择性地激活特定的光传感路径，种植者可以控制植物的生产力、质量和生产时间。Carvalho 和 Folta (2014) 对这些概念进行了概括，提出了“环境改造生物体”的含义：通过剪裁可控制的环境参数（包括光），可以在遗传潜力范围内调整植物性状，并在比育种或其他基因修饰更短的时间内产生理想的植物生产力、发育或代谢变化。

7.2.2 温室和封闭环境园艺中的 LED

使用 LED 光源为直接干预植物生长、发育和代谢提供了机会。然而，这需要额外的知识，因为光质量的影响是复杂的，报道的结果往往是有争议的。研究结果的可变性可能是由于实验条件和植物品种不同，使这些结果难以进行比较。目前还没有一个 LED 光照参数的全局模型。此外，植物对单色光的响应也取决于背景光谱；当单独的光波长与其他不同的光波长结合使用时，其效果是不同的。因此，在温室条件下，为封闭环境房间优化的照明策略并不总是产生等效的结果。即使温室内自然日光的低通量，特别是其光谱、数量和光周期的变化，也会对植物产生重要的生理影响。因此，应分别优化温室和封闭环境栽培系统的光照条件。

温室 LED 光照的大多数应用都是选择红蓝波长的组合，具有较高的光子效

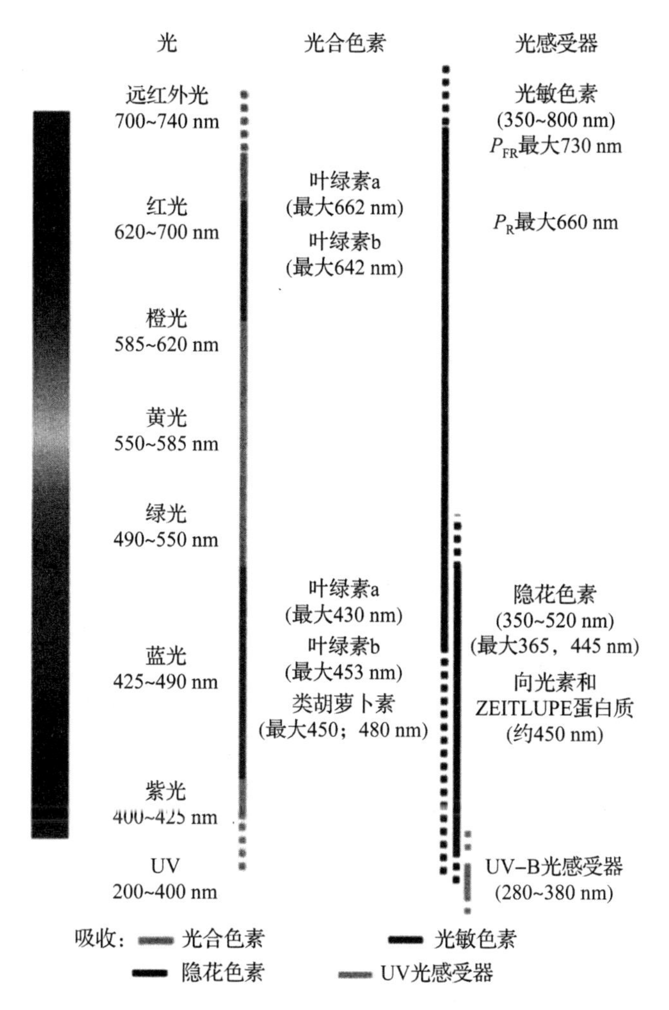

图 7.1　参与植物生长发育的光谱和光感受器（附彩插）

率。在植物工厂，红/蓝或红/白组合的新形式的保护性园艺也很合适。绿色或白光，含有大量的绿色波长，对植物有积极的生理影响，也有利于改善植物在封闭环境中的视觉外观。蓝光和红光的结合在人眼中形成了植物的紫灰色图像，从而阻碍了对植物健康和伤害的视觉评价。少量的绿光有助于解决这个问题。含有红色、蓝色和绿色波长的白光 LED 也被测试为一种有吸引力的、对人类视觉友好的植物光源。Cope 和 Bugbee（2013）评估了暖、中性和冷 3 种白色 LED（蓝光分别为 11%、19% 和 28%）对萝卜、大豆和小麦生长发育的影响。他们得出结论，冷白色 LED 可以作为光源的选择。因为与中性和暖白色 LED 相比，冷白色

LED 的电力效率更高。此外，冷白色 LED 中高比例的蓝光满足了正常植物生长和发育的蓝光需求。从冷到暖的动态照明能力，白色 LED 在不同的生长阶段均促进植物生长。在生长的初始阶段，低温白色 LED 的光谱中蓝光的比例很高，形成了短而壮的下胚轴；在后期的发育阶段，冷白色 LED 可以被暖白色 LED 取代，这个光谱会促进叶子的生长；在最后的生长阶段，应该再次使用冷白色 LED，以防止茎过度伸长。动态照明参数遵循可变的自然照明模式，并可分配到创新方法的仿生技术。仿生学（生物－生命和模仿－复制）是一个不断发展的领域，旨在将自然生物机制和结构应用于广泛的领域。动态控制补充 LED 光照强度已被证明可以减少约 20% 的电力消耗，而不影响作物质量或生产率。

然而，人工动态照明参数的建模，即使遵循自然照明的原则，也需要全面的知识。全面了解植物（作为其栖息地的一部分）在不同生长阶段的照明需求，可以开发一个受控的光谱 LED 系统，这将比白光 LED 处理更有利于植物。一旦园艺 LED 市场成熟，将多波长混合封装 LED 作为智能和可调光源发射宽光谱将有利于动态 LED 光照系统的发展。

7.3 LED 与高压钠灯

20 世纪 90 年代使用的一些主要光源的例子是高压钠、高压汞和荧光灯。高压钠灯已成为北纬地区温室大棚的主要辅助光源。它们的流行是基于低成本、高光合活性辐射、长寿命预期和高电力效率。然而，HPS 照明的主要缺点是其光谱发射质量差，主要位于电磁波谱的黄绿色和红外区域，蓝光发射低，红－远红外比大。近几十年来，LED 照明已经发展成为高压钠灯的潜在替代品。LED 在植物光照中的应用为优化植物生长发育提供了新的机会。这可以通过控制提供的光的数量、周期和光谱来实现；这种优化可以根据每种作物的具体需求及其生产条件进行调整。HPS 和 LED 技术在园艺照明领域并没有竞争，它们有各自的细分市场，这意味着它们可以相互补充。Nelson 和 Bugbee（2014）指出，HPS 装置仍然是具有小过道和均匀间隔的植物的大型温室的首选；HPS 装置宽阔、均匀的输出模式提供了均匀的光分布。在有间隔长椅的小型温室中，LED 灯具中更集中的模式可以最大限度地将辐射转移到植物叶片上。然而，在大多数情况下，不同光源的选择是基于成本分析和光子效率，即电能对光合光子的转换效率，这里以 $\mu mol \cdot J^{-1}$为主要指标。Nelson 和 Bugbee（2014）研究称，美国生产的大多数高效 LED 和 HPS 固定装置的效率几乎相同，从 1.66 $\mu mol \cdot J^{-1}$到 1.70 $\mu mol \cdot J^{-1}$。他们计算了每个光子传输的固定装置的初始资本成本，并确定 LED 固定装置的成本是 HPS 固定装置的 5 ~ 10 倍。与电力成本相比，他们的分析表明，这两种技术的长期维护成本都很低。然而，在北欧有测量表明，商业上可获得的荷兰和丹麦 LED 灯具的效率为 2.2 ~ 2.4 $\mu mol \cdot J^{-1}$，而最新的 HPS 灯（1 000 W）的效率高达 2.1 $\mu mol \cdot J^{-1}$。因此，LED 完全可以在商业规模上实现。

无论如何，LED 光照在其市场定位应用领域已经是不可替代的，如间歇照明系统、内部照明、封闭环境园艺（植物工厂）的封闭冠层照明。LED 光照下的环境可控作物栽培被认为是未来农业的新面貌。与高压钠灯照明相比，使用 LED 技术进行近距离照明通常会导致叶片温度显著降低。最近的一项分析表明，当电子输入为 1.7 $\mu mol \cdot J^{-1}$时，最高效的商用 LED 灯具的光子效率与最高效的 HPS 灯具的光子效率相等。因此，从理论上讲，每个光合光子产生的热能是相同的。然而，LED 会将大部分热量从所照亮的平面上散发出去，而 HPS 灯具则会将更多的热量散发到所照亮的平面上。

限制 LED 光照在植物栽培中的普及的另一个问题是，不同植物物种的最佳 LED 光照参数信息不一致。由于实验条件多变、植物种类繁多、缺乏系统的研究方法，因此很难比较和结合现有的 LED 参数对植物的影响。因此，LED 的使用者最好有基本的光生物学知识，能够执行正确和有针对性的照明操作。

7.4　主要园艺作物用 LED 光照

7.4.1　芽苗菜

芽苗菜是出现在许多高档市场和餐馆的一种相对较新的特色蔬菜。研究报告表明这些作物包括在生长初期食用的蔬菜和药草，对光照参数的反应与成熟植物相对不同。然而，在芽苗菜照明中，蓝光是最重要的。结果表明，在较高比例的蓝色 LED 波长照射下，芸薹属芽苗菜组织的色素、硫代葡萄糖苷和必需矿质元素显著增加。其他研究表明，补充蓝光也可以战略性地用于提高微绿色蔬菜的营养价值以及矿物质含量。在室内实验中，Brazaitytė 等人（2016）在红色、蓝色和远红外 LED 为主组，辅以黄色、橙色、绿色和 UV－A LED 的条件下培育了不同的芽苗菜。结果表明，添加绿色（520 nm）和橙色（622 nm）光诱导硝酸盐还原，而添加黄色（595 nm）和 UV－A（366 nm、390 nm）光更有利于抗氧化化合物的积累，但对生长参数的影响不显著。相比之下，Gerovac 等人（2016）发现，无论光照质量如何，随着光照整体从 105 $mmol \cdot m^{-2} \cdot s^{-1}$增加到 315 $mmol \cdot m^{-2} \cdot s^{-1}$，大头菜、水菜和芥菜微绿叶的下胚轴长度下降，干质量百分比增加。目前还很难确定各种微绿色植物的常见光照模式，因为作为这些特色作物，可以种植多种具有不同生命策略的蔬菜品种（如甜菜、羽衣甘蓝、罗勒、萝卜），甚至在早期发育阶段都可能有特定的光照需求。

7.4.2 莴苣和其他绿叶蔬菜

莴苣和其他绿叶蔬菜在人类的饮食和营养中起着重要的作用。它们的产量和质量取决于各种环境因素，光是其中的主要因素。在北纬地区，秋冬季温室内的自然光水平较低，以及在人工照明是唯一光源的封闭工厂，补充照明对商业作物生产是必要的。低光照强度是莴苣生长和品质的限制因素，不过光谱线的组成也有明显的影响。色素和代谢物的浓度，如叶绿素、类胡萝卜素、花青素、抗坏血酸和糖，以及植物大小、颜色、质地和味道的变化，都会受到补充光源的影响。LED 作为绿色蔬菜生产和生产质量控制的潜在光源被广泛分析，如表 7.1 所示。

红光通常是照明光谱的基础，只有红色的 LED 光可能就足够植物生长和光合作用。根据之前的研究显示，约 640 nm 红色 LED 波长最常用于莴苣和其他绿色蔬菜的种植。在温室和封闭的环境中，红色 LED 灯通常与蓝色灯相结合，以实现高效的植物栽培，并且特定的红光处理在收获前几天的短时间内也有优势。例如，在温室自然光照条件下添加 3 天约 640 nm 的 LED 红光，可提高莴苣碳水化合物含量和抗氧化能力，减少不良硝酸盐含量。在红光下莴苣整体抗氧化活性

表 7.1 光谱对莴苣及其他绿叶蔬菜生长及品质的影响

光照颜色	LED 光照条件	作物	影响	参考文献
远红光 700 ~ 850 nm	850 nm（300 μmol · m^{-2} · s^{-1}）和白光 LED（波峰 449 nm、548 nm，30% 或蓝光）；总 PPFD 135 μmol · m^{-2} · s^{-1}；光周期 16 h	莴苣（*Lactuca sativa* var. *crispa*）Green Oak Leaf	● 鲜枝质量较单一白光 LED 下降 36%，植株稀疏、扭曲	Chen, et al.（2016）
	740 nm LED 结合 660 nm 和 455 nm。R/B = 4.5；R/FR = 7；光周期 20 h；总 PPFD 150 μmol · m^{-2} · s^{-1}	莴苣（*Lactuca sativa* L.）Frillice Crisp	● 添加远红光后，叶片叶面积指数、鲜质量和株高分别提高了 17%、29% 和 121%； ● 生长过快可能是导致 SPAD 和干质量含量分别下降 27% 和 7% 的原因； ● 远红光促进了 N 的吸收； ● 在额外的远红光下，植株对 K、Ca 和 Mg 的吸收分别比红光和蓝光照射下增加了 27%、25% 和 28%	Pinho, et al.（2016）
	735 nm 和 440 nm、660 nm；B + R/FR 比为 0.7、1.2、4.1、8.6；B : R 为 2 : 8；总 PPFD 130 μmol · m^{-2} · s^{-1}；光周期 12 h	莴苣（*Lactuca sativa* L.）Sunmang 幼苗（16 日龄）	● 改善地上部和根部的生长；鲜质量在（B + R）/FR = 1 : 2 时最高	Lee, et al.（2016）

续表

光照颜色	LED 光照条件	作物	影响	参考文献
	735 nm 结合 450 nm 蓝 +660 nm 红；R：B：FR = 1：1：1；总 PPFD 150 μmol · m^{-2} · s^{-1}；光周期 12 h	罗勒（*Ocimum basilicum* L.）Ceasar	• 在蓝色、红色和远红外 LED 组合下栽培的罗勒能释放出更多的倍半萜挥发物	Carvalho，et al.（2016）
	冷白荧光灯（WF）添加 734 nm（160 μmol · m^{-2} · s^{-1}）；总 PPFD 300 μmol · m^{-2} · s^{-1}；光周期 16 h	莴苣（*Lactuca sativa* L.）Red Cross	• 鲜质量、干质量、茎长、叶长和叶宽分别比单用 WF 提高了 28%、15%、14%、44% 和 15%； • 叶绿素和类胡萝卜素浓度较 WF 分别降低 14% 和 11%	Lee，et al.（2015）
	在 730 nm（20 μmol · m^{-2} · s^{-1}）的 LED 与红色 640 nm 组合；总 PPFD 320 μmol · m^{-2} · s^{-1}；光周期 18 h	红叶莴苣（*Lactuca sativa* L.）Outredgeous	• 增加了总生物量，叶片伸长	Stutte，et al.（2009）
红光 620～700 nm	660 nm LED（75%）与蓝色 460 nm LED（25%）组合；总 PPFD 约 170 μmol · m^{-2} · s^{-1}	芥菜（*Brassica juncea* L.）；罗勒（*Ocimum gratissimum* L.）	• 与 HPS 或 460 nm + 635 nm LED 组合效应相比，延迟或抑制植株的开花转变	Tarakanov，et al.（2012）
	660 nm LED；总 PPFD 50 μmol · m^{-2} · s^{-1}；光周期 16 h	卷心菜（*Brasica olearacea* var. *capitata* L.）Kinshun（绿叶）和 Red Rookie（红叶）	• 与 FL、470 nm LED、500 nm LED 和 525 nm LED 相比，红叶卷心菜花青素含量和叶片色素沉着均有所增加	Mizuno，et al.（2011）

续表

光照颜色	LED 光照条件	作物	影响	参考文献
	660 nm（30 μmol · m^{-2} · s^{-1}）白光 LED（峰值 449 nm、548 nm，30% 或 B）；总 PPFD 135 μmol · m^{-2} · s^{-1}；光周期 16 h	莴苣（*L. sativa* var. *crispa*）Green Oak Leaf	• 叶绿素和类胡萝卜素含量增加	Chen，et al.（2016）
	冬季温室自然光照添加比例为 100 : 0、90 : 10、70 : 30、50 : 50；总 PPFD 200 μmol · m^{-2} · s^{-1}；光周期 16 h	莴苣（*V. locusta* L.）Noordhollandse	• 抗坏血酸含量降低	Wojciechowska，et al.（2015）
	WF 658 nm（130 μmol · m^{-2} · s^{-1}）；总 PPFD 300 μmol · m^{-2} · s^{-1}；光周期 16 h	莴苣（*L. sativa* L.）Red Cross	• 与 WF 相比，酚类化合物浓度增加	Li and Kubota（2009）
	640 nm 红色 LED（253 μmol · m^{-2} · s^{-1}）在采集前 7 天在受控环境下使用（预处理用 WF 和 275 μmol · m^{-2} · s^{-1} 的白炽光）	甘蓝（*Brassica oleracea* L.）Winterbor	• 促进叶绿素 a、b 和叶黄素的积累	Lefsrud，et al.（2008）
	在温室采集前 3 天，638 nm LED（约 500 μmol · m^{-2} · s^{-1}）补光 HPS（130 μmol · m^{-2} · s^{-1}）光照和自然光照	莴苣（*Lactuca sativa* L.）Grand rapids 马郁兰（*Majorana hortensis Moench.*） 小葱（*Allium cepa* L.）Lietuvosdidieji	• 降低硝酸盐含量	Samuolienė，et al.（2009）

续表

光照颜色	LED 光照条件	作物	影响	参考文献
	638 nm LED（210 μmol · m^{-2} · s^{-1}）结合 HPS（300 μmol · m^{-2} · s^{-1}）和自然光照收获前 3 天进行光照；光周期 18 h	绿叶莴苣（*Lactuca sativa* L.）Thumper 和 Multibaby	• Multibaby 莴苣抗氧化性能提高，总酚（28.5%）、生育酚（33.5%）、抗氧化能力（14.5%）和糖（52.0%）的浓度更高； • 与未处理的植物相比，抗坏血酸浓度降低	Samuolienė, et al.（2012a）
	在温室收获前 3 天，638 nm LED（光调节通量）与 HPS 照明（90 μmol · m^{-2} · s^{-1}）和自然光照相结合，总 PPFD 维持在 300 μmol · m^{-2} · s^{-1}；早上 5 点开始持续 5 小时，晚上 17 点至 24 点持续 7 小时	白芥菜（*Sinapsis alba*）；菠菜（*Spinacia oleracea*）Giant d'hiver；芝麻菜（*Eruca sativa*）Rucola；莳萝（*Anethum graveolens*）Mammouth；欧芹（*Petroselinum crispum*）Plain leaved；小葱（*Allium cepa*）White Lisbon	• 莳萝和欧芹的抗氧化活性改变，单糖增加，硝酸盐积累减少； • 增加芥菜、菠菜、芝麻菜、莳萝和葱中的维生素 C 含量； • 降低了莳萝和欧芹的硝酸盐积累量	Bliznikas, et al.（2012）
	638 nm 或 660 nm；PPFD 300 μmol · m^{-2} · s^{-1}（采集前 3 天处理）；预照度分别为 447 nm、638 nm、665 nm 和 731 nm；光周期 16 h	罗勒（*Ocimum basilicum* L.）Sweet Genovese；欧芹（*Petroselinum crispum*）	• 增加自由基清除活性和抗坏血酸含量	Samuolienė, et al.（2016）

续表

光照颜色	LED 光照条件	作物	影响	参考文献
橙光 585～620 nm	600 nm 琥珀色 LED 与 450 nm 蓝色和 660 nm 红色组合；R∶B∶琥珀色 = 1∶1∶1；总 PPFD 150 μmol · m^{-2} · s^{-1}；光周期 12 h	罗勒（*Ocimum basilicum* L.）Ceasar	• 在蓝色、红色和琥珀色 LED 组合下生长的罗勒会释放出更多的单萜类挥发物	Carvalho，et al.（2016）
黄光 550～585 nm				
绿光 490～550 nm	510 nm、520 nm 或 530 nm LED（PPFD 100 μmol · m^{-2} · s^{-1}、200 μmol · m^{-2} · s^{-1}和 300 μmol · m^{-2} · s^{-1}）	红叶莴苣（*Lactuca sativa* L.）Banchu Ref Fire	• 高强度（300 μmol · m^{-2} · s^{-1}）绿色 LED 灯促进莴苣生长（与 FL 相比）； • 510 nm 光照对植株生长影响最大	Johkan，et al.（2012）
	530 nm 与红 660、蓝 460 nm 组合；R∶G∶B = 4∶1∶1；总 PPFD 200 μmol · m^{-2} · s^{-1}；连续 24 h 的采前光照	奶油莴苣 De Lier	• 增加自由基清除活性，酚类化合物； • 降低硝酸盐含量	Bian，et al.（2016）
	530 nm LED（30 μmol · m^{-2} · s^{-1}）在日光温室和 HPS 灯（170 μmol · m^{-2} · s^{-1}）照明的补充；光周期 16 h	莴苣：红叶 Multired 4、绿叶 Multigreen 3、浅绿叶 Multiblond 2	• 降低幼叶莴苣品种硝酸盐浓度，增加糖含量	Samuolienė，et al.（2012d）

续表

光照颜色	LED 光照条件	作物	影响	参考文献
	505 nm、530 nm LED（30 μmol · m^{-2} · s^{-1}）用于温室 HPS 照明（170 μmol · m^{-2} · s^{-1}）和自然照度的补充；光周期 16 h	红叶 Multired 4、绿叶 Multigreen 3 和浅绿叶 Multiblond 2、莴苣（*Lactuca sativa* L.）	• 535 nm 绿色 LED 对抗坏血酸、生育酚含量和 DPPH 自由基清除能力有较大的积极影响； • 505 nm LED 对总酚和花青素含量影响较大	Samuolienė, et al.（2012b）
	518 nm 与红 655 nm、蓝 456 nm 结合，R : G : B = 9 : 1 : 0、8 : 1 : 1、7 : 1 : 2；总 PPFD 173 μmol · m^{-2} · s^{-1}；光周期 12 h	莴苣（*Lactuca sativa*）；红叶 Sunmang、绿叶 Grand Rapid TBR；18 天幼苗 4 周	• 在有固定比例的红色 LED 的情况下，用绿色 LED 代替蓝色 LED 促进了莴苣的生长； • R8G1B1 处理的红叶莴苣嫩枝鲜质量比 R8B2 处理高 61% 左右	Son and Oh（2015）
	450 nm 蓝、660 nm 红、520 nm 组合，R : B : G = 1 : 1 : 1；总 PPFD 150 μmol · m^{-2} · s^{-1}；光周期 12 h	罗勒（*Ocimum basilicum* L.）Ceasar	• 在蓝色、红色和绿色 LED 组合下生长的罗勒会释放出更高水平的单萜类挥发物	Carvalho, et al.（2016）
	520 nm，主补光 447 nm、638 nm、660 nm、731 nm LED；总 PPFD 300 μmol · m^{-2} · s^{-1}；光周期 16 h	各种芽苗菜	• 增加总酚、总类胡萝卜素在芥菜和欧芹菜苗的含量； • 红青菜和青菜叶中总类胡萝卜素减少	Brazaitytė, et al.（2016）

续表

光照颜色	LED 光照条件	作物	影响	参考文献
	518 nm 与红 655 nm、蓝 456 nm 组合，R：G：B＝9：1：0、8：1：1、7：1：2；总 PPFD 173 μmol · m^{-2} · s^{-1}；光周期 12 h	莴苣（*Lactuca sativa*），红叶 Sunmang、绿叶 Grand Rapid TBR，18 天幼苗 4 周	• 在有固定比例红色 LED 的情况下，用绿色 LED 代替蓝色 LED 促进了莴苣的生长； • R8G1B1 处理的红叶莴苣嫩枝鲜质量比 R8B2 处理高 61% 左右	Son and Oh（2015）
	蓝色 LED（476 nm，130 μmol · m^{-2} · s^{-1}）补充冷白色荧光灯	莴苣（*Lactuca sativa* L.）Red Cross	• 花青素浓度增加 31%； • 类胡萝卜素浓度增加 12%	Li and Kubota（2009）
蓝色 425～490 nm	蓝色 470 nm LED 50 μmol · m^{-2} · s^{-1}	甘蓝（*Brasica olearacea* var. capitata L.）幼苗，绿叶 Kinshun、红叶 Red Rookie	• 促进两个甘蓝品种的叶柄伸长； • 绿叶甘蓝叶绿素含量较高	Mizuno，et al.（2011）
	单独使用蓝色（468 nm）LED 或与红色（655 nm）LED 组合使用；总 PPFD 约 100 μmol · m^{-2} · s^{-1}	红叶莴苣幼苗（*Lactuca sativa* L. cv. Banchu Red Fire）	• 刺激根系生物量积累； • 使莴苣幼苗形态紧凑； • 促进莴苣移栽后的生长； • 更多的多酚含量和总抗氧化状态	Johkan，et al.（2010）

续表

光照颜色	LED 光照条件	作物	影响	参考文献
	蓝色 460 nm LED 单独与红色 660 nm 光（蓝光的 11.1%）组合；总 PPFD 80 μmol · m^{-2} · s^{-1}	大白菜（*Brassica campestris* L.）	• 较高的叶绿素浓度； • 蓝色 LED 有利于营养生长，而红色 LED 和蓝色加红色 LED 支持生殖生长； • 蓝色 LED 下维生素 C 浓度最高	Li, et al.（2012）
	460 nm LED 与 630 nm 红色组合；R : B = 2 : 1、4 : 1、8 : 1、1 : 0；总 PPFD 150 μmol · m^{-2} · s^{-1}；采集前 48 h 连续光照	莴苣（*Lactuca sativa* L.）	• 硝态氮含量降低，可溶性糖含量显著增加，且当 R : B 比例为 4 : 1 时效果最为显著	Wanlai, et al.（2013）
	在 R : B 为 8 : 1 和 6 : 3 时，PPFD 为 50 μmol · m^{-2} · s^{-1}，光周期 12 h	芥蓝 Lybao	• 在较高的蓝光照射下降低了植株和植株的干质量； • 在较高的蓝光照射率下，维生素、可溶性糖、可溶性蛋白含量增加，硝酸盐含量降低	Xin, et al.（2015）
	449 nm LED 与红色 661 nm 组合；R : B = 5 : 1、10 : 1 和 19 : 1；总 PPFD 120 μmol · m^{-2} · s^{-1}；光周期 16 h	芫荽（*Coriandrum sativum*）Leisure	• 鲜、干物质积累量在 10 : 1 比例下最高； • 当 R : B 比例为 5 : 1 时，抗氧化物质的积累显著增加	Naznin, et al.（2016）

续表

光照颜色	LED 光照条件	作物	影响	参考文献
	采集前 7 天单独使用 440 nm 蓝色 LED 灯（10.6 μmol · m^{-2} · s^{-1}）（预处理用冷白色荧光和 275 μmol · m^{-2} · s^{-1}的白炽灯照射）	甘蓝（*Brassica oleracea* L. cv Winterbor）	• 增强 β－胡萝卜素含量	Lefsrud, et al.（2008）
	蓝色（440 nm，30 μmol · m^{-2} · s^{-1}）与红色（640 nm,270 μmol · m^{-2} · s^{-1}）组合 LED	红叶莴苣（*Lactuca sativa* L. cv. Outredgeous）	• 花青素浓度增加，抗氧化能力提高； • 叶片扩展	Stutte, et al.（2009）
UV 200～400 nm	UV－A 383～426 nm LED 与红色 623～673 nm 和蓝色 427～478 nm 组合（R：B：UV－A＝59：7：10.1）；总 PPFD 300 μmol · m^{-2} · s^{-1}；光周期 12 h	散叶莴苣（*Lactuca sativa* var. crispa）	• 鲜质量增加	Chang and Chan（2014）
	UV－A LED（373 nm，（18±2）μmol · m^{-2} · s^{-1}）为冷白色荧光灯补充	红叶莴苣（*Lactuca sativa* L.）Red Cross	• 花青素浓度增加 11%	Li and Kubota（2009）
	在收获前 3 天，将 0.5 W · m^{-2}的 310 nm、325 nm 或 340 nm 紫外 LED 添加到白色荧光灯中	莴苣（*Lactuca sativa* L.）Red fire	• 采前 UV－B 光刺激花青素和其他抗氧化多酚； • 310 nm 处花青素浓度显著高于 325 nm 和 340 nm 处	Goto, et al.（2016）

注：PPFD 为光合光子通量密度；PP 为光周期；B 为蓝光；R 为红光；FR 为远红光；G 为绿光；FL 为荧光；WF 为白荧光；HPS 为高压钠灯。

的增加存在品种特异性，在绿叶型品种中比在红叶型品种中表现得更明显，后者自然含有更高水平的抗氧化剂，保护植物免受环境暴露，包括光照。在收获前的 640 nm LED 灯照射下，不同叶菜的结果是不同的。以欧芹和莳萝为例，在温室中进行 3 天的补充红光处理后，它们的酚类化合物、维生素 C 和碳水化合物的积累量增加，总抗氧化活性增加，硝酸盐积累量减少。但芥菜、菠菜、大蒜芥和绿色的洋葱中的硝酸盐含量并未降低。Wanlai 等人（2013）发现，在收获前 48 h 连续使用红蓝光比单一使用红光更能有效地还原硝酸盐。这种短期光照处理为人工光照下商业化叶菜生产的采前质量管理提供了新的经济前景。远红光 LED 光源超出了光合作用的有效区域范围，可支持莴苣的光合作用和生长。然而，红或远红外辐射及其比值的变化可以被光敏色素感知，并可能影响植物的光形态建成过程。当与红光结合应用时，红色和蓝色 LED 灯或冷白色荧光灯对莴苣的生长特性有显著影响：它增加了生物量和叶片长度，但对叶绿素、花青素和类胡萝卜素浓度有负面影响。添加远红光照促进莴苣生长是增加叶面积的结果，从而改善光截留。远红光，加上红色和蓝色 LED 灯，增强了水培莴苣对矿物质（钾、钙和镁）的吸收。考虑到这些影响，在为封闭式工厂设计人工照明系统时，应特别考虑补充远红外 LED。

虽然红光能有效地促进光合作用，但一些蓝光对于促进生长和减少避阴反应（包括过度伸长的茎）是必不可少的。蓝光激活隐花色素系统，匹配叶绿素和类胡萝卜素的吸收光谱，对绿色蔬菜的形态、生长、光合作用和抗氧化系统反应有显著影响。蓝光增加对生长的积极影响与叶片叶绿素水平和光合速率的增加相对应。

对整株植物的研究表明，随着蓝色光子比例的增加，光合作用往往会增加。然而，蓝光对植物光合作用的影响主要取决于辐射捕获的变化，而不是直接影响光合作用。当蓝色光子的比例超过 5% 时，植物的生长通常趋于下降。光谱中高比例的蓝光会抑制细胞分裂、细胞扩张和叶面积增长，从而导致光子捕获减少和生长减弱。然而，蓝光可以与辐射强度相互作用，在较高的光合通量密度下，蓝光组分的影响更大。不同物种对蓝光的敏感性有很大的差异，并且响应可能会随着植物的发育阶段而变化，因此研究工作中关于植物生长和光合作用的最佳红蓝光比例的大量有差异的结果是合理的，但相关研究结果尚未发表。

蓝色 LED 灯在改善绿色蔬菜的营养品质方面也很有效果。它降低了硝酸盐的含量，刺激抗氧化状态，如增加酚类化合物、抗坏血酸、类胡萝卜素、花青素含量，从而影响叶片颜色。研究表明，在红莴苣品种中，持续使用几天后处理和补充蓝光来增强色素沉着就足够了。研究还证实，蓝色 LED 光照的效果取决于物种和品种，红色的品种比绿色的品种更适应蓝色光照条件。

莴苣的味道也会受到光照条件的影响。在一项研究中发现，与红光或红光与远红光相比，Grand Rapids 莴苣在蓝光下的味道越来越苦。Lin 等人（2013）比较了红、蓝或红、蓝、白 LED 光下栽培的 Boston 莴苣的感官特性，发现红、蓝光处理植株的形状、脆度和甜味不被市场接受，但使用补充的白色 LED 光会导致更脆和更甜的口感，因为增加了糖分的积累。

绿光也有重要的生理效应。在一些研究中发现，510 ~ 530 nm LED 与绿色荧光灯相比，添加红色和蓝色 LED 光可以促进莴苣的生长。Son 和 Oh（2015）分析了绿色 LED 光处理下的叶片形态、透光率、细胞分裂率和叶片解剖，并观察到了两种莴苣品种生长增强的情况。Snowden 等人（2016）和 Bugbee（2016）解释说明，绿光穿透叶片和冠层更深，从而改变植物的生长发育，但其作用可能随着光合通量的增加而减弱。Folta 和 Maruhnich（2007）也假设绿光是植物生长减慢或停止的信号，但他们认为绿光的作用在植物冠层以下的低光条件下尤为重要。与红色或蓝色光波相比，绿光的特点是能更好地穿透叶片组织。

很少有报道指出，绿光对绿叶蔬菜的营养价值存在影响。添加 530 nm 的绿光促进了封闭环境下培养的长叶小莴苣中 β – 胡萝卜素和花青素的积累。同样，研究人员发现 505 nm、530 nm 和 535 nm 绿色 LED 光在温室高压钠灯照明的补光下，降低了不同品种幼叶莴苣的硝酸盐含量，或增加了抗坏血酸、生育酚和花青素的含量。绿色和黄色 LED 在红色和蓝色 LED 的补充下，增加了罗勒植物中单萜类挥发物的排放水平。

然而，紫外线对叶类蔬菜中次生代谢产物的影响最大。由于 UV LED 的可用性有限，成本相对较高，目前发表的研究成果很少。Chang 和 Chang（2014）报道了暴露于 UV – A 光下的叶莴苣茎鲜质量的增加。UV – A LED 照射的小通量也增加了幼叶莴苣中的花青素、酚类化合物和 β – 胡萝卜素的含量。Goto 等人

(2016) 研究显示，在收获前 3 天添加紫外光能有效提高红叶莴苣的花青素浓度和抗氧化能力。

莴苣生产中可适当引入选定的光照条件。然而，对于不同的绿色蔬菜和莴苣品种，还需要投入大量的精力用于开发 LED 光照模式。此外，在比较研究报告时，有许多变量需要考虑，如蔬菜品种、发育阶段、光照时间、光源的光谱分布、光合光子通量、光周期长度以及温度和其他栽培环境条件。此外，在温室环境中，季节性效应是不可忽视的。在北纬地区进行的几项研究证实，不同的光谱特性在一年中的不同季节以及不同栽培年份的同一季节最有效。

7.4.3 作物移栽

高质量的蔬菜移栽是温室条件下蔬菜生产成功的决定因素。健壮的蔬菜移植物通常有发育良好的叶和根，节间长度短，茎粗。花的发育状况也是移栽质量的一个重要属性（特别是对番茄），因为第一个花簇通常在繁殖期间发育。在嫁接移栽植物的情况下，对幼苗形态的要求往往是相反的：砧木幼苗最好有较长的下胚轴，以确保移植物接穗高度远高于土壤线。因此，光照控制移栽植物形态具有多种实用价值（表 7.2）。

当 LED 作为封闭环境室内的唯一光源时，植物对光谱组成的要求比温室条件下的要求更明显。单独的红光不够有效，添加蓝光波长会使得不同品种的番茄幼苗更强、更矮、更短的叶柄和下胚轴，并消除了番茄在红光处理下出现的叶卷。Hernandez 等人（2016）研究称，番茄移栽植株的干质量和叶面积随着蓝光的增加提高了 30%~50%，然后又减少了。在黄瓜移栽中，干质量也随着蓝光的增加而降低，而单位叶面积叶绿素含量、净光合速率和气孔导度则随着蓝光光合通量的增加而增加。Hernandez 和 Kubota（2016）提出，在单一的红蓝 LED 灯下，黄瓜的总光合通量以 10% 的蓝色为最佳，而番茄则以 30%~50% 为最佳。他们还报告称，在红光和蓝光光谱中加入绿光对黄瓜植株的反应没有任何影响。相反，Brazaitytė 等人（2009）发现，在封闭的环境中，绿光促进了黄瓜的生长，但却抑制了番茄的生长。

表 7.2　光谱对温室蔬菜生长和光合作用的影响

光照颜色	LED 光照条件	作物	影响	参考文献
远红光 700 ~ 740 nm	远红外 735 nm 与红光 660 nm；总 PPFD 300 μmol · m^{-2} · s^{-1}	甜椒（*Capsicum annuum* L.）Hungarian Wax	• 添加远红外辐射的植株比单独使用红色 LED 的植株更高，茎秆质量更大	Brown, et al.（1995）
红光 320 ~ 700 nm	在恒温室内，662 nm 红光 100% 或与 456 nm 蓝光 88%、12% 蓝光组合；总 PPFD 150 μmol · m^{-2} · s^{-1}；光周期 16 h	番茄（*Solanum lycopersicum*）的 9 种基因型	• 在 100% 红光处理中，所有基因型的叶片都出现向上或向下的卷曲现象	Ouzounis, et al.（2016）
	660 nm LED（34 μmol · m^{-2} · s^{-1}）补充 FL（360 μmol · m^{-2} · s^{-1}）	番茄（*Lycopersicon esculentum* L. cv. Momotaro Natsumi）	• 红色 LED 能有效提高番茄产量	Lu, et al.（2012）
橙光 585 ~ 620 nm	638 nm、447 nm、669 nm 和 731 nm LED 光源（总 PPFD 约 200 μmol · m^{-2} · s^{-1}）在生长室中补充 622 nm 橙光 LED（30 μmol · m^{-2} · s^{-1}）	黄瓜移栽苗，Mandy F1	• 生长加速	Brazaitytė, et al.（2009）
黄光 550 ~ 585 nm				
绿光 490 ~ 550	523 nm 绿光结合 473 nm 蓝光和 660 nm 红光：20B : 28G : 52R（%）；总 PPFD 100 μmol · m^{-2} · s^{-1}；光周期 18 h	黄瓜（*Cucumis sativus*）Cumlaude	• 添加绿光对黄瓜植株的响应无显著影响	Hernandez and Kubota（2016）

续表

光照颜色	LED 光照条件	作物	影响	参考文献
	生长室内 638 nm、447 nm、669 nm 和 731 nm LED 光照（总 PPFD 约 200 μmol · m^{-2} · s^{-1}）补充 520 nm 绿色 LED（12 μmol · m^{-2} · s^{-1}）	黄瓜移栽苗，Mandy F1	• 生长加速	Brazaitytė, et al.（2009）
	505 nm、530 nm LED（15 μmol · m^{-2} · s^{-1}）用于温室 HPS 光照（90 μmol · m^{-2} · s^{-1}）和自然光照的补充	黄瓜移栽苗 Mirabelle F1，番茄 Magnus F1，甜椒 Reda	• 在 505 nm LED 的补光下，所有移栽蔬菜的叶面积增加，鲜质量和干质量增加，光合色素含量增加； • 添加 530 nm 光照对黄瓜移栽后的发育和光合色素积累有积极的影响	Samuolienė, et al.（2012c）
蓝光 425～490 nm	450 nm 蓝光与 660 nm 红光 LED 以不同比例（0.1（B 15 μmol · m^{-2} · s^{-1}，R 135 μmol · m^{-2} · s^{-1}）、0.4（B 45 μmol · m^{-2} · s^{-1}，R 105 μmol · m^{-2} · s^{-1}）和 1.0（B 75 μmol · m^{-2} · s^{-1}，R 75 μmol · m^{-2} · s^{-1}）组合；总 PPFD 150 μmol · m^{-2} · s^{-1}；光周期 16 h	番茄幼苗 Reiyo	• B/R 比值（1.0）越大，茎越短	Nanya, et al.（2012）
	450 nm 蓝光 LED（450 nm）补充 638 nm 红色 LED；总 PPFD 100 μmol · m^{-2} · s^{-1}；蓝（B）光百分比：0B、7B、15B、22B、30B、50B、100B	黄瓜（*Cucumis sativus* cv. Hoffmann's Giganta）	• 为了防止任何明显的光合作用失调	Hogewoning, et al.（2010）

续表

光照颜色	LED 光照条件	作物	影响	参考文献
			• 在生长过程中，光合能力随蓝色百分比的增加而增强，蓝色百分比可达 50%； • 与单位叶面积叶质量、单位叶面积氮含量、单位叶面积叶绿素含量和气孔导度的增加有关	
	蓝光 455 nm，红光 661 nm；生长室中 0B 100R%、10B : 90R%、30B : 70R%、50B : 50R%、75B : 25R%、100B : 0R% 的比例；总 PPFD 100 μmol · m^{-2} · s^{-1}；光周期 18 h	黄瓜（*Cucumis sativus*）Cumlaude	• 下胚轴长度随蓝光百分比的增加而减小，最高可达 75% 蓝光，但在 100% 蓝光时下胚轴长度显著增加； • 叶面积随蓝光百分比的增加而减小，最高可达 75% 蓝光，但 100% 蓝光导致叶面积显著增加； • 单叶面积叶绿素含量、净光合速率和气孔导度随蓝光百分数的增加而增加； • 茎干质量和鲜质量随蓝光百分比的增加而降低，且 0% 蓝光的植株鲜质量和干质量最低，100% 蓝光的植株鲜质量最高	Hernandez and Kubota（2016）

续表

光照颜色	LED 光照条件	作物	影响	参考文献
	蓝光 455 nm、470 nm LED（15 μmol · m^{-2} · s^{-1}）补充天然太阳能和 HPS 照明（90 μmol · m^{-2} · s^{-1}）温室	黄瓜 Mirabelle F1、番茄 Magnus F1、甜椒 Reda 的移栽苗	• 补充蓝光可增加移栽植物的叶面积、鲜质量和干质量以及光合色素含量	Samuolienė, et al.（2012c）
	蓝光 455 nm、470 nm LED（15 mol m2 s 1）用于温室天然太阳能和 HPS（90 μmol · m^{-2} · s^{-1}）照明	黄瓜移栽苗，Mandy F1	• 添加 470nm LED 光照可增加叶片面积、鲜质量和干质量，降低下胚轴长度； • 455 nm LED 光照会减慢移栽植物的生长和发育； • 455 nm 和 470 nm 均能提高光合色素含量	Novičkovas, et al.（2012）
	蓝光 455 nm 与红光 661 nm（总 PPFD 55.5 μmol · m^{-2} · s^{-1}）在不同的光通量比（0.4 或蓝光 16%）下组合在温室中	番茄幼苗 Komeett	• 不同红蓝配比对番茄幼苗生长和形态参数影响不显著	Hernández and Kubota（2012）
	455 nm 蓝光 LED（6.7～16 μmol · m^{-2} · s^{-1}）补光 HPS（400～520 μmol · m^{-2} · s^{-1}）光照	番茄（*Lycopersicon esculentum* ‘Trust’）、黄瓜（*Cucumis sativus* ‘Bodega’）	• 冠层内补充蓝光可增加植株生物量，减少节间长度和果实产量	Menard, et al.（2006）

续表

光照颜色	LED 光照条件	作物	影响	参考文献
	456 nm LED 与红光 662 nm LED 组合；在温室中，100% 的红光、88% 的红光和 12% 的蓝光；PPFD 150 μmol · m^{-2} · s^{-1}；光周期 16 h	番茄（*Solanum lycopersicum*）的 9 种基因型	• 9 个基因型中有 7 个基因型的干物质总量增加； • 添加蓝光对气孔导度没有影响，但增加了叶片叶绿素和黄酮醇含量	Ouzounis, et al.（2016）
	在生长室中，455 nm 蓝光与 661 nm 红光相结合；0、10%、30%、50%、75%、100% 蓝光；总 PPFD 100 μmol · m^{-2} · s^{-1}；光周期 18 h	黄瓜（*Cucumis sativus*）Cumlaude 和番茄（*Solanum lycopersicum* ‘Komeett’）	• 黄瓜下胚轴长度随蓝光的增加而减小，最高高达 75% 蓝光；当蓝光从 10% 增加到 75% 时，干质量和叶面积减少；蓝光的最佳用量为 10%，但与 FL 相比，仍能产生干质量更少、更高的幼苗； • 番茄下胚轴长度随蓝光的增加而减小，最高可达 75% 蓝光；干质量和叶面积随蓝光的增加而增加，最高可达 30%～50% 蓝光，然后下降 50% 至 100%；最佳用量为 30%～50% 的蓝光，其形态和生长与 FL 相当	Hernandez, et al.（2016）

续表

光照颜色	LED 光照条件	作物	影响	参考文献
	450 nm 蓝光 LED（450 nm）补充 638 nm 红光 LED；总 PPFD 100 μmol · m^{-2} · s^{-1}；蓝（B）光百分比：0B、7B、15B、22B、30B、50B、100B	黄瓜（*Cucumis sativus* cv. Hoffmann's Giganta）	• 为了防止任何明显的光合作用失调； • 在生长过程中，光合能力随蓝光百分比的增加而增加，最高可达 50% 蓝光； • 与单位叶面积叶质量、单位叶面积氮含量、单位叶面积叶绿素含量和气孔导度的增加有关	Hogewoning, et al.（2010）
UV 200～400 nm				

注：PPFD 为光合光子通量密度；PP 为光周期；B 为蓝光；R 为红光；FR 为远红光；G 为绿光；FL 为荧光；WF 为白荧光；HPS 为高压钠灯。

在温室环境中，补充光的影响似乎在减弱，特别是当背景太阳辐照度提供足够的光合活性光子通量时。可能存在一个阈值背景太阳日光积分（DLI）或一个相对水平的补充太阳日光积分，需要通过补充照明获得额外的蓝色光子通量。然而，Gomez 和 Mitchell（2015）对6个番茄品种在不同 LED 处理下的形态响应进行了评估，发现在所有被评估的品种中，下胚轴直径和叶面积随着蓝光和红光的添加而增加。在温室中进行的一系列实验中，不同品种的黄瓜、番茄和甜椒移植在高压钠灯光谱中，缺乏蓝光，并补充了绿蓝光 LED 波长（530 nm、505 nm、455 nm、470 nm），结果不同。在另一项试验中，蓝色和青色（505 nm）添加光可增加黄瓜和番茄幼苗的叶面积、鲜质量和干质量，并缩短下胚轴长度。绿色 530 nm 光对黄瓜移栽有积极作用。蓝光和青色光对甜椒“Reda”品种有积极的影响，而在辣椒品种“Figaro”的 F1 移栽中，补充蓝绿色 LED 光抑制了其生长和发育速率。

7.4.4 温室蔬菜生产

移栽质量可能是制约移栽成功率和产量的因素。然而，在温室产量形成过程中，补充光照也可能对作物产量和质量产生显著影响，即使在自然光照不足的情况下。当每片叶片接收到的光量介于补偿点和饱和点之间时，植物受益于通过冠层均匀分布的照射。在植物密度较高的高架栽培系统中，无论是自然还是人工架空照明，大部分光线只能被截留到植物冠层的上部。交叉照明是最近发展起来的一种辅助照明技术。在作物冠层内施用部分补光可以改善冠层中下部的光分配，从而提高光利用效率和作物产量。由于 HPS 灯的灯泡温度很高，因此没有考虑将其用于内部照明。相比之下，LED 具有低的热辐射，使其成为潜在的照明系统。在一项研究中，蓝/红 LED 互照对黄瓜叶片下层的光合特性有积极影响，导致单位面积叶质量和叶片干质量分配更大，但对总生物量或果实产量没有影响。Kumar 等人（2016）研究称，与不加灯间照明相比，添加一两排灯间照明的 LED 使小黄瓜产量分别提高了22.3%和30.8%。Hao 等人（2012）研究发现，在内部照明条件下，小黄瓜产量仅在生产前期有所增加，在生产后期逐渐减少。

Gómez 等人（2013）研究称，与头顶 HPS 照明相比，使用冠内 LED 辅助照明显著降低了能量需求，同时保持了两个番茄品种的产量相当。Dzakovich 等人（2015）观察到，通过使用冠内 LED 辅助照明降低了辅助照明能耗，对番茄果实品质没有负面影响。Deram 等人（2014）分析了不同红光和蓝光比例，提出了 5∶1 的番茄果实增产最佳配比。Gomez 和 Mitchell（2016）观察到，与对照相比，冠内光照和顶光照均能提高番茄果实产量，但这两种补充光照处理之间产量无显著差异。冠内光照提高作物光合活性并不能提高果实产量；剩余的光同化物极有可能分配到植物的营养部分。在甜椒中，间作也可使总商品量提高 16%，主要是由于增加了果实数，果实成熟速度加快。Guo 等人（2016）研究称，紧随增强甜椒生长和果实产量是改善果实品质，与顶部 HPS 处理相比，水果干物质含量增加，促进有益的化合物在水果的含量（酚类化合物、总类胡萝卜素）以及较高的抗氧化活性。

光照条件下植物初级或次级代谢产物积累的变化也可能与植物免疫、疾病发展以及与害虫的相互作用有关。然而，到目前为止，只有离散的研究结果被探索，而通过 LED 光照参数促进植物健康仍是未来的设想。

7.4.5 观赏植物

LED 光照似乎有潜力作为一种替代补充光源，以及用于繁殖苗木和观赏植物插枝的唯一光源（表 7.3）。LED 参数的选择取决于植物的种类和繁殖器的目标。在封闭环境的栽培系统中，蓝光 LED 的增加部分，与红光互补，可能会减少茎的延伸，导致植株更紧凑，而凤仙花、矮牵牛花和鼠尾草的生物量积累和叶片扩张则随之减少。Olschowski 等人（2016）研究称，与单一的红色和蓝色 LED 光相比，在更宽光谱的白色 LED 或白色、蓝色和红色 LED 光的组合下，矮牵牛扦插根和茎的发育最好。添加远红外到红和蓝辐射可提高金鱼草的光合效率和随后的干物质积累，而不会过度扩张叶片和茎。

在温室中，LED 在背景自然光照下应用，适当比例的红色和蓝色 LED 光也适合栽培长春花、鸡冠花、凤仙花、牵牛花、万寿菊、鼠尾草和三色堇幼苗。在 85∶15 和 70∶30 红蓝 LED 灯下生长的幼苗比在 HPS 灯下生长的幼苗更紧凑，茎更粗，叶绿素含量更高。当新几内亚凤仙花、天竺葵和矮牵牛花在红蓝 LED 灯下进行扦插繁殖时，也取得了类似的效果。

表 7.3 光谱对观赏植物的影响

光照颜色	LED 光照条件	作物	影响	参考文献
远红光 700～740 nm	29 nm FR 光与红色 660 nm 组合：R 128 μmol · m^{-2} · s^{-1}、R128 + FR16、R128 + FR32、R128 + FR64、R96 + FR32、R96 + FR32、R64 + FR64 + 32 μmol · m^{-2} · s^{-1}的蓝光 451 nm 处理；光周期 18 h	金鱼草幼苗（*Antirrhinum majus*）	• 株高和总叶面积随 R：FR 比的减小呈线性增加； • 在相同的 PPFD 条件下，植株干质量基本一致；当 R 不变，FR 增加时，植株干质量呈线性增加； • 当 R 辐射逐渐被 FR 辐射取代时，单位叶面积的地上部干质量呈线性下降	Park and Runkle（2016）
	夜光中断（4 h，10 μmol · m^{-2} · s^{-1}），使用远红光 730 nm，绿色 530 nm，蓝色 450 nm，红色 660 nm，或白色（400～700 nm，28% B，37% R，15% FR）LED；在短日照条件下光周期 10 h，白光 LED、PPFD 为 180 μmol · m^{-2} · s^{-1}	矮牵牛花“Easy Wave Pink”	• 在短日条件下，FR 光的夜间干扰导致较高的茎长； • 在短昼条件下，FR 光的夜间中断促进了开花	Park，et al.（2016）
	在 9 h 光周期条件下，由 R：FR（660：730 nm）LED 从 100% 红色到 100% 远红外或白炽灯的比值，4 h 夜间中断	菊花（*Chrysanthemum × morifolium*）、大丽花（*Dahlia hortensis*）、万寿菊（*Tageteserecta*）	• 在这些短日照植物中，中等至高的 R：FR（≥0.66）最能有效地打断长夜； • FR 光本身不能调节开花； • 各物种茎长随夜间干扰 R：FR 的增加呈二次曲线增加，最大值为 0.66	Craig and Runkle（2013）

续表

光照颜色	LED 光照条件	作物	影响	参考文献
	在 9 h 光周期条件下，由 R：FR（660 nm：730 nm）LED 从 100% 红色到 100% 远红外或白炽灯的比值，4 h 夜间中断	万寿菊（*Tagetes erecta* ‘American Antigua Yellow’）、矮牵牛花（*Petunia multiflora* ‘Easy Wave White’）、金鱼草（*Antirrhinum majus* ‘Liberty Classic Cherry’）	• 中等 R：FR 比值的 LED 处理对矮牵牛花和金鱼草有促进开花的作用，而对万寿菊有抑制开花的作用； • 夜间中断对万寿菊和矮牵牛花的花序和花芽数影响不显著； • 中等 R：FR 下万寿菊和矮牵牛花的株高最高，金鱼草的株高则相反	Craig and Runkle（2012）
红光 620～700 nm	在自然光照下，添加红色 660 nm LED 光源；光周期 8 h	菊花（*Chrysantemum × moryfolium* ‘Cyber’）和大戟（*Euphorbia pulcherrima* ‘Novia’）	• 添加小通量 660 nm 的自然光显著降低了大戟的株高，但对菊花没有影响	Bergstrand, et al.（2016）
	橙色（O；596 nm），红色（R；634 nm），超红（HR；当 O－R－HR 分别为 20－30－30、0－80－0、0－60－20、0－40－40、0－20－60、0－0－80 时，蓝光用量恒定（10%；446 nm）和绿色（10%；516 nm）灯；PPFD 160 μmol · m^{-2} · s^{-1}；光周期 18 h	凤仙花（*Impatiens walleriana*）、矮牵牛花（*Petunia hybrida*）、番茄（*Solanum lycopersicum*）、万寿菊（*Tagetes patula*）和鼠尾草（*Salvia splendens*）幼苗	• 光照处理对不同品种的叶面积、株高和鲜质量的影响并不一致； • 橙色、红色和超红色的光通常对植物生长有类似的影响，且在测试强度时，背景是绿色和蓝色的光	Wollager and Runkle（2013）

续表

光照颜色	LED 光照条件	作物	影响	参考文献
橙光 585～620 nm	橙色620 nm光、白色和蓝色460 nm光在自然光8 h光周期前后照射2 h，自然光周期前的橙色光与自然光周期后的绿色光相结合；自然光周期前为蓝色光，光周期后为橙色光	矮牵牛花（*Calibrachoa* × *hybrida*‘Callie Bright Red’）和天竺葵（*Pelargonium* × *hortorum*‘Americana Pink Splash’）	• 在自然光照期给予620 nm光照和自然光照末期给予535 nm光照可控制矮牵牛花和天竺葵的伸长	Bergstrand, et al.（2016）
黄光 550～585 nm				
绿光 490～550 nm	夜间中断（4 h，10 μmol · m^{-2} · s^{-1}）绿色530 nm，蓝色450 nm，红色660 nm，远红外730 nm，或白色（400～700 nm，28% B，37% R，15% FR）LED；在短日照条件下生长10 h，白光LED，PPFD 180 μmol · m^{-2} · s^{-1}	矮牵牛花‘Easy Wave Pink’	• 在短日照条件下，夜间绿灯干扰促进矮牵牛花开花	Park, et al.（2016）
蓝光 425～490nm	470 nm蓝光与660 nm红光的不同比例；R：B 100：0、85：15或70：30；总PPFD 100 μmol · m^{-2} · s^{-1}；光周期16 h；与HPS照明相比，对自然照明的补充	金鱼草（*Antirrhinum majus* L.）‘Rocket Pink’、长春花（*Catharanthus roseus* L. G. Don）‘Titan Punch’、青葙（*Celosia argentea L. var. plumosa* L.）‘Fresh Look Gold’、凤仙花（*Impatiens walleriana*）Hook.	• 在85：15红色和蓝色LED光照射下，长春花（Catharanthus）、青花（Celosia）、凤仙花（Impatiens）、牵牛花、万寿菊（Tagetes）、鼠尾草（Salvia）和堇菜（Viola）的株高分别比HPS照射下短31%、29%、31%、55%、20%、9%和35%	Randall and Lopez（2014）

续表

光照颜色	LED 光照条件	作物	影响	参考文献
		f. ‘Dazzler Blue Pearl’、天竺葵（*Pelargonium hortorum* L. H. Bailey）‘Bullseye Scarlet’、牵牛花（*Petunia hybrida* Vilm. – Andr）. ‘Plush Blue’、一串红（Salvia splendens Sellow ex Roem. & Schult.）‘Vista Red’、万寿菊（*Tagetes patula* L. ‘Bonanza Flame’）和三色堇（*Viola wittrockiana* Gams.）‘Mammoth Big Red’ 幼苗	• 在 85 : 15 红蓝色 LED 光下，金鱼草、天竺葵和万寿菊的茎卡尺比 HPS 照明下的幼苗大 16%、8% 和 13%； • 在 LED 灯和 HPS 灯下生长的金鱼草、长春花、凤仙花、天竺葵和万寿菊的质量指数相似；在 85 : 15、70 : 30 和 100 : 0 红蓝色 LED 光下，矮牵牛花、鼠尾草和堇菜的质量指数显著高于 HPS 灯下	
	450 nm 蓝光与 627 nm 红光结合，R : B 比例为 100 : 0、85 : 15 或 70 : 30，总 PPFD 为 70 μmol · m^{-2} · s^{-1}；温室自然采光的补充	凤仙花（*Impatiens hawker* W. Bull）‘Celebrette Frost’、天竺葵（*Pelargonium hortorum* L. H. Bailey）‘Designer Bright Red’ 和矮牵牛花（*Petunia hybrid* Vilm. ‘Suncatcher Midnight Blue’ 的扦插枝	• 不同补充光源下凤仙花和天竺葵插枝间差异不显著； • 在 100 : 0 红蓝色 LED 光照射下，矮牵牛花的茎长比 HPS 照射下短 11%； • 在 70 : 30 红蓝 LED 光照射下，枝条的叶干质量、根干质量、根质量比和根冠比分别提高了 15%、36%、17% 和 24%	Currey and Lopez（2013）

续表

光照颜色	LED 光照条件	作物	影响	参考文献
	短日照，白（W）、B（462 nm）、B + R（659 nm）、B + FR（737 nm）、B + R + FR 或 R + FR LED）的夜间中断（4 h）	菊花（*Chrysanthemum* × *morifolium*）、cosmos（*Cosmos sulfureus*）、大丽花两品种（*Dahlia pinnata*）、万寿菊（*Tagetes erecta*）以及石竹（*Dianthus chinensis*）和 rudbeckia（*Rudbeckia hirta*）两种长日照植物	• 在被研究的作物中，夜间低强度的蓝光不会影响开花； • 白 LED 发出微弱的 FR 光，有效地为短日照的植物创造长日照	Meng and Runkle（2015）

注：PPFD 为光合光子通量密度；PP 为光周期；B 为蓝光；R 为红光；FR 为远红光；G 为绿光；FL 为荧光；WF 为白荧光；HPS 为高压钠灯。

改变光照条件是控制温室盆栽和花坛植物的一种可靠且无污染的方法，也是一种消除化学植物生长调节剂使用的有前途的技术。这种植物生长调节剂现在越来越少，且越来越受到消费者的质疑。在自然光照射前给予 620 nm 的光，在一天结束时给予 525 nm 的光，有效地控制了灯盏花和天竺葵的伸长。以 80：20 的比例使用红色和蓝色 LED 光的日尾处理抑制了一品红的枝条伸长，而添加一小部分 660 nm 的自然光显著降低了大戟的株高，但对菊花（Chrysanthemum）没有影响。

商业作物生产者也使用光周期照明（短、低强度照明）来抑制短日照植物的开花，并在短自然光光周期下促进长日照植物的开花。可以通过白天延长或夜间中断来模拟长昼光周期。光周期照明的光质对短日照植物和长日照植物开花的影响不同。在夜间照射中比例到高比例的红色：远红色 LED 光会有效抑制短日照的菊花开花，并促进长日照的矮牵牛和金鱼草开花。蓝色 LED 灯的光周期照明提供了可变的结果。使用蓝色 LED 灯的夜间干扰不被矮牵牛花、黑心菊（*Rudbeckia*）、菊花、波丝菊（*Cosmos*）、大丽花和万寿菊视为长白天的信号。然而，蓝色和红色 LED 光的混合物可以促进大多数长日照植物的开花。Meng 和 Runkle（2016）指出，在更高强度的蓝光光周期照明下，可能会有效地调节舞春花（*Calibrachoa*）、金鸡菊（*Coreopsis*）、矮牵牛花、黑心菊（*Rudbeckia*）和金鱼草的开花。

在观赏植物栽培中，LED 光照参数似乎比在蔬菜照明中更为复杂。观赏植物种类、品种和栽培品种的多样性，以及不同的栽培和照明方法，导致了光谱效应的多样性，这突出了在商业观赏植物栽培中扩展照明研究的必要性。

7.5 结论

创新的 LED 光照系统为园艺植物生产增加了一个全新的维度。随着持续的能源效率和光分布的改善，LED 是目前补充照明技术的一个有前途的替代方案。然而，如何优化光质对植物生长、发育、矿质营养和代谢的影响仍是一个重要问题。根据已发表的研究报告，植物对 LED 光谱的特定反应有时可以预测，但由于许多不同内部反应的复杂相互作用，植物的整体反应通常很难预测。物种、光强、持续时间和其他环境参数之间的相互作用阻碍了对许多植物生理反应得出广泛的光生物学结论。因此，LED 光照领域的研究似乎取之不尽，用之不竭。此外，它鼓励种植者接管研究人员的角色，并进行小规模的研发活动，寻求测试和优化某些植物品种和特定的栽培技术的 LED 光照参数。

参考文献

Agarwal A, Dutta Gupta S (2016) Impact of light-emitting-diodes (LEDs) and its potential on plant growth and development in controlled-environment plant production system. Curr Biotechnol 5:28–43

Bagdonavičienė A, Brazaitytė A, Viršilė A, Samuolienė G, Jankauskienė J, Sirtautas R, Sakalauskienė S, Miliauskienė J, Maročkienė N, Duchovskis P (2015) Cultivation of sweet pepper (*Capsicum annum* L.) transplants under high pressure sodium lamps supplemented by light emitting diodes of carious wavelengths. Acta Sci Pol Hortorum Cultus 14:3–14

Barta DJ, Tibbits TW, Bula RJ, Morrow RC (1992) Evaluation of light emitting diode characteristics for a space-based plant irradiation source. Adv Space Res 12:141–149

Bergstrand KJ, Asp H, Schüssler HK (2016) Growth control of ornamental and bedding plants by manipulation of photoperiod and light quality. Acta Hortic 1134:33–39

Bian ZH, Cheng RF, Yang QC, Wang J (2016) Continuous light from red, blue, and green light-emitting diodes reduces nitrate content and enhances phytochemical concentrations and antioxidant capacity in lettuce. J Amer Soc Hort Sci 141:186–195

Bliznikas Z, Žukauskas A, Samuolienė G, Viršilė A, Brazaitytė A, Jankauskienė J, Duchovskis P, Novičkovas A (2012) Effect of supplementary pre-harvest LED lighting on the antioxidant and nutritional properties of green vegetables. Acta Hortic 939:85–91

Bourget CM (2008) An introduction to light-emitting diodes. HortScience 43:1944–1946

Brazaitytė A, Ulinskaitė R, Duchovskis P, Samuolienė G, Šikšnianienė JB, Šabajevienė G, Baranauskis K, Stanienė G, Tamulaitis G, Bliznikas Z, Žukauskas A (2006) Optimization of lighting spectrum for photosynthetic system and productivity of lettuce by using light-emitting diodes. Acta Hortic 711:183–188

Brazaitytė A, Duchovskis P, Urbonavičiūtė A, Samuolienė G, Jankauskienė J, Kasiulevičiūtė-Bonakerė A, Bliznikas Z, Novičkovas A, Breivė K, Žukauskas A (2009) The effect of light emitting diodes lighting on cucumber transplants and after-effect on yield. Zemdirbyste-Agriculture 96:102–118

Brazaitytė A, Viršilė A, Samuolienė G, Jankauskienė J, Sakalauskienė S, Sirtautas R, Novičkovas A, Dabašinskas L, Vaštakatiė V, Miliauskienė J, Duchovskis P (2016) Light quality: growth and nutritional value of microgreens under indoor and greenhouse conditions. Acta Hortic 1134:277–284

Bugbee B (2016) Towards an optimal spectral quality for plant growth and development: the importance of radiation capture. Acta Hortic 1134:1–12

Bula RJ, Morrow RC, Tibbits TW, Barta DJ, Ignatius RW, Martin TS (1991) Light emitting diodes as a radiation source for plants. HortScience 26:203–205

Carvalho SD, Folta KM (2014) Environmentally modified organisms—expanding genetic potential with light. Crit Rev in Plant Sci 33:486–508

Carvalho SD, Schwieterman ML, Abrahan CE, Colquhoun TA, Folta KM (2016) Light quality dependent changes in morphology, antioxidant capacity, and volatile production in Sweet Basil (*Ocimum basilicum*). Front Plant Sci 7:1328. doi:10.3389/fpls.2016.01328

Chang CL, Chang KP (2014) The growth response of leaf lettuce at different stages to multiple wavelength-band light-emitting diode lighting. Sci Hortic 179:78–84

Chen XL, Xu XZ, Guo WZ, Wang LC, Qiao XJ (2016) Growth and nutritional properties of lettuce affected by mixed irradiation of white and supplemental light provided by light-emitting diode. Sci Hort 200:111–118

Chia PL, Kubota C (2010) End-of-day far-red light quality and dose requirements for tomato rootstock hypocotyl elongation. HortScience 45:1501–1506

Colonna E, Rouphael Y, Barbieri G et al. (2016) Nutritional quality of ten leafy vegetables harvested at two light intensities. Food Chem 199:702–710

Cope KR, Bugbee B (2013) Spectral effects of three types of white light-emitting diodes on plant growth and development: absolute versus relative amounts of blue light. HortScience 48:504–509

Craig DS, Runkle ES (2012) Using LEDs to quantify the effect of the red to far-red ratio of night-interruption lighting on flowering of photoperiodic crops. Acta Hortic 956:179–186

Craig DS, Runkle ES (2013) A moderate to high red to far-red light ratio from light emitting diodes controls flowering of short-day plants. J Am Soc Hort Sci 138:167–172

Currey CJ, Lopez RG (2013) Cuttings of impatiens, pelargonium, and petunia propagated under light-emitting diodes and high-pressure sodium lamps have comparable growth, morphology, gas exchange, and post-transplant performance. HortScience 48:428–434

Demotes-Mainard S, Peron T, Corot A (2016) Plant responses to red and far red lights, applications in horticulture. Eviron Exp Bot 121:4–21

Deram P, Lefsrud MG, Orsat V (2014) Supplemental lighting orientation and red-to blue ratio of light-emitting diodes for greenhouse tomato production. HortScience 49:448–452

Dzakovich MP, Gomez C, Mitchell CA (2015) Tomatoes grown with light-emitting diodes or high-pressure sodium supplemental lights have similar fruit-quality attributes. HortScience 50:1498–1502

Folta KM, Carvalho SD (2015) Photoreceptors and control of horticultural plant traits. HortScience 50:1274–1280

Folta K, Maruhnich SA (2007) Green light: a signal to slow down or stop. J Exp Bot 58:3099–3111

Gerovac JR, Craver JK, Boldt JK, Lopez RG (2016) Light intensity and quality from sole-source light-emitting diodes impact growth, morphology, and nutrient content of brassica microgreens. HortScience 51:497–503

Goins GD, Yorio NC, Sanwo MM, Brown CS (1997) Photomorphogenesis, photosynthesis and seed yield of wheat plants grown under red light-emitting diodes (LEDs) with and without supplemental blue lighting. J Exp Bot 48:1407–1413

Goins GD, Ruffe LM, Cranston NA, Yorio NC, Wheeler RM, Sager JC (2001) Salad crop production under different wavelengths of red light-emitting diodes (LEDs). SAE technical paper. In: 31st international conference on environmental Systems, 9–12 July 2001, Orlando, FL, USA, pp 1–9

Gómez C, Mitchell CA (2015) Growth responses of tomato seedlings to different spectra of supplemental lighting. HortScience 50:112–118

Gómez C, Mitchell CA (2016) Physiological and productivity responses of high-wire tomato as affected by supplemental light source and distribution within the canopy. JASHS 141:196–208

Gómez C, Morrow RC, Bourget CM, Massa GD, Mitchell CA (2013) Comparison of intracanopy light-emitting diode towers and overhead high-pressure sodium lamps for supplemental lighting of greenhouse-grown tomatoes. HortTechnology 23:93–98

Goto E, Hayashi K, Furuyama S, Hikosaka S, Ishigami Y (2016) Effect of UV light on phytochemical accumulation and expression of anthocyanin biosynthesis genes in red leaf lettuce. Acta Hortic 1134:179–185

Guo X, Hao X, Khosla S, Kumar KGS, Cao R, Bennett N (2016) Effect of LED interlighting combined with overhead HPS light on fruit yield and quality of year-round sweet pepper in commercial greenhouse. Acta Hortic 1134:71–78

Hao XM, Zheng JM, Little C, Khosla S (2012) LED inter-lighting in year-round greenhouse mini-cucumber production. Acta Hortic 956:335–340

Hernandez R, Kubota C (2016) Physiological responses of cucumber seedlings under different blue and red photon flux ratios using LEDs. Environ Exp Bot 121:66–74

Hernández R, Kubota C (2012) Tomato seedling growth and morphological responses to supplemental LED lighting red:blue ratios under varied daily light integrals. Acta Hortic 956:187–194

Hernández R, Kubota C (2014a) Growth and morphological response of cucumber seedlings to supplemental red and blue photon flux ratios under varied solar daily light integrals. Sci Hort 173:92–99

Hernández R, Kubota C (2014b) LEDs supplemental lighting for vegetable transplant production: spectral evaluation and comparisons with HID technology. Acta Hortic 1037:829–835

Hernández R, Eguchi T, Kubota C (2016) Growth and morphology of vegetable seedlings under different blue and red photon flux ratios using light-emitting diodes as sole-source lighting. Acta Hortic 1134:195–200

Ho CH, Yang CM, Hsiao CL (2012) Effects of nighttime lighting with specific wavebands on flowering of chrysanthemum crop. Environ Bioinform 9:265–277

Hogewoning SW, Trouwborst G, Maljaars H, Poorter H, van Ieperen W, Harbinson J (2010) Blue light dose–responses of leaf photosynthesis, morphology, and chemical composition of cucumis sativus grown under different combinations of red and blue light. J Exp Bot 61:3107–3117

Islam HR, Gislerød HR, Torre S, Olsen JE (2015) Control of shoot elongation and hormone physiology in poinsettia by light quality provided by light emitting diodes—a mini review. Acta Hortic 1104:131–136

Johansen NS, Vänninen I, Pinto DM, Nissinen AI, Shipp L (2011) In the light of new greenhouse technologies: 2. Direct effects of artificial lighting arthropods and integrated pest management in greenhouse crops. An Appl Biol 159:1–27

Johkan M, Shoji K, Goto F, Hashida S, Yoshihara T (2010) Blue light-emitting diode light irradiation of seedlings improves seedling quality and growth after transplanting in red leaf lettuce. HortScience 45:1809–1814

Johkan M, Shoji K, Goto F, Hashida S, Yoshihara T (2012) Effect of green light wavelength and intensity on photomorphogenesis and photosynthesis in *Lactuca sativa*. Environ Exp Bot 75:128–133

Jokinen K, Särkkä LE, Näkkilä J (2012) Improving sweet pepper productivity by LED inter lighting. Acta Hortic 956:59–66

Kanechi M, Maekawa A, Nishida Y, Miyashita E (2016) Effects of pulsed lighting based light-emitting diodes on the growth and photosynthesis of lettuce leaves. Acta Hortic 1134:207–214

Kim HH, Goins GD, Wheeler RM, Sager JC (2004) Green-light supplementation for enhanced lettuce growth under red- and blue-light-emitting diodes. HortScience 39:1617–1622

Kim K, Kook H, Jang J, Lee WH, Kamala-Kannan S, Chae JC, Lee KJ (2013) The effect of blue-light-emitting diodes on antioxidant properties and resistance to *Botrytis cinerea* in tomato. J Plant Pathol Microb 4:203–207

Kopsell DA, Sams CE (2015) Blue wavelengths from LED lighting increase nutritionally important metabolites in specialty crops. HortScience 50:1285–1288

Kopsell DA, Sams CE, Barickman TC (2014) Sprouting broccoli accumulate higher concentrations of nutritionally important metabolites under narrow-band light emitting diode lighting. HortScience 139:469–477

Kozai T (2015) Plant factory, an indoor vertical farming system for efficient quality food production. Academic Press, USA

Kubota C, Chia P, Yang Li Q (2012) Applications of far-red light emitting diodes in plant production under controlled environments. Acta Hortic 952:59–66

Kumar KGS, Hao X, Khosla S, Guo X, Bennett N (2016) Comparison of HPS lighting and hybrid lighting with top HPS and intra-canopy LED lighting for high-wire mini-cucumber production. Acta Hortic 1134:111–117

Lee MJ, Park SY, Oh MM (2015) Growth and cell division of lettuce plants under various ratios of red to far-red light-emitting didoes. Hortic Environ Biote 56:188–194

Lee MJ, Son KH, Oh MM (2016) Increase in biomass and bioactive compounds in lettuce under various ratios of red to far-red LED light supplemented with blue LED light. Hortic Environ Biote 57:139–147

Lefsrud MG, Kopsell DA, Sams CE (2008) Irradiance from distinct wavelength light-emitting diodes affect secondary metabolites in kale. HortScience 43:2243–2244

Li Q, Kubota C (2009) Effects of supplemental light quality on growth and phytochemicals of baby leaf lettuce. Environ Exp Bot 67:59–64

Li H, Tang C, Xu Z, Liu X, Han X (2012) Effects of different light sources on the growth of non-heading Chinese cabbage (*Brassica campestris* L.). J Agr Sci 4:262–273

Liao Y, Suzuki K, Yu W, Zhuang D, Takai Y, Ogasawara R, Shimazu T, Fukui H (2014) Night break effect of LED light with different wavelengths on floral bud differentiation of *Chrysanthemum morifolium* Ramat 'Jimba' and 'Iwa no hakusen'. Environ Control Biol 52:45–50

Lin KH, Huang MY, Huang WD, Hsu MH, Yang ZW, Yang CM (2013) The effects of red, blue, and white light-emitting diodes on the growth, development, and edible quality of hydroponically grown lettuce (*Lactuca sativa* L. var. *capitata*). Sci Hort 150:86–91

Liu XY, Chang TT, Guo SR, Xu ZG, Li J (2011) Effect of different light quality of LED on growth and photosynthetic character in cherry tomato seedling. Acta Hortic 907:325–330

Lu N, Maruo T, Johkan M, Hohjo M, Tsukakoshi S, Ito Y, Ichimura T, Shinoara Y (2012) Effects of supplemental lighting with light-emitting diodes (LEDs) on tomato yield and quality of single-truss tomato plants grown at high planting density. Environ Control Biol 50:63–74

Lurie-Luke E (2014) Product and technology innovation: what can biomimicry inspire? Biotechnol Adv 32:1494–1505

Massa GD, Kim HH, Wheeler RM, Mitchell CA (2008) Plant productivity in response to LED lighting. HortScience 43:1951–1956

Massa G, Graham T, Haire T, Flemming C II, Newsham G, Wheeler R (2015) Light-emitting diode light transmission through leaf tissue of seven different crops. HortScience 50:501–506

Matsuda R, Ohashi-Kaneko K, Fujiwara K, Kurata K (2007) Analysis of the relationship between blue-light photon flux density and the photosynthetic properties of spinach (*Spinacia olearacea* L.) leaves with regard to the acclimation of photosynthesis to growth irradiance. Soil Sci Plant Nutr 53:459–465

McCree KJ (1971) The action spectrum, absorptance and quantum yield of photosynthesis in crop plants. Agric Meteorol 9:191–216

Meng Q, Runkle ES (2015) Low intensity blue light in night-interruption lighting does not influence flowering of herbaceous ornamentals. Sci Hortic 186:230–238

Meng Q, Runkle ES (2016) Moderate-intensity blue radiation can regulate flowering, but not extension growth, of several photoperiodic ornamental crops. Environ Exp Bot. doi:10.1016/j.envexpbot.2016.10.006

Mitchell CA, Both AJ, Bourget CM, Burr JF, Kubota C, Lopez RG, Morrow RC, Runkle ES (2012) LEDs: the future of greenhouse lighting. Chron Horticult 52:6–10

Mitchell CA, Dzakovich MP, Gomez C, Lopez R, Burr JF, Hernandez R, Kubota C, Currey CJ, Meng Q, Runkle ES, Bourget CM, Morrow RC, Both AJ (2015) Light-emitting diodes in horticulture. In: Janick J (ed) Horticultural reviews, vol 43. Wiley, Hoboken

Mizuno T, Amaki W, Watanabe H (2011) Effects of monochromatic light irradiation by LED on the growth and anthocyanin contents in leaves of cabbage seedlings. Acta Hortic 907:179–184

Morrow RC (2008) LED lighting in horticulture. HortScience 43:1947–1950

Mou B (2012) Nutritional quality of lettuce. Curr Nutr Food Sci 8(3):177–187

Nanya K, Ishigami Y, Hikosaka S, Goto E (2012) Effects of blue and red light on stem elongation and flowering of tomato seedlings. Acta Hortic 956:261–266

Naznin MT, Lefsrud M, Gravel V, Hao X (2016) Different ratios of red and blue LED light effects on coriander productivity and antioxidant properties. Acta Hortic 1134:223–229

Nelson JA, Bugbee B (2014) Economic analysis of greenhouse lighting: light emitting diodes vs. high intensity discharge fixtures. PLoS ONE 9(6):e99010. doi:10.1371/journal.pone.0099010

Nicole CCS, Charalambous F, Martinakos S, van de Voort S, Li Z, Verhoog M, Krijn M (2016) Lettuce growth and quality optimization in a plant factory. Acta Hortic 1134:231–238

Novičkovas A, Brazaitytė A, Duchovskis P, Jankauskienė J, Samuolienė G, Viršilė A, Sirtautas R, Bliznikas Z, Žukauskas A (2012) Solid-state lamps (LEDs) for the short-wavelength supplementary lighting in greenhouses: experimental results with cucumber. Acta Hortic 927:723–730

Ohashi-Kaneko K, Takase M, Kon N, Fujiwara K, Kurata K (2007) Effect of light quality on growth and vegetable quality in leaf lettuce, spinach and komatsuna. Environ Control Biol 45:189–198

Olle M (2015) Methods to avoid calcium deficiency on greenhouse grown leafy crops. Lap Lambert Academic Publishing, Germany

Olle M, Viršilė A (2013) The effects of light-emitting diode lighting on greenhouse plant growth and quality. Agr Food Sci 22:223–234

Olschowski S, Geiger EM, Herrmann JV, Sander G, Grüneberg H (2016) Effects of red, blue, and white LED irradiation on root and shoot development of *Calibrachoa* cuttings in comparison to high pressure sodium lamps. Acta Hortic 1134:245–250

Ouzounis T, Razi Parjikolaei B, Fretté X, Rosenqvist E, Ottosen CO (2015a) Predawn and high intensity application of supplemental blue light decreases the quantum yield of PSII and enhances the amount of phenolic acids, flavonoids, and pigments in *Lactuca sativa*. Front Plant Sci 6:19. doi:10.3389/fpls.2015.00019

Ouzounis T, Rosenqvist E, Ottosen K (2015b) Spectral effects of artificial light on plant physiology and secondary metabolism: a review. HortScience 50:1128–1135

Ouzounis T, Heuvelink E, Ji Y, Schouten HJ, Visser RGF, Marcelis LFM (2016) Blue and red LED lighting effects on plant biomass, stomatal conductance, and metabolite content in nine tomato genotypes. Acta Hortic 1134:251–258

Owen WG, Lopez R (2015) End-of-production supplemental lighting with red and blue light-emitting diodes (LEDs) influences red pigmentation of four lettuce varieties. HortScience 50:676–684

Park Y, Runkle ES (2016) Investigation the merit of including far-red light radiation in the production of ornamental seedlings grown under sole-source lighting. Acta Hortic 1134:259–265

Park GY, Muneer S, Soundararajan P, Manivnnan A, Jeong BR (2016) Light quality during night interruption affects morphogenesis and flowering in *Petunia hybrida*, a qualitative long-day plant. Hortic Environ Biote 57:371–377

Patisson PM, Tsao JY, Krames MR (2016) Light emitting diode technology status and directions: opportunities for horticultural lighting. Acta Hortic 1134:413–425

Pinho P, Halonen L (2014) Agricultural and horticultural lighting. In: Karileck R, Sun CC, Zissis G, Ma R (eds) Handbook of advanced lighting technology. Springer International Publishing, Switzerland

Pinho P, Lukkala R, Särkka L, Teri E, Tahvonen R, Halonen L (2007) Evaluation of lettuce growth under multi-spectral-component supplemental solid state lighting in greenhouse environment. IREE 2:854–680

Pinho P, Hytönen T, Flantanen M, Elomaa P, Halonen L (2013) Dynamic control of supplemental lighting intensity in a greenhouse environment. Lighting Res Technol 45:295–304

Pinho P, Jokinen K, Halonen L (2016) The influence of the LED light spectrum on the growth and nutrient uptake of hydroponically grown lettuce. Lighting Res Technol. doi:10.1177/1477153516642269

Pocock T (2015) Light-emitting diodes and the modulation of specialty crops: light sensing and signaling networks in plants. HortScience 50:1281–1284

Randall WC, Lopez RG (2014) Comparison of supplemental lighting from high pressure sodium lamps and light emitting-diodes during bedding plant seedling production. HortScience 49:589–595

Samuolienė G, Urbonavičiūtė A, Duchovskis P, Bliznikas Z, Vitta P, Žukauskas A (2009) Decrease in nitrate concentration in leafy vegetables under a solid-state illuminator. HortScience 44:1857–1860

Samuolienė G, Brazaitytė A, Duchovskis P, Viršilė A, Jankauskienė J, Sirtautas R, Novičkovas A, Skalauskienė S, Sakalauskaitė J (2012a) Cultivation of vegetable transplants using solid-state lamps for the short-wavelength supplementary lighting in greenhouses. Acta Hortic 952:885–892

Samuolienė G, Brazaitytė A, Sirtautas R, Novičkovas A, Duchovskis P (2012b) The effect of supplementary LED lighting on the antioxidant and nutritional properties of lettuce. Acta Hortic 952:835–841

Samuolienė G, Sirtautas R, Brazaitytė A, Viršilė A, Duchovskis P (2012c) Supplementary red-LED lighting and the changes in phytochemical content of two baby leaf lettuce varieties during three seasons. J Food Agric Environ 10:7001–7706
Samuolienė G, Sirtautas R, Brazaitytė A, Duchovskis P (2012d) LED lighting and seasonality effects antioxidant properties of baby leaf lettuce. Food Chem 134:1494–1499
Samuolienė G, Brazaitytė A, Sirtautas R, Viršilė A, Sakalauskaitė J, Sakalauskienė S, Duchovskis P (2013) LED illumination affects bioactive compounds in romaine baby leaf lettuce. J Sci Food Agric 93:3286–3291
Samuolienė G, Brazaitytė A, ViršilėA Jankauskienė J, Sakalauskienė S, Duchovskis P (2016) Red light-dose or wavelength-dependent photoresponse of antioxidants in herb microgreens. PLoS ONE. doi:10.1371/journal.pone.0163405
Schuerger AC, Brown CS (1997) Spectral quality affects disease development of three pathogens on hydroponically grown plants. HortScience 32:96–100
Schwend T, Beck M, Prucker D, Peisl S, Memper H (2016) Test of a PAR sensor-based, dynamic regulation of LED lighting in greenhouse cultivation of Helianthus annuus. Eur J Hortic Sci 81:152–156
Singh D, Basu C, Meinhardt-Wollweber M, Roth B (2015) LEDs for energy efficient greenhouse lighting. Renew Sust Energ Rev 49:139–147
Snowden MC, Cope KR, Bugbee B (2016) Sensitivity of seven diverse species to blue and green light: interactions with photon flux. PLoS ONE 11(10):e0163121. doi:10.1371/journal.pone.0163121
Son KH, Oh MM (2013) Leaf shape, growth, and antioxidant phenolic compounds of two lettuce cultivars grown under various combinations of blue and red light-emitting diodes. HortScience 48:988–995
Son KH, Oh MM (2015) Growth, photosynthetic and antioxidant parameters of two lettuce cultivars as affected by red, green, and blue light-emitting diodes. Hortic Environ Biote 56:639–653
Stutte GW, Edney S, Skerritt T (2009) Photoregulation of bioprotectant content of red leaf lettuce with light-emitting diodes. HortScience 44:79–82
Tarakanov I, Yakovleva O, Konovalova I, Paliutina G, Anisimov A (2012) Light-emitting diodes: on the way to combinatorial lighting technologies for basic research and crop production. Acta Hortic 956:171–178
Taulavuori K, Hyöky V, Oksanen L, Taulavuori E, Julkunen-Tiitto R (2016) Species-specific differences in synthesis of flavonoids and phenolic acids under increasing periods of enhanced blue light. Environ Exp Bot 121:145–150
Trouwborst G, Oosterkamp J, Hogewoning SW, Harbinson J, van Ieperen W (2010) The responses of light interception, photosynthesis and fruit yield of cucumber to LED-lighting within the canopy. Physiol Plantarum 138:289–300
van Ieperen W (2016) Plant growth control by light spectrum: fact or fiction? Acta Hortic 1134:19–24
van Ieperen W, Savvides A, Fanourakis D (2012) Red and blue light effects during growth on hydraulic and stomatal conductance in leaves of young cucumber plants. Acta Hortic 956:223–230
Vänninen I, Pinto DM, Nissinen AI, Johansen NS, Shipp L (2010) In the light of new greenhouse technologies: 1. Plant-mediates effects of artificial lighting on arthropods and tritrophic interactions. An Appl Biol 157:393–414
Vaštakaitė V, Viršilė A, Brazaitytė A, Samuoliene G, Jankauskiene J, Sirtautas R, Novičkovas A, Dabašinskas L, Sakalauskienė S, Miliauskienė J, Duchovskis (2015) The effect of blue light dosage on growth and antioxidant properties of microgreens. Sodininkystė ir daržininkystė 34 (1–2):25–35
Wallace C, Both AJ (2016) Evaluating operating characteristics of light sources for horticultural applications. Acta Hortic 1134:435–443
Wanlai Z, Wenke L, Qichang Y (2013) Reducing nitrate content in lettuce by pre-harvest continuous light delivered by red and blue light emitting diodes. J Plant Nutr 36:491–490

Wargent JJ (2016) UV LEDs in horticulture: from biology to application. Acta Hortic 1134:25–32
Wojciechowska R, Długosz-Grochowska O, Kołton A, Župnik M (2015) Effects of LED supplemental lighting on yield and some quality parameters of lamb's lettuce grown in two winter cycles. Sci Hortic 187:80–86
Wojciechowska R, Kołton A, Długosz-Grochowska O, Knop E (2016) Nitrate content in *Valerianella locusta* L. plants is affected by supplemental LED lighting. Sci Hortic 211:179–186
Wollaeger HM, Runkle ES (2013) Growth responses of ornamental annual seedlings under different wavelengths of red light provided by light-emitting diodes. HortScience 48:1478–1483
Xin J, Liu H, Song S, Chen R, Sun G (2015) Growth and quality of Chinese kale grown under different LEDs. Agric Sci Technol 16:68–69
Yorio NC, Goins GD, Kagie HR, Wheeler RM, Sager JC (2001) Improving spinach, radish and lettuce growth under red light emitting didoes (LEDs) with blue light supplementation. HortScience 36:380–383
Žukauskas A, Bliznikas Z, Breivė K, Novičkovas A, Samuolienė G, Urbonavičiūtė A, Brazaitytė A, Jankauskienė J, Duchovskis P (2011) Effect of supplementary pre-harvest LED lighting on the antioxidant properties of lettuce cultivars. Acta Hortic 907:87–90

第 8 章
基于 LED 光照的营养品质改善

吉德雷·萨莫林内（Giedrė Samuolienė）、
阿斯诺·布朗莱特（Aušra Brazaitytė）、
维克托利亚·瓦斯塔凯特（Viktorija Vaštakaitė）

8.1 引言

植物是人类重要的营养来源。在温度、水分和肥料等各种环境因素中，光是影响植物生产的关键因素之一。光和光合作用是植物生命的主要过程，两者密切相关。然而，植物的光合作用只利用了总入射太阳辐射能的 4.6%~6.0%。目前已知，光的质量（光谱）和数量［光合活性光子通量密度（PPFD）］调节植物的化学成分和含量，从而影响许多植物的营养和采后质量，尤其是叶菜。

植物含有多种高度敏感的光感受器，它们可以感知光质量的微小变化，并相应地调节光合作用或光形态建成反应。一系列的研究报道了波长介导的特定受体的反应，并描述了它们通过光传感系统的生理功能。UV－B 光是通过 UVR8 光感受器感知的，它与一个特定的分子信号通路有关，并导致 UV－B 适应。UV－A 和蓝光感光器被称为隐花色素，它调节许多生物物理和生化变化，导致光信号传播的构象变化。根据 Folta 和 Maruhnich（2007）的研究，绿光介导的反应通过依赖隐花色素和不依赖隐花色素的方式影响植物的生长过程。一般来说，绿光的作用与红、蓝方向的波段相反，通常由隐花色素/光敏色素感光系统介导。叶绿素吸收的蓝光和红光负责光合作用和初级代谢物的代谢。光敏色素可以检测到红光和远红光及其比值，其中从无活性到活性的转化对植物的发育和生化过程具有重要意义。

照明系统，如高强度放电照明（高压钠灯、金属卤素灯、氙气灯、荧光灯和白炽灯）的特点是广谱功率分布，对紫外线或红外线辐射的控制有限（有关详细信息，请参见第 1 章）。这种照明通常用于温室或植物生长室的人工照明。然而，只有补充的人工光源被认为是对植物最有效的。有几项研究报告称，园艺作物在各个方面的质量得到了改善。例如，在补充光照条件下，番茄中的糖和抗坏血酸浓度较高。较高的光照强度特别是在北方地区使用，改善了甜椒的坐果率、平均单果质量和产量。另外，减少光照的自遮荫条件和冠层的内部区域可以使光照降为原来的 20%。所有这些要求都可以结合使用 LED 灯来解决。与现有的园艺照明相比，LED 灯具有独特的优势。LED 灯具有控制光谱组成和光强的能力，为光合和光形态建成反应提供了选择最有利的光谱的机会。此外，还可以利用 LED 灯在顶棚内垂直分布。近年来，封闭的人工照明生长室或室内植物工厂技术已经在全球流行起来，因为人们认为这些技术可以改善经济，同时解决植物质量和生产力以及人口稠密地区的农业可持续性问题。但是，迫切需要确定生产系统在技术经济上的可行性，并为这些系统的操作制订创新和节能战略。由于其经济效益，LED 是此类系统的组成部分。本章将讨论近几十年来有关 LED 光照的重要研究成果，包括温室蔬菜内部质量属性受光质和光量影响的变化。

8.2　酚类

酚类化合物作为园艺植物中天然的次生代谢物，受到人们的广泛关注。酚类成分在所有蔬菜和水果中都被发现是一种复杂的化合物，但化合物的数量因植物的不同部位而不同。由于具有清除自由基的能力，黄酮类化合物和酚酸是重要的促进抗氧化活性的因素。抗氧化剂的活性决定于作为供氢或供电子剂的反应性，以及稳定未配对电子和与其他抗氧化剂相互作用的能力。根据酚类化合物基本骨架的共轭碳原子数，将酚类化合物分为简单酚类、黄酮类、酚酸（羟基苯甲酸和羟基肉桂酸)、木质素和单宁类。这些物质决定颜色、食用风味、气味和抗氧化性能。

黄酮类化合物构成了一大类化合物，以甘氨酸形式出现，尽管最常见的形式是植物中的糖苷衍生物。黄酮类化合物主要分布在表皮细胞的细胞壁和液泡、外表面器官（如毛状体）、叶绿体被膜、叶片内部（栅栏和海绵叶肉细胞）。它们的分布取决于植物所受的阳光辐照度。黄酮醇是食物中最常见的类黄酮，因为它们存在于几乎所有的蔬菜中。Khanam 等人（2012）报道称，异槲皮素（槲皮素 – 3 – 芦丁苷）和芦丁（槲皮素 – 3 – 糖苷）是叶类蔬菜中最常见的黄酮醇。槲皮素存在于宽叶羽衣甘蓝、芥菜、羽衣甘蓝、秋葵、甘薯、紫皮豌豆和马齿苋中。其他黄酮醇，如山奈酚也存在于西兰花中。与人类饮食中的其他类黄酮相比，黄酮类化合物要少见得多。黄酮的主要来源是草本植物，如欧芹和芹菜。它们主要以木犀草素和芹菜素苷的形式存在。异黄酮存在于几种豆科植物中，但大豆已被确定为人类的主要饮食来源。

研究表明，黄酮类化合物在面临一系列环境胁迫的高等植物中具有抗氧化功能。胁迫条件使抗氧化酶失活，同时上调黄酮醇的生物合成。相反，UV – B 辐射下抗氧化酶活性的增加与黄酮醇的产量呈负相关。抗氧化类黄酮的生物合成是由高强度光与其他环境条件相互作用引起的过剩光（激发能）促进的。即使在没有紫外线照射的情况下，过多的光照也会对植物造成压力，降低叶绿体中抗氧化剂的活性，同时上调黄酮类化合物的生物合成。与叶黄素相比，黄酮醇可能更能保护植物免受长期可见光诱导的氧化损伤。槲皮素糖苷和山奈酚的生物合成在低或高光强下增加，并且不依赖于共同光谱中的太阳光波长比例。此外，槲皮素 – 3 – O – 苷和木犀草素 – 7 – O – 苷在 UV – B 作用下也会积累。槲皮素衍生物可以保护叶绿体不受可见光诱导产生$^1O_2$的影响。

花青素（花青素糖苷）是水溶性的黄酮类化合物，存在于一些蔬菜、水果或浆果中，使它们呈现出粉色、红色、蓝色或紫色。在植物中，最常见的花青素有6种，即天竺葵素、花青素、芍药素、飞燕草素、矮牵牛素和锦葵素。花青素和其他酚类物质一样，可以被归类为抗氧化剂，因为他们能够向高活性的自由基提供氧，并防止自由基进一步形成。目前对花青素的研究主要集中在紫外、可见光和远红外波段的光敏诱导上。花青素的合成可以由黑暗和高水平的 UV – B 辐射触发，可能导致DNA损伤。尽管花青素的光诱导在实验室和野外都得到了证实，但实际的光感受器的作用还没有被清楚地识别出来。在早期的研究中，Lindoo和Caldwell（1978）提出理论，远红外和UV－B辐射（以及它们的光感受器）独立作用于花青素的形成。Mohr等人（1984）指出，花青素的特定诱导波长因物种而异。其他研究表明，花青素的合成是由UV－B光感受器诱导的，或与光敏色素和隐花色素的某些组合。然而，花青素的诱导可能取决于发育阶段，并受环境条件（如温度）的影响。

酚酸和类黄酮在植物界广泛存在，它们是由苯丙氨酸和酪氨酸通过莽草酸途径产生的。这些物质约占膳食酚的三分之一，它们可以以自由和束缚形式存在。Khanam等人（2012）发现，羟基苯甲酸是叶类蔬菜中含量最丰富的化合物。小松菜中羟基苯甲酸含量最高的是水杨酸，其次是小白菜和红苋菜。香草酸是第二丰富的羟基苯甲酸，在红色和绿色苋菜中含量最高。丁香酸和没食子酸在绿叶蔬菜中也很常见，小松菜和绿苋菜中含量最高。鞣花酸仅在沙拉菠菜中检测到。叶菜中最常见的羟基肉桂酸是对香豆酸、阿魏酸和间香豆酸。咖啡酸和绿原酸也在绿叶蔬菜中被检测到，且在绿色苋菜中含量最高。在水菜、小白菜和小松菜中测出了大量的芥子酸。咖啡酸、菊苣酸和绿原酸是莴苣中主要的酚类化合物。羟基肉桂酸衍生物的摩尔消光系数在290～320 nm光谱区域，比摩尔消光系数在350 nm以上的黄酮类化合物更能有效吸收最短的太阳光波长。有研究表明，羟基肉桂酸在适应遮荫的植物中积累，但在充分日照的叶片中却不存在。日常饮食中黄酮类化合物、羟基苯甲酸和羟基肉桂酸的存在可能会增强细胞抗氧化能力，延长健康寿命。

总抗氧化能力的测量有助于了解蔬菜和水果的功能特性。几种自由基清除能力测定方法被广泛用于快速筛选和评价2，2－二苯基－1－苦基肼（DPPH）自由基的新型抗氧化剂。稳定的DPPH自由基在一个原子的氮桥上有一个未配对的价电子。由于其简单的反应体系仅涉及自由基和抗氧化剂之间的直接反应，并且没有其他干扰，如酶抑制或多个自由基的存在，因此在亲水性和亲脂性抗氧化剂研究中仍然被高度利用，尽管它们与生理学无关。

黄酮类化合物在生物系统中的保护作用归因于其转移电子自由基、螯合金属催化剂、激活抗氧化酶、减少生育酚自由基和抑制氧化酶的能力。众所周知，大量摄入黄酮类化合物有助于预防心脏病、癌症和神经退化。

在人工照明系统中，LED 表现出最大的光合有效辐射效率（80%～100%）用于形成多种代谢途径，如参与酚类化合物合成的代谢途径。Lee 等人（2016）发现，红叶莴苣总酚含量（TP）随远红外 PPFD 的增加而降低，且与红光成正比。也有报道称，红灯单独对 TP 的影响是依赖于物种的。

红光可增加普通荞麦的总酚含量，而降低苦荞芽的总酚含量。深红色光单独作用于罗勒中 TP 的积累，但对欧芹微绿色植物则是负向的，对芥蓝芽的合成没有影响，对芸薹属微绿色植物也没有影响。在为期两年的研究中，以羊莴苣为试材，确定了蓝光为 90% 和 10% 的最佳深红色配比。红色和深红色单独影响各种绿色蔬菜或芽甘蓝中 TP 的合成。Samuolienė 等人（2011b）证明，与黑暗条件相比，红光刺激小扁豆、小麦和萝卜幼苗合成 TP。根据植物种类的不同，红光增加或减少对微绿色植物 TP 含量没有影响。毫无疑问，红光与其他光源结合会影响 TP 含量的合成。Samuolienė 等人（2016）发现，红色 LED 与其他 LED（蓝色、红色和远红外）或与 HPS 光组合在 3 天的处理中对罗勒微绿叶总酚含量有积极的影响。此外，在其他微绿种、长叶幼叶莴苣、红叶和浅绿叶莴苣以及绿叶莴苣中也发现了类似趋势。其他报告指出，橙黄色区域的光也参与 TP 的积累。在橙色或黄色光处理期间，莴苣、芥菜和甜菜微绿叶菜、多叶萝卜芽、小麦叶片以及番茄果实和苹果皮中的 TP 含量增加。其中，一些结果与使用绿色 LED 的处理方法类似。然而，补充 HPS 光的绿光对莴苣总酚含量有负面影响，仅蓝光对羽衣甘蓝芽总酚含量的影响比暗期高 69%。可以假设蓝光感受器（隐花色素）的光诱导与 TP 的产生直接相关。此外，与单独的深红色或增加少量蓝色处理相比，增加的少量蓝色与深红色联合处理使得莴苣总酚含量的积累量更高。由于常见的蓝光光感受器，使得 UV－A 也在欧芹和罗勒微绿色植物、长叶幼叶莴苣和叶萝卜的多酚合成中发挥重要作用（表 8.1）。

远红光与红光联合处理降低了红叶幼菜和其他莴苣的总花青素（TA）。然而，依赖光敏色素的 TA 合成在不同的园艺植物种类中存在差异。Brazaitytė 等人（2016a）报道称，仅深红色光照增加了塌棵菜芽苗菜的 TA 含量，但在相同的生长条件下，仅深红色光照降低了芥菜中的 TA 含量，对小白菜芽苗菜无影响。此外，仅深红色光就增加了其他绿色蔬菜的 TA，如芥蓝芽甘蓝和红叶甘蓝。多项研究表明，与仅使用红光相比，红光结合 HPS 灯对各种绿色蔬菜组织中的花青素合成有更积极的影响。以 300 $\mu mol \cdot m^{-2} \cdot s^{-1}$下的深红、红光、远红光、蓝光复合光刺激芸薹属微绿色植物花青素合成的最佳 PPFD 水平为研究对象。绿光对绿色蔬菜中 TA 的影响取决于绿光波长和植物种类。通过将不同的绿光与其他波长的 LED 或 HPS 灯相结合，获得了更大的 TA 增加。绿光配合 HPS 显著提高了莴苣幼叶和红叶莴苣中 TA 的含量。此外，有证据表明，花青素的合成不仅取决于植物品种，而且还取决于季节。Samuolienė 等人（2012b）报道称，在 HPS 补充绿光条件下，11 月红叶莴苣中 TA 含量最高。在相同光照和季节条件下，绿叶莴苣的 TA 含量最低。一些报告显示，酚类化合物的生物合成与蓝光感光隐花色素的诱导有关。Seo 等人（2015）发现，与黑暗或其他光源相比，仅蓝光可以增加苦荞芽中的 TA 含量。此外，蓝光结合高强度气体放电灯（荧光或 HPS）或结合其他 LED 波长增加了幼叶莴苣、红叶莴苣、中国甘蓝芽、塌棵菜和其他各种各样植物中的 TA 含量。感知蓝光的光感受器对 UV－A 的反应相同，并对各种芽苗菜、幼叶莴苣和豌豆幼苗的花青素合成也有一些积极的影响（表 8.1）。

不同的 LED 光处理对个别酚类化合物的影响也被观察到。50%～70% 的深红光与蓝光结合，提高了羊莴苣叶中黄酮苷和 90% 的游离黄酮含量。深红光与蓝光的比例（7：3）增加了苦荞麦芽中黄酮醇芦丁的含量，但对苦荞麦芽中槲皮素的合成无影响（表 8.1）。

一些研究表明，酚酸（PA）的合成可以由宽光谱的 LED 波长引发。远红光向光谱中的富集可以增加莴苣中的绿原酸和咖啡酸水平，然而这种现象取决于照明光谱中的远红光比例。Długosz－Grochowska 等人（2016）报道称，在不同的生长季节，深红与蓝色（90R/10B、50R/50B 和 70R/30B）的组合开始在羊莴苣组织中积累 PA。与黑暗条件相比，在 70% 红色和 30% 蓝色的相似比例下，生长的苦荞芽显示出合成绿原酸的能力。目前已知蓝光与 PA 的代谢途径密切相关。Ouzounis 等人（2015）研究表明，蓝光单独增加了红叶莴苣中绿原酸的浓度，但对绿叶莴苣中 PA 的积累没有显著影响。除了这些全面的研究外，Iwai 等人（2010）也报道了 UV－A 导致紫苏叶中咖啡酸或迷迭香酸等 PA 含量的增加（表 8.1）。

表 8.1　LED 光谱组成对植物代谢产物的影响

LED 处理	作物	增加	减少	无影响	参考文献
850 nm 结合 W（449 nm，548 nm）；PPF 135 μmol · m^{-2} · s^{-1}；对照 W；光周期 16 h	莴苣（*Lactuca sativa* var. *crispa*，‘Green Oak Leaf’）	AA	TC		Chen，et al.（2016）
735 nm 结合 440 nm、660 nm；PPFD 0. 7 μmol · m^{-2} · s^{-1}、1. 2 μmol · m^{-2} · s^{-1}、4. 1 μmol · m^{-2} · s^{-1}、8. 6 μmol · m^{-2} · s^{-1}，B：R = 2：8；对照 FL 或 440 nm、660 nm LEDS（2：8）；PPFD（130 ± 4）μmol · m^{-2} · s^{-1}；光周期 12 h	莴苣（*Lactuca sativa* L.，‘Sunmang’）	TP	TP		Lee，et al.（2016）
734 nm 结合 WF（PPFD 160. 4 μmol · m^{-2} · s^{-1}）；总 PPFD 300 μmol · m^{-2} · s^{-1}；对照 WF；光周期 16 h	莴苣（*L. sativa* L.，‘Red Cross’）		TA、XA、BC		Li and Kubota（2009）
730 nm 结合 640 nm；PPFD 约 320 μmol · m^{-2} · s^{-1}；对照 FL；光周期 18 h	莴苣(*L. sativa* L.，‘Outredgeous’)			TA	Stutte，et al.（2009）
R，PPFD 4. 75 μmol · m^{-2} · s^{-1}（统一成 100 个灯泡）；对照 B，PPFD 12. 41 μmol · m^{-2} · s^{-1}；R 和 B，PPFD 9. 19 μmol · m^{-2} · s^{-1}（统一成 100 个灯泡）	普通荞麦（*Fagopyrum esculentum*，‘Kitawase’）	TP			Lee，et al.（2014）
	苦荞麦（*F. tataricum*，‘Hokkai T8’）		TP		

续表

LED处理	作物	增加	减少	无影响	参考文献
R：B＝9：1；PPFD 600 μmol·m^{-2}·s^{-1}；对照WF；光周期12 h、16 h、20 h、24 h	莴苣（*L. sativa* L.，‘Dasusheng’）	AA			Shen, et al.（2014）
665 nm；PPFD 300 μmol·m^{-2}·s^{-1}（3天处理）；对照447 nm、638 nm、665 nm、731 nm；PPFD 300 μmol·m^{-2}·s^{-1}；光周期16 h	罗勒（*Ocimum basilicum* L.，‘Sweet Genovese’）	TP、DPPH	BC、LU、AA		Samuolienė, et al.（2016）
	欧芹（*Petroselinum crispum*）	DDPH、BC、AA			
	芥菜（*Brassica juncea* L.，‘Red Lion’）		TA、LU	TP、C	Brazaitytė, et al.（2016b）
	红青菜（*Brassica rapa* var. *chinensis*，‘Rubi F1’）	BC、LU		TP、TA	
	塌棵菜（*Brassica rapa* var. rosularis）	TA、LU	BC	TP、DPPH	
665 nm结合447 nm、638 nm、731 nm；PPFD 204.9 μmol·m^{-2}·s^{-1}（3天处理）；总PPFD 300 μmol·m^{-2}·s^{-1}；对照447 nm、638 nm、665 nm、731 nm；光周期16 h	罗勒（*O. basilicum* L.，‘Sweet Genovese’）	DPPH、AA	LU	BC	Samuolienė, et al.（2016）
	欧芹（*P. crispum*）	DPPH、AA	TP、LU		

续表

LED 处理	作物	增加	减少	无影响	参考文献
660 nm；PPFD 30 μmol · m^{-2} · s^{-1}；对照黑暗；光周期 16 h	芥蓝（*Brassica oleracea* var. alboglabra Bailey，‘DFZC’）	TA		TP	Qian，et al.（2016）
660 nm；PPFD 54.2 μmol · m^{-2} · s^{-1}；控制自然光线	大麦（*Hordeum vulgare* L.，‘Nichinohoshi’）	γ-T	AA	T	Koga，et al.（2013）
660 nm；PPFD 50 μmol · m^{-2} · s^{-1}；与 FL 相比，分别为 470 nm、500 nm、525 nm；光周期 16 h	卷心菜（*Brassica oleracea* var. capitata L.，‘Red Rookie’，‘Kinshun’）	TA			Mizuno，et al.（2011）
660 nm；PPFD 80 μmol · m^{-2} · s^{-1}；对照 FL；光周期 12 h	不结球大白菜 Chinese cabbage（*Brassica campestris* L.，cultivar 605）	AA	TC		Li，et al.（2012）
660 nm、460 nm（8∶1）；PPFD 80 μmol · m^{-2} · s^{-1}；对照 FL；光周期 12 h		AA		TC	
660 nm；PPFD 50 μmol · m^{-2} · s^{-1}；对照 W LED；光周期 16 h	苦荞麦（*F. tataricum* Gaertn.，‘Hokkai T8’）	ZEA	TC、BC、LU		Tuan，et al.（2013）
（660±22）nm；PPFD 100 μmol · m^{-2} · s^{-1}；对照 FL；光周期 16 h	红叶莴苣（*L. sativa* L. cv. ‘Banchu Red Fire’）		TP、TA、TC 为 17 DAS	TP、TA、TC 为 45 DAS	Johkan，et al.（2010）
（655±2）nm、（467±21）nm，100 μmol · m^{-2} · s^{-1}；对照 FL；光周期 16 h		TP、TA、TC 为 17 DAS		TP、TA、TC 为 45 DAS	

续表

LED 处理	作物	增加	减少	无影响	参考文献
660 nm 结合 W（449 nm、548 nm）；PPFD 135 μmol · m^{-2} · s^{-1}；对照 W；光周期 16 h	莴苣（*L. sativa* var. crispa ‘Green Oak Leaf’）	TC、AA			Chen, et al.（2016）
660 nm、440 nm 的比例为 100 : 0、90 : 10、70 : 30、50 : 50；PPFD 200 μmol · m^{-2} · s^{-1}；对照 HPS；光周期 16 h	羊莴苣（*Valerianella locusta* L.，‘Nordhollandse’）	PA（90 : 10 冬季，50 : 50 秋季），PA（70 : 30 秋季）类黄酮苷类（70 : 30，50 : 50 秋季）游离类黄酮类（90 : 10 B 冬季）			Długosz – Grochowska, et al.（2016）
660 nm、430 nm 与 HPS 的比例分别为 90 : 10、70 : 30、50 : 50；总 PPFD 200 μmol · m^{-2} · s^{-1}；对照 HPS，660 nm、430 nm 比为1 : 1；光周期 16 h	羊莴苣（*V. locusta* L.，‘Nord-hollandse’）	TP（第一年 90 : 10），TP（第二年 90 : 10，50 : 50），DDPH	DDPH（HPS，第二年 100% 660 nm）	DPPH（第二年 90 : 10，70 : 30，50 : 50）	Wojciechowska, et al.（2015）
660 nm : 466 nm = 5 : 2；PPFD 140 μmol · m^{-2} · s^{-1}、200 μmol · m^{-2} · s^{-1}、285 μmol · m^{-2} · s^{-1}；对照自然光或负光；光周期 14 和 20 h	番茄（*Solanum lycopersicum* Mill.）	AA			Verkerke, et al.（2015）

续表

LED 处理	作物	增加	减少	无影响	参考文献
660 nm∶445 nm = 9∶1；PPFD 52.3 μmol · m^{-2} · s^{-1}；对照自然光	大麦（*H. vulgare* L.，'Nichinohoshi'）		T、AA		Koga, et al.（2013）
660 nm，454 nm；PPFD 210 μmol · m^{-2} · s^{-1}；对照 FL；光周期 16 h	波士顿莴苣（*H. vulgare* L.，'Nichinohoshi'）			TC	Lin, et al.（2013）
660 nm，454 nm，W（500～600 nm）；PPFD μmol · m^{-2} · s^{-1}；对照 FL；光周期 16 h				TC	
（658 ± 12）nm；PPFD 150 μmol · m^{-2} · s^{-1}；对照镝灯；光周期 12 h	不结球白菜（*B. campestris* L.'Te'aiqing'）		TC		Fan, et al.（2013）
（658 ± 12）nm∶（460 ± 11）nm = 6∶1；PPFD 150 μmol · m^{-2} · s^{-1}；对照镝灯；光周期 12 h				TC	
658 nm 与 WF（PPFD 177 μmol · m^{-2} · s^{-1}）；总 PPFD 307.4 μmol · m^{-2} · s^{-1}；对照 WF；光周期 16 h	莴苣（*L. sativa* L.，'Red Cross'）	TP		XA、BC	Li and Kubota（2009）
650 nm，1200 lx；对照 W 380～760nm；光周期 16 h	不结球红甘蓝（*Brassica oleracea*）幼苗		TC		Matioc – Precup and Cachiţă – Cosma（2013）

续表

LED 处理	作物	增加	减少	无影响	参考文献
PPFD 170 μmol·m^{-2}·s^{-1}或 391 μmol·m^{-2}·s^{-1}；对照 HPS；光周期 24 h	大白菜（*Brassica chinensis* L.，'Vesnyanka'）			TC、AA	Avercheva, et al.（2014）
640 nm∶430 nm＝7∶3；PPFD 137 μmol·m^{-2}·s^{-1}；对照黑暗；光周期 16 h	苦荞麦（*Fagopyrum tataricum* Gaerth.，'Hokkai T10'）	芸香苷、绿原酸		Quarcetin	Seo，et al.（2015）
640 nm（86%），460 nm（14%）；PPFD 200 μmol·m^{-2}·s^{-1}；对照 FL	莴苣（*L. sativa* L. cv.'Grand Rapids'）			TC	Urbonavičiūtė，et al.（2007）
638～667 nm；PPFD 0、12.5 μmol·m^{-2}·s^{-1}、25 μmol·m^{-2}·s^{-1}、50 μmol·m^{-2}·s^{-1}、100 μmol·m^{-2}·s^{-1}；光周期 18 h	苜蓿（*Medicago sativa* L.），红萝卜（*Raphanus sativus* L. var. sativus）		TP		Kwack，et al.（2015）
638 nm；PPFD 300 μmol·m^{-2}·s^{-1}（3 天处理）；对照 B 447 nm、R 638 nm、R 665 nm 和 Fr 731 nm；光周期 16 h	罗勒（*O. basilicum* L.，'Sweet Genovese'）	TP、DPPH、α－T	BC、LU		Samuolienė，et al.（2016）
	欧芹（*P. crispum*）	BC、α－T、AA	TP、LU	DPPH	
	芥菜（*B. juncea* L.，'Red Lion'）	DPPH、C	TA、LU	TP	Brazaitytė，et al.（2016b）
	红青菜（*B. rapa* var. chinensis，'Rubi F1'）	BC、LU	TP	TA	
	塌棵菜（*B. rapa* var. rosularis）	TP、TA		DPPH	

续表

LED 处理	作物	增加	减少	无影响	参考文献
638 nm；PPFD 200 μmol · m^{-2} · s^{-1}；对照 HPS 或 445 nm、638 nm、669 nm、731 nm；光周期 18 h	小麦（*Triticum aestivum* L.）	AA	TP、DPPH		Urbonavičiūtė, et al.（2009c）
638 nm 结合 447 nm、665 nm、731 nm，PPFD 171.3 μmol · m^{-2} · s^{-1}（处理 3 天）；总 PPFD 300 μmol · m^{-2} · s^{-1}；对照 447 nm、638 nm、665 nm、731 nm；光周期 16 h	罗勒（*O. basilicum* L.，'Sweet Genovese'）	TP、DPPH、α－T、AA			Samuolienė, et al.（2016）
	欧芹（*P. crispum*）	DPPH	TP、α－T、AA		
638 nm 结合 HPS 处理，PPFD 210 μmol · m^{-2} · s^{-1}，总 PPFD 300 μmol · m^{-2} · s^{-1}（采前 3 天）；对照 HPS；光周期 16 h（紫苏 18 h）	罗勒（*O. basilicum* L.，'Sweet Genovese'）	TP、α－T			Samuolienė, et al.（2016）
	欧芹（*P. crispum*）	TP			
	各种芽苗菜	TP（芥菜、甜菜除外）；TP、DPPH（甜菜除外）			Brazaitytė, et al.（2016a）
	莴苣（*L. sativa* L.，'Thumper'）	T	BC	TP、TA、DPPH、AC	Samuolienė, et al.（2013a）
	莴苣（*L. sativa* L.，'Thumper'）	TP（11 月、3 月）、DPPH（11 月）	DPPH（3 月）		Samuolienė, et al.（2012b）

续表

LED 处理	作物	增加	减少	无影响	参考文献
	莴苣（*L. sativa* L.，‘Multibaby’）	TP（11 月）、DPPH（11 月、3 月）	TP（3 月）		
	各种芽苗菜	TP、TA、DPPH、AA（苋菜、豌豆、羽衣甘蓝、西兰花、芥菜）	TP（苋属植物）；TA（琉璃苣、芥菜、甜菜）；DPPH（甜菜）；AA（罗勒，琉璃苣）	TA（罗勒）；DPPH（豌豆、西兰花、苋菜）	Samuolienė，et al.（2012c）
	莴苣（*L. sativa* L.，‘Multired 4’）	TP、AA	TA		Samuolienė，et al.（2011b）
	莴苣（*L. sativa* L.，‘Multigreen 3’）	TA		AA	
	莴苣（*L. sativa* L.，‘Multiblond 2’）	TP		AA	
	紫苏（*Perilla frutescens* var. crispa）	TA		DPPH	Brazaitytė，et al.（2013）

续表

LED 处理	作物	增加	减少	无影响	参考文献
HPS(638 nm)；PPFD 170 μmol · m^{-2} · s^{-1}，总 PPFD μmol · m^{-2} · s^{-1}（采前 3 天）；光周期为 5 点到 10 点、17 点到 24 点；对照 HPS	各种叶菜芽苗菜	AA		DDPH、TP、α－T（菠菜）	Bliznikas，et al.（2012）
	莴苣（*L. sativa* L.，‘Lolo Bionda’）	DPPH、AC			Žukauskas，et al.（2011）
	莴苣（*L. sativa* L.，‘Grand Rapids’）	TP、DPPH、AC			
	莴苣（*L. sativa* L.，‘Lollo Rossa’）	TP、DPPH	C		
638 nm；PPFD 100 μmol · m^{-2} · s^{-1}；对照黑暗；光周期 12 h	小麦（*Triticum aestivum* L.）、萝卜（*Raphanus sativus* L.）、兵豆（*Lens esculentum Moench.*）	TP			Samuolienė，et al.（2011a）
638 nm；PPFD 200 μmol · m^{-2} · s^{-1}；对照 HPS	萝卜（*R. sativa* L.，‘Tamina’）	DPPH	TPC		Urbonavičiūtė，et al.（2009b）
545 nm、440 nm、330 nm、220 nm，PPFD 110 μmol · m^{-2} · s^{-1}；对照 638 nm、660 nm、455 nm、735 nm，PPFD 220 μmol · m^{-2} · s^{-1}；光周期 16 h	Kolhrabi（*Brassica oleracea* var. gongylodes，‘Delicacy Purple’）	TP、DPPH（545～440 μmol）、TA（440 μmol）	TP、DPPH（110 μmol）		Samuolienė，et al.（2013b）

续表

LED 处理	作物	增加	减少	无影响	参考文献
	芥菜(*B. juncea* L.,'Red Lion')	DPPH(545~440 μmol)、α-T(545 μmol)	TP、DPPH(110 μmol)、TA(220 μmol)	TP	
	红青菜(*B. rapa* var. chinensis),'Rubi F1')	DPPH、AA(545~440 μmol)、TP(440~330 μmol)、TA(330 μmol)	DPPH、TP(110 μmol);α-T(545 μmol)		
	塌棵菜(*B. rapa* var. rosularis)	DPPH、TP(545~440 μmol)、TA(330 μmol)、AA	DPPH、TP(110 μmol)、α-T(545 μmol)		
	玻璃苣(*Borago officinalis*)	TP(440~545 μmol);DPPH(330~545 μmol)	TP(110~330 μmol)、DPPH(110~220 μmol)		Viršilė and Sirtautas(2013)
638 nm 结合 669 nm、455 nm、731 nm;PPFD 154 μmol·m^{-2}·s^{-1};总 PPFD 200 μmol·m^{-2}·s^{-1};对照 HPS	萝卜(*R. sativa* L.,'Tamina')	TP、DPPH			Urbonavičiūtė, et al.(2009b)

续表

LED 处理	作物	增加	减少	无影响	参考文献
625～630 nm；128 lx；96 h 连续辐射；对照黑暗	豌豆（*Pisum sativum* L.）	BC			Wu，et al.（2007）
630 nm；PPFD 133 μmol・m^{-2}・s^{-1}；对照 FL；光周期 14 h	莴苣（*L. sativa* var. crispa，'Green Oak Leaf'）			TC、AA	Chen，et al.（2014）
630 nm 荧光灯；PPFD 133 μmol・m^{-2}・s^{-1}；对照 FL；光周期 14 h			TC	AA	
630 nm 波长，B 460（1∶1），PPFD 133 μmol・m^{-2}・s^{-1}；对照 FL；光周期 14 h				TC、AA	
627 nm、447 nm（95%/5%）；PPFD 250 μmol・m^{-2}・s^{-1}；对照荧光/白炽灯；光周期 16 h	西兰花（*Brassica oleracea* var. italica）	TC、BC、LU	VIO	ZEA、NEO、ANT	Kopsell，et al.（2014）
627 nm、447 nm（80%/20%）；PPFD 250 μmol・m^{-2}・s^{-1}；对照荧光/白炽灯；光周期 16 h		TC、BC、LU	NEO、VIO	ZEA、ANT	
627 nm、447 nm（90%/10%、80%/20%、60%/40%）；PPFD 250 μmol・m^{-2}・s^{-1}；对照荧光/白炽灯；光周期 16 h	芥蓝（*Brassica oleracea* var. alboglabra 'Green Lance'）	TC、BC、LU、ZEA、NEO、ANT、VIO			Kopsell，et al.（2016）
622 nm 结合 455 nm、638 nm、670 nm、735 nm；PPFD 约 175 μmol・m^{-2}・s^{-1}；对照 447 nm、638 nm、670 nm、735 nm；光周期 16 h	莴苣（*L. sativa* L.，'Thumper'）	TP		DPPH、AC、BC	Samuolienė，et al.（2013a）

续表

LED 处理	作物	增加	减少	无影响	参考文献
622 nm 结合 447 nm、638 nm、665 nm、731 nm；PPFD 300 μmol · m^{-2} · s^{-1}；对照 447 nm、638 nm、665 nm、731 nm；光周期 16 h	各种芽苗菜	TP（芥菜、甜菜）、TC、AC、BC、LU、NEO（芥菜）、VIO（塌棵菜）	VIO（芥菜）、TC、AC、BC、LU、NEO、VIO（红青菜、塌棵菜）		Brazaitytė, et al.（2015a, b, c, 2016a）
596 nm，W（449 nm，548 nm）；PPFD 135 μmol · m^{-2} · s^{-1}；对照 W；光周期 16 h	莴苣（*L. sativa* var. crispa 'Green Oak Leaf'）		TC	AA	Chen, et al.（2016）
HPS 闪光 596 nm；PPFD 70 μmol · m^{-2} · s^{-1}；对照 HPS；光周期 18 h	麦草（*Triticum aestivum* L.，'Švrinta'）	AA		TP、DPPH、AA	Urbonavičiūtė, et al.（2009a）
	大麦草（*Hordeum vulgare* L.，'Luokė'）			TP、DPPH	
	萝卜（R. sativus L.，'Tamina'）	TP、DPPH	AA		
595 nm 结合 455 nm、638 nm、670 nm、735 nm；PPFD 175 μmol · m^{-2} · s^{-1}；对照 455 nm、638 nm、670 nm、735 nm；光周期 16 h	莴苣（*L. sativa* L，'Thumper'）			DPPH，AC，BC	Samuolienė, et al.（2013a）
595 nm 结合 455 nm、638 nm、669 nm、735 nm；PPFD 100 μmol · m^{-2} · s^{-1}；对照黑暗；光周期 12 h	小麦（*T. aestivum* L.）、萝卜（*R. sativus* L.）、兵豆（L. esculentum Moench.）	DPPH、α-T（小麦）、TP（萝卜）			Samuolienė, et al.（2011a）

续表

LED 处理	作物	增加	减少	无影响	参考文献
595 nm 结合 447 nm、638 nm、665 nm、731 nm；PPFD 300 μmol · m^{-2} · s^{-1}；对照 447 nm、638 nm、665 nm、731 nm；光周期 16 h	各种芽苗菜	TP（芥菜、甜菜、塌棵菜、欧芹）；TC、AC、BC、LU、NEO（芥菜）；TC，VIO（塌棵菜）	VIO（芥菜）、TC、BC、LU、NEO（红青菜、塌棵菜）	AC、VIO（红青菜）	Brazaitytė, et al.（2015a, b, c, 2016a）
595 nm 结合 455 nm、638 nm、669 nm、731 nm；总 PPFD 200 μmol · m^{-2} · s^{-1}；对照 HPS	萝卜（*R. sativa* L.，'Tamina'）	TP、DPPH			Urbonavičiūtė, et al.（2009b）
琥珀（Y）595 nm，波长为 455 nm、638 nm、669 nm、731 nm；总 PPFD 200 μmol · m^{-2} · s^{-1}；对照 HPS；光周期 18 h	小麦（*Triticum aestivum* L.，'Šrvinta 1'，'Ada'，'Tauras'，'Milda'，'Alma'）	TP；DPPH（'Šrvinta 1'）；AA（'Šrvinta 1'，'Ada'）			Urbonavičiūtė, et al.（2009c）
590 nm；PPFD 150 μmol · m^{-2} · s^{-1}；对照镝灯（CK）；光周期 12 h	不结球白菜（*B. campestris* L. 'Te' aiqing'）		TC		Fan, et al.（2013）
590 nm；1 200 lx；对照 W（380 ~ 760 nm）；光周期 16 h	不结球白菜（*Brassica oleracea*）		TC		Matioc – Precup and Cachiţă – Cosma（2013）

续表

LED 处理	作物	增加	减少	无影响	参考文献
590 nm；PPFD 8.3 μmol · m^{-2} · s^{-1}；对照黑暗	苹果（*Malus domestica*，‘Granny Smith’）	TP、DPPH、AA	α－T、γ－T、δ－T		Kokalj，et al.（2016）
	番茄（*Solanum lycopersicum* L.）	TP、AA	α－T、γ－T、δ－T		
	红灯笼椒（*Capsicum annuum*）	DPPH、α－T、γ－T、AA			
用 HPS，PPFD 200 μmol · m^{-2} · s^{-1}（3 个季节）；对照 HPS；光周期 16 h	莴苣（*L. sativa* L.，‘Multired 4’）	TP、DPPH、AA（1 月）；T（11 月）	DPPH（11 月）		Samuolienė，et al.（2012a）
	莴苣（*L. sativa* L，‘Multigreen 3’）	TP、DPPH、AA（1 月）；T（11 月）	TA（11 月）		
	莴苣（*L. sativa* L.，‘Multiblond 2’）	T（11 月）			
530 nm，HPS；PPFD 115 μmol · m^{-2} · s^{-1}；对照 HPS；光周期 16 h	莴苣（*L. sativa* L.，‘Thumper’）	TA、DPPH	TP、AC、BC		Samuolienė，et al.（2013a）

续表

LED 处理	作物	增加	减少	无影响	参考文献
530 nm、640 nm、440 nm，PPFD 300 μmol · m^{-2} · s^{-1}；对照 FL；光周期 18 h	莴苣(*L. sativa* L.，'Outredgeous')			TA	Stutte, et al.（2009）
590 nm；PFD 150 μmol · m^{-2} · s^{-1}；对照镝灯（CK）；光周期 12 h	不结球白菜（*B. campestris* L. 'Te'aiqing'）		TC		Fan, et al.（2013）
590 nm；1 200 lx；对照 W（380 ~ 760 nm）；光周期 16 h	不结球白菜（*Brassica oleracea*）		TC		Matioc – Precup and Cachiţă – Cosma（2013）
590 nm；PPFD 8.3 μmol · m^{-2} · s^{-1}；对照黑暗	苹果（*Malus domestica*，'Granny Smith'）	TP、DPPH、AA	α – T、γ – T、δ – T		Kokalj, et al.（2016）
	番茄（*Solanum lycopersicum* L.）	TP、AA	α – T、γ – T、δ – T		
	红灯笼椒（*Capsicum annuum*）	DPPH、α – T、γ – T、AA			
用 HPS，PPFD 200 μmol · m^{-2} · s^{-1}（3 个季节）；对照 HPS；光周期 16 h	莴苣(*L. sativa* L.，'Multired 4')	TP、DPPH、AA（1 月）；T（11 月）	DPPH（11 月）		Samuolienė, et al.（2012a）
	莴苣(*L. sativa* L.，'Multigreen 3')	TP、DPPH、AA（1 月）；T（11 月）	TA（11 月）		

续表

LED 处理	作物	增加	减少	无影响	参考文献
	莴苣(*L. sativa* L.,'Multiblond 2')	T(11月)			
530 nm, HPS; PPFD 115 μmol·m^{-2}·s^{-1}; 对照 HPS; 光周期 16 h	莴苣(*L. sativa* L.,'Thumper')	TA、DPPH	TP、AC、BC		Samuolienė, et al.(2013a)
530 nm、640 nm、440 nm, PPFD 300 μmol·m^{-2}·s^{-1}; 对照 FL; 光周期 18 h	莴苣(*L. sativa* L.,'Outredgeous')			TA	Stutte, et al.(2009)
530 nm、627 nm、447 nm(10%/85%/5%), PPFD 250 μmol·m^{-2}·s^{-1}; 对照荧光/白炽灯; 光周期 16 h	西兰花(*B. oleracea* var. italica)	LU、BC	NEO	TC、ZEA、VIO、ANT	Kopsell, et al.(2014)
530 nm、627 nm、447 nm(10%/70%/20%), PPFD 250 μmol·m^{-2}·s^{-1}; 对照荧光/白炽灯; 光周期 16 h		BC、LU、TC	NEO、VIO	ZEA、ANT	
采用 WF(PPFD 166.9 μmol·m^{-2}·s^{-1}); PPFD 306 μmol·m^{-2}·s^{-1}; 对照 WF; 光周期 16 h	莴苣(*L. sativa* L.,'Red Cross')	TA		XA、BC	Li and Kubota(2009)
522 nm, W(449, 548 nm); PPFD 135 μmol·m^{-2}·s^{-1}; 对照 W; 光周期 16 h	莴苣(*L. sativa* var. crispa 'Green Oak Leaf')	AA	TC		Chen, et al.(2016)

续表

LED 处理	作物	增加	减少	无影响	参考文献
520 nm 结合 447 nm、638 nm、638 nm、731 nm；PPFD 300 μmol · m^{-2} · s^{-1}；对照 447 nm、638 nm、638 nm、731 nm；光周期 16 h	各种芽苗菜	TP（芥菜、甜菜、欧芹）；TC、AC、BC、LU、NEO（芥菜）；VIO（塌棵菜）；NEO（红青菜）	VIO（芥菜）；TC、AC、BC、LU（红青菜、塌棵菜）		Brazaitytė, et al.（2015a, b, c, 2016a）
520 nm；PPFD 150 μmol · m^{-2} · s^{-1}；对照镝灯（CK）；光周期 12 h	不结球白菜（*B. campestris* L. ‘Te’ aiqing’）		TC		Fan, et al.（2013）
510 nm 结合 455 nm、638 nm、670 nm、735 nm；PPFD 约 175 μmol · m^{-2} · s^{-1}；对照 455 nm、638 nm、670 nm、735 nm；光周期 16 h	莴苣（*L. sativa* L.，‘Thumper’）	TA、AC		DPPH、BC	Samuolienė, et al.（2013a）
PPFD 约 200 μmol · m^{-2} · s^{-1}；对照黑暗；光周期 12 h	小麦（*T. aestivum* L.）	TP、DDPH、α-T			Samuolienė, et al.（2011a）
	萝卜（*R. sativus* L.）	α-T、AA	DPPH		
	兵豆（*L. esculentum Moench.*）	TP、DDPH、α-T、AA			

续表

LED 处理	作物	增加	减少	无影响	参考文献
PPFD 200 μmol · m^{-2} · s^{-1}，510 nm 结合 455 nm、638 nm、669 nm、731 nm；对照 HPS	萝卜（*R. sativa* L.，'Tamina'）	TP、DPPH			Urbonavičiūtė, et al.（2009b）
PPFD 200 μmol · m^{-2} · s^{-1}，510 nm 结合 455 nm、638 nm、669 nm、731 nm；对照 HPS；光周期 18 h	小麦（*T. aestivum* L.，'Švrvinta 1'，'Ada'，'Tauras'，'Milda'，'Alma'）	TP（'Švrvinta 1'，'Ada'，'Milda'）；DPPH（'Tauras'，'Ada'，'Milda'）；AA（'Švrvinta 1'，'Ada'）			Urbonavičiūtė, et al.（2009c）
505 nm 结合 HPS；PPFD 200 μmol · m^{-2}·s^{-1}（3 个季节）；对照 HPS；光周期 16h	莴苣（*L. sativa* L.，'Multired 4'）	TA（11 月）；T（11 月）	DPPH（11 月）；TA（1 月）		Samuolienė, et al.（2012a）
	莴苣（*L. sativa* L.，'Multigreen 3'）	T（11 月）	TA（1 月）		
	莴苣（*L. sativa* L.，'Multiblond 2'）	T（11 月）			
505 nm 结合 HPS；PPFD 约 115 μmol · m^{-2} · s^{-1}；对照 HPS；光周期 16 h	莴苣（*L. sativa* L.，'Thumper'）	AC	TP	BC	Samuolienė, et al.（2013a）
500 nm，640 nm（10%/90%）；PPFD 200 μmol · m^{-2} · s^{-1}；对照 FL	莴苣（*L. sativa* L. cv. 'Grand Rapids'）			TC	Urbonavičiūtė, et al.（2007）

续表

LED 处理	作物	增加	减少	无影响	参考文献
B 结合 HPS，PPFD 45 μmol · m^{-2} · s^{-1}（上午 6：00—8：00；晚上 21：00—早上 8：00；下午 17：00—19：00），80 μmol · m^{-2} · s^{-1}（下午 17：00—19：00）；对照 HPS 和日光，PPFD 水平分别为（90 ± 10）μmol · m^{-2} · s^{-1} 和 6.1 mol · m^{-2} · d^{-1}；PP HPS 从晚上 21：08—0：05	莴苣（*L. sativa* L.，'Batavia'，'Lollo Rossa'）	PA、绿原酸、咖啡酸		PA（'Batavia'）	Ouzounis，et al.（2015）
荧光灯（PPFD 166.9 μmol · m^{-2} · s^{-1}）波长为 476 nm；PPFD 306 μmol · m^{-2} · s^{-1}；对照 FL；光周期 16 h	莴苣（*L. sativa* L.，'Red Cross'）	TA、XA、BC			Li and Kubota（2009）
470 nm，PPFD 30 μmol · m^{-2} · s^{-1}；对照黑暗；光周期 16 h	芥蓝（*B. oleracea* var. alboglabra Bailey，'DFZC'）	TP、TA			Qian，et al.（2016）
470 nm 结合 HPS；PPFD 约 115 μmol · m^{-2} · s^{-1}；对照 HPS；光周期 16 h	莴苣（*L. sativa* L.，'Thumper'）		TP、AC、BC		Samuolienė，et al.（2013a）
470 nm 结合 HPS；PPFD 200 μmol · m^{-2} · s^{-1}（3 个季节）；对照 HPS；光周期 16 h	莴苣（*L. sativa* L.，'Multired 4'）	TA、T（11 月）	DPPH（11 月）；TA（1 月）		Samuolienė，et al.（2012a）
	莴苣（*L. sativa* L.，'Multigreen 3'）	TP、DPPH（1 月）；T（11 月）	TA（11 月）		

续表

LED 处理	作物	增加	减少	无影响	参考文献
	莴苣（*L. sativa* L.，'Multiblond 2'）	TA（11 月）			
470 nm；PPFD 41 μmol · m^{-2} · s^{-1}；对照 470 nm、627 nm（12%/88%）；光周期 24 h	西兰花（*B. oleracea* var. italica）	BC、VIO	TC、BC、LU		Tuan，et al.（2013）
470 nm；PPFD 50 μmol · m^{-2} · s^{-1}；对照 LW；光周期 16 h	苦荞麦（*F. tataricum Gaertn.*，'Hokkai T8'）	ZEA	TC、BC、LU		Tuan，et al.（2013）
B 470 nm 连续光；PPFD 50 μmol · m^{-2} · s^{-1} 和 100 μmol · m^{-2} · s^{-1}；对照黑暗	蜜柑（*Citrus unshiu Marc.*）、夏橙（*Citrus sinensis Osbeck*）－汁囊	TC、AC、BC、LU、β－隐黄质，全反式紫黄质		9－cis－violaxanthin（100 μmol）	Zhang，et al.（2015a，b）
468 nm；PPFD 100 μmol · m^{-2} · s^{-1}；对照 FL；光周期 16 h	莴苣（*L. sativa* L. cv. 'Banchu Red Fire'）T	17 DAS 的 TC		45 DAS 的 TC	Johkan，et al.（2010）
465～470 nm；112. 29 lx；96 h 连续辐射；对照黑暗	豌豆（*P. sativum* L.）	BC			Wu，et al.（2007）
465 nm；1 200 lx；对照 W（380～760 nm）；光周期 16 h	不结球白菜（*B. oleracea*）		TC		Matioc－Precup and Cachiţă－Cosma(2013)

续表

LED处理	作物	增加	减少	无影响	参考文献
460 nm；PPFD 80 μmol · m^{-2} · s^{-1}；对照FL；光周期12 h	不结球白菜（*B. campestris* L.，cultivar 605）	TC、AA			Li, et al.（2012）
460 nm；PPFD 150 μmol · m^{-2} · s^{-1}；对照镝灯（CK）；光周期12 h	不结球白菜（*B. campestris* L. ‘Te’ aiqing’）		TC		Fan, et al.（2013）
460 nm；PPFD 133 μmol · m^{-2} · s^{-1}；对照FL；光周期14 h	莴苣（*L. sativa* var. crispa ‘Green Oak Leaf’）			TC、AA	Chen, et al.（2014）
460 nm，荧光灯，PPFD 133 μmol · m^{-2} · s^{-1}；对照FL；光周期14 h		TC	AA		
456 nm、665 nm（0B/100R、13B/87R、26B/74R、35B/65R、47B/53R、59B/41R）；PPFD 171 μmol · m^{-2} · s^{-1}；对照FL和HPS	莴苣（*L. sativa* L.，‘Sun-mang’，‘Grand Rapid TBR’）	由于456 nm比例增加而产生的TP		TP(0B/100R，13B/8R)	Son and Oh（2013）
HPS 455 nm；PPFD 约115 μmol · m^{-2} · s^{-1}；对照HPS；光周期16 h	莴苣（*L. sativa* L.，‘Thumper’）		TP、AC、BC		Samuolienė, et al.（2013a）
HPS 455 nm；PPFD 200 μmol · m^{-2} · s^{-1}（3个季节）；对照HPS；光周期16 h	莴苣（*L. sativa* L.，‘Multired 4’）	TP、DPPH（1月）；TA、T（11月）	DPPH(11月)；TA（1月）		Samuolienė, et al.（2012a）

续表

LED 处理	作物	增加	减少	无影响	参考文献
	莴苣（*L. sativa* L.，'Multi-green 3'）	T（11 月）	TA（11 月）		
	莴苣（*L. sativa* L.，'Multiblond 2'）	TP（1 月）；T（11 月）			
450 nm，W（449，548 nm）；PPFD 135 μmol · m^{-2} · s^{-1}；对照 W；光周期 16 h	莴苣（*L. sativa* var. crispa 'Green Oak Leaf'）	AA，TC			Chen，et al.（2016）
447 nm，638 nm、665 nm、731 nm；PPFD 0、25 μmol · m^{-2} · s^{-1}、50 μmol · m^{-2} · s^{-1}、75 μmol · m^{-2} · s^{-1}、100 μmol · m^{-2} · s^{-1}（分别为 0、8%、16%、25%、33%），总 PPFD 302.5 μmol · m^{-2} · s^{-1}；与试验平均值比较的结果；光周期 16 h	红青菜（*B. rapa* var. chinensis，'Rubi' F_1）	TP（25 μmol）；TA（0~25 μmol）	DPPH（0 和 100 μmol）		Vaštakaitė，et al.（2015b）
	塌棵菜（*B. rapa* var. rosularis）	TP（100 μmol）；TA（75 μmol）；DPPH（0 和 100 μmol）	DPPH（25~75 μmol）		
	罗勒（*O. basilicum* L.，'Sweet Genovese'）	TP（100 μmol），TA	DPPH（25~75 μmol）		
440 nm、640 nm；PPFD 约 300 μmol · m^{-2} · s^{-1}；对照 FL；光周期 18 h	莴苣（*L. sativa* L.，'Outredgeous'）	TA			Stutte，et al.（2009）
430nm，PPFD 177 μmol · m^{-2} · s^{-1}；对照黑暗；光周期 16 h	苦荞麦（*F. tataricum Gaerth.*，'Hokkai T10'）	TA		Quarcetin	Seo，et al.（2015）

续表

LED处理	作物	增加	减少	无影响	参考文献
390 nm HPS；PPFD约125 μmol·m^{-2}·s^{-1}；对照HPS；光周期16 h	各种芽苗菜	TP、DPPH（欧芹）；TA（芥菜、红青菜、塌棵菜、甜菜）			Brazaitytė, et al.（2016a）
390 nm HPS；PPFD约125 μmol·m^{-2}·s^{-1}；对照HPS；光周期16 h	罗勒（*O. basilicum* L.，‘Sweet Genovese’，‘Dark Opal’）	TP（‘Sweet Genovese’）	TP、TA（‘Dark Opal’）	TA（‘Sweet Genovese’）	Vaštakaitė, et al.（2015a）
380 nm结合455 nm、638 nm、670 nm、735 nm；PPFD约175 μmol·m^{-2}·s^{-1}；对照455 nm、638 nm、670 nm、735 nm；光周期16 h	莴苣（*L. sativa* L.，‘Thumper’）	TP、AC		DPPH、BC	Samuolienė, et al.（2013a）
385 nm结合455 nm、638 nm、669 nm、731 nm；PPFD 200 μmol·m^{-2}·s^{-1}；对照HPS	萝卜（*R. sativa* L.，‘Tamina’）	DPPH		TP	Urbonavičiūtė, et al.（2009b）
385 nm结合455 nm、638 nm、669 nm、731 nm；PPFD 200 μmol·m^{-2}·s^{-1}；对照HPS；光周期18 h	小麦（*Triticum aestivum* L.，‘Šrvinta 1’，‘Ada’，‘Tauras’，‘Milda’，‘Alma’）	AA（‘Šrvinta 1’，‘Ada’）	TP、DPPH		Urbonavičiūtė, et al.（2009c）
373 nm结合荧光灯（PPFD 20.9 μmol·m^{-2}·s^{-1}）；总PPFD μmol·m^{-2}·s^{-1}；对照FL；光周期16 h	莴苣（*L. sativa* L.，‘Red Cross’）	TA		XA、BC、AA	Li and Kubota（2009）

续表

LED 处理	作物	增加	减少	无影响	参考文献
366 nm、390 nm、402 nm（PPFD 6.2 μmol · m^{-2} · s^{-1}或12.4 μmol · m^{-2} · s^{-1}）结合447 nm、638 nm、665 nm、735 nm；总PPFD 300 μmol · m^{-2} · s^{-1}；对照447 nm、638 nm、665 nm、735 nm；光周期16 h	罗勒（*O. basilicum* L.，'Sweet Genovese'）	DPPH	α－T（6.2 μmol）；AA（366 nm，12.4 μmol）	TA(6.2 μmol)	Brazaitytė，et al.（2015a，b，c）
	甜菜（*Beta vulgaris* L.，'Bulls Blood'）	DPPH；TP（402 nm，12.4 μmol）；TA（366 nm和390 nm，12.4 μmol）；AA，a－T（366 nm，12.4 μmol）	α－T（6.2 μmol）	TP、TA（6.2 μmol）	
	红青菜（*B. rapa* var. chinensis，'Rubi F_1'）	DPPH；TP（366 nm，6.2 μmol和12.4 μmol）；TA(366~390 nm，12.4 μmol)；AA，α－T（366 nm，12.4 μmol）	α－T（6.2 μmol）	TA(6.2 μmol)	

续表

LED 处理	作物	增加	减少	无影响	参考文献
365 nm、640 nm（8%/92%）；PFD 200 $\mu mol \cdot m^{-2} \cdot s^{-1}$；对照 FL	莴苣（*L. sativa* L. cv.'Grand Rapids'）			TC	Urbonavičiūtė, et al.（2007）
365 nm；PPFD 32.2 $\mu mol \cdot m^{-2} \cdot s^{-1}$；对照自然光线；光周期 3 h（白天或晚上）	豌豆（*P. sativum* L.，'Shenchun'）	TA(日/夜 6/3 h)	TA(晚上 6 h)	TP、类黄酮、AA	Wenke and Qichang（2012）
365 nm 结合 680 nm、460 nm（80R/20B），PPFD 360 $\mu mol \cdot m^{-2} \cdot s^{-1}$；对照自然光照，PPFD 289 $\mu mol \cdot m^{-2} \cdot s^{-1}$；光周期 14 h，然后在 365 nm 光照 2 h	紫苏（*P. Frutescens* var. *purpurea* Makino，'Akajiso'）	咖啡酸、迷迭香酸、7－O－葡萄糖苷			Iwai, et al.（2010）

注：A 为琥珀色光；B 为蓝光；Fr 为远红光；G 为绿光；R 为红光；O 为橙色光；W 为白光。

PPFD 为光合光子通量密度。

PP 为光周期。

FL 为荧光灯；WF 为白光荧光灯；W 为白光 LED 灯；HPS 为高压钠灯。

DAS 为播种后天数。

AA 为抗坏血酸；T 为生育酚；α－T 为 α－生育酚；γ－T 为 γ－生育酚；TP 为总酚；TA 为总花青素；DPPH 为 DPPH 自由基清除活性；PA 为酚酸；TC 为总类胡萝卜素；LU 为叶黄素；AC 为 β－胡萝卜素；BC 为 β－胡萝卜素；NEO 为新黄质；VIO 为紫黄质；ZEA 为玉米黄质；ANT 为花药黄质；XA 为叶黄素。

在有关各种园艺植物抗氧化特性的研究中，对DPPH自由基清除活性的积极和消极影响都被确定。抗氧化活性通常与具有抗氧化潜能的次生代谢物（如酚类）有关，并且强烈依赖于光照条件。DPPH自由基活性通常与TP相关，但并非在所有研究中都观察到这一点。Brazaitytė等人（2016a）研究表明，深红色能降低塌棵菜芽苗菜的DPPH。如上所述，对甘蓝芽苗菜的TP进行了测定。此外，在深红色单独照射或与其他LED灯相比，罗勒和欧芹芽苗菜中DPPH含量增加。Samuolienė等人（2012b）证明，在3个生长季节中，在补充短期红光照射下，长叶莴苣和卷叶莴苣的抗氧化活性存在差异，其趋势与TP相似。在PPFD水平为440~545 $\mu mol \cdot m^{-2} \cdot s^{-1}$时，不同种类的微绿色植物的抗氧化活性均显著提高，而在PPFD水平为110~220 $\mu mol \cdot m^{-2} \cdot s^{-1}$时，其抗氧化活性显著提高（表8.1）。

8.3　类胡萝卜素

类胡萝卜素是亲脂类异戊二烯，广泛存在于水果和蔬菜中。根据文献资料，自然界中已知的类胡萝卜素有500~700种，人们通常使用的有40种。在植物中，类胡萝卜素是叶绿体中的捕光色素，可以保护植物免受光氧化损伤。一般来说，类胡萝卜素具有清除自由基、增强免疫反应、抑制癌症发展和保护眼睛组织等功能，但个别类胡萝卜素的保护作用不同。α-胡萝卜素（AC）、β-胡萝卜素（BC）和β-隐黄质是原维生素A类胡萝卜素，主要与减少心血管疾病有关。玉米黄质（ZEA）和叶黄素（LU）是眼睛中黄斑色素的组成部分，保护黄斑免受光诱导的损害。番茄红素可以预防心血管疾病和前列腺癌。在植物中，类胡萝卜素是叶绿体中的捕光色素，在保护植物免受光氧化损伤中起着重要作用。一般来说，类胡萝卜素通过叶黄素循环（将紫黄质（VIO）转化为ZEA）的热耗散来保护植物免受光氧化损伤。叶绿素分子除了参与光合作用外，也是生育酚的前体，它们也具有抗氧化特性。上述化合物在生长过程中的积累变化受环境条件的影响，在不同的植物种类中表现出不同的结果。类胡萝卜素与光合作用密切相关，影响类胡萝卜素含量变化的最重要因素是光的质量和数量。正确选择光谱和强度，结合目前的 LED 技术，可以使用从紫外线到红外线的特定波长，这可以提高温室和室内蔬菜的类胡萝卜素含量。关于光谱对与蓝色、红色及其组合相关的类胡萝卜素含量变化的影响，以及在 LED 光照下补充这些波长的其他灯光谱，已经进行了许多科学实验。已知叶绿素和类胡萝卜素在 400 ~ 500 nm 和 630 ~ 680 nm 处有较高的光吸收。此外，各种类胡萝卜素的吸收峰也各不相同：LU 在 448 nm 处吸收，BC 在 454 nm 处吸收，叶黄素（XA）在 446 nm 处吸收。然而，也有研究人员确定了羽衣甘蓝中最大的 LU 和 BC 的两个峰在 440 nm 和 640 nm，这与之前报道的小麦的作用谱非常吻合。虽然文献数据表明，类胡萝卜素浓度在蓝光下增加，但 Lefsrud 等人（2008）的研究表明，红光及其与蓝光的比值对类胡萝卜素积累的变化很重要。红色和蓝色 LED 光处理的数量和比例相对较低，说明这些光谱对类胡萝卜素含量的影响是相互矛盾的，且受植物种类的影响。一些研究报道称，与 FL、红蓝和红 LED 灯相比，在蓝色 LED 灯下，不结球大白菜和红叶莴苣幼苗中 TC 的浓度有所提高。单色蓝光也会影响类胡萝卜素的成分。与红蓝 LED 相比，短时间暴露于蓝光中会增加西兰花芽苗菜中的 BC 和 VIO 水平；与黑暗 LED 相比，豌豆幼苗中的 BC 水平会增加；与白色 LED 相比，苦荞芽中的 ZEA 水平会增加。此外，Zhang 等人（2015a，b）报道了蓝色 LED 光可有效诱导萨蜜柑和巴伦西亚橙汁囊中积累类胡萝卜素，如 BC、β－隐黄质、全反式紫黄质、AC 和 LU。然而，与红蓝 LED 相比，蓝色 LED 处理不影响西兰花微绿色组织中 LU、ZEA 和新黄质（NEO）的浓度。与 FL 相比，蓝色 LED 处理也不影响红叶和绿叶莴苣中的 TC。其他研究者称，与白色 LED 相比，单色蓝色 LED 导致苦荞和不结球红甘蓝芽中 BC、LU 和 TC 含量下降，以及与镝灯下生长的大白菜相比，大白菜中 TC 含量降低（表 8.1）。

LED 单色光对类胡萝卜素含量和组成的影响实验表明，不同植物对 LED 单色光的响应不同。Wu 等人（2007）研究表明，豌豆幼苗叶片在红色 LED 光照射 96 h 后，BC 浓度较蓝白 LED 光照射显著增加，而茎秆 BC 含量无显著差异。Tuan 等人（2013）报道了在红色 LED 照射下苦荞芽中 ZEA 含量增加，BC、LU 和 TC 含量降低。单色红 LED 光照也降低了不结球红白菜、大白菜和红叶莴苣的类胡萝卜素含量，而绿叶莴苣和红叶莴苣叶片中 TC 含量差异不显著。在收获前的短期红光 LED 照射下，当植株不能吸收光谱中其他部分的光时，会导致芸薹属微绿色植物TC含量的增加，但红光下的芥菜和塌棵菜的BC除外。光照增加了欧芹芽苗菜的BC，降低了LU，但罗勒微绿叶菜中这些类胡萝卜素的含量有所下降（表8.1）。

文献数据显示，与FL或HPS相比，红蓝混合LED对莴苣和大白菜幼苗中的TC没有影响。然而，一些研究者称，与单色的红色和蓝色LED光照相比，莴苣和大白菜幼苗中的类胡萝卜素含量更高。Kopsell等人（2014，2016）报道了红色和蓝色光的比例对类胡萝卜素含量的轻微重要性。增加LED光处理下的蓝光百分数并不能提高甘蓝和西兰花芽苗菜组织中类胡萝卜素的积累。然而，与荧光/白炽灯处理相比，红蓝LED光处理的类胡萝卜素浓度要高得多。

大多数使用红色和蓝色LED及其组合的研究都没有进行补充的广谱照射。虽然红色和蓝色的LED对光合作用有很大的影响，但自然界的植物适应利用广泛的光谱来控制各种生理过程。有几项研究涉及FL灯或HPS灯与LED灯的混合照明，但只有少数研究涉及对多叶蔬菜中类胡萝卜素含量的影响。Chen等人（2014）研究称，与FL相比，用FL+红色或蓝色LED照射的绿叶莴苣类胡萝卜素含量显著增加。此外，他们检测到蓝光下的类胡萝卜素含量高于红光下的类胡萝卜素含量。在混合光处理中，类胡萝卜素在FL灯和红色LED灯下积累最多，FL灯和蓝色LED灯次之，红蓝LED灯再次之；同时还指出，光谱中除蓝色和红色外的其余部分，也被称为类胡萝卜素的吸收光谱，也可以对色素增强的诱导产生影响。然而，Li和Cubota（2009）报告了红叶小莴苣的矛盾结果。类胡萝卜素（叶黄素和BC）浓度在添加蓝色LED光下增加了6%~8%，但在添加红色LED光下没有发现影响。一方面，类胡萝卜素含量在白红LED光照处理下最高，比白红LED高49%；另一方面，白蓝和白红LED之间没有显著差异。Lin等人（2013）研究指出，与红蓝LED和FL灯相比，白红蓝LED对波士顿莴苣类胡萝卜素含量没有影响。在HPS灯下添加蓝色LED光源可降低莴苣幼叶莴苣的AC和BC含量。在HPS灯下添加短期高PPFD红色LED光源可显著降低莴苣BC含量，但对α-胡萝卜素积累无显著影响；增加了绿叶莴苣（“Lolo Bionda”和“Grand Rapids”）的AC含量，但其他研究却得出了相反的结果。此外，这一处理提高了罗勒芽苗菜的LU和BC含量，但对欧芹无影响（表8.1）。

大多数的概述型研究只讨论了一些选定的光质量，也有一些研究分析了不同单色光的影响，如绿色、黄色或橙色。尽管叶绿素和类胡萝卜素在 530 ~ 610 nm 的光吸收较低，但它们在驱动生理过程中具有多种功能。然而，植物对单色光的响应及其与其他光谱成分的相互作用却显示出相反的结果。在相关文献中，研究最多的是绿光对植物的影响。绿光比红光和蓝光更容易穿透植物冠层。绿光可以促进植物生长，增加植物体内生物活性物质的含量。但是，单色绿色 LED 灯则使白菜和红甘蓝中 TC 含量较其他光源降低。绿色 LED 灯与其他光源（如白光 LED、蓝红远红光 LED 光照）配合，使莴苣、小白菜和青菜叶中 TC 含量降低，而芥菜中 TC 含量升高。此外，绿光影响类胡萝卜素成分的变化。添加绿光降低了芥菜中 VIO 含量，但增加了其他类胡萝卜素含量。相反，光照增加了塌棵菜中的 VIO 含量。在红青菜中，补充绿光使叶黄素循环类胡萝卜素（如 VIO 和 NEO）增加。单色绿光导致羽衣甘蓝中 LU 和 BC 的含量有所下降；与荧光灯组合，该光对红幼叶莴苣的叶黄素和 BC 含量无影响；与 HPS 灯和蓝红远红光照组合，该光增加了绿幼叶莴苣的 BC 含量（表 8.1）。

Dougher 和 Bugbee（2001）研究表明，580 ~ 600 nm 的黄光抑制莴苣叶绿素或叶绿体的形成，从而抑制莴苣的生长。根据文献资料，与使用镝灯和红蓝光或自然光相比，单色黄 LED 灯可使大白菜和红甘蓝的 TC 含量降低。Chen 等人（2016）报道了在白光 LED 中添加黄光会显著抑制莴苣中类胡萝卜素的含量。在蓝色、红色和远红色 LED 标准照度的基础上，在黄色 LED 光源的辅助下，红小白菜芽苗菜也得到了类似的结果，但光照增加了芥菜和塌棵菜芽苗菜的 TC 含量。此外，在蓝光、红光和远红光照下添加黄光对类胡萝卜素组成有影响，这种影响取决于芽苗菜的物种。所有研究的类胡萝卜素在芥菜中都有所增加，但 VIO 含量只有在塌棵菜中有所增加。但几乎所有研究结果表明，红青菜类胡萝卜素含量均有所下降。添加黄光对长叶莴苣叶片 AC 和 BC 含量无影响。在橙色光、蓝色光、红色光和远红光的辅助下，莴苣和芸薹属芽苗菜对上述类胡萝卜素也有类似的影响（表 8.1）。

远红光逆转光敏色素的状态，在基因表达、植物结构和生殖反应的变化方面是重要的。单色及添加远红外 LED 至 FL、白光 LED 至蓝红 LED 至远红外 LED 均降低了羽衣甘蓝、幼莴苣、莴苣和芥菜芽苗菜中各类胡萝卜素的含量。在蓝红远红光 LED 照射下，使红青菜和塌棵菜芽苗菜中各类胡萝卜素含量较高。

在 FL 中添加 UV－A 辐射对红幼叶莴苣的叶黄素和 BC 含量没有影响；与蓝红远红外 LED 照射相结合，UV－A 增加了绿色小莴苣的 AC 含量以及芥菜芽苗菜的 LU 含量和 BC 含量。

辐照量不仅在光合作用过程中起着重要的调节作用，而且在次生植物化合物（如类胡萝卜素）的代谢中也起着重要的作用。然而，在受控环境下，关于辐照水平对 LED 光照的影响研究还很有限。在 300～400 $\mu mol \cdot m^{-2} \cdot s^{-1}$的 LED 照射下，甘蓝和大白菜中类胡萝卜素含量显著增加。结果表明，羽衣甘蓝、菠菜和芥菜的类胡萝卜素浓度从 125 $\mu mol \cdot m^{-2} \cdot s^{-1}$增加到 300 $\mu mol \cdot m^{-2} \cdot s^{-1}$，但高于这些辐照水平后，类胡萝卜素含量开始下降。类胡萝卜素积累的增加对于降低高辐照度引起的胁迫非常重要，但这种辐照度也会降低类胡萝卜素的浓度，因为在这种辐照度下色素分子会发生光降解（表 8.1）。

研究表明，不同光谱和光照水平对植物中类胡萝卜素含量的影响是不同的，但其影响取决于植物的种类。然而，只有少数研究分析了单个类胡萝卜素在不同光照条件下的变化，如 AC、BC、LU 和 ZEA。这些类胡萝卜素对人类健康非常重要，今后可以更多地开展通过控制光照来增加其含量的研究。

8.4 生育酚

生育酚是 4 种同系物（α－、β－、γ－和 δ－）的混合物。这些亲脂性抗氧化剂在有效清除单线态氧，保护脂质免受光氧化应激的损害中发挥重要作用。生育酚在适应低温方面也起着重要的作用，且在种子萌发和休眠期间对防止非酶性脂质氧化是必不可少的。结构分析表明，具有维生素 E 抗氧化活性的分子包括 4 个生育酚和 4 个生育三烯醇同系物。生育酚在质体中合成，叶绿素合酶催化叶绿素生物合成的最后一步，然后在匀浆植基转移酶的催化下，匀浆与植基二磷酸发生异戊烯化。维生素 E 是最敏感的维生素之一。α－生育酚（α－T）在人体细胞中具有较强的维生素 E 活性，而 β－、γ－和 δ－生育酚（β－T、γ－T 和 δ－T）在植物中具有较强的抗氧化活性。此外，生育酚的成分取决于组织类型，因为 α－T 在叶片中占主导地位，而 γ－T 通常存在于双子叶种子中。生育酚的抗氧化活性是由极性头结构酚醛环上甲基的数量决定的。因此，α－T 是最有效的，它的单分子可以中和多达 120 个单态氧分子。生育酚在生物膜中最重要的功能之一是作为脂质氧化产生的多不饱和脂肪酸自由基的可循环链式反应终止剂。另外，生育酚具有非抗氧化功能，如调节膜流动性、稳定膜结构、参与光系统Ⅱ保护、保护膜免受有害影响和抑制细胞增殖。此外，植物几乎是生育酚的唯一来源（除了蓝藻）。

某些营养物质的含量主要由遗传决定，它们的代谢可能受到控制或改变，从而操纵各种环境因素和园艺生长策略。文献资料中有关于通过植物育种或生物技术改善营养质量的论述，但关于次生代谢物对光谱或强度响应的论述不多。生育酚与光反应没有直接联系，但生育酚很容易接受光驱动的操纵，因为它们的代谢途径与光合色素有关。光谱成分的作用通常是复杂的，经常报道的结果是混合的。Liu 等人（2008）注意到，生育酚、抗坏血酸、番茄红素和 β－胡萝卜素的抗氧化特性的组合能够产生协同抗氧化作用，可能导致天然抗氧化剂的抗氧化效果增强。红色和蓝色 LED 辐照大麦的总维生素 E 含量下降到 65%；与自然光相比，红色 LED 辐照大麦的总维生素 E 含量没有差异。值得注意的是，与其他光处理相比，红色 LED 照射大麦的 γ－T 含量增加了 50%。这是因为红色辐射抑制了 γ－T 甲基转移酶的活性，这是一种催化 γ－T 向 α－T 转化的合成酶。Kokalj 等人（2016）研究发现，黄色 LED 光对苹果和甜椒果实中 α－T 的积累有积极的影响。研究表明，生育酚的光响应受光剂量和光谱反应的控制，并且具有物种依赖性。与 545 $\mu mol \cdot m^{-2} \cdot s^{-1}$光谱相比，在芥菜、红青菜、塌棵菜和甘蓝芽苗菜中，低强度（110～220 $\mu mol \cdot m^{-2} \cdot s^{-1}$）LED 导致 a－T 增加。红光剂量的增加是以罗勒中 a－T 的增加为条件，而不是以欧芹中 a－T 的增加为条件。紫苏叶、甜菜和小白菜在较高 UV－A 辐照下，α－T 积累较多。在 HPS 照明的绿色和蓝色 LED 辅助下得到的结果不一致。一般来说，添加绿光比添加蓝光对生育酚积累有更积极的影响，这取决于莴苣的品种和季节（表 8.1）。Koga 等人（2013）认为，生育酚的明显下降可能是由于蓝光辐射抑制了匀浆植基转移酶的活性，这种酶控制生育酚的总量。虽然生育酚不直接参与光反应，但很明显，光感受器激活和抗氧化反应之间通过酶途径有很强的相互作用。

8.5　抗坏血酸

抗坏血酸（AA）是一种化合物，抑制活性氧的行动，防止细胞的氧化损伤。AA在叶黄素循环等光子能量耗散机制的表达中起着关键作用。众所周知，通过植物组织吸收植物化学物质比通过人工补充剂更有效。因此，高氨基酸含量的水果在健康饮食中可能具有重要意义。此外，有证据表明AA参与了对活性氧的光保护防御。本章综述了LED光质、光强和光周期对不同蔬菜养分积累的影响。总的来说，研究表明不同的LED光处理会导致AA在不同种子、各种芽苗菜、莴苣幼叶、不同品种的莴苣、番茄、大白菜和其他植物中的积累。为了更好地了解植物对不同光参数的光生理和生物响应，可以开发光合和光形态建成光感受器的改善策略。Mou（2009）研究指出，蔬菜的营养含量首先由遗传差异决定，其次也可以由环境影响或园艺类型或所有这些成分的相互作用来改变。此外，植物中含量在微克范围内微量成分（如维生素）被发现。因此，可进行微量成分数量改变方面的工作。根据Grusak（2002）的研究，在遗传水平上，只需要对植物前体进行最小程度的转移，并对其储存或隔离目标植物化学物质的能力进行有限的修饰。然而，营养含量，尤其是非光直接受体的代谢物，如何通过光增强的确切生理机制尚未完全了解。

Smirnoff等人（2013）认为，抗坏血酸的积累是由隐花色素、光合作用和最终产物抑制之间复杂的相互作用控制的。从GDP－甘露糖合成抗坏血酸的第一步是由VTC2和VTC5编码的GDP－L－半乳糖磷酸化酶催化的。研究人员发现，VTC2和VTC5报告蛋白表达是依赖蓝光强度的，并被外源性抗坏血酸及其前体L－半乳糖迅速抑制。在菠菜、番茄、莴苣、甜椒和草莓中，随着光照强度的下降，可以观察到植物组织中AA的降低。拟南芥叶片抗坏血酸的积累具有光剂量依赖性，这种响应与AA在光合作用中的光保护作用一致。Gautier等人（2009）研究发现，番茄果实辐照度对AA代谢有影响，而叶片辐照度对光合作用和糖向果实的运输有影响。因此，上述发现与Rosales等人（2011）的研究结果一致，他们认为光量可以通过刺激次级代谢来促进抗坏血酸的积累。增加红光剂量可导致罗勒中AA的积累，但对欧芹芽苗菜无影响。Verkerke等人（2015）

研究发现，不同番茄品种的维生素 C 浓度随着红、蓝 LED 强度的增加而增加（140 $\mu mol \cdot m^{-2} \cdot s^{-1}$、200 $\mu mol \cdot m^{-2} \cdot s^{-1}$和 285 $\mu mol \cdot m^{-2} \cdot s^{-1}$），同时吸氧能力也有所提高。PPFD 水平最低（110 $\mu mol \cdot m^{-2} \cdot s^{-1}$）时，AA 浓度比 220 $\mu mol \cdot m^{-2} \cdot s^{-1}$LED 下高 3.8 倍，芥菜和大头菜中 AA 的积累没有受到显著影响（表 8.1）。尽管抗坏血酸不参与强光胁迫引起的光保护机制，但 AA 积累的变化表明，光胁迫的影响与遗传、发育和代谢信号转导通路之间存在复杂的关系。

Braidot 等人（2014）研究发现，在脉冲温白光 LED 照射下野苣中的抗坏血酸没有显著差异。结果表明，低温处理下的野苣叶能促进光合作用，但同时也会引起光损伤。相反，在间歇性的低强度光循环下，绿色组织的代谢仍然能够为延缓衰老的生物活性分子的合成提供碳基。此外，不同品种的 AA 浓度也受光照条件的影响。低频光（596 nm；2.9 Hz）导致萝卜芽中维生素 C 浓度显著降低，而在小麦草和大麦草中几乎没有差异（表 8.1）。这种行为可以归因于光诱导应激，它刺激抗氧化剂的活性，主要是由于对抗光氧化损伤的自然防御机制，并且对光照条件的反应敏感性可能取决于不同植物物种中抗坏血酸的自然水平。

LED 的照明光谱范围从近紫外到近红外。因此，可以根据具体要求选择照明光谱，从而获得特定的结果。Wenke 和 Qichang（2012）描述了 AA 在各种应激因素（包括 UV－A）的保护系统中的参与。总的来说，UV－A 辐照对不同植物 AA 积累的影响是不均匀的。在低水平的 UV－A 下观察到抗氧化化合物的增加，包括 AA。在添加 UV－A（约占 PPFD 总量的 4%）的条件下，在发芽的小扁豆、萝卜和小麦种子和冬小麦中观察到 AA 浓度显著增加。在较高的辐照水平（总 PPFD 的 4%）下，添加 UV－A 光对罗勒和甜菜 AA 积累有不利影响，但对小白菜 AA 积累有诱导作用。另外，在许多情况下，较长的 UV－A 波长导致 AA 浓度的增加。其他研究人员没有发现 UV－A 光对 AA 积累有任何影响（表 8.1）。

Hogewoning 和 Harbinson（2007）提出，蓝光反应可以被绿光反应所抑制，而且在许多情况下，植物反应取决于辐照水平。蓝光和绿光反应都依赖于隐花色素。在绿幼叶莴苣、发芽小扁豆、萝卜和小麦种子以及一些冬小麦品种中，添加绿光和蓝光对 AA 积累有积极影响，但对红幼叶莴苣和长叶莴苣中 AA 的积累没有发现积极影响。这种不平等的效应可能与蓝光和绿光的剂量有关。因为在大多数情况下，当这些成分占总 PPFD 的 50% 时，AA 的积累会得到积极的影响（表 8.1）。另外，AA 浓度的改变可能作为主要的串扰信号，协调抗氧化系统防御机制的活性，或者可能是参与叶黄素循环中过量光子能量的关键成分。

红光处理不会导致莴苣、菠菜、小松菜、塌棵菜、甜菜或欧芹中 AA 的积累，而莴苣品种、光照处理、季节或它们组合对 AA 有显著的交互作用。高强度红色 LED 光对苋菜、罗勒、羽衣甘蓝、西兰花、芥菜、紫菜和豌豆中 AA 的积累均有积极影响。Ma 等人（2014）注意到，与蓝色 LED 或黑暗处理相比，红色 LED 诱导西兰花中 AA 的积累。结果表明，白光 LED 诱导的 AA 下调在转录水平上受到高度调控。AA 生物合成基因（BO－VTC2 和 BO－GLDH）和 AA 再生基因（BO－MDAR1 和 BO－MDAR2）在收获后的第 1 天和第 2 天 AA 含量均有上调。

这些结果表明，光对氨基酸积累的影响可能与物种甚至品种有关。此外，AA 的生物合成也可能受到碳水化合物库的控制，因为葡萄糖通过己糖转化为 AA。此外，光谱或强度与其他不利环境条件的结合可能会加速活性氧的产生，并可能发生光氧化损伤。

8.6 结论

研究表明，LED 光参数选择的灵活性有助于寻找最佳或应激光条件，促进植物代谢产物的积累，提高各种植物特别是蔬菜的营养品质。此外，基于 LED 的技术还有助于更好地理解不同光参数引起的光生理响应。关于各种蔬菜营养质量的最重要的照明策略是基于红色和蓝色 LED 光照。然而，许多研究表明，其他波长的 LED，如 UV－A、远红外或绿色，可以与 LED 结合应用，以改善蔬菜的营养品质。一般来说，虽然一些补充波长的 LED 对营养质量的改善有积极的影响，但导致其他的一种或多种具有促进健康特性的植物化学物质的含量减少。此外，植物对光谱变化的反应是物种或品种依赖的。另外，在不同的光周期、温度、育性等条件下，也会导致生物活性化合物的含量发生变化。这表明，虽然植物化学成分变化的某些过程与光质和光量有关，但对这些过程的生理生化和分子机制仍缺乏深入的了解。综上所述，目前还很难确定不同植物中 LED 的共同模式，需要进一步研究 LED 在控制环境下的作用及其在高营养蔬菜生产中的大规模应用。

参 考 文 献

Abbasi ASR, Hajirezaei M, Hofius D, Sonnewald U, Voll LM (2007) Specific roles of α- and γ-tocopherol in abiotic stress responses of transgenic tobacco (*Nicotiana tabacum* L.). Plant Physiol 143:1720–1738

Agati G, Galardi C, Gravano E, Romani A, Tattini M (2002) Flavonoid distribution in tissues of *Phillyrea latifolia* as estimated by microspectrofluorometry and multispectral fluorescence microimaging. Photochem Photobiol 76:350–360

Agati P, Matteini P, Goti A, Tattini M (2007) Chloroplast-located flavonoids can scavenge singlet oxygen. New Phytol 174:77–89

Agati G, Biricolti S, Guidi L, Ferrini F, Fini A, Tattini M (2011) The biosynthesis of flavonoids is enhanced similarly by UV radiation and root zone salinity in *L. vulgare* leaves. J Plant Physiol 168:204–212

Agati G, Azzarello E, Pollastri S, Tattini M (2012) Flavonoids as antioxidants in plants: location and functional significance. Plant Sci 196:67–76

Agati G, Brunetti C, Di Ferdinando M, Ferrini F, Pollastri S, Tattini M (2013) Functional roles of flavonoids in photoprotection: new evidence, lessons from the past. Plant Physiol Biochem 72:35–45

Avercheva OV, Berkovich YA, Erokhin AN, Zhigalova TV, Pogosyan SI, Smolyanina SO (2009) Growth and photosynthesis of chinese cabbage plants grown under light-emitting diode-based light source. Russ J Plant Physiol 56:14–21

Avercheva O, Berkovich YA, Smolyanina S, Bassarskaya E, Pogosyan S, Ptushenko V, Erokhin A, Zhigalova T (2014) Biochemical, photosynthetic and productive parameters of Chinese cabbage grown under blue-red LED assembly designed for space agriculture. Adv Space Res 53:1574–1581

Balasundram N, Sudram K, Samman S (2006) Phenolic compounds in plants and agri-industrial by-products: antioxidant activity, occurrence, and potential uses. Food Chem 99:191–203

Bian ZH, Yang QC, Liu WK (2015) Effects of light quality on the accumulation of phytochemicals in vegetables produced in controlled environments: a review. J Sci Food Agric 95:869–877

Bliznikas Z, Žukauskas A, Samuolienė G, Viršilė A, Brazaitytė A, Jankauskienė J, Duchovskis P, Novičkovas A (2012) Effect of supplementary pre-harvest led lighting on the antioxidant and nutritional properties of green vegetables. Acta Hortic 939:85–91

Botella-Pavia P, Rodriguez-Concepcion M (2006) Carotenoid biotechnology in plants for nutritionally improved foods. Physiol Plant 126:369–381

Bouly J, Schleicher E, Dionisio-Sese M, Vandenbussche F, Van Der Straeten D, Bakrim N, Meier S, Batschauer A, Galland P, Bittl R, Ahmad M (2007) Cryptochrome blue light photoreceptors are activated through interconversion of flavin redox states. J Biol Chem 282:9383–9391

Braidot E, Petrussa E, Peresson C, Patui S, Bertolini A, Tubaro F, Wählby U, Coan M, Vianello A, Zancani M (2014) Low-intensity light cycles improve the quality of lamb's lettuce (*Valerianella olitoria* L. Pollich) during storage at low temperature. Postharvest Biol Technol 90:15–23

Brazaitytė A, Jankauskienė J, Novičkovas A (2013) The effects of supplementary short-term red LEDs lighting on nutritional quality of *Perilla frutescens* L. microgreens. Rural Dev 6:54–58

Brazaitytė A, Sakalauskienė S, Samuolienė G, Jankauskienė J, Viršilė A, Novičkovas A, Sirtautas R, Miliauskienė J, Vaštakaitė V, Dabašinskas L, Duchovskis P (2015a) The effects of

LED illumination spectra and intensity on carotenoid content in *Brassicaceae* microgreens. Food Chem 173:600–606

Brazaitytė A, Viršilė A, Jankauskienė J, Sakaulauskienė S, Samuolienė G, Sirtautas R, Novičkovas A, Dabašinskas L, Miliauskienė J, Vaštakaitė V, Bagdonavičienė A, Duchovskis P (2015b) Effect of supplemental UV-A irradiation in solid-state lighting on the growth and phytochemical content of microgreens. Int Agrophys 29:13–22

Brazaitytė A, Jankauskienė J, Viršilė A, Samuolienė G, Sakalauskienė S, Sirtautas R, Novičkovas A, Dabašinskas L, Vaštakaitė V, Miliauskienė J, Bagdonavičienė A, Duchovskis P (2015c) Response of *Brassicaceae* microgreens to supplemental UV-A exposure. Nordic View to Sustain Rural Development. 25th NJF Congress, Riga, Latvia, p 52

Brazaitytė A, Sakalauskienė S, Viršilė A, Jankauskienė J, Samuolienė G, Sirtautas R, Vaštakaitė V, Miliaukienė J, Duchovskis P, Novičkovas A, Dabašinskas L (2016a) The effect of short-term red lighting on *Brassicaceae* microgreens grown indoors. Acta Hortic 1123:177–183

Brazaitytė A, Viršilė A, Samuolienė A, Jankauskienė J, Sakalauskienė S, Sirtautas R, Novičkovas A, Dabašinskas L, Vaštakaitė V, Miliauskienė J, Duchovskis P (2016b) Light quality: growth and nutritional value of microgreens under indoor and greenhouse conditions. Acta Hortic 1134:277–284

Carvalho IS, Cavaco T, Brodelius M (2011a) Phenolic composition and antioxidant capacity of six artemisia species. Ind Crops Prod 33:382–388

Carvalho R, Takaki M, Azevedo R (2011b) Plant pigments: the many faces of light perception. Acta Physiol Plant 33:241–248

Chalker-Scott L (1999) Environmental significance of anthocyanins in plant stress responses. Photochem Photobiol 70:1–9

Chen X, Guo W, Xue X, Wang L, Qiao X (2014) Growth and quality responses of ‘Green Oak Leaf’ lettuce as affected by monochromic or mixed radiation provided by fluorescent lamp (FL) and light-emitting diode (LED). Sci Hortic 172:168–175

Chen X, Xue X, Guo W, Wang L, Qiao X (2016) Growth and nutritional properties of lettuce affected by mixed irradiation of white and supplemental light provided by light-emitting diode. Sci Hortic 200:111–118

Cheng Z, Moore J, Yu L (2006) High-throughput relative DPPH radical scavenging capacity assay. J Agri Food Chem 54:7429–7436

Costa L, Millan Montano Y, Carrión C, Rolny N, Guiamet JJ (2013) Application of low-intensity light pulses to delay postharvest senescence of *Ocimum basilicum* leaves. Postharvest Biol Technol 86:181–191

Cuttriss AJ, Cazzonelli CI, Wurtzel ET, Pogson BJ (2011) Carotenoids. Adv Bot Res 58:1–36

D’Souza C, Yuk H-G, Khoo GH, Zhou W (2015) Application of light-emitting diodes in food production, postharvest preservation, and microbiological food safety. Compr Rev Food Sci Food Saf 14:719–740

Darko E, Heydarizadeh P, Schoefs B, Sabzalian MR (2014) Photosynthesis under artificial light: the shift in primary and secondary metabolism. Philos Trans R Soc B Biol Sci. doi:10.1098/rstb.2013.0243

DellaPenna D, Maeda H (2007) Tocopherol functions in photosynthetic organisms. Curr Opin Plant Biol 10:260–265

Demmig-Adams B, Gilmore AM, Adams WW (1996) *In vivo* function of carotenoids in higher plants. FASEB J 10:403–412

Długosz-Grochowska O, Kołton A, Wojciechowska R (2016) Modifying folate and polyphenol concentrations in Lamb’s lettuce by the use of LED supplemental lighting during cultivation in greenhouses. J Funct Foods 26:228–237

Dorais M, Gosselin A (2002) Physiological response of greenhouse vegetable crops to supplemental lighting. Acta Hortic 280:59–67

Dougher TA, Bugbee B (2001) Evidence for yellow light suppression of lettuce growth. Photochem Photobiol 73:208–212

Du J, Cullen JJ, Buettner GR (2012) Ascorbic acid: chemistry, biology and the treatment of cancer. Biochem Biophys Rev Can 1826:443–457

Fan X, Zang J, Xu Z, Guo S, Jiao X, Liu X, Gao Y (2013) Effects of different light quality on growth, chlorophyll concentration and chlorophyll biosynthesis precursors of non-heading Chinese cabbage (*Brassica campestris* L.). Acta Physiol Plant 35:2721–2726

Flores-Perez U, Rodriguez-Concepcion M (2012) Carotenoids. In: Salter A, Wiseman H, Tucker GA (eds) Phytonutrients. Wiley, New York, pp 89–109

Folta KM, Maruhnich SA (2007) Green light: a signal to slow down or stop. J Exp Bot 58:3099–3111

Franklin KA, Whitelam GC (2004) Light signals, phytochromes and cross-talk with other environmental cues. J Exp Bot 55:271–276

Gautier H, Massot C, Stevens R, Sérino S, Génard M (2009) Regulation of tomato fruit ascorbate content is more highly dependent on fruit irradiance than leaf irradiance. Ann Bot 103:495–504

Gruda N (2005) Impact of environmental factors on product quality of greenhouse vegetables for fresh consumption. Cr Rev Plant Sci 24:227–247

Grusak MA (2002) Phytochemicals in plants: genomics-asisted plant improvement for nutritional and health benefits. Curr Opin Biotech 13:508–511

Grusak MA, DellaPenna D (1999) Improving the nutrient composition of plants to enhance human nutritiona and health. Ann Rev Plant Physiol Plant Mol Biol 50:133–161

Havaux M, Kloppstech K (2001) The protective functions of carotenoid and flavonoid pigments against excess visible radiation at chilling temperature investigated in *Arabidopsis* npq and tt mutants. Planta 213:953–966

Heim KE, Tagliaferro AR, Bobilya DJ (2002) Flavonoid antioxidants: chemistry, metabolism and structure-activity relationships. J Nutr Biochem 13:572–584

Helsper JPFG, Ric de Vos CH, Maas FM, Jonker HH, Van Den Broeck HC, Jordi W, Sander Pot C, Paul Keizer LC, Schapendonk Ad HCM (2003) Response of selected antioxidants and pigments in tissues of *Rosa hybrida* and *Fuchsia hybrida* to supplemental UV-A exposure. Physiol Plant 117:171–178

Heuvelink E, Bakker MJ, Hogendonk L, Janse J, Kaarsemaker R, Maaswinkel R (2006) Horticultural lighting in the Netherlands: new developments. Acta Hortic 711:25–33

Hogewoning SW, Harbinson J (2007) Insights on the development, kinetics, and variation of photoinhibition using chlorophyll fluorescence imaging of a chilled, variegated leaf. J Exp Bot 58:453–463

Hogewoning SW, Trouwborst G, Maljaars H, Poorter H, van Ieperen W, Harbinson J (2010) Blue light dose-responses of leaf photosynthesis, morphology, and chemical composition of *Cucumis sativus* grown under different combinations of red and blue light. J Exp Bot 61:3107–3117

Iwai M, Ohta M, Tsuchiya H (2010) Enhanced accumulation of caffeic acid, rosmarinic acid and luteolin-glucoside in red perilla cultivated under red diode laser and blue LED illumination followed by UV-A irradiation. J Funct Foods 2:66–70

Johkan M, Shoji K, Goto F, Hashida S, Yoshihara T (2010) Blue light-emitting diode light irradiation of seedlings improves seedling quality and growth after transplanting in red leaf lettuce. HortScience 45:1809–1814

Khanam UKS, Oba S, Yanase E, Murakami Y (2012) Phenolic acids, flavonoids and total antioxidant capacity of selected leafy vegetables. J Funct Foods 4:979–987

Kim HH, Goins GD, Wheeler RM, Sager JC (2004) Green-light supplementation for enhanced lettuce growth under red- and blue-light emitting diodes. HortScience 39:1617–1622

Koga R, Meng T, Nakamura E, Miura C, Irino N, Devkota HP, Yahara S, Kondo R (2013) The effect of photo-irradiation on the growth and ingredient composition of young green barley (*Hordeum vulgare*). Agric Sci 4:185–194

Kokalj D, Hribar J, Cigić B, Zlatić E, Demšar L, Sinkovič L, Šircelj H, Bizjak G, Vidrih R (2016) Influence of yellow light-emitting diodes at 590 nm on storage of apple, tomato and bell pepper fruit. Food Technol Biotechnol 54:228–235

Kopsell DA, Kopsell DE (2006) Accumulation and bioavailability of dietary carotenoids in vegetable crops. Trends Plant Sci 11:499–507

Kopsell DA, Sams CE (2013) Increase in shoot tissue pigments, glucosinolates and mineral elements in sprouting broccoli after exposure to short-duration blue light from light emitting diodes. J Am Soc Hortic Sci 138:31–37

Kopsell DA, Pantanizopoulos NI, Sams CE, Kopsell DE (2012) Shoot tissue pigment levels increase in 'Florida Broadleaf' mustard (*Brassica juncea* L.) microgreens following high light treatment. Sci Hortic 140:96–99

Kopsell DA, Sams CE, Barickman TC, Morrow RC (2014) Sprouting broccoli accumulate higher concentrations of nutritionally important metabolites under narrow-band light-emitting diode lighting. JASHS 139:469–477

Kopsell DA, Sams CE, Morrow RC (2016) Interaction of light quality and fertility on biomass, shoot pigmentation and xanthophyll cycle flux in Chinese kale. J Sci Food Agric. doi:10.1002/jsfa.7814

Kwack Y, Kim KK, Hwang H, Chun C (2015) Growth and quality of sprouts of six vegetables cultivated under different light intensity and quality. Hortic Environ Biotechnol 56(4):437–443

Lee K, Lee SM, Park SR, Jung J, Moon JK, Cheong JJ, Kim M (2007a) Overexpression of *Arabidopsis* homogentisate phytyltransferase or tocopherol cyclase elevates vitamin E content by increasing gamma-tocopherol level in lettuce (*Lactuca Sativa* L.). Mol Cell 24:301–306

Lee SH, Tewari RK, Hahn EJ, Paek KY (2007b) Photon flux density and light quality induce changes in growth, stomatal development, photosynthesis and transpiration of *Withania somnifera* (L.) Dunal. Plantlets. Plant Cell Tiss Org Cult 90:141–151

Lee SW, Seo JM, Lee MK (2014) Influence of different LED lamps on the production of phenolic compounds in common and Tartary buckwheat sprouts. Ind Crops Prod 54:320–326

Lee MJ, Son KH, Oh MM (2016) Increase in biomass and bioactive compound in lettuce under various ratios of red to far-red LED light supplemented with blue LED light. Hortic Environ Biotechnol 57:139–147

Lefsrud MG, Kopsell DA, Kopsell DE, Curran-Celentano J (2006) Irradiance levels affect growth parameters and carotenoid pigments in kale and spinach grown in a controlled environment. Physiol Plant 127:624–631

Lefsrud M, Kopsell D, Wenzel A, Sheehan J (2007) Changes in kale (*Brassica oleracea* L. var. *acephala*) carotenoid and chlorophyll pigment concentrations during leaf ontogeny. Sci Hortic 112:136–141

Lefsrud MG, Kopsell DA, Sams CE (2008) Irradiance from distinct wavelength light-emitting diodes affect secondary metabolites in kale. HortScience 43:2243–2244

Li Q, Kubota C (2009) Effects of supplemental light quality in growth and phytochemicals of baby leaf lettuce. Env Exp Bot 67:59–64

Li T, Yang Q (2015) Advantages of diffuse light for horticultural production and perspectives for further research. Front Plant Sci. doi:10.3389/fpls.2015.00704

Li H, Tang C, Xu Z, Liu X, Han X (2012) Effects of different light sources on the growth of non-heading chinese cabbage (*Brassica campestris* L.). JAS 4:262–273

Lillo C, Lea US, Ruoff P (2008) Nutrient depletion as a key factor for manipulating gene expression and product formation in different branches of the flavonoid pathway. Plant, Cell Environ 31:587–601

Lin C (2002) Blue light receptors and signal transduction. Plant Cell S207–S225

Lin KH, Huang MY, Huang WD, Hsu MH, Yang ZW, Yang CM (2013) The effects of red, blue, and white light-emitting diodes on the growth, development, and edible quality of hydroponically grown lettuce (*Lactuca sativa* L. var. *capitata*). Sci Hortic 150:86–91

Lindoo SJ, Caldwell MM (1978) Ultraviolet-B radiation induced inhibition of leaf expansion and promoting of anthocyanin production. Plant Physiol 61:278–282

Liu D, Shi J, Ibarra AC, Kakuda Y, Xue SJ (2008) The scavenging capacity and synergistic effects of lycopene, vitamin E, Vitamin C, and β-carotene mixtures on the DPPH free radical. LWT—Food Sci Technol 41:1344–1349

Liu H, Liu B, Zhao C, Pepper M, Lin C (2011) The action mechanisms of plant cryptochromes. Trends Plant Sci 16:684–691
Long SP, Zhu X-G, Naidu SL, Ort DR (2006) Can improvement in photosynthesis increase crop yields? Plant, Cell Environ 29:315–330
Ma G, Zhang L, Setiawan CK, Yamawaki K, Asai T, Nishikawa F, Maezawa S, Sato H, Kanemitsu N, Kato M (2014) Effect of red and blue LED light irradiation on ascorbate content and expression of genes related to ascorbate metabolism in postharvest broccoli. Postharvest Biol Technol 94:97–103
Maiani G, Caston MJ, Catasta G, Toti E, Cambrodón IG, Bysted A, Granado- Lorencio F, Olmedilla-Alonso B, Knuthsen P, Valoti M, Böhm V, Mayer-Miebach E, Behsnilian D, Schlemmer U (2009) Carotenoids: actual knowledge on food sources, intakes, stability and bioavailability and their protective role in humans. Mol Nutr Food Res 53:1–25
Matioc-Precup MM, Cachiţă-Cosma D (2013) The content in assimilating pigments of the cotyledons of the red cabbage plantlets illuminated with LEDs. Studia Universitatis "Vasile Goldiş". Seria Ştiinţele Vieţii 23:45–48
Mitchell CA, Both AJ, Bourget CM, Burr JF, Kubota C, Lopez RG, Morrow RC, Runkle ES (2012) LEDs: the future of greenhouse lighting. Chronica Hortic 52:6–10
Mizuno T, Amaki W, Watanable H (2011) Effects of monochromatic light irradiation by LED on the growth and anthocyanin contents in leaves of cabbage seedling. Acta Hortic 907:179–184
Mohr H, Drumm-Herrel H, Oelmüller R (1984) Coaction of phytochrome and blue/UV light photoreceptors. In: Senger H (ed) Blue light effects in biological systems. Springer, Berlin, pp 6–19
Morrow RC (2008) LED lighting in horticulture. HortScience 43:1947–1950
Mou B (2009) Nutrient content of lettuces and its improvement. Curr Nutr Food Sci 5:242–248
Ogawa T, Inoue Y, Kitajima M, Shibata K (1973) Action spectra for biosynthesis of chlorophylls a and b and β-carotene. Photochem Photobiol 18:229–235
Ohashi-Kaneko K, Takase M, Kon N, Fujiwara K, Kurata K (2007) Effect of light quality on growth and vegetable quality in leaf lettuce, spinach and komatsuna. Eniviron Contr Biol 45:189–198
Ouzounis T, Parjikolaei BR, Fretté X, Rosenqvist E, Ottosen CO (2015) Pre-dawn and high intensity application of supplemental blue light decreases the quantum yield of PSII and enhances the amount of phenolic acids, flavonoids, and pigments in *Lactuca sativa*. Front Plant Sci. doi:10.3389/fpls.2015.00019
Page M, Sultana N, Paszkiewicz K, Florance H, Smirnoff N (2012) The influence of ascorbate on anthocyanin accumulation during high light acclimation in *Arabidopsis thaliana*: further evidence for redox control of anthocyanin synthesis. Plant, Cell Environ 35:388–404
Pastori GM, Kiddle G, Antoniw J, Bernard S, Veljovic-Janovic S, Verrier PJ, Noctor G, Foyer CH (2003) Leaf vitamin C contents modulate plant defence transkripts and regulate genes that control development through hormone signaling. Plant Cell 15:939–951
Qian H, Liu T, Deng M, Miao H, Cai C, Shen W, Wang Q (2016) Effects of light quality on main health-promoting compounds and antioxidant capacity of Chinese kale sprouts. Food Chem 196:1232–1238
Rice-Evans CA, Miller NJ, Paganga G (1996) Structure-antioxidant activity relationships of flavonoids and phenolic acids. Free Radical Biol Med 20:933–956
Rice-Evans CA, Miller NJ, Paganga G (1997) Antioxidant properties of phenolic compounds. Trends Plant Sci 2:152–159
Romani A, Pinelli P, Galardi C (2002) Polyphenols in greenhouse and open-air-grow lettuce. Food Chem 79:337–342
Rosales MA, Cervilla LM, Sánchez-Rodríguez E, Cervilla LM, Sánchez-Rodríquez E, Rubio-Wilhelmi Mdel M, Blasco B, Ríos JJ, Soriano T, Castilla N, Romero L, Ruiz JM (2011) The effect of environmental conditions on nutritional quality of cherry tomato fruits: evaluation of two experimental Mediterranean greenhouses. J Sci Food Agric 91:152–162

Samuolienė G, Brazaitytė A, Sirtautas R, Novičkovas A, Duchovskis P (2011a) Supplementary red-LED lighting affects phytochemicals and nitrate of baby leaf lettuce. J Food Agric Environ 9:271–274
Samuolienė G, Urbonavičiūtė A, Brazaitytė A, Šabajevienė G, Sakalauskaitė J, Duchovskis P (2011b) The impact of LED illumination on antioxidant properties of sprouted seeds. Centr Eur J Biol 6(1):68–74
Samuolienė G, Brazaitytė A, Sirtautas R, Sakalauskienė S, Jankauskienė J, Duchovskis P, Novičkovas A (2012a) The impact of supplementary short-term red led lighting on the antioxidant properties of microgreens. Acta Hortic 956:649–656
Samuolienė G, Sirtautas R, Brazaitytė A, Duchovskis P (2012b) LED lighting and seasonality effects antioxidant properties of baby leaf lettuce. Food Chem 134:1494–1499
Samuolienė G, Sirtautas R, Brazaitytė A, Viršilė A, Duchovskis P (2012c) Supplementary red-LED lighting and the changes in phytochemical content of two baby leaf lettuce varieties during three seasons. J Food Agric Environ 10:701–706
Samuolienė G, Brazaitytė A, Jankauskienė J, Viršilė A, Sirtautas R, Novičkovas A, Sakalauskienė S, Sakalauskaitė J, Duchovskis P (2013a) LED irradiance level affects growth and nutritional quality of *Brassica* microgreens. Cent Eur J Biol 8:1241–1249
Samuolienė G, Brazaitytė A, Sirtautas R, Viršilė A, Sakalauskaitė J, Sakalauskienė S, Duchovskis P (2013b) LED illumination affects bioactive compounds in romaine baby leaf lettuce. J Sci Food Agric 93:3286–3291
Samuolienė G, Brazaitytė A, Viršilė A, Jankauskienė J, Sakalauskienė S, Duchovskis P (2016) Red light-dose or wavelength-dependent photoresponse of antioxidants in herb microgreens. PLoS ONE. doi:10.1371/journal.pone.0163405
Schneider C (2005) Chemistry and biology of vitamin E. Mol Nutr Food Res 49:7–30
Seo JM, Arasu MV, Kim YB, Park SU, Kim SJ (2015) Phenylalanine and LED lights enhance phenolic compound production in Tartary buckwheat sprouts. Food Chem 177:204–213
Shalaby EA, Shanab SMM (2013) Antioxidant compounds, assays of determination and mode of action. Afr J Phar Pharmacol 7:528–539
Sharma OP, Bhat TK (2009) DPPH antioxidant assay revisited. Food Chem 113:1202–1205
Shen YZ, Guo SS, Ai WD, Tang YK (2014) Effects of illuminants and illumination time on lettuce growth, yield and nutritional quality in a controlled environment. Life Sci Space Res 2:38–42
Smirnoff N, Wheeler GL (2000) Ascorbic acid in plants: biosynthesis and function. Crit Rev Plant Sci 19:267–290
Smirnoff N, Page M, Ishikawa T (2013) Ascorbate and photosynthesis: how does *Arabidopsis* adjust leaf ascorbate concentration to light intensity? BioTechnol 94:206–214
Solfanelli C, Poggi A, Loreti E, Alpi A, Perata P (2006) Sucrose-specific induction of the anthocyanin biosynthetic pathway in *Arabidopsis*. Plant Physiol 144:637–646
Son KH, Oh MM (2013) Leaf shape, growth, and antioxidant phenolic compounds of two lettuce cultivars grown under various combinations of blue and red light-emitting diodes. HortScience 48:988–995
Stahl W, Sies H (2005) Bioactivity and protective effects of natural carotenoids. Biochim Biophys Acta 1740:101–107
Stange C, Flores C (2012) Regulation of carotenoid biosynthesis by photoreceptors. In: Najafpour M (ed) Advances in photosynthesis fundamental aspects, In Tech Europe, University Campus, Croatia, pp 77–76
Stutte GW, Edney S, Skerritt T (2009) Photoregulation of bioprotectant content of red leaf lettuce with light-emitting diodes. HortScience 44:79–82
Tamulaitis G, Duchovskis P, Bliznikas Z, Breive K, Ulinksaite R, Brazaitytė A, Novičkovas A, Žukauskas A (2005) Highpower light-emitting diode based facility for plant cultivation. J Phys D Appl Phys 38:3182–3187

Tattini M, Gravano E, Pinelli P, Mullinacci N, Romani A (2000) Flavonoids accumulate in leaves and glandular trichomes of *Phillyrea latifolia* exposed to excess solar radiation. New Phytol 148:69–77

Tilbrook K, Arongaus AB, Binkert M, Heijde M, Yin R, Ulm R (2013) The UVR8 UV-B photoreceptor: perception, signaling and response. The *Arabidopsis* Book. Am Soc Plant Biol 11:e0164

Tuan PA, Thwe AA, Kim YB, Kim JK, Kim SJ, Lee S, Chung SO, Park SU (2013) Effects of white, blue, and red light-emitting diodes on carotenoid biosynthetic gene expression levels and carotenoid accumulation in sprouts of Tartary buckwheat (*Fagopyrum tataricum* Gaertn.). J Agric Food Chem 61:12356–12361

Urbonavičiūtė A, Pinho P, Samuolienė G, Duchovskis P, Vitta P, Stonkus A, Tamulaitis G, Žukauskas A, Halonen L (2007) Effect of short-wavelength light on lettuce growth and nutritional quality. Sodininkystė ir daržininkystė 26:57–165

Urbonavičiūtė A, Samuolienė G, Brazaitytė A, Duchovskis P, Karklelienė R, Šliogerytė K, Žukauskas A (2009a) The effect of light quality on nutritional aspects of leafy radish. Sodininkystė ir daržininkystė 28:147–155

Urbonavičiūtė A, Samuolienė G, Brazaitytė A, Duchovskis P, Ruzgas V, Žukauskas A (2009b) The effect of variety and lighting quality on wheatgrass antioxidant properties. Zemdirbyste 96:119–128

Urbonavičiūtė A, Samuolienė G, Sakalauskienė S, Brazaitytė A, Jankauskienė J, Duchovskis P, Ruzgas V, Stonkus A, Vitta P, Žukauskas A, Tamulaitis G (2009c) Effect of flashing amber light on the nutritional quality of green sprouts. Agron Res 7:761–767

Vaštakaitė V, Viršilė A, Brazaitytė A, Samuolienė G, Jankauskienė J, Sirtautas R, Duchovskis P (2015a) The effect of supplemental lighting on antioxidant properties of *Ocimum basilicum* L. microgreens in greenhouse. Rural Dev doi:10.15544/RD.2015.031

Vaštakaitė V, Viršilė A, Brazaitytė A, Samuolienė G, Jankauskienė J, Sirtautas R, Novičkovas A, Dabašinskas L, Sakalauskienė S, Miliauskienė J, Duchovskis P (2015b) The effect of blue light dosage on growth and antioxidant properties of microgreens. Sodininkystė ir daržininkystė 34:25–35

Vauzour D, Vafeiadou K, Spencer JPE (2012) Polyphenols. In: Salter A, Wiseman H, Tucker G (eds) Phytonutrients. Wiley, UK, pp 110–145

Verkerke W, Labrie C, Dueck T (2015) The effect of light intensity and duration on vitamin C concentration in tomato fruits. Acta Hortic 1106:49–54

Viršilė A, Sirtautas R (2013) Light irradiance level for optimal growth and nutrient contents in borage microgreens. Rural Dev 6:272–275

Voll LM, Abbasi A-R (2007) Are there specific in vivo roles for α- and γ-tocopherol in plants? Plant Signal Behav 2:486–488

Wang Y, Folta KM (2013) Contributions of green light to plant growth and development. Am J Bot 100:70–78

Wenke L, Qichang Y (2012) Effects of day-night supplemental UV-A on growth, photosynthetic pigments ant antioxidant system of pea seedlings in glasshouse. Afr J Biotechn 11:14786–14791

Wojciechowska R, Długosz-Grochowska O, Kołton A, Żupnik M (2015) Effects of LED supplemental lighting on yield and some quality parameters of lamb's lettuce grown in two winter cycles. Sci Hortic 187:80–76

Wu YS, Tang KX (2004) MAP kinase cascades responding to environmental stress in plants. Acta Bolon Sinica 46:127–136

Wu MC, Hou CY, Jiang CM, Wang YT, Wang CY, Chen HH, Chang HM (2007) A novel approach of LED light radiation improves the antioxidant activity of pea seedlings. Food Chem 1001:1753–1758

Yabuta Y, Mieda T, Rapolu M, Nakamura A, Motoki T, Maruta T, Yoshimura K, Ishikawa T, Shigeoka S (2007) Light regulation of ascorbate biosynthesis is dependent on the photosynthetic electron transport chain but independent of sugars in *Arabidopsis*. J Exp Bot 58:2661–2671

Yadav D, Rastogi A, Szymańska R, Kruk J, Sedlářová M, Pospíšil P (2013) Singlet oxygen scavenging by tocopherol and plastohromanol under photooxidative stress in *Arabidopsis*. Bio Technol 94:7

Yeh N, Chung JP (2009) High-brightness LEDs efficient lighting sources and their potential in indoor plant cultivations. Renew Sustain Energy Rev 13:2175–2180

Zhang T, Maruhnich SA, Folta KM (2011) Green light induces shade avoidance symptoms. Plant Physiol Prev. doi:10.1104/pp.111.180661

Zhang C, Zhang W, Ren G, Li D, Cahoon RE, Chen M, Zhou Y, Yu B, Cahoon EB (2015a) Chlorophyll synthase under epigenetic surveillance is critical for vitamin E synthesis, and altered expression affects tocopherol levels in *Arabidopsis*. Plant Physiol 168:1503–1511

Zhang L, Ma G, Yamawaki K, Ikoma Y, Matsumoto H, Yoshioka T, Ohta S, Kato M (2015b) Effect of blue LED light intensity on carotenoid accumulation in citrus juice sacs. J Plant Physiol 188:58–63

Žukauskas A, Bliznikas Z, Breivė K, Novičkovas A, Samuolienė G, Urbonavičiūtė A, Brazaitytė A, Jankauskienė J, Duchovskis P (2011) Effect of supplementary pre-harvest LED lighting on the antioxidant properties of lettuce cultivars. Acta Hortic 907:87–90

第 9 章
LED 在采后质量保持和微生物食品安全中的应用

克雷格·德索萨（Craig D'Souza）、铉均玉（Hyun - Gyun Yuk）、玉勋邱（Gek Hoon Khoo）、周围标（Weibiao Zhou）

9.1 引言

如今 LED 被描述为“无处不在”，但人们可能没有充分意识到其在食品工业中存在的范围和功能。本书前几章已经讨论了它们在花艺、园艺、离体植物形态建成、防止虫害、食品生产中的应用。LED 还被认为具有适合各种生态应用的特性，如空间农业、高科技农业、水产养殖和其他形式的食品生产。简单地说，食品收获的后续阶段包括营养和安全食品的储存、分配和消费。在这些收获后阶段忽视粮食质量会适得其反，因为这最终会导致不必要的粮食浪费或供应链上的价值下降。世界上生产的粮食有三分之一被浪费，其中很大一部分是在收获后阶段损失的（粮农组织，2011 年）。在发展中国家，主要原因是缺乏技术基础设施来进一步加工食品或建立有效的冷链系统。在工业化国家，生产出来的过剩食物最终不会被消费掉，而是被处理掉。处理不当或卫生标准不达标的食物也可能造成食物浪费。因此，仍然迫切需要开发技术，在保证食品食用安全的同时延长食品的保质期（粮农组织，2011 年）。本章旨在针对 LED 来解决这些问题。

光对植物的健康生长是必要的，这是一个直观的概念，因此光与食物生产的理念密切相关。然而，光如何在食品供应链的其他方面发挥作用还不清楚。近年来，光在某些食物特别是在绿叶蔬菜中保持采后状态的重要性，越来越受到研究人员的关注。人们早就知道，光能够减缓生长中的植物衰老，且不同质量的光能够导致不同的食物营养质量。由于在采后阶段仍有残留的生物活性，光仍然可以有类似的生物效应，从而减少由于衰老或营养损失造成的食品质量退化。此外，光是光动力失活（PDI）的一个组成部分。PDI是一种通过光、光敏剂和氧的结合导致微生物失活的现象。该技术的一个主要优点是，与传统的加热方法相比，由于处理系统的温度略有升高，因此被认为是非热的。因此，该技术是一种可能用于处理热敏性食品的方法，如最低限度加工水果和蔬菜，甚至各种食品表面。这项技术也有望成为处理病原体耐药性扩散的另一种新方法。由于光是上述应用的核心，因此有必要选择一种合适的光技术。

这种照明技术最关键的要求包括能够轻松灵活地调节发射光的光谱组成，以及排除通过辐射产生的加热效应。这是因为植物组织中含有各种各样的成分，它们对光谱的不同部分产生反应，然后激活生物反应，从而产生理想的效果。同样，对致病菌构成威胁的独特的光活性分子也在特定波长的光下最有效地工作。由于热处理会导致食品的质量发生不必要的变化，因此采用照明技术将加热降低到最低限度也是可取的。由于这些原因，LED 非常适合应用光进行采后保存和微生物灭活。目前，已经有大量的研究调查了 LED 在采后保鲜和食品安全领域的有效性，为其在工业、商业，甚至可能在家庭中的个人应用（如家用冰箱）提供了更清晰的设想。本章将重点介绍相关研究，这些研究表明 LED 在食品离开“农场”后，如何尽可能长时间地保持食品安全。

需要指出的是，文献中相关研究的范围略有局限。例如，通常对水果和蔬菜进行采后研究，但很少有研究调查它们对肉类的影响。在食品安全方面，本章根据目前 LED 相关研究的趋势，主要关注微生物食品安全。在这个应用程序中研究的食物种类更加多样，从水果和蔬菜到饮料，甚至鸡肉。即便如此，我们仍可以从这些研究中收集到丰富的知识，这些研究的记录将有望在不久的将来推动这些知识转移到其他相关应用中。因此，本章将深入研究 LED 在采后保存和微生物食品安全方面的独特应用。

9.2　简要回顾 LED 技术及光的测量

前几章已经深入讨论了 LED 器件的属性和特性（更多细节请参阅第 1 章和第 2 章）。本节将概述这些要点，以便将它们与采后和食品安全技术中的应用联系起来。简单来说，LED 是一种通过电致发光过程产生光的半导体二极管。根据半导体材料的不同，会产生不同颜色的光。例如，使用砷化镓制造的 LED 发出红光，而使用氮化镓和碳化硅制造的 LED 则发出蓝光。由于波长带宽窄，LED 发出的光几乎是单色的。LED 还可以产生在紫外线（UV）或红外线（IR）范围内的单色光。此外，广谱白光也可以由 LED 产生，既可以通过混合红色、蓝色和绿色 LED 来产生，也可以通过结合 UV LED 和三色荧光粉涂层，或蓝色 LED 和黄色荧光粉涂层来实现。换句话说，LED 在光的光谱组成上具有很大的灵活性，也就是我们所说的“光质”。

上述属性之所以重要，是因为以下几个原因：

首先，通过产生大量所需波长的光，在产生不需要波长的光时消耗的能量就少了。这在植物的光生物相互作用中尤为重要。光生物相互作用涉及光、植物色素和光感受器之间的相互作用。连外行人都熟悉的光合色素叶绿素，其吸收峰通常位于蓝色和红色区域，它们呈现绿色的原因是因为绿光大部分被反射掉了。在此基础上，探索 LED 在园艺和植物生长中的潜力的早期研究仅使用红色和蓝色 LED 就取得了令人满意的结果。除叶绿素外，各种其他的光感受器或色素负责感知或吸收光谱中不同区域的能量，包括有限的紫外和红外范围。例如，蓝色区域的光主要被光感受器吸收，如隐花色素、光促素以及番茄红素、β－胡萝卜素和叶黄素等色素，而绿光则被某些类黄酮和甜菜碱等色素吸收。众所周知，光敏色素可以感应光中存在的红光与远红光辐射的比例，然后触发各种其他光形态过程。虽然已知隐花色素在紫外范围内（320～400 nm）可以吸收，但还需要更多的研究来充分了解在较短波长紫外线辐射下的紫外感知机制。有了这些知识，单色 LED 可以用来研究与这些感光器和色素有关的现象，或者各种 LED 可以组合起来产生所需光谱组成的光用于其他目的。同样地，当 LED 被用于通过直接暴露于高强度的光或特定波长激发的光活性分子来灭活致病的或腐败的微生物时，LED 的单色特性是一个优势。相比之下，广谱照明技术的光子效率更低，在相同的功耗下 LED 产生的所需波长的光量相对更低。

其次，单色光在限制辐射热的传播方面是有用的。广谱光产生辐射热是一个问题，如高强度放电灯产生大量的红外辐射。因此，这可能导致植物或暴露的表面受热，造成不必要的影响。由于 LED 只发射波长较窄的带宽，因此通常不存在红外辐射，从而造成较少的表面加热和其他相关的有害影响。然而，LED 的 P－N 端发生大量加热，这是电致发光的部位。温度越高，发光效率越低，因此产生的光就越少。这可以通过使用散热器和冷却风扇等设备来防止。因此，LED 适用于低温可控的环境，如冰箱。由于其更能抵抗振动和机械力的破坏，也适用于冷链存储或运输车辆（美国能源部，2012）。

LED 还具有其他各种优势，这些优势优于其他形式的照明，如高强度放电照明、荧光灯等。其他值得注意的特点包括 LED 具有独特的能力，即在打开后几乎立即达到全输出和几乎没有延迟，因此可以用于高频脉冲和调光，以进一步节省能源。与荧光灯或高压钠灯相比，LED 灯的寿命更长，可达 50 000～100 000 h，而荧光灯或高压钠灯的寿命为 10 000～17 000 h。

最后，虽然我们已经讨论了光质的概念，但是对光量还需要进行一些讨论。光子通量是最常见的测量光量的单位（通常以 $\mu mol \cdot m^{-2} \cdot s^{-1}$为单位）。它描述每秒单位面积接收光子的摩尔数，而不考虑光子携带的波长或能量。因此，它只有在“光的粒子形式”下才能量化光，而“光的粒子形式”更适用于植物的光化学和光生物反应。在与食品安全相关的研究中，另一个常用的指标称为“辐照度”，这是单位面积接收到的光能的功率（$W \cdot m^{-2}$）。由于不同波长的光子具有不同数量的能量，辐照度随光的光谱组成而变化。例如，尽管处理 100 $\mu mol \cdot m^{-2} \cdot s^{-1}$的蓝光相当于 100 $\mu mol \cdot m^{-2} \cdot s^{-1}$的红光光子通量，但蓝光处理比红光有更高的辐照度（$W \cdot m^{-2}$），因为蓝色光子能量超过红色光子。一个相关但过时的单位是爱因斯坦，用 E 表示（如 $\mu E \cdot m^{-2} \cdot s^{-1}$），但由于它的模糊性，不鼓励使用，它可以被解释为光子通量或辐照度。然而，它仍然在最近的几项研究中被使用。辐照度通常用于食品安全研究，因为单色光的峰值波长通常是固定的，这取决于所使用的光活性分子（即光敏剂），或在蓝色到近紫外光区域内。因此，光谱组成不相关。用能量来测量也是有用的，因为微生物失活通常取决于剂量（$J \cdot cm^{-2}$），这是时间和辐照度的产物。

简而言之，LED 在收获后和食品安全应用中非常有用，因为它们具有节能、减少食品不必要的加热、适合冷藏和运输、寿命长、机械坚固、尺寸和形状紧凑的优点。最重要的是，发射光的质量是很容易控制的，特别是由于它的单色性质。在下一节中，将综述各种光的质量和数量对食品采后质量有许多有益的影响，特别是水果和蔬菜。

9.3 LED 在果蔬采后品质保鲜中的应用

影响采后品质的因素非常广泛。一般来说，收获后使用相关技术的目的是防止食物在收获后迅速发生视觉、质地和营养恶化。此外，它的目标是将有害或腐败相关的微生物水平保持在最低水平，以及控制成熟的速度，以优化可食用水果的商业价值。简而言之，它的目的是确保收获的农产品在运输和分配后处于最佳的消费状态。保存采后品质的关键条件包括温度和相对湿度的最佳组合，以及氧气、二氧化碳和乙烯的浓度。

光照对多叶蔬菜和水果采后品质的影响近年来受到越来越多的关注。人们普遍认为，某些多叶蔬菜在少量光照下的采后质量比在黑暗中贮藏要好。早期对蔬菜的采后研究主要集中在荧光灯的使用上。结果表明，光照甚至可以增加采后营养物质的浓度（如抗坏血酸、酚类化合物、糖、类胡萝卜素）和其他生物（如菠菜、西兰花、长叶莴苣等蔬菜）中的活性化合物。然而，最近出现了几项利用 LED 作为光源的研究。一般来说，LED 被用来延缓易腐烂的水果和蔬菜的衰老，改变营养含量，控制水果的成熟速度，防止食物上的真菌感染以减少食物腐败。表 9.1 总结了 LED 光照对采后保鲜及处理效果的影响。在这些影响中，LED 已经成功地显示出了有益的效果。

表 9.1　LED 光照对采后保鲜及处理效果的影响

应用	植物	LED（波长）	光强	处理时间	效果	参考文献
延缓蔬菜衰老	西兰花（*Brassica oleracea* L. var. italica）	红光（660 nm）	50 μmcl · m^{-2} · s^{-1}	连续	与蓝白光 LED 相比颜色变黄减少，乙烯产生减少	Ma，et al.（2014）
	西兰花（*Brassica oleracea* L. var. italica cv Legacy）	蓝白 LED	20 μmcl · m^{-2} · s^{-1}	连续	与暗对照相比，叶绿素、类胡萝卜素、果糖、葡萄糖和蔗糖含量普遍较高，但抗氧化能力（DPPH 和 ABTS +）无显著差异	Hasperué，et al.（2016）
	Lamd 莴苣（*Valerianella olitoria* L. Pollich）	暖白光	1.4 μE · m^{-2} · s^{-1}	1 小时 8 次循环，0.5 小时 16 次循环	叶绿素的降解被延迟；与暗对照相比，观察到较高的脱镁叶绿素水平和较低的促氧化能力	Braidot，et al.（2014）
	莴苣（*Lactuca sativa*），butterhead 和 iceberg	红光（660 nm）和蓝光（455 nm）	5 μmcl · m^{-2} · s^{-1}	连续	用红色和蓝色 LED 照射奶油莴苣叶 15 天后，整体视觉质量被评为不可接受；用蓝色 LED 照射卷心莴苣 19 天后，整体视觉质量被评为不可接受	Woltering and Seifu（2015）

续表

应用	植物	LED（波长）	光强	处理时间	效果	参考文献
加速次生成熟过程	草莓（*Fragaria ananassa* Duch cv. Fengguang）	蓝光（470 nm）	40 μmol · m^{-2} · s^{-1}	连续	与对照组相比，乙烯产量、呼吸、显色、总抗氧化活性和抗氧化酶活性增加	Xu，et al.（2014a，b）
	桃（*Prunus persica* cv. Jinli）	蓝光（470 nm）	40 μmol · m^{-2} · s^{-1}	连续	与对照组相比，乙烯产量、总可溶性固形物含量、显色性增加，硬度和可滴定酸度降低	Gong，et al.（2015）
	蜜柑（*C. unshiu* Marc. ‘Aoshimaunshu’）	红光（660 nm）	12 μmol · m^{-2} · s^{-1}	连续	与在黑暗中贮藏相比，经过辐射的水果果皮颜色发育更快	Yamaga，et al.（2016）
延迟成熟	熟绿番茄（*Solanum lycopersicum* L. cv. Dotaerang）	蓝光（440 ~ 450 nm）	58. 7 μE · m^{-2} · s^{-1}	连续	与红光相比，从绿色到红色的颜色变化速度较慢，硬度下降	Dhakal and Baek（2014b）
提高或延缓采后营养含量的损失	西兰花（*Brassica oleracea* L. var. italica）R	红光（660 nm）	50 μmol · m^{-2} · s^{-1}	连续	与蓝白光 LED 相比，抗坏血酸含量较高	Ma，et al.（2014）

续表

应用	植物	LED（波长）	光强	处理时间	效果	参考文献
	卷心菜‘Dongdori’	白光、蓝光（436 nm）、绿光（524 nm）、红光（665 nm）	未指明；白色、绿色、蓝色和红色 LED 的功率分别为 1.380 W、1.455 W、1.515 W 和 1.065 W	连续	与暗处理相比，所有 LED 处理均提高了叶绿素、维生素 C 和总酚含量；绿色 LED 对提高叶绿素含量最有效，蓝色 LED 对提高维生素 C 含量最有效；各处理水分含量下降幅度均小于 5%，pH 值增加幅度相同	Lee，et al.（2014）
	Lamd 莴苣（*V. olitoria* L. Pollich）W	暖白光	1.4 $\mu mol \cdot m^{-2} \cdot s^{-1}$	0.5 小时 16 次循环	与黑暗对照相比，类胡萝卜素含量下降较慢	Braidot，et al.（2014）
	莴苣（*Lactuca sativa*），butterhead 和 iceberg	绿光（660 nm）、蓝光（455 nm）	5 $\mu mol \cdot m^{-2} \cdot s^{-1}$	连续	绿 LED 处理的奶油莴苣 7 天后葡萄糖、果糖和蔗糖含量增加最显著；蓝 LED 处理的卷心莴苣 14 天后葡萄糖、果糖和蔗糖含量增加最显著	Woltering and Seifu（2015）
	豆瓣菜（*Nasturtium officinale* R. Br.）、豌豆芽苗菜（*Pisum sativum* L.）	UV－A（375 nm）	33 $\mu mol \cdot m^{-2} \cdot s^{-1}$	每天 160 min，连续 3 天	槲皮素－糖苷含量高于暗对照	Kanazawa，et al.（2012）

续表

应用	植物	LED（波长）	光强	处理时间	效果	参考文献
	杨梅（*Myrica rubra*）	蓝光（470 nm）	40 μmol · m^{-2} · s^{-1}	连续	与暗对照相比，测定的总花青素含量更高	Shi, et al.（2014）
	葡萄（*Vitis labruscana* Bailey cv ‘Campbell Early’ and ‘Kyoho’）	蓝光（440 nm）	40 μmol · m^{-2} · s^{-1}	连续	与荧光灯、紫色或红色LED灯相比，通常会增加表皮中二苯乙烯化合物的浓度	Ahn, et al.（2015）
	熟绿番茄（*Solanum lycopersicum* L. cv. Dot-aerang）	蓝光（440～450 nm）	85.7 μE · m^{-2} · s^{-1}		与红光相比，谷氨酸和γ－丁酸含量较高	Dhakal and Baek（2014a）
	桃（*Prunus persica cv.* Jinli）	蓝光（470 nm）	40 μmol · m^{-2} · s^{-1}	连续	20天后，与暗对照相比，总类胡萝卜素、玉米黄质和β－胡萝卜素、β－隐黄质和叶黄素含量更高	Cao, et al.（2017）
	蜜柑（*Citrus unshiu* Marc.）	红光（660 nm）	50 μmol · m^{-2} · s^{-1}	连续	与蓝色LED灯和黑暗处理对照相比，黄酮类胡萝卜素总量增加	Ma, et al.（2011）
	蜜柑、巴伦西亚橙子（*Citrus sinensis* Os-beck）、里斯本柠檬（*Citrus limon* Burm f.）	蓝光（470 nm）	50 μmol · m^{-2} · s^{-1}	连续	与红色LED灯和黑暗处理对照相比，果汁囊中类胡萝卜素和抗坏血酸总量增加	Zhang, et al.（2012）

续表

应用	植物	LED（波长）	光强	处理时间	效果	参考文献
	草莓（*Fragaria ananassa* cv Sulhyang）	UV－A（385 nm）、蓝光（470 nm）、绿光（525 nm）、红光（630 nm）	未指定；每个 LED 使用 20 mA 电流	连续	蓝色、红色和绿色 LED 对未熟草莓花青素含量的改善效果优于暗贮藏；蓝色和绿色 LED 提高了维生素 C 的含量；蓝色 LED 对总酚的激发作用最强；绿色 LED 对总可溶性固形物的促进作用最强	Kim，et al.（2011）
防止食物变质	‘Fallglo’ 金橘	蓝光（456 nm）	40 μmol · m^{-2} · s^{-1}	连续	与暗光和白光处理相比，减少了金橘果实表面的真菌定殖	Alferez，et al.（2012）；Liao，et al.（2013）
	蜜柑（*C. unshiu* Marc. ‘Aoshimaunshu’）	蓝光（465 nm）	8 μmol · m^{-2} · s^{-1}和 80 μmol · m^{-2} · s^{-1}	连续	与黑暗对照相比，减少了水果表面的真菌定殖和意大利青霉菌的发病率	Yamaga，et al.（2015）
	草莓（*Fragaria ananassa*）	深紫外（272 nm、289 nm、293 nm）	20 mW · m^{-2}	连续	霉菌生长，怀疑是灰霉病菌；在 LED 处理的样品中 9 天后不存在，而那些在黑暗中储存的样品则在 6 天后有广泛的生长	Britz，et al.（2013）

注：改编自 D Souza 等人（2015）并进行了更新。

9.3.1 通过 LED 延缓蔬菜衰老

衰老是一个基因控制的过程，最大限度地提高单个植物的生存。衰老通过将有效的大分子和营养物质从老化的植物组织转移到新的或正在发育的组织中，使其在植物内部得以保存。虽然它对植物的生长和生活是有益的，但它会导致收获的水果和蔬菜的质量出现不必要的损失，因为它们可能与植物的其他部分分离。这反过来又中断了组织之间物质的运输。采后阶段的衰老通常是根据代表食品可销售质量的特征来衡量的，因此这可以广泛地包括一般特征（如颜色和萎蔫程度）或更具体的指标（如叶绿素含量）。基于这些因素，有明显的证据表明，光处理可以延迟离体叶片、茎和花的衰老，但光必须协调最佳强度、光谱组成、持续时间或光周期，并适当地传递到目标水果或蔬菜。

过多的光照会导致过度的光氧化胁迫，从而降低采后品质。因此，选择正确的光强非常重要。为了确定一个合理光照量，光补偿点可以作为一个基准，即在植物组织中产生相同速率的光合作用和呼吸作用的光量。低于光补偿点的光照量会导致糖的净损失，从而加速衰老。然而，光的质量也必须考虑。Costa 等人（2013）的一项研究发现，将罗勒（*Ocimum basilicum* L.）叶以低于补偿点的光子通量进行脉冲白荧光处理，可以有效延缓衰老。上述处理的效果与使用白光和红色滤光片产生的脉冲红光相当。然而，当使用远红外滤光剂时，质量指标表明衰老正在进行，从而表明光敏色素参与了衰老。因此，罗勒叶片的光质量比光量影响更大。

传统上，在与叶菜相关的研究中，收获后光照的应用不超过 30 $\mu mol \cdot m^{-2} \cdot s^{-1}$，还有几项研究甚至使用了各种形式的脉冲照明。LED 很好地提供了这样数量的光，而且在提供脉冲光方面比其他照明技术更有效。然而，目前使用白光 LED 照射的研究还很少。在一项这样的研究中，LED 在羊莴苣上产生温暖的白光脉冲，平均光子流量大约为 1.4 $E\mu \cdot m^{-2} \cdot s^{-1}$，持续 8 h。使用了两种不同的脉冲处理：8 个周期的 1 h 脉冲或 16 个周期的 0.5 h 方波脉冲。这两种处理均使叶绿素 a 和 b 比初始值增加，脱叶素水平下降较慢，从而延缓了叶片的衰老。此外，基于亲脂性提取物的促氧化能力，观察到较少的潜在氧化损伤。然而，16 个周期 0.5 h 脉冲处理减缓了叶绿素 a 和 b 的降解，并有助于保持类胡萝卜素水平。在光照处理或对照样品中测定的葡萄糖含量低于初始葡萄糖含量，这表明低剂量脉冲光可能不足以有效地进行光合作用。因此，尽管存在葡萄糖的净损失，但仍然有有限的叶绿素和类胡萝卜素产生。

Hasperué 等人（2016）研究了西兰花（*Brassica oleracea* var. Italica cv. Legacy）采后衰老的速率与 20 μmol · m^{-2} · s^{-1}的白色和蓝色 LED 组合处理的关系。与暗处理对照，经 LED 处理的样品颜色变黄最少，叶绿素 a 和 b 的保留量也相应减少。另外，还观察到葡萄糖、果糖和蔗糖的滞留。在 5 ℃条件下，LED 照射 35 天后蔗糖含量增加。所有衰老的质量指标在 LED 照射下的样品比在黑暗中保存的样品更好，甚至在 5 ℃下保存长达 42 天。因此，一般来说，使用少量的 LED 光是防止衰老的一个好方法，因此可以保持产品尽可能新鲜，并保持良好的市场条件。

9.3.2 通过 LED 改善蔬菜和水果的营养状况

之前的研究表明，白色 LED 可以帮助保留或减缓某些营养物质的降解，如抗坏血酸、叶绿素、类胡萝卜素和糖。然而，它们也可以用来增加食物的营养含量。对各种类型光处理的影响调查，包括使用 LED 的单色照明，或使用 LED 作为传统光源的补充，已证明可以生产出具有优越营养品质的作物。例如，Lee 等人（2014）研究了白色、蓝色（436 nm）、绿色（524 nm）和红色（665 nm）LED 处理对白菜营养成分含量的影响。结果表明，18 天后，绿色和白色 LED 处理的叶绿素含量最高，其次是红色和蓝色 LED。相比之下，蓝白光 LED 处理提高了维生素 C 和总酚的含量。结果表明，虽然 LED 处理总体上改善了冰箱中蔬菜的营养质量，但卷心菜接收的光照量没有指明。

在可见光范围之外，紫外和红外 LED 在营养增强方面有更有趣的潜在应用。例如，将豆瓣菜和豌豆芽苗菜暴露在 UV－A（375 nm）LED 33 μmol · m^{-2} · s^{-1}辐射下，每天 160 min，持续 3 天，然后将其储存在黑暗中。从处理开始到第 6 天，槲皮素－糖苷的含量显著高于黑暗贮藏。因此，该研究表明，这种紫外线 LED 可以刺激蔬菜中类黄酮和苯丙烷的产生。

利用近红外发光技术（NIR）研究了近红外辐射对采收后“Notip”和“Cisco”莴苣（*Lactuca sativa* L. Crispa Group）蒸腾速率和活性氧（ROS）积累的影响。850 nm LED 产生了最佳的结果，在所有辐照和未辐照的对照样品中，相对蒸腾速率最低，辐照时间低至 1 min。这是由于近红外辐射增加了 ROS 的产生，导致气孔关闭，从而使样品更坚挺、更吸引人。虽然该研究测量到保卫细胞中 ROS 的量增加了 20%，但没有进一步的研究来确定是否有相应的营养物质（如抗氧化剂）的增加，因此值得在未来进行研究。

除蔬菜叶片外，其他可食用植物部位对不同 LED 处理的反应也不同。在 50 $\mu mol \cdot m^{-2} \cdot s^{-1}$条件下，红色 LED 处理西兰花 4 天后，乙烯的生成速度减慢，抗坏血酸的降解速度减慢，黄色度降低。相比之下，Hasperué 等人（2016）的研究报告称，处理过的样品中的抗氧化水平、总酚含量和抗坏血酸水平大多等于或小于黑暗中保存的样品。然而，颜色变黄同样受到抑制，类胡萝卜素含量显著增加。20 $\mu mol \cdot m^{-2} \cdot s^{-1}$的低光子通量不足以诱导抗氧化剂的产生。

为了解释这些食物对光的生物反应，一些研究已经分析了暴露于 LED 光和基因表达方面的生物分子反应之间的关系。在这方面，研究成果非常详细。研究发现，蓝色 LED 可以有效增加两个桃品种（*Prunus persica* ‘Hujing’ 和 ‘Jinli’）的果皮和果肉中总类胡萝卜素的含量。Cao 等人（2017）研究了促进这种增加的必要基因表达。蓝色（440 nm）和红色（660 nm）LED 处理在 80 $\mu mol \cdot m^{-2} \cdot s^{-1}$下通过适当调节苯丙烷和二苯乙烯生物合成通路中关键酶的基因表达，提高了葡萄果实（*Vitis labruscana* Bailey）中二苯乙烯的含量。Shi 等人（2016）也有证据表明，蓝色 LED（470 nm）在 40 $\mu mol \cdot m^{-2} \cdot s^{-1}$的照射下，通过上调糖代谢相关基因，如蔗糖磷酸合酶、酸性转化酶、葡萄糖传感器和隐花色素基因，增加了杨梅（*Myrica rubra* Sieb. and Zucc. cv. Biqi）的葡萄糖和果糖，同时保持了蔗糖水平。

此外，柑橘类水果也以这种方式被广泛研究。Ma 等人（2011）概述了红色 LED 照射与蓝色 LED 照射对基因表达调控的有效性，从而导致蜜柑黄质中 β-隐黄质的增加。这种效应在红色 LED 和外源乙烯暴露组合处理的水果中表现得更明显。相比之下，Zhang 等人（2012）研究表明，蓝色 LED 处理更有效地增加了蜜柑、瓦伦西亚橙子（*Citrus sinensis* Osbeck）和里斯本柠檬（*Citrus limon* Burm）汁囊中的类胡萝卜素总量。他们研究了相似基因的调节。后来的一项研究表明，在相同的柑橘品种中，蓝色 LED 处理比红色 LED 处理引起抗坏血酸生物合成和再生基因以及两种还原型谷胱甘肽产生基因表达得更高。从以上研究可以看出，不同的LED在不同种类的水果中会引起不同的生化反应，从而导致营养变化。在相似的物种中，不同的LED可能会有不同的效果，这取决于果实的位置。

9.3.3 通过LED促进或延缓果实成熟

为了减少远距离运输或长时间储存水果的采后损失，可以采用控制成熟速度的策略。例如，在黑暗中贮藏前使用蓝光可以延长番茄的成熟时间。成熟的绿番茄在蓝光（440~450 nm）照射7天后，颜色变化较慢，且更坚固，而在黑暗中或红光（650~660 nm）照射7天后颜色变化更明显。相应地，番茄红素的积累在蓝光照射下也会减少。因此，蓝色LED处理是延迟番茄成熟的一种方便方法，从而增加了番茄采后的商业价值。

相比之下，蓝色LED光（470 nm）加速了草莓的呼吸、乙烯产生和变红。然而，绿色LED（525 nm）和红色LED（630 nm）对未成熟草莓花青素的促进作用也比蓝色LED（470 nm）小，这表明在没有蓝色LED的情况下，其他LED可以加速草莓的二次成熟过程。同样，不同波长的单色光LED对其他各种跃变型水果的影响也应加以研究，因为这将具有巨大的商业价值。

9.3.4 通过LED防止真菌感染

由真菌（如灰霉病（灰霉病））引起的腐烂会造成大量的食物损失。最近有研究表明，蓝色LED灯可以帮助减轻柑橘类水果的真菌感染。当用40 $\mu mol \cdot m^{-2} \cdot s^{-1}$的蓝光处理柑橘5~7天后，与在类似光通量和黑暗控制下的白光LED相比，指状青霉菌（*P. digitatum*）、意大利青霉菌（*P. italicum*）和柠檬黄霉菌在柑橘表面的软腐面积、菌丝生长和孢子形成减少。通过实时qRT-PCR分析表明，该处理增加了磷脂酶A2（PLA2）的表达。这是一种参与溶血磷脂酰胆碱生产的酶，可提高对真菌感染的抵抗力和促进生长。相比之下，红光处理导致磷脂酶D（PLD）降低，而PLD也提供抗真菌防御。除上述磷脂酶外，在蓝光LED照射下，同样具有抗真菌特性的辛醛在柑橘“Fallglo”和甜橙的黄酮浓度增加。在蓝光LED照射下，指状青霉中对真菌致病性至关重要的聚半乳糖醛酸酶活性也降低了。在柑橘类水果中使用蓝色LED的有效性在一项对蜜柑的研究中得到了验证。结果表明，在6天内8 $\mu mol \cdot m^{-2} \cdot s^{-1}$和80 $\mu mol \cdot m^{-2} \cdot s^{-1}$蓝光（465 nm）均能显著降低软腐病、菌丝和产孢区的生长速率。

接下来的问题是，连续照射几天是否是最有效的处理方式。Alferez 等人（2012）发现，与连续照射相比，每天 12 h 的蓝色 LED 照射（随后 12 h 的黑暗照射）更能有效地减少指状青霉（*P. digitatum*）菌丝生长。然而，这些果实在接种前用蓝色 LED 预处理了 3 天，这可能不能反映出污染或感染时间未知的自然条件。事实上，采收后立即接种果实时，连续处理和每天 12 h 处理 5 天的指状青霉（*P. digitatum*）软腐面积无显著差异。然而，这两种处理在 5 天后将菌丝和产孢面积减少到可以忽略不计。即便如此，由于它们的效果相似，值得考虑使用 12 h 的照射方案来节省能源。

进一步的研究使用了对杀菌剂噻苯咪唑和咪唑耐药的指状青霉（*P. digitatum*）和意大利青霉（*P. italicum*）菌株，以确定抑制它们体外生长的最佳光照条件。当接种后立即施加 700 μmol · m^{-2} · s^{-1}蓝光时，菌落生长完全受到抑制。4 天后施用，生长持续，但受到严重限制。在接种 4 天后施加低光子通量（120 μmol · m^{-2} · s^{-1}）的蓝色 LED 光，具有较好的杀菌效果。虽然 700 μmol · m^{-2} · s^{-1}是一个显著的高强度光，但在整个处理过程中，仍然可以将实验系统的温度维持在 20 ℃。这些研究表明，随着杀菌剂耐药性风险的增加，LED 曝光将成为普通杀菌剂的可行替代品。

另一种可用于应对杀菌剂耐药性增加的策略是使用协同组合处理。Yu 和 Lee（2013）测试了 LED 照射与拮抗细菌解淀粉芽孢杆菌（*Bacillus amyloliquefaciens*）JBC36 联合使用的有效性，该拮抗细菌作为生物膜应用于水果表面。与上述研究相反，体外实验发现，240 μmol · m^{-2} · s^{-1}的红色 LED 光（645 nm）照射比其他波长更能有效地增加细菌的运动和生物膜的形成。此外，LED 处理刺激了抗真菌脂肽伊枯草菌素和芬荠素的产生，从而进一步促进了细菌的抗真菌活性。Ramkumar 等人（2013）证实，红光照射增加了解淀粉芽孢杆菌（*Bacillus amyloliquefaciens*）JBC36 中 fenA 基因的表达，而该基因负责芬荠素的合成。使用这种协同策略可能会解决当 LED 处理停止时，由于真菌在果实表面以下生长而导致感染重新出现的问题。应该进行进一步的研究来证实这一点。

LED 紫外线也可以用来预防真菌感染。使用波长为 272 nm、289 nm 或 293 nm 的紫外 LED 组成的系统，以 20 mW · m^{-2}的波长照射从超市购买的草莓，照射时间超过 9 天。该处理在 9 天内阻止了任何霉菌的生长，而在黑暗中储存 6 天的草莓上发现了显著的霉菌生长（推测是灰霉病）。紫外线处理也会导致花青素和总可溶性糖水平的保留，相比于那些在黑暗中存储的，发现营养物质减少了。波长 405 nm 的 LED 也被报道，可以防止离体番茄叶片上的灰芽孢杆菌的生长，这些叶片通常不被消耗。这是通过该波长的光和内生卟啉之间的相互作用发生的，导致有毒 ROS 的产生。使用可见光范围内的 LED 比使用低波长的 UV LED 更可取，因为这种紫外线辐射会伤害眼睛和皮肤。

9.3.5　LED 在采后保鲜中的应用评价

本节（即 9.3 节）集中讨论了采后品质的几个方面，即防止衰老、真菌感染和成熟，或在适用的情况下加速成熟，以及提高营养品质。在营养质量方面，目前仍缺乏研究数据表明各种 LED 对叶菜的影响。这是令人惊讶的，因为在收获前的生长阶段，已有许多对叶菜进行的研究。此外，利用广谱照明对多叶蔬菜进行了许多采后研究。尽管很难找到不过量（因为有氧化损伤的风险）的最佳照明方式，但在初步研究中，使用少量的单色光仍然是一条可能的途径。例如，沃尔特和 Seifu（2015）发现，与储存在黑暗中的样品相比，少量（5 $\mu mol \cdot m^{-2} \cdot s^{-1}$）的红色、蓝色和绿色的 LED 灯会导致球莴苣葡糖糖、果糖和蔗糖水平上升，而卷心莴苣会显著减少糖消耗。此外，由于光照使用量显著低于光补偿点，因此推测糖水平的增加是由于糖异生过程，而不是光合作用。这似乎与之前 Noodén 和 Schneider（2004）的说法相矛盾，这可能是因为在这个实验中使用的是单色光，而不是白光。这也意味着利用单色光改善叶菜营养品质的糖异生过程可以开辟新的途径，值得进一步研究。

使用低功率 LED 的一个优点是它可以潜在地带来高能源节约。Braidot 等人（2014）的研究表明，在 6 ℃脉冲光照条件下储存的羊莴苣与 4 ℃黑暗条件下储存的莴苣在采后质量方面没有显著差异。较高的储存温度有利于长期节能。此外，虽然 Lee 等人（2014）没有确定各种处理的光子通量，但指出冰箱中每个 LED 系统的输入功率范围为 1.0～1.5 W。这些证实了在冷库设施中使用 LED 的实用性。

一般来说，在蔬菜上使用光的一个反复出现的问题是由于水分流失而导致质量下降。这通常是由于蒸腾作用，而蒸腾作用会因光照而加剧。众所周知，蓝光增加了叶片的气孔导度和蒸腾作用，导致采后贮藏期间水分流失。Lee 等人（2014）研究称，与红色 LED 处理或置于黑暗中相比，暴露在蓝色、绿色和白色 LED 下 12 天的卷心菜含水量更低。水分含量低会导致叶子枯萎，视觉上不那么吸引人，因此消费者接受度较低，但正如 Kozuki 等（2015）所示，这可能会被红外辐射逆转。因此，为了保持光照下叶菜的水分含量，未来的研究可以采用红外 LED 来延缓由于蒸腾作用造成的水分流失，同时结合其他 LED 来提高营养含量。

因此，未来在水果和蔬菜上使用 LED 进行的研究需要考虑到其他可能会影响消费者接受度的质量变化，比如质地（可以用质地分析仪测量）、颜色，甚至是风味活性化合物。

9.4 LED 在食物安全中的作用

虽然上一节已经介绍了各种可能通过减缓食品内部降解过程或加速其他增加食品商业或营养价值的生物过程来增加易变质食品保质期的采后质量属性，收获后质量的另一个关键方面是农产品的微生物安全性。食品安全是食品工业的首要任务。被致病菌污染的食品可能导致食源性疾病，因此必须进行适当的加工。加热技术虽然是消除病原体最有效的方法，但也会破坏新鲜农产品、果汁和即食沙拉等食物。加上消费者对不含化学消毒剂和其他添加剂的最低限度加工食品的需求，以及食品病原体耐药性的风险日益增加，需要为食品加工找到新的有效的食品安全技术。

当可见光与光敏剂和氧气结合时，通过一种称为光动力失活（PDI）的现象，具有杀菌效果。此外，紫外线辐射本身也有杀菌作用。当与适当的纳米粒子结合时，紫外线辐射可以通过光催化氧化导致细菌死亡。虽然上述技术在医学、牙科和水净化领域的应用已经得到了相当广泛的研究，但最近更多的注意力被放在了食品相关的去污过程，LED 作为一种合适的光源被广泛研究。LED 除了能节省能源外，低辐射热也是一个吸引人的特点，因为热量可能会加速食品质量的恶化。本节将首先介绍基础的体外研究，证明在 PDI 中使用 LED 处理、光催化失活和直接紫外线暴露的功效，然后介绍在模型食品系统（如饮料）或实际食品矩阵（如水果和蔬菜）上进行的研究。

9.4.1　使用外源性光敏剂的 PDI

PDI 是 LED 在食品相关应用中最常见的去污（decontamination）方式之一。本质上，PDI 需要光活性分子（也称为光敏剂）、光和氧。光敏剂的激发发生在与光子的相互作用过程中。随后，当光敏剂返回基态时，ROS 产生。这通过两种途径发生。首先，I 型机制涉及能量转移到周围底物，然后导致 ROS 产生，如超氧阴离子（O_2^-）、过氧化氢（H_2O_2）、羟基自由基（·OH）。其次，与之相反，II 型机制是将能量从光敏剂转移到稳定的三重态氧分子（$^3O_2$），使其激发到单重态（$^1O_2$）。这些 ROS 会对包括脂质、脂肪酸、多肽和其他底物（如细胞膜）在内的细胞成分造成广泛的损害。由于上述 ROS 的产生会导致细胞组分的任意破坏，可能会使 PDI 抗性更难进化。然而，所提供的处理必须足以完全灭活目标病原体，否则亚致死处理可能诱发应激耐受性。尽管如此，实验表明，即使经过 10 个周期的 PDI 处理，目标微生物也不会产生 PDI 抗性。

光敏剂是 PDI 中最关键的组成部分。Luksiene 和 Brovko（2013）以及 Kiesslich 等人（2013）对各种光敏剂的性能进行了相当深入的研究。下面进行简要介绍。一种功能有效的外源性光敏剂的特性包括在激发波长范围内具有高的光吸收系数，达到高量子产率的三重态（$\phi_T > 0.4$），高能（$E_T \geqslant 95$ kJ/mol）足够长的寿命（$\tau_T > 1$ μs）。这些特性允许从光敏剂到反应物的最大能量转移。亲脂性和电离常数（pK_a）必须与食物基质的性质一起考虑，因为它们影响分子进入目标病原体的摄取。最后，它们本身不应该是有毒的。大多数已经被鉴定和验证的光敏剂仅限于临床应用，可能不适合应用于食品。然而，在自然资源中发现的或在之前已经深入研究过的适用于食品应用的光敏剂包括金丝桃素、姜黄素、α-叔噻吩基和叶绿素。根据光敏剂的使用情况，选择合适的光源至关重要。PDI 可采用多种形式的照明，包括在光敏剂吸收范围内提供足够光量的广谱和脉冲照明。然而，使用峰值波长与所选光敏剂的最大吸收波长一致的光更经济，因此像 LED 这样的单色光源是最合适的光源。

传统上，光敏剂是从外部来源添加到携带感兴趣的微生物的培养基或有问题的食物基质中。因此，在病原体的外源性环境中发现了光敏剂，在那里产生了致命的 ROS。就易感性而言，体外研究表明，革兰氏阳性细菌更容易受到 PDI 的影响，因为光敏剂是更容易被捕获在细胞壁的肽聚糖层中，而双革兰氏阴性细菌双细胞膜结构对光敏剂起到了更有效的障碍作用。增加光敏剂的浓度，或使用阳离子光敏剂或共轭到带正电荷的聚合物的光敏剂，已被证明可以提高它们的吸收。另一种可能增加革兰氏阴性菌易感性的策略是将光敏剂与抗菌肽结合，而这些抗菌肽与目标细胞特异性结合。Eosin Y 与抗微生物肽（KLAKLAK）2 偶联，并被证明对革兰氏阳性和革兰氏阴性细菌都有效，而不是对红细胞或其他哺乳动物细胞。

在充分了解 PDI 过程中的失活机制后，可以利用适当的数学模型对不同形式的 PDI 处理进行定性和定量比较，从而更清楚地了解 PDI 处理的失活动力学。Aponiene 等人（2015）发现，Logistic 模型适合描述与金丝桃素孵育并暴露于 585 nm 的绿色 LED（$R^2>0.97$）的蜡样芽孢杆菌的失活曲线。此外，Dementavicius 等人（2016）比较了 3 种模型，即 Weibull、Logistic 和 Geeraerd 模型，以找出哪种模型最能描述在金丝桃素孵育和暴露于绿色 LED 下时蜡样芽孢杆菌（*B. cereus*）和李斯特氏菌（*L. monocytogenes*）的失活。研究结果表明，在三者中，Logistic 模型在决定系数（R^2）和均方根误差（RMSE）方面拟合最好。在 Logistic 模型中，模型参数包括耐处理细胞数、肩部参数、种群减少的突然性和最大减少率。Dementavicius 等人（2016）对这些参数进行了详细的解释。根据以上参数的比较，本研究得出李斯特氏菌（*L. monocytogenes*）比蜡样芽孢杆菌（*B. cereus*）更容易被以金丝桃素为基础的 PDI 灭活。这证明了适当而严格地使用数学建模的优点。定量数据的可用性可以为处理的疗效或细菌对处理的敏感性提供客观的见解。对实际的食品基质进行这样的研究对食品行业是有益的，如 Ghate 等人（2016）对内源性光敏剂进行的研究。

9.4.2 使用内源性光敏剂的 PDI

不是从外部源将光敏剂应用于食品系统，而是激发细菌病原体内部的内源性光敏剂是另一种抗菌策略。内源性光敏剂通常以细胞内成分的形式存在，如卟啉、细胞色素、黄素和 NADH。近年来，这方面的研究成果颇丰（表 9.2），因此可以作为使用外源性光敏剂的有效替代方法。

表 9.2　利用内源性光敏剂和 LED 光照对 PDI 对食源性细菌的影响

细菌	LED 峰值波长/nm	光强	处理时间	影响	参考文献
蜡样芽孢杆菌 (*Bacillus cereus*)	405	18 mW · cm^{-2}	7.5 h	在磷酸盐缓冲盐水（PBS）中，4 ℃保存 7.5 h 后，细菌数量分别减少 1.9 log CFU · mL^{-1}	Kim, et al. (2015)
	400	20 mW · cm^{-2}	20 min	细菌群体在 7.5 mM 的 5 – 氨基乙酰丙酸（ALA）中孵育，ALA 是内源性光敏剂的非光敏性代谢前体；在 Luria – Bertoni（LB）介质中辐照 20 min 可减少 6.3 个对数循环，处理在 37 ℃进行	Luksiene, et al. (2009)
李斯特氏菌 (*Listeria monocytogenes*)	461	596.7 J · cm^{-2}	7.5 h	在 15 ℃和 10 ℃条件下，细菌数量在 7.5 h 后分别减少了 4.3 log CFU · mL^{-1} 和 5.2 log CFU · mL^{-1}，而在 521 nm 处分别减少了 0.9 log CFU · mL^{-1} 和 1.5 log CFU · mL^{-1}；在 641 nm 处没有明显的下降	Ghate, et al. (2013)
	405	185 J · cm^{-2}	5 h	在 8.6 mW · cm^{-2} 的照射下，TSB 中的细菌数量减少了 5 log CFU · mL^{-1}，降至检测限以下	Endarko, et al. (2012)
	405	84 J · cm^{-2}	NR	在 22 ℃、70 mW · cm^{-2} 的光照下，TSB 中的细菌数量减少了 5 log CFU · mL^{-1}，低于检测水平	McKenzie, et al. (2014)
	405	18 mW · cm^{-2}	7.5 h	在 4 ℃保存的 PBS 中，7.5 h 后细菌数量分别减少 2.1 log CFU · mL^{-1}。	Kim, et al. (2015)

续表

细菌	LED峰值波长/nm	光强	处理时间	影响	参考文献
	400	20 mW · cm^{-2}	20 min	菌群在7.5 mM的ALA中孵育；在LB介质中辐照20 min可减少4个对数循环；处理在37 ℃进行	Buchovec, et al. (2010)
无害李斯特氏菌(*Listeria innocua*)	395	36 J · cm^{-2}	1 115 s	最大回收率稀释剂中细菌数量减少2.74 log CFU · mL^{-1}	Birmpa, et al. (2014)
金黄色葡萄球菌(*Staphylococcus aureus*)	461	596.7 J · cm^{-2}	7.5 h	在15 ℃和10 ℃条件下，细菌数量在7.5 h后分别减少了5.2 log CFU · mL^{-1}和4.7 log CFU · mL^{-1}，而在521 nm处分别减少了1.7 log CFU · mL^{-1}和1.5 log CFU · mL^{-1}；在641 nm处没有明显的下降	Ghate, et al. (2013)
	405	18 mW · cm^{-2}	7.5 h	在4 ℃保存的PBS中，7.5 h后细菌数量减少0.9 log CFU · mL^{-1}	Kim, et al. (2015)
	405	24 mW · cm^{-2}	7 h	在4 ℃、10 ℃和25 ℃时，TSB中的细菌数量减少了约1.0 log CFU · mL^{-1}，而在461 nm和521 nm时几乎可以忽略不计	Kumar, et al. (2016)
耐甲氧西林金黄色葡萄球菌(*Methicillin - resistant S. aureus*)	470	220 J · cm^{-2}	N. R.	胰蛋白酶大豆琼脂上的细菌数量从6.0 log CFU · mL^{-1}下降到照射后的可检测水平以下	Bumah, et al. (2015)

续表

细菌	LED 峰值波长/nm	光强	处理时间	影响	参考文献
弯曲杆菌（*Campylobacter* spp.）	405	18 J · cm^{-2}	30 min	细菌数量从 5.25 log CFU · mL^{-1}下降到检出限以下	Murdoch，et al.（2010）
	395	0.06～8.00 J · cm^{-2}	5 min	在距离 LED 3 cm 处，10 株 C. jejuni 和 C. coli 在约 6 7 log CFU · mL^{-1}范围内被灭活，5 min 后低于检测限；随着距离的增加，灭活所需时间增加；某些菌株需要更长的时间去灭活	Haughton，et al.（2012）
大肠杆菌（*Escherichia coli*）O157：H7	461	596.7 J · cm^{-2}	7.5 h	在 15 ℃和 10 ℃条件下，TSB 的细菌数量在 7.5 h 后分别减少了约 5 log CFU · mL^{-1}，而在 521 nm 处分别减少了 1.0 log CFU · mL^{-1}和 1.8 log CFU · mL^{-1}；在 641 nm 处没有明显的下降	Ghate，et al.（2013）
	405	378 J · cm^{-2}	NR	当光照强度为 70 mW · cm^{-2}，光照温度为 22 ℃时，细菌数量 TSB 减少了 5 log CFU · mL^{-1}，降至低于检测水平	McKenzie，et al.（2014）
		18 mW · cm^{-2}	7.5 h	在 4 ℃保存的 PBS 中，7.5 h 后细菌数量分别减少 1.0 log CFU · mL^{-1}	Kim，et al.（2015）
	395	36 J · cm^{-2}	1 115 s	最大回收率稀释剂中细菌数量减少 1.37 log CFU · mL^{-1}。	Birmpa，et al.（2014）

续表

细菌	LED 峰值波长/nm	光强	处理时间	影响	参考文献
鼠伤寒沙门氏菌（*Salmonella typhimurium*）	461	596.7 $J \cdot cm^{-2}$	7.5 h	TSB 中的细菌数量在 15 ℃和 10 ℃时分别在 7.5 h 后减少了 5.0 log $CFU \cdot mL^{-1}$和 4.6 log $CFU \cdot mL^{-1}$，而在 521 nm 处约为 1.7 log $CFU \cdot mL^{-1}$；在 641 nm 处没有明显的下降	Ghate，et al.（2013）
	405	18 $mW \cdot cm^{-2}$	7.5 h	PBS 在 4 ℃保存 7.5 h 后，细菌数量分别减少 2.0 log $CFU \cdot mL^{-1}$	Kim，et al.（2015）
	400	20 $mW \cdot cm^{-2}$	20 min	细菌群体在 7.5 mM 的 5－氨基乙酰丙酸（ALA）中孵育；在 LB 培养基中照射 20 min，降低高达 6 log $CFU \cdot mL^{-1}$；处理在 37 ℃进行	Buchovec，et al.（2009）
鼠伤寒沙门氏菌（*Salmonella typhimurium*）和海德堡沙门氏菌（*Salmonella heidelberg*）	470	165 $J \cdot cm^{-2}$	N. R.	志贺氏菌琼脂上的细菌数量在照射后从 6.0 log $CFU \cdot mL^{-1}$下降到低于可检测水平	Bumah，et al.（2015）
宋内志贺氏菌（*Shigella sonnei*）	405	18 $mW \cdot cm^{-2}$	7.5 h	在 4 ℃保存的 PBS 中，7.5 h 后细菌数量分别减少 0.8 log $CFU \cdot mL^{-1}$	Kim，et al.（2015）
副溶血性弧菌（*Vibrio parahaemolyticus*）	405	24 $mW \cdot cm^{-2}$	7 h	在 4 ℃和 10 ℃条件下，TSB 中的细菌数量在 5 h 和 7 h 后分别减少了约 6.0 log $CFU \cdot mL^{-1}$，而在 521 nm 条件下则几乎可以忽略不计	Kumar，et al.（2016）

注：改编自 D Souza 等（2015）并进行了更新。

在不需要光敏添加剂的情况下，确保成功失活的最关键条件在于 LED 的波长和强度。在波长方面，人们早就确定，蓝光或近紫外线辐射，通常在 400 ~ 405 nm（Soret 波段）范围内是灭活细菌和真菌最有效的，因为它与生物体中光活性卟啉的吸收最大值相吻合。对于各种革兰氏阳性和革兰氏阴性食源性病原菌，在 405 nm 波长的 LED 照射 486 J · cm^{-2}后，其种群数量减少的部分原因是细胞膜受损，而不是 DNA 断裂。

虽然上述研究证明了峰值波长为 405 nm 的 LED 的有效性，但一些比较了发出红色、蓝色和绿色光的 LED 的研究也证实了伤寒沙门氏菌、大肠杆菌 O157 : H7、李斯特氏菌（*Listeria monocytogenes*）、金黄色葡萄球菌是由蓝色 LED 引起的，其峰值波长（461 nm）略高。另一项研究证实，蓝色 LED 比绿色和红色 LED 对牙龈卟啉单胞菌、金黄色葡萄球菌和大肠杆菌 DH5α 具有显著的灭活能力。在这两项研究中，绿色 LED 在灭活细菌方面也比较有效，因为绿色区域内的光仍然可以被光敏剂吸收，而红色 LED 没有观察到灭活。此外，蓝色 LED 照射对细菌的亚致死伤害率最高，这表明蓝光可以显著伤害存活的细菌种群。然而，LED 峰值波长 405 nm 被证明比 LED 在 460 nm 更有效，导致在 4 ℃、10 ℃和 25 ℃处理 7 h 后金黄色葡萄球菌，乳杆菌、弧菌和副溶血性弧菌（*parahaemolyticus*）的灭活更强。尽管前者在 7 h 产生的最大剂量比后者小。LED 的有效性归因于输出光谱的很大一部分在紫外范围内，因此具有杀灭细菌的效果。

系统温度似乎对不同的细菌有不同的影响。根据 Ghate 等人（2013）的研究，在 20 ℃时，蓝色 LED（461 nm）处理停止了伤寒沙门氏菌、大肠杆菌 O157 · H7、李斯特氏菌（L. *monocytogenes*）和金黄色葡萄球菌（*S. aureus*）的生长；但当温度降低到 15 ℃和 10 ℃时，失活更加明显，蓝色 LED 处理使细菌种群在6 ~ 7.5 h 后低于可检测的限度。另外，Kumar 等人（2016）报道了在 25 ℃下，用大约 600 J · cm^{-2}的蓝色 LED 处理，在 405 nm LED 照射7 h，植物乳杆菌（*L. plantarum*）的失活率更高，这与 Ghate 等人（2013）的研究结果相似。相反，在相同条件下，副溶血性弧菌（*V. parahaemolyticus*）在 4 ℃和 10 ℃时能更有效地灭活。然而，这种效果上的明显差异可能是由于使用了磷酸盐缓冲盐水（PBS）作为细菌培养基。与胰蛋白胨大豆肉汤等其他生长介质不同，它缺乏受伤细菌从受伤状态中恢复所需的营养。此外，研究人员提示到，副溶血性弧菌

（*V. parahaemolyticus*）明显的高失活可能是由于细胞被转化为可存活但不可培养的（VBNC）状态，这值得未来的研究。这些结果表明，不同种类的细菌对不同温度的反应不同，这取决于细菌膜流动性对温度的适应性或细菌自我修复系统对温度的依赖性。当适应较低的温度时，这些细菌的细胞膜可能由更大比例的不饱和脂肪酸组成，而这些不饱和脂肪酸更容易受到 ROS 的破坏。需要对不同的菌株进行更广泛的研究，但一般来说，在典型的冰箱温度 4～10 ℃时，失活是相当明显的。因此，如在装有合适 LED 的冰箱中，食源性病原体的 PDI 失活很容易进行。

细菌通过内源光敏剂对 PDI 的敏感性在细菌种类之间和细菌种类内部存在显著差异。例如，空肠弯曲菌（*Campylobacter jejuni*）需要的 405 nm 蓝光剂量比肠炎沙门氏菌（*Salmonella enteritidis*）和大肠杆菌（*E. coli*）小得多。这可能是因为空肠弯曲菌（*C. jejuni*）是一种微嗜气物种，自然更容易受到 ROS 的损害。然而，研究人员提示到，这种明显的易感性可能是由于弯曲杆菌（*Campylobacter* spp）具有成为 VBNC 的能力，因此导致了对其易感性的高估。因此，需要进一步的研究来证实这一点。相比之下，一项使用 405nm LED 的研究表明，李斯特氏菌（*Listeria* spp.）最容易被灭活，其次是大肠杆菌（*E. coli*）、宋内志贺氏菌（*Shigellasonnei*）和肠炎沙门氏菌（*S. enteritidis*）。虽然一些研究人员认为革兰氏阳性菌比革兰氏阴性菌更容易感染，其他人观察到易感性并不是由革兰氏菌的性质决定的。此外，研究还表明，在相同处理条件下，不同菌株对弯曲杆菌（*Campylobacter* spp.）的易感性存在差异，这种种内敏感性的差异被认为是由于种内内源性卟啉浓度不同所致。在这一点上，Kumar 等人（2015）的研究显示了革兰氏阳性菌种的较高易感性与细胞内粪卟啉的数量之间的相关性。但在革兰氏阳性菌群中，粪卟啉含量与易感性之间没有直接且强的相关性，这可能是由于细菌细胞中的其他成分能够猝灭 ROS，如绿脓杆菌（*P. aeruginosa*）中的绿脓青素（Pyocyanin）。细胞内光敏成分和其他自由基清除成分产生的 ROS 之间的相互作用表明，未来的研究应侧重于描述这些成分，并研究它们对 PDI 处理整体成功的影响。

通过增加细胞内光敏成分增加敏感性的一种方法是通过外部添加 5－氨基乙酰丙酸（ALA）。这是血红素生物合成中的一种非光活性代谢前体，可以产生各种内源性光敏卟啉。添加ALA适合于食品应用，因为ALA无色无味，同时对一系列食源性病原体、酵母和真菌、病毒，甚至某些原生动物都有效。研究表明，当在400 nm的LED光下处理15 min时，它不仅可以灭活鼠伤寒沙门氏菌（*S. typhimurium*）营养细胞，还可以灭活蜡样芽孢杆菌孢子（*Bacillus cereus*）和包装表面的李斯特氏菌（*L. monocytogenes*）。

如前所述，数学模型为我们提供了一种有用的方法，从失活动力学的角度评估光敏处理的有效性。关于内源性光敏剂对PDI失活动力学的研究有很多。Ghate等人（2013）研究了波长、LED处理的温度和剂量对选定病原体的灭活和小数点减少值的影响。他们报告称，在461 nm和10 ℃下使用LED处理的D值范围从李斯特氏菌（*L. monocytogenes*）的1.19 h到大肠杆菌O157：H7（E. coli O157：H7）、鼠伤寒沙门氏菌（*S. typhimurium*）和金黄色葡萄球菌（*S. aureus*）的1.4～1.5 h。Kumar等人（2015）模拟了在4 ℃、10 ℃和25 ℃条件下，405 nm和520 nm LED处理蜡样芽孢杆菌、大肠杆菌O157：H7、金黄色葡萄球菌、鼠伤寒杆菌、李斯特氏菌（*L. monocytogenes*）和绿脓杆菌（*P. aeruginosa*）的失活曲线。Kumar等人最近的一项工作（2016）模拟了植物乳杆菌（*L. plantarum*）、金黄色葡萄球菌（*S. aureus*）和副溶血性弧菌（*V. parahaemolyticus*）的失活曲线，而其他研究使用威布尔模型描述了李斯特氏菌（*L. monocytogenes*）、蜡杆芽孢杆菌（*B. cereus*）、金黄色葡萄球菌（*S. aureus*）、鼠伤寒沙门氏菌（*S. typhimurium*）和大肠杆菌（*E. coli*）O157：H7对405 nm LED处理的敏感性。由于以上都是体外研究，因此应该对食品系统、包装和接触面进行更多的失活研究。

尽管直接使用LED进行PDI是成功的，但这种方法可能不如使用外源性光敏剂的PDI有效。例如，使用405 nm的蓝色LED在体外灭活李斯特氏菌（*L. monocytogenes*）需要185 $J \cdot cm^{-2}$的剂量，而使用叶绿酸钠（Na－Chl）作为光敏剂在体外处理耐热李斯特氏菌（*L. monocytogenes*）56Ly菌株时，36 $J \cdot cm^{-1}$足以灭活7个对数值。然而，通过内源性光敏剂处理的PDI可能更可取，因为该处理不需要任何光敏剂添加剂来正常工作。此外，从消费者的角度来看，关于添加光敏剂对食品可接受性的影响的数据仍然很少。

9.4.3 UV LED

紫外线辐射根据其波长分为以下 3 类：UV－C 波长为 200～280 nm；UV－B 波长为 280～315 nm，UV－A 波长为 315～400 nm。一般来说，紫外线辐射对 DNA 的复制和转录有破坏性的影响。直接暴露于 UV－C 或 UV－B 可导致各种微生物的失活，如细菌、病毒、真菌、原生动物和其他几种致病和寄生生物。通常，汞管灯用于 UV－C 辐射杀菌。与汞管灯相比，UV LED 提供了更多的功能。UV LED 能够产生快速脉冲而无须预热时间。不同波长的芯片可以被制造出来，而汞管灯的波长通常是固定的，峰值为 254 nm。最重要的是，它不含有毒的汞。显然，它们还提供了 LED 的共同物理优势，如耐久性和空间效率。生产与汞管灯的效率相匹配的 UV LED 在技术上具有挑战性，但该技术正在迅速发展，预计在不久的将来将超过汞管技术。

即便如此，仍有几项研究调查了使用 UV LED 直接暴露于紫外线辐射的有效性。Hamamoto 等人（2007）构建的 UV－A LED 系统可以在体外灭活包括副溶血性弧菌（*V. parahaemolyticus*）、金黄色葡萄球菌（*S. aureus*）、肠炎沙门氏菌（*S. enteritidis*）和肠致病性大肠杆菌（EPEC）菌株在内的食源性病原体。在 25 ℃下，LED 产生 70 mW · cm^{-2}的 UV－A 辐射，并在 150 min 内灭活多达 5～6 个对数循环的细菌。易感菌为副溶血性弧菌（*V. parahaemolyticus*），它在 20 min 内下降 6 个对数值的检出水平以下，而 EPEC 和金黄色葡萄球菌（*S. aureus*）在 60 min 内灭活至检出限度以下。最不易感的是肠炎沙门氏菌，其在 150 min 后用 5 个对数循环灭活。较高水平的 8－羟基－2－脱氧鸟苷表明，UV－A LED 处理比低压汞灯的 UV－C 辐射对 DNA 的氧化损伤更大。然而，低水平的环丁烷嘧啶二聚体表明，UV－A LED 处理比 UV－C 辐射对 DNA 的直接损伤更小。

UV－C 辐射是食品系统杀菌的首选，其杀菌效果众所周知。一项研究表明，与峰值波长为 254 nm 的传统汞灯相比，266 nm 的紫外线 LED 在体外灭活大肠杆菌 O157：H7（E. coli O157：H7）、鼠伤寒沙门氏菌（*S. typhimurium*）和李斯特氏菌（*L. monocytogenes*）各 3 株时更有效，在 0.7 mJ · cm^{-2}的剂量下可导致高达 6 个对数值的减少。研究人员称，UV 灯是点光源，而 UV LED 具有平面结构，因此以线性方式向目标区域发射光。因此，当两个光源从相同的高度和相同的辐照度被激活时，与 UV LED 相比，目标区域从 UV 灯接收到的强度更小。此外，必须注意的是，紫外线灯覆盖了 52 层聚丙烯薄膜，以降低强度，以匹配较低强度的 UV LED。这意味着，在相同的微生物失活幅度下，由于 UV LED 在当前时间点的辐照度有限，因此 UV LED 具有更大的强度，处理时间将比 UV 灯短得多。即便如此，在实验中 UV LED 仍然能够导致 6 个对数值减少发生，这意味着它们在大多数灭菌情况都是实用的。

LED 紫外线也能产生紫外线辐射脉冲。脉冲 UV－A LED 的最大辐照度为 0.28 mW·cm^{-2}，频率为 100 Hz，处理 60 min 后，大肠杆菌（E. coli）的生物膜数量减少了 99%。此外，脉冲还具有能耗低的优点。Wengraitis 等人（2013）将大肠杆菌（E. coli）暴露在 UV－C LED 的几种脉冲光处理下，具有不同的占空比和重复频率。在 10% 占空比下，0.5～50 Hz 的脉冲光处理是最节能的，功耗为 204 mW。在单位能量消耗对数降低的基础上，处理的效率大约是连续照射的两倍，比脉冲氙灯高 20 倍。

9.4.4　利用 LED 光催化氧化

虽然 UV－C LED 照射是一种很好的去污方法，但 UV－A 不如 UV－C 有效，但将 UV－A 辐射和光活性纳米颗粒结合会导致光催化氧化，从而增加 UV－A 辐射的效力。当接近 UV 范围的辐射（通常是 365 nm 的 UV－A 辐射）照射到光活性无机纳米颗粒材料（如二氧化钛（TiO_2）、氧化锌（ZnO）和其他类型的材料（如银－氧化钛杂化材料））上时，就会发生光催化氧化。UV－A 辐照可将材料价带中的一个电子驱使到传导带，导致 ROS 的产生，并导致周围微生物如大肠杆菌（*E. coli*）、金黄色葡萄球菌（*S. aureus*）、铜绿假单胞菌（*P. aeruginosa*）、粪肠球菌（*Enterococcus faecium*）、霍乱沙门氏菌亚种（*Salmonella Choleraesuis subsp.*）、副溶血性弧菌（*V. parahaemolyticus*）、李斯特氏菌（*L. monocytogenes*）和各种其他腐败细菌已经被实验研究使用非 LED 光源。死亡的主要原因被认为是 ROS 攻击引起细胞膜内多不饱和脂肪酸脂质过氧化，以及随后的肽聚糖损伤、酶和辅酶失活、核酸破坏等。

目前，利用 UV－A LED 作为光催化氧化的辐照源的研究较多，且大多集中在水的净化方面。在一项研究中，LED UV－A 照射 TiO_2 薄膜，通过 4 个对数循环灭活耐紫外线大肠杆菌（*E. coli*）菌株，而在另一项研究中，UV－A LED 照射 TiO_2涂层表面，降低了饮用水中微污染物的浓度。已有证据表明，使用 UV－A 辐射与含有适当光活性纳米颗粒的食品包装一起使用是有效性的。用 UV－A 灯或荧光灯照射包裹在二氧化钛包装中的莴苣的效果研究表明，大肠杆菌的数量可以显著地减少。为了测试在表面上使用这种策略的潜力，使用 TiO_2 糊剂在 UV－A 灯下灭活不锈钢和玻璃材料上的李斯特氏菌（*L. monocytogenes*）生物膜。

Aponiene 和 Luksiene（2015）的一项研究试图创新地将 PDI 和光催化氧化结合在一起，使用紫色 LED（405 nm）、叶绿素和 ZnO 纳米颗粒在体外灭活大肠杆菌 O157：H7。此外，还研究了在暗培养过程中，在光照射前，光活性成分加入细菌悬浮液中的顺序。有趣的是，在辐照前同时添加叶绿素和氧化锌的效果不如先添加氧化锌，然后添加叶绿素。同时加入叶绿素和氧化锌可以减少 2.7 log $CFU \cdot mL^{-1}$。相比之下，添加叶绿素 15 min，然后添加 ZnO（然后进一步暗培养 15 min）可减少约 3 log $CFU \cdot mL^{-1}$，而按相反顺序添加（即添加 ZnO，然后添加叶绿素）可最大减少约 4.5 log $CFU \cdot mL^{-1}$。这是因为氧化锌纳米粒子最初与带负电荷的细菌细胞膜发生静电相互作用，之后带负电荷的叶绿素与氧化锌结合，从而增加了细菌细胞膜与光活性成分之间的整体相互作用。该方法的总体好处是，由于 PDI 对革兰氏阴性菌的灭活效果较差，而 PDI 与光催化氧化相结合可以共同提高灭活革兰氏阴性菌的成功率。

9.4.5 LED 处理 PDI 对食品的影响

最近，更多的研究已经在真实的食物基质上进行，以了解它们在灭活各种食物表面接种的细菌方面的功效。表 9.3 显示了在食品上使用外源性光敏剂处理 PDI 的概况。

在水果和蔬菜中，通常报道称在大约 1 h 的时间内减少约 2 个对数循环的细菌。例如，以金丝桃素为光敏剂接种蜡样芽孢杆菌（*B. cereus*）的杏、李和花椰菜，在 3.84 $mW \cdot cm^{-2}$的绿色 LED（585 nm）光照射 30 min 后，细菌数量显著减少。同样，以 Na－Chl 为光敏剂接种李斯特氏菌（*L. monocytogenes*）的草莓，再结合12 $mW \cdot cm^{-2}$的蓝色 LED（400 nm）光照射，处理 20 min 后，细菌数量也减少了。

表 9.3 PDI 对使用 LED 和外源性光敏剂的食品系统的效果

光敏剂	致病菌	LED 波长/nm	光强与持续时间	食品	影响	参考文献
姜黄素－聚乙烯吡咯烷酮［Curcumin－polyvinylpyrrolidone（PVP－C）］和 NovaSol ®姜黄素配方［NovaSol ®－Curcumin formulation（NovaSol ®－C）］	金黄色葡萄球菌（*S. aureus*）	435	$9.4\ mW \cdot cm^{-2}$、24 h	黄瓜（*Cucumvis sativus*）	当 PVC－C 的浓度为 50 μM 或 100 μM 时，相对于控制浓度降低了 2.6 log CFU	Tortik, et al.（2014）
				辣椒（*Capsicum* spp.）	当使用浓度为 50 μM 的 PVC－C 时，相对于控制浓度降低了 2.5 log CFU	
				鸡肉	当 NovaSol－C 的浓度为 50 μM 或 100 μM 时，相对于对照组减少了 1.7 log CFU	
金丝桃素（Hypericin）	蜡样芽孢杆菌（*B. cereus*）	585	$3.84\ mW \cdot cm^{-2}$、30 min	杏（*Prunus armeniaca*）、李（*Prunus domestica*）、花椰菜（*Brassica oleracea*）	与初始接种浓度相比，杏、李和花椰菜表面分别降低 $1.1\ log\ CFU \cdot g^{-1}$、$0.7\ log\ CFU \cdot g^{-1}$ 和 $1.3\ log\ CFU \cdot g^{-1}$；提取物中抗氧化成分含量无明显变化	Aponiene, et al.（2015）

续表

光敏剂	致病菌	LED 波长/nm	光强与持续时间	食品	影响	参考文献
Na－叶绿素［Na－Chlorophyllin（Na－Chl）］	李斯特氏菌（*L. monocytogenes*）	400	12 $mW \cdot cm^{-2}$、20 min	草莓（*F. ananassa* Dutch）	实现了李斯特氏菌（*L. monocytogenes*）1.8 log CFU 的减少，嗜中性粒细胞减少了 1.7 个对数循环，而酵母和霉菌减少了 0.86 个对数循环；表面温度保持在 27 ℃以下；抗氧化活性显著增加，但总可溶性酚类或花青素没有变化	Luksiene and Paskeviciute（2011b）
叶绿素－壳聚糖复合物（Chlorophyllin－chitosan complex）	鼠伤寒沙门氏菌（*S. typhimurium*）和酵母/霉菌（yeast/molds）	405	11 $mW \cdot cm^{-2}$、60 min	草莓（*F. ananassa* Dutch）	鼠伤寒沙门氏菌（*S. typhimurium*）减少了 2.2 log $CFU \cdot g^{-1}$，减少了 1.4 log $CFU \cdot g^{-1}$；草莓的外观优于未经处理的发霉样品	Buchovec, et al.（2016）

对肉类产品也已进行了试验。在基于姜黄素的光敏剂照射蓝色LED（435 nm）后，接种到鸡肉上的金黄色葡萄球菌（*S. aureus*）数量减少了1.7个对数循环。在不使用添加的光敏剂的情况下，弯曲杆菌（*Campylobacter* spp.）在离体和鸡肉上被近紫外LED（395 nm）有效地灭活，只需0.12 $J \cdot cm^{-2}$的能量，如表9.4所示。然而，使用405 nm的蓝色LED光在减少弯曲杆菌（*Campylobacter spp.*）种群方面的效果明显较差。使用鸡分泌物将弯曲杆菌（*Campylobacter spp.*）接种到鸡皮上，需要高达约180 $J \cdot cm^{-2}$的更高剂量。效果较差的原因是鸡分泌液的光密度较高，因此需要较高水平的辐照才能更有效地渗透。

另一项研究是在接种了沙门氏菌（*Salmonella*）的橙汁上进行的，这种橙汁被460 nm的蓝色LED光照。当辐照度为92.0 $mW \cdot cm^{-2}$时，在20 ℃下照射13.58 h，细菌数量减少最多，细菌数量减少可达4.8个对数值。然而，D值最低的处理（就$J \cdot cm^{-2}$而言）是在12 ℃下92.0 $mW \cdot cm^{-2}$的辐照度组成的。

紫外LED也在各种食物基质中进行了测试。其中一个实验研究了UV－A LED（365 nm）在饮料中灭活大肠杆菌DH5α的能力，方法是使用含有不同浓度人工色素的饮料，以及市面上可以买到的橙汁。溶液中着色剂浓度越低，细菌的失活率越高。至于受到类似处理的橙汁样品，与含磷酸盐缓冲溶液的对照相比，显示了较低的失活率。对于一种品牌的果汁，报告了约0.5个对数循环的减少，而第二种品牌的果汁报告了2.5个对数循环的减少。在含有不同的着色剂和浓度的溶液之间观察到的失活的巨大变化，是由于并非所有的着色剂都具有在365 nm重叠的吸光带。此外，具有抗氧化特性的着色剂可能会除去过程中产生的ROS，从而降低效果。此外，色素和纤维等颗粒可能会散射、反射或吸收光线，导致穿透饮料的紫外线减少。尽管需要进行更多的研究来验证这些说法，但在未来的研究中，受各种食品化合物或成分影响的食品材料的光学性质，以及食品成分猝灭ROS的可能性，都值得关注。

除饮料外，还研究了UV－A LED（365 nm）处理对接种于莴苣和卷心菜叶片的大肠杆菌DH5α的影响。以125 $mW \cdot cm^{-2}$的辐照度照射90 min，可减少3.5个对数循环，维生素C损失可忽略不计，亚硝酸盐或硝酸盐不形成，水分损失小于5%。此外，研究了UV－C LED对接种在奶酪片上的食源性病原体灭活的影响。研究结果表明，在266 nm UV－LED灯3 $mJ \cdot cm^{-2}$的辐照下，大肠杆菌

表 9.4 PDI 对使用 LED 和内源性光敏剂的食品系统的功效

致病菌	LED 波长/nm	光强和持续时间	食品/表面	影响	参考文献
弯曲杆菌（*Campylobacter* spp.）	395	7 mW·cm^{-2}、5 min	去皮鸡柳	与初始微生物数量相比，鸡表面病原体减少 1.43 log CFU·g^{-1}；颜色测量的L*值增加最小	Haughton，et al.（2012）
弯曲杆菌（*Campylobacter* spp.）	405	306 mW·cm^{-2}、10 min	鸡皮	与初始微生物数量相比，184～186 J·cm^{-2}处理可使空肠弯曲菌（*C. jejuni*）减少 1.7 log CFU·g^{-1}，使鸡皮表面大肠杆菌（*C. coli*）减少 2.1 log CFU·g^{-1}；高功率 LED 导致温度接近 50 ℃，这可能导致热失活	Gunther，et al.（2016）
沙门氏菌（*Salmonella* spp.）	460	92 mW·cm^{-2}、13.58 h	橙汁	分别在 12 ℃和 20 ℃孵育时降低 3.6 log CFU·mL^{-1}和 4.8 log CFU·mL^{-1}；通过色度计检测，处理导致显著的颜色变化	Ghate，et al.（2016）
大肠杆菌（*E. coli*）O157：H7，鼠伤寒沙门氏菌（*S. typhimurium*）和李斯特氏菌（*L. monocytogenes*）	266、270、275、279	3 mJ·cm^{-2}，持续时间未报告	奶酪	降低大肠杆菌 O157：H7 4.04～4.88 log CFU·g^{-1}，鼠伤寒沙门氏菌（*S. typhimurium*）3.91～4.72 log CFU·g^{-1}，李斯特氏菌（*L. monocytogenes*）3.24～4.88 log CFU·g^{-1}；较低的波长导致较高的还原	Kim，et al.（2016b）

注：改编自 D Souza 等（2015）并进行了更新。

O157：H7（E. coli O157：H7）和鼠伤寒沙门氏菌（*S. typhimurium*）的灭活量约为 4.5 log，李斯特氏菌（*L. monocytogenes*）的灭活量约为 3.3 个对数值。

如前几节所述，LED 处理在水果和蔬菜收获后阶段可能会激活某些生物过程，从而导致进一步的营养退化或营养价值的增加。研究发现，金丝桃素和绿色 LED 光处理的杏、李和花椰菜在抗氧化活性和颜色方面与对照样品没有显著差异。与采后应用中通常使用的更长时间相比，30 min 的短光照时间可以忽略不计，因此这段时间可能不足以引起抗氧化剂的降解或刺激。相比之下，Na - Chl 和 LED 处理的草莓的总抗氧化能力有所增加，尽管花青素和总可溶性酚含量没有增加。在这种情况下，不确定抗氧化能力的增加是否由于 LED 光照，因为 Luksiene 和 Paskeviciute（2011b）研究中使用的光敏剂浓度几乎是 Aponiene 等人（2015）使用的 100 倍。此外，Luksiene 和 Paskeviciute（2011b）使用的光敏剂 Na - Chl 具有较高的抗氧化能力。因此，抗氧化活性的增加更有可能是由于添加了 Na - Chl，而不是 LED 光的生物反应。然而，添加一种营养价值高的光敏剂也是一个有吸引力的想法，因为它提供了增加安全性的好处，以及一个更有营养的产品。相比之下，Zhang 等人（2015）研究表明，与黑暗中储存相比，在 400 μs 的周期和 50% 的占空比下，强度为 100 $\mu mol \cdot m^{-2} \cdot s^{-1}$ 的脉冲蓝色 LED 照明，在辐照 4 周后，柑橘果实的抗坏血酸含量显著增加。虽然这项研究的目的是研究营养变化，但它表明，由于使用 LED 的脉冲照明也是一种可行的光照射手段，因此在保证安全的同时可以提高食品的营养质量。

由于 LED 发出的辐射热最小，导致食物表面或内部温度的升高也最小。这阻止了营养物质的降解和这类食物的感官特性，同时也阻止了营养物质的热降解。在牛奶中，Srimagal 等人（2016）报道了在初始温度为 5 ℃、10 ℃和 15 ℃时，在 60 min 内被各种 LED（405 nm、430 nm 和 460 nm）照射时，温度小幅升高，范围在 1 ~ 2 ℃。同样，在光照 30 min 后，各种水果和蔬菜的表面温度从 20 ℃增加到 25 ℃，这在杏、李、花椰菜和草莓中都可以观察到。近紫外 LED（395 nm）照射 4.2 $J \cdot cm^{-2}$ 的剂量可使去皮鸡柳的表面温度升高 25 ~ 30 ℃。因此，可以肯定的是，LED 处理被认为是非热的，因为这种所导致的温度增加很小。

9.4.6 PDI在利用LED包装材料去除食品表面污染中的应用

光敏剂也可以被结合到包装材料的表面或食品接触表面上。使用波长为405 nm的LED，在20 mW · cm^{-2}的辐照度下，将以叶绿素为基础的光敏剂与聚烯烃包装材料结合，照射15 min，使单核细胞增生李斯特氏菌（*L. monocytogenes*）和蜡样芽孢杆菌（*B. cereus*）灭活约4个对数周期。表9.5总结了类似的发现，其中PDI通过使用LED的包装材料来清除食品表面的污染。

有几项研究也尝试在不添加外源性光敏剂的情况下，使用LED对食品接触材料的污染表面进行消毒（表9.6）。

除了在食品接触表面或包装材料中加入光敏剂外，Luksiene和Brovko（2013）建议探索将光敏剂（如叶绿素）掺入各种聚合物基薄膜和涂层中，这些薄膜和涂层通常用于肉类和家禽食品。辐照后，PDI会在食品表面启动，以确保其微生物安全性。将一种叶绿素——壳聚糖复合物包覆在草莓上，在405 nm波长的LED照射下，检测其对接种的鼠伤寒沙门氏菌（*S. typhimurium*）以及酵母和霉菌的影响。鼠伤寒沙门氏菌（*S. typhimurium*）的种群数量从5.4 log CFU · g^{-1}左右下降到3.2 log CFU · g^{-1}，酵母和霉菌数量从4.0 log CFU · g^{-1}下降到2.6 log CFU · g^{-1}。经过试验期后，草莓的外观发霉少了。由于草莓容易迅速腐烂，这种方法可能是延长草莓在市场上的商业可行性的一种潜在方法。

López－Carballo等人之前开展了一项研究（2008），他们使用石英或卤素灯代替LED为含有叶绿素包被的明胶膜或涂层的煮熟的法兰克福香肠提供光照。研究显示，约每1.5个对数循环，金黄色葡萄球菌（*S. aureus*）和李斯特氏菌（*L. monocytogenes*）的数量分别小量减少。尽管该方法的有效性较低，但值得探索使用这种涂层结合LED光照进一步抑制冷藏肉类上低微生物量的病原体的生长。然而，需要更多的研究来了解这类薄膜和涂层对这类食品的感官特性和可接受性的影响。

表9.5 PDI通过包装材料与外源性光敏剂结合使用LED去除食品表面污染的效果

光敏剂	致病菌	LED波长/nm	光强与持续时间	包装/材料	影响	参考文献
5-氨基乙酰丙酸（5-aminolevulinic acid）	蜡样芽孢杆菌（*B. cereus spores*）	400	20 mW·cm^{-2}、15 min	聚烯烃包装托盘	用7.5 mM ALA处理后，孢子从约6 log CFU·cm^{-2}减少到3.3 log CFU·cm^{-2}	Luksiene, et al.（2009）
5-氨基乙酰丙酸（5-aminolevulinic acid）	李斯特氏菌（*L. monocytogenes*）	400	20 mW·cm^{-2}、15 min	聚烯烃包装托盘	LED处理10 mM 5-氨基乙酰丙酸溶液并孵育60 min后，浮游细胞减少3.7 log CFU·cm^{-2}；LED处理5-氨基乙酰丙酸溶液后，李斯特氏菌（*L. monocytogenes*）生物膜减少3.0 log CFU·cm^{-2}	Buchovec, et al.（2010）
Na-叶绿素（Na-Chl）	李斯特氏菌（*L. monocytogenes*）ATCL3C 7644	405	20 mW·cm^{-2}、5 min	聚烯烃包装托盘	用1.5×10^{-7} M的Na-Chl溶液和LED处理后，浮游细胞的黏附量降低了4.5 log CFU·cm^{-2}；经过7.5×10^{-4} M的Na-Chl溶液处理后，表面生物膜减少4.5 log CFU·mL^{-1}	Luksiene, et al.（2010）

续表

光敏剂	致病菌	LED 波长/nm	光强与持续时间	包装/材料	影响	参考文献
Na－叶绿素（Na－Chl）	李斯特氏菌（*L. monocytogenes*）ATCL3C 7644	405	20 mW · cm^{-2}、5 min	聚烯烃包装托盘	用 7.5×10^{-7} M 的 Na－Chl 溶液和 LED 处理后，浮游细胞的黏附量减少了 4.5 log CFU · cm^{-2}；经过 1.5×10^{-4} M 的 Na－Chl 溶液处理后，表面生物膜减少了 4.5 log CFU · mL^{-1}	Luksiene and Paskeviciute（2011a）
Na－叶绿素（Na－Chl）	蜡样芽孢杆菌（*B. cereus*）ATCC 12826	405	20 mW · cm^{-2}、5 min	聚烯烃包装托盘	用 7.5×10^{-7} M 的 Na－Chl 溶液和 LED 处理后，附着于表面的浮游细胞减少了 4.5 log CFU · cm^{-2}；用 7.5×10^{-5} M 的 Na－Chl 溶液处理后，孢子附着在表面的数量减少了约 5 log CFU · cm^{-2}	Luksiene and Paskeviciute（2011a）

注：改编自 D Souza 等人（2015）并进行了更新。

表9.6 PDI在不使用外源性光敏剂的情况下对食品接触材料污染表面的杀菌效果研究

致病菌	LED波长/nm	光强和持续时间	表面	影响	参考文献
弯曲杆菌（*Campylobacter* spp.）	395	最小值 0.12 J·cm^{-2}，时间不确定	不锈钢和聚氯乙烯砧板	种群数量从初始接种微生物量4 log CFU·cm^{-2}减少到无可检测病原体	Haughton, et al.（2012）
弯曲杆菌（*Campylobacter* spp.）	405	306 mW·cm^{-2}、10 min	不锈钢	与初始微生物数量相比，181~183 J·cm^{-2}处理可使鸡皮表面空肠弯曲菌（C. jejuni）和大肠杆菌（C. coli）分别减少4.9 log CFU·g^{-1}和5.9 log CFU·g^{-1}	Gunther, et al.（2016）
肠炎沙门氏菌（*Salmonella enteritidis*）、李斯特氏菌（*L. monocytogenes*）	405	110 mW·cm^{-2}、时间为变值	丙烯酸和聚氯乙烯表面	在PVC上，肠炎沙门氏菌每板被2.19 log CFU完全灭活，而单核细胞增生李斯特氏菌在处理7.5 min（剂量为45 J·cm^{-2}）后每板被减少0.9 log CFU。在丙烯酸处理10 min（剂量为60 J·cm^{-2}）后，肠炎菌每板减少163 log CFU，而单核细胞增生李斯特氏菌每板减少0.42 log CFU	Murdoch, et al.（2012）
大肠杆菌（*E. Coli*）、李斯特氏菌（*L. monocytogenes*）	405	36 J·cm^{-2}	硝基纤维素膜	在辐照度为60 mW·cm^{-2}的光下，大肠杆菌（*E. coli*）和李斯特氏菌（*L. monocytogenes*）分别减少了26%和13%；在pH=3的条件下用酸预处理，失活率分别为95%和99%	McKenzie, et al.（2014）

9.4.7 LED 在微生物食品安全中的作用评价

已经充分证明，使用 LED 的灭活方法具有几个优点，包括防止耐药菌株的形成、不含有毒汞，以及与传统笨重的低压汞灯相比设计出紧凑的辐射源的能力，脉动还可以节约能源。然而，在可见光或紫外线范围内，辐射的一个明显的不足是对食物的渗透深度小，而这可能会限制对蔬菜、水果和一些肉类或非不透明液体食品表面的去污。即便如此，LED 仍然可以有效地用作那些受到热过程不利影响的食品的屏障技术框架中的一个组件。

Ghate 等人（2016）在橙汁失活行为的研究中有一个值得关注的发现，即光生物反应与处理时间和辐照度无关，相似的剂量不会导致相似的光生物反应。换而言之，在相同的温度和剂量的蓝色 LED 光处理下，92.0 mW · cm^{-2} 处理比 254.7 mW · cm^{-2} 处理的失活更大，尽管它可能是相似的。这可能是由于通过 PDI 施加应力的作用机制，或通过橙汁基质中存在的外部因素。它强调了对食物基质进行适当研究的重要性，因为它们的多样性和复杂性可能会导致与趋势的意外偏差。很少有人在与食物相关的研究中测试互惠法则，但这对未来的研究是有用的。

关于实际的食物基质，一个值得考虑的重要挑战是存在可能光敏化的成分，因此能够促进 PDI。用波长为 400 nm 的 LED 照射 80 mW · cm^{-2} 至 15 min 后，悬浮在 4 mM 没食子酸溶液中的金黄色葡萄球菌的生长减少了 5 log CFU · mL^{-1}。同样，解决各种多酚（如咖啡酸、没食子酸、儿茶素、儿茶素没食子酸盐和绿原酸）被证明是有利于光敏剂失活的不同种类的细菌，包括粪大肠杆菌（*E. faecalis*）、金黄色葡萄球菌（*S. aureus*）、变形链球菌（*Streptococcus mutans*）、共放线聚合杆菌（*Aggregatibacter actinomycetemcomitans*）、大肠杆菌（*E. coli*）和铜绿假单胞菌（*P. aeruginosa*）。该小组进一步证明了这些发现的实际意义，通过使用峰值波长为 400 nm 的 LED 对葡萄碎水浸提取液进行照射，可以在 20 min 内将 8 log CFU · mL^{-1} 的金黄色葡萄球菌（*S. aureus*）数量减少到可检测水平以下。系统中酚类化合物的光氧化产生羟基自由基，进而导致细菌细胞死亡。在白兰地中，没食子酸在白光 LED 照射下通过光氧化产生羟基自由基，提示了光动力灭活作为一种方法对高含量没食子酸饮料进行杀菌的实用性。

另外，确定光敏食品成分在辐照过程中是否发生降解，从而导致营养质量或可接受性的丧失也是至关重要的。Manzocco（2015）描述了光辐照对食物中蛋白质结构的各种影响，如蛋白质的去折叠、聚集和破碎。这些影响可能会对食物系统产生有利或不利的影响。核黄素是一种维生素，存在于牛奶等食品中，具有光敏性，因此在 462 nm 的蓝色 LED 光下具有抗菌性，但处理后分解为发光黄素和发光色素。除了营养损失外，核黄素的分解还会导致外观和风味方面的不良影响，这是由于它会导致牛奶、啤酒和奶酪等食物中的脂质氧化，因此需要进行适当的评价。然而，Srimagal 等人（2016）优化了牛奶蓝光 LED 处理的波长、温度和处理时间。研究显示，如果替代大肠杆菌（*E. coli*）类型的对数减少量大于 5 log CFU · mL^{-1}，则质量指标（如颜色、水分、黏度、pH 值、可滴定酸度、脂肪、蛋白质以及碳水化合物含量）与未照射的对照样品没有显著差异。这些数据可能表明，在这样的处理后，没有明显的感官差异，即证明了通过成功的优化处理，不良的感官变化可以避免或最小化。此外，紫外 LED（峰值波长为 266 nm、270 nm、275 nm 和 279 nm）照射奶酪切片，在处理过的样品和对照样品之间没有显著的颜色差异。因此，相关文献中确实存在成功的处理方法，但尽管如此，对食品基质的适当评估是必要的，以确保食品的非预期质量退化不会发生。

最终，一种食品收获后的处理会导致消费者不能接受的食品被认为是适得其反的。进行适当的感官研究将证实经过处理的食物的味道和风味在处理后被保留下来。到目前为止，使用外源性光敏剂处理 PDI 的食物与感官控制组难以区分的唯一证据是，在一个简单的、小规模的初步感官研究中对 Na - Chl 处理的草莓进行了蓝光照射。因此，利用训练有素的感觉小组进行适当的感觉研究是值得的。

9.5　结论

粮食供应链的最终目标是加强人类的粮食安全，这是通过增加粮食供应和减少粮食损失双管齐下的方式实现的（粮农组织，2011）。虽然前几章讨论了前一种方法，但本章论述了 LED 技术如何融入后一种方法，特别是在粮食供应链的收获后阶段。LED 可用于延缓衰老和限制食品腐败或致病性微生物的生长，从而延长食品的保质期和预防人类食源性疾病。此外，LED 还可以执行其他采后功能，如控制食品的营养含量和商业成熟度。因此，LED 的用途不仅仅局限于食品生产或农业，而是真正从“农场到餐桌”的延伸。

然而，本章所介绍的研究只是使 LED 技术变得更加强大和实用所需要做出努力的一小部分。由于水果和蔬菜生物学的多样化，理解如何用正确的光的质量和数量来操纵它们将需要很多的努力。然而，正如已经研究证明的那样，一些研究利用更先进的技术来跟踪这类食物对各种光照处理的生化反应，特别是在遗传水平上。当确切的机理被理解到一个更大的程度，它将变得更加可行，以确定哪种形式的光处理适合各种植物。

在食品安全方面，PDI、光催化氧化和 LED 直接紫外灭活等技术仍在不断成熟。虽然 LED 在许多体外研究中已经被证明是有效的，但还需要在实际的食物基质上进行更多的研究。LED 发出的辐射穿透能力有限，因此它们的应用可能只局限于食品的表面去污，或非不透明的液体食品。此外，涂层和包装薄膜可以用来增强 LED 的应用，尽管迄今为止进行的研究很少。预期的其他挑战包括食品成分对光敏化的敏感性：一方面，它们可能会增强处理的抗菌效果，但另一方面，它们可能会引起质量缺陷。然而，Srimagal 等人（2016）研究证明，通过优化可以使这些问题最小化。

目前，此类处理对消费者整体接受度的影响还知之甚少。虽然进行训练有素的感官小组研究需要时间和资源，但它可以揭示有关这些食物处理后的感官特性的重要细节。与此同时，可以使用与感官或感官特性相关的质量参数测量的客观手段，如纹理分析仪、色度仪、水分分析仪等。

随着 LED 技术的进步和变得更加经济，应该尝试开发 LED 系统，使其能够用于那些严重缺乏技术水平或基础设施来支持安全、卫生和高效的食品供应链的发展中国家。LED 和光电的集成已经被证明可以通过吸收太阳能来为 LED 提供安全的饮用水。这种技术的结合也有希望转移到可以改善与食品安全有关的应用中。

总之，尽管在知识方面仍有空白需要填补，但可以肯定的是，LED 不仅可以用于种植食物，而且同样的功能可以用于收获后的食物，以及确保微生物食品安全。随着 LED 技术的不断进步，LED 有潜力变得比它们看起来更普遍，因为它们有助于将安全且营养丰富的食物从农场送到餐桌上。

参 考 文 献

Ahn SY, Kim SA, Choi S-J, Yun HK (2015) Comparison of accumulation of stilbene compounds and stilbene related gene expression in two grape berries irradiated with different light sources. Horticulture Environ Biotechnol 56:36–43

Aihara M, Lian X, Shimohata T (2014) Vegetable surface sterilization system using UVA light-emitting diodes. J Med Invest 61:285–290

Alferez F, Liao H-L, Burns JK (2012) Blue light alters infection by *Penicillium digitatum* in tangerines. Postharvest Biol Technol 63:11–15

Aponiene K, Luksiene Z (2015) Effective combination of LED-based visible light, photosensitizer and photocatalyst to combat Gram (-) bacteria. J Photochem Photobiol B: Biol 142:257–263

Aponiene K, Paskeviciute E, Reklaitis I, Luksiene Z (2015) Reduction of microbial contamination of fruits and vegetables by hypericin-based photosensitization: comparison with other emerging antimicrobial treatments. J Food Eng 144:29–35

Autin O, Romelot C, Rust L, Hartd J, Jarvisa P, MacAdama J, Parsonsa SA, Jeffersona B (2013) Evaluation of a UV-light emitting diodes unit for the removal of micropollutants in water for low energy advanced oxidation processes. Chemosphere 92:745–751

Bartolomeu M, Rocha S, Cunha Â, Neves MGPMS, Faustino MAF, Almeida1 A (2016) Effect of photodynamic therapy on the virulence factors of *Staphylococcus aureus*. Front Microbiol 7:267–278

Bian ZH, Yang QC, Liu WK (2015) Effects of light quality on the accumulation of phytochemicals in vegetables produced in controlled environments: a review. J Sci Food Agric 95:869–877

Birmpa A, Vantarakis A, Paparrodopoulos S, Whyte P, Lyng J (2014) Efficacy of three light technologies for reducing microbial populations in liquid suspensions. Biomed Res Int 2014:1–9

Braidot E, Petrussa E, Peresson C, Patuia S, Bertolinia A, Tubarob F, Wählbyc U, Coanc M, Vianelloa A, Zancania M (2014) Low-intensity light cycles improve the quality of lamb's lettuce (*Valerianella olitoria* [L.] Pollich) during storage at low temperature. Postharvest Biol Technol 90:15–23

Branas C, Azcondo FJ, Alonso JM (2013) Solid-state lighting: a system review. Ind Electron Mag IEEE 7:6–14

Britz S, Gaska I, Shturm Bilenko Y, Shatalov M, Gaska R (2013) Deep ultraviolet (DUV) light-emitting diodes (LEDs) to maintain freshness and phytochemical composition during postharvest storage. CLEO, Optical Society of America, San Jose, California

Buchovec I, Vaitonis Z, Luksiene Z (2009) Novel approach to control *Salmonella enterica* by modern biophotonic technology: photosensitization. J Appl Microbiol 106:748–754

Buchovec I, Paskeviciute E, Luksiene Z (2010) Photosensitization-based inactivation of food pathogen *Listeria monocytogenes* in vitro and on the surface of packaging material. J Photochem Photobiol B: Biol 99:9–14

Buchovec I, Lukseviciute V, Marsalka A, Reklaitis I, Luksiene Z (2016) Effective photosensitization-based inactivation of Gram (-) food pathogens and molds using the chlorophyllin-chitosan complex: towards photoactive edible coatings to preserve strawberries. Photochem Photobiol Sci 15:506–516

Bumah VV, Masson-Meyers DS, Enwemeka CS (2015) Blue 470 nm light suppresses the growth of *Salmonella enterica* and methicillin-resistant *Staphylococcus aureus* (MRSA) in vitro. Lasers Surg Med 47:595–601

Cao S, Liang M, Shi L, Shaob J, Songb C, Bianb K, Chenb W, Yangb Z (2017) Accumulation of carotenoids and expression of carotenogenic genes in peach fruit. Food Chem 214:137–146

Capita R, Alonso-Calleja C (2011) Antibiotic-resistant bacteria: a challenge for the food industry. Crit Rev Food Sci Nutr 53:11–48

Cardoso DR, Libardi SH, Skibsted LH (2012) Riboflavin as a photosensitizer. Effects on human health and food quality. Food Func 3:487–502

Carvalho R, Takaki M, Azevedo R (2011) Plant pigments: the many faces of light perception. Acta Physiol Plant 33:241–248

Chawengkijwanich C, Hayata Y (2008) Development of TiO_2 powder-coated food packaging film and its ability to inactivate Escherichia coli in vitro and in actual tests. Int J Food Microbiol 123:288–292

Chorianopoulos NG, Tsoukleris DS, Panagou EZ, Falarasb P, Nychasa GJE (2011) Use of titanium dioxide (TiO_2) photocatalysts as alternative means for *Listeria monocytogenes* biofilm disinfection in food processing. Food Microbiol 28:164–170

Costa L, Millan Montano Y, Carrión C, Rolnya N, Guiameta JJ (2013) Application of low intensity light pulses to delay postharvest senescence of *Ocimum basilicum* leaves. Postharvest Biol Technol 86:181–191

Dalrymple OK, Stefanakos E, Trotz MA, Goswami DY (2010) A review of the mechanisms and modeling of photocatalytic disinfection. Appl Catal B Environ 98:27–38

de Azeredo HMC (2013) Antimicrobial nanostructures in food packaging. Trends Food Sci Technol 30:56–69

Dementavicius D, Lukseviciute V, Gómez-López VM, Luksiene Z (2016) Application of mathematical models for bacterial inactivation curves using Hypericin-based photosensitization. J Appl Microbiol 120:1492–1500

Demidova TN, Hamblin MR (2004) Photodynamic therapy targeted to pathogens. Int J Immunopathol Pharmacol 17:245–254

DenBaars SP, Feezell D, Kelchner K, Pimputkar S, Pan C, Yen C, Tanaka S, Zhao Y, Pfaff N, Farrell R, Iza M, Keller S, Mishra U, Speck JS, Nakamura S (2013) Development of gallium-nitride-based light-emitting diodes (LEDs) and laser diodes for energy-efficient lighting and displays. Acta Mater 61:945–951

Dhakal R, Baek K-H (2014a) Metabolic alternation in the accumulation of free amino acids and γ-aminobutyric acid in postharvest mature green tomatoes following irradiation with blue light. Horticulture Environ Biotechnol 55:36–41

Dhakal R, Baek K-H (2014b) Short period irradiation of single blue wavelength light extends the storage period of mature green tomatoes. Postharvest Biol Technol 90:73–77

D'Souza C, Yuk H-G, Khoo GH, Zhou W (2015) Application of light-emitting diodes in food production, postharvest preservation, and microbiological food safety. Comp Rev Food Sci Food Safety 14:719–740

Dutta Gupta S, Jatothu B (2013) Fundamentals and applications of light-emitting diodes (LEDs) in in vitro plant growth and morphogenesis. Plant Biotechnol Rep 7:211–220

Endarko E, Maclean M, Timoshkin IV, MacGregor JS, Anderson JG (2012) High-intensity 405 nm light inactivation of *Listeria monocytogenes*. Photochem Photobiol 88:1280–1286

Espejo F, Armada S (2014) Colour changes in brandy spirits induced by light-emitting diode irradiation and different temperature levels. Food Bioprocess Technol 7:2595–2609

FAO (2011) Global food losses and food waste—extent, causes and prevention. Rome

Gergoff-Grozeff GE, Chaves AR, Bartoli CG (2013) Low irradiance pulses improve postharvest quality of spinach leaves (*Spinacia oleraceae* L. cv Bison). Postharvest Biol Technol 77:35–42

Ghate VS, Ng KS, Zhou W (2013) Antibacterial effect of light emitting diodes of visible wavelengths on selected foodborne pathogens at different illumination temperatures. Int J Food Microbiol 166:399–406

Ghate V, Kumar A, Zhou W, Yuk HG (2016) Irradiance and temperature influence the bactericidal effect of 460-nanometer light-emitting diodes on *Salmonella* in orange juice. J Food Prot 79:553–560

Glowacz M, Mogren LM, Reade JPH, Cobb AH, Monaghn JH (2015) High- but not low-intensity light leads to oxidative stress and quality loss of cold-stored baby leaf spinach. J Sci Food Agric 95:1821–1829

Gong D, Cao S, Sheng T (2015) Effect of blue light on ethylene biosynthesis, signalling and fruit ripening in postharvest peaches. Sci Hortic 197:657–664

Gunther NW, Phillips JG, Sommers C (2016) The Effects of 405-nm visible light on the survival of Campylobacteron chicken skin and stainless steel. Foodborne Path Dis 13:245–250

Hamamoto A, Mori M, Takahashi A (2007) New water disinfection system using UVA light-emitting diodes. J Appl Microbiol 103:2291–2298

Hamblin MR, Hasan T (2004) Photodynamic therapy: a new antimicrobial approach to infectious disease? Photochem Photobiol Sci 3:436–450

Harris F, Pierpoint L (2012) Photodynamic therapy based on 5-aminolevulinic acid and its use as an antimicrobial Agent. Med Res Rev 32:1292–1327

Hasperué JH, Guardianelli L, Rodoni LM, Chavesa AR, Martínezc GA (2016) Continuous white–blue LED light exposition delays postharvest senescence of broccoli. LWT Food Sci Technol 65:495–502

Haughton PN, Grau EG, Lyng J (2012) Susceptibility of Campylobacter to high intensity near ultraviolet/visible 395 ± 5 nm light and its effectiveness for the decontamination of raw chicken and contact surfaces. Int J Food Microbiol 159:267–273

Imada K, Tanaka S, Ibaraki Y, Yoshimura K, Ito S (2014) Antifungal effect of 405-nm light on *Botrytis cinerea*. Lett Appl Microbiol 59:670–676

Izadifard M, Achari G, Langford C (2013) Application of photocatalysts and LED light sources in drinking water treatment. Catalysts 3:726–743

Johnson GA, Muthukrishnan N, Pellois J-P (2012) Photoinactivation of gram positive and gram negative bacteria with the antimicrobial peptide $(KLAKLAK)_2$ conjugated to the hydrophilic photosensitizer Eosin Y. Bioconjugate Chem 24:114–123

Kader AA, Rolle RS (2004) The role of post-harvest management in assuring the quality and safety of horticultural produce. FAO, Rome

Kanazawa K, Hashimoto T, Yoshida S, Sungwon P, Fukuda S (2012) Short photoirradiation induces flavonoid synthesis and increases its production in postharvest vegetables. J Agric Food Chem 60:4359–4368

Kiesslich T, Gollmer A, Maisch T, Berneburg M, Plaetzer K (2013) A comprehensive tutorial on in vitro characterization of new photosensitizers for photodynamic antitumor therapy and photodynamic inactivation of microorganisms. Biomed Res Int 2013:17

Kim B, Kim D, Cho D, Cho S (2003) Bactericidal effect of TiO_2 photocatalyst on selected food-borne pathogenic bacteria. Chemosphere 52:277–281

Kim B, Lee H, Kim J, Kwon KH, Cha HS, Kim JH (2011) An effect of light emitting diode (LED) irradiation treatment on the amplification of functional components of immature strawberry. Horticulture Environ Biotechnol 52:35–39

Kim S, Kim J, Lim W (2013) In vitro bactericidal effects of 625, 525, and 425 nm wavelength (red, green, and blue) light-emitting diode irradiation. Photomed Laser Surgery 31:554–562

Kim M-J, Mikš-Krajnik M, Kumar A, Ghate V, Yuk HG (2015) Antibacterial effect and mechanism of high-intensity 405 ± 5 nm light emitting diode on *Bacillus cereus*, *Listeria monocytogenes*, and *Staphylococcus aureus* under refrigerated condition. J Photochem Photobiol B Biol 153:33–39

Kim M-J, Mikš-Krajnik M, Kumar A, Yuk HG (2016a) Inactivation by 405 ± 5 nm light emitting diode on *Escherichia coli* O157:H7, *Salmonella typhimurium*, and *Shigella sonnei* under refrigerated condition might be due to the loss of membrane integrity. Food Control 59:99–107

Kim S-J, Kim D-K, Kang D-H (2016b) Using UVC light-emitting diodes at wavelengths of 266 to 279 nanometers to inactivate foodborne pathogens and pasteurize sliced cheese. Appl Environ Microbiol 82:11–17

Kozuki A, Ishida Y, Kakibuchi K, Mishimaa T, Sakuraic N, Muratab Y, Nakanob R, Ushijimab K, Kubo Y (2015) Effect of postharvest short-term radiation of near infrared light on transpiration of lettuce leaf. Postharvest Biol Technol 108:78–85

Kühn KP, Chaberny IF, Massholder K, Sticklerc M, Benzc VW, Sonntaga HG, Erdingera L (2003) Disinfection of surfaces by photocatalytic oxidation with titanium dioxide and UVA light. Chemosphere 53:71–77

Kumar A, Ghate V, Kim M-J, Zhou W, Khoo GH, Yuk HG (2015) Kinetics of bacterial inactivation by 405 nm and 520 nm light emitting diodes and the role of endogenous coproporphyrin on bacterial susceptibility. J Photochem Photobiol B Biol 149:37–44

Kumar A, Ghate V, Kim M-J, Zhou W, Khoo GH, Yuk HG (2016) Antibacterial efficacy of 405, 460 and 520 nm light emitting diodes on *Lactobacillus plantarum*, *Staphylococcus aureus* and *Vibrio parahaemolyticus*. J Appl Microbiol 120:49–56

Lafuente MT, Alférez F (2015) Effect of LED blue light on *Penicillium digitatum* and *Penicilliumitalicum* strains. Photochem Photobiol 91:1412–1421

Lee Y, Ha J, Oh J, Cho MS (2014) The effect of LED irradiation on the quality of cabbage stored at a low temperature. Food Sci Biotechnol 23:1087–1093

Lester GE, Makus DJ, Hodges DM (2010) Relationship between fresh-packaged spinach leaves exposed to continuous light or dark and bioactive contents: effects of cultivar, leaf size, and storage duration. J Agric Food Chem 58:2980–2987

Li X, Xing Y, Jiang Y, Ding Y, Li W (2009) Antimicrobial activities of ZnO powder-coated PVC film to inactivate food pathogens. Int J Food Sci Tech 44:2161–2168

Li J, Hirota K, Yumoto H, Matsuo T, Miyake Y, Ichikawa T (2010) Enhanced germicidal effects of pulsed UV-LED irradiation on biofilms. J Appl Microbiol 109:2183–2190

Lian X, Tetsutani K, Katayama M, Nakano M, Mawatari K, Harada N, Hamamoto A, Yamato M, Akutagawa M, Kinouchi Y, Nakaya Y, Takashi A (2010) A new colored beverage disinfection system using UV-A light-emitting diodes. Biocontrol Sci 15:33–37

Liang J-Y, Yuann J-MP, Cheng C-W, Jian HL, Lin C, Chen L (2013) Blue light induced free radicals from riboflavin on *E. coli* DNA damage. J Photochem Photobiol B Biol 119:60–64

Liao HL, Alferez F, Burns JK (2013) Assessment of blue light treatments on citrus postharvest diseases. Postharvest Biol Technol 81:81–88

López-Carballo G, Hernández-Muñoz P, Gavara R, Ocio MJ (2008) Photoactivated chlorophyllin-based gelatin films and coatings to prevent microbial contamination of food products. Int J Food Microbiol 126:65–70

Lubart R, Lipovski A, Nitzan Y, Friedmann H (2011) A possible mechanism for the bactericidal effect of visible light. Laser Therapy 20:17–22

Lui GY, Roser D, Corkish R (2014) Photovoltaic powered ultraviolet and visible light-emitting diodes for sustainable point-of-use disinfection of drinking waters. Sci Total Environ 493:185–196

Luksiene Z, Brovko L (2013) Antibacterial photosensitization-based treatment for food safety. Food Eng Rev 5:185–199

Luksiene Z, Paskeviciute E (2011a) Novel approach to decontaminate food-packaging from pathogens in non-thermal and not chemical way: chlorophyllin-based photosensitization. J Food Eng 106:152–158

Luksiene Z, Paskeviciute E (2011b) Novel approach to the microbial decontamination of strawberries: chlorophyllin-based photosensitization. J Appl Microbiol 110:1274–1283

Luksiene Z, Buchovec I, Paskeviciute E (2009) Inactivation of food pathogen *Bacillus cereus* by photosensitization in vitro and on the surface of packaging material. J Appl Microbiol 107:2037–2046

Luksiene Z, Buchovec I, Paskeviciute E (2010) Inactivation of several strains of *Listeria monocytogenes* attached to the surface of packaging material by Na–Chlorophyllin-based photosensitization. J Photochem Photobiol B Biol 101:326–331

Ma G, Zhang L, Kato M, Yamawaki K, Kiriiwa Y, Yahata M, Ikoma Y, Matsumoto H (2011) Effect of blue and red LED light irradiation on β-cryptoxanthin accumulation in the flavedo of citrus fruits. J Agric Food Chem 60:197–201

Ma G, Zhang L, Setiawan CK, Yamawaki K, Asai T, Nishikawa F, Maezawa S, Sato H, Kanemitsu N, Kato M (2014) Effect of red and blue LED light irradiation on ascorbate content and expression of genes related to ascorbate metabolism in postharvest broccoli. Postharvest Biol Technol 94:97–103

Ma G, Zhang L, Kato M, Yamawaki K, Kiriiwa Y, Yahata M, Ikoma Y, Matsumoto H (2015) Effect of the combination of ethylene and red LED light irradiation on carotenoid accumulation and carotenogenic gene expression in the flavedo of citrus fruit. Postharvest Biol Technol 99:99–104

Maclean M, MacGregor SJ, Anderson JG, Woolsey G (2008) High-intensity narrow-spectrum light inactivation and wavelength sensitivity of *Staphylococcus aureus*. FEMS Microbiol Lett 285:227–232

Maclean M, MacGregor SJ, Anderson JG, Woolsey G (2009) Inactivation of bacterial pathogens following exposure to light from a 405-nanometer light-emitting diode array. Appl Environ Microbiol 75:1932–1937

Maclean M, McKenzie K, Anderson JG, Gettinby G, MacGregora SJ (2014) 405 nm light technology for the inactivation of pathogens and its potential role for environmental disinfection and infection control. J Hosp Infect 88:1–11

Manzocco L (2015) Photo-induced modification of food protein structure and functionality. Food Eng Rev 7:346–356

Massa GD, Kim H-H, Wheeler RM, Mitchell CA (2008) Plant productivity in response to LED lighting. HortScience 43:1951–1956

McKenzie K, Maclean M, Timoshkin IV, MacGregor SJ, Anderson JG (2014) Enhanced inactivation of *Escherichia coli* and *Listeria monocytogenes* by exposure to 405 nm light under sub-lethal temperature, salt and acid stress conditions. Int J Food Microbiol 170:91–98

Mitchell CA, Both A-J, Bourget CM, Burr JF, Kubota C, Lopez RG, Morrow RC, Runkle ES (2012) LEDs: The future of greenhouse lighting! Chronic Horticulture 52:5–13

Morrow RC (2008) LED lighting in horticulture HortScience 43:1947–1950

Muneer S, Kim EJ, Park JS (2014) Influence of green, red and blue light emitting diodes on multiprotein complex proteins and photosynthetic activity under different light intensities in lettuce leaves (*Lactuca sativa* L.). Int J Mol Sci 15:4657–4670

Murdoch LE, Maclean M, MacGregor SJ, Anderson JG (2010) Inactivation of *Campylobacter jejuni* by exposure to high-intensity 405-nm visible light. Foodborne Patho Dis 7:1211–1216

Murdoch LE, Maclean M, Endarko E, MacGregor SJ, Anderson JG (2012) Bactericidal effects of 405 nm light exposure demonstrated by inactivation of *Escherichia*, *Salmonella*, *Shigella*, *Listeria*, and *Mycobacterium* species in liquid suspensions and on exposed surfaces. The Sci World J 2012:8

Nakamura K, Yamada Y, Ikai H, Kanno T, Sasaki K, Niwano Y (2012) Bactericidal action of photoirradiated gallic acid via reactive oxygen species formation. J Agric Food Chem 60:10048–10054

Nakamura K, Ishiyama K, Sheng H, Ikai H, Kanno T, Niwano Y (2015) Bactericidal activity and mechanism of photoirradiated polyphenols against gram-positive and gram-negative bacteria. J Agric Food Chem 63:7707–7713

Nelson JA, Bugbee B (2014) Economic analysis of greenhouse lighting: light emitting diodes vs. high intensity discharge fixtures. PLoS ONE 9:e99010

Noichinda S, Bodhipadma K, Mahamontri C, Narongruka T, Ketsab S (2007) Light during storage prevents loss of ascorbic acid, and increases glucose and fructose levels in Chinese kale (*Brassica oleracea* var. alboglabra). Postharvest Biol Technol 44:312–315

Noodén LD, Schneider MJ (2004) Light control of senescence. In: Noodén LD (ed) Plant cell death processes. Academic Press, San Diego, pp 375–383

Othman SH, Abd Salam NR, Zainal N (2014) Antimicrobial activity of TiO_2 nanoparticle-coated film for potential food packaging applications. Int J Photoenergy 2014:6

Park JY, Lee JH, Raju GSR, Moon BK, Jeong JH, Choi BC, Kim JH (2014) Synthesis and luminescent characteristics of yellow emitting $GdSr_2AlO_5:Ce^{3+}$ phosphor for blue light based white LED. Ceramics Int 40:5693–5698

Pinho P, Jokinen K, Halonen L (2012) Horticultural lighting—present and future challenges. Lighting Res Technol 44:427–437

Pogson BJ, Morris SC (2004) Postharvest senescence of vegetables and its regulation. In: Noodén LD (ed) Plant cell death processes. Academic Press, San Diego, pp 319–329
Ramkumar G, Yu S-M, Lee Y (2013) Influence of light qualities on antifungal lipopeptide synthesis in *Bacillus amyloliquefaciens* JBC36. Eur J Plant Pathol 137:243–248
Shama G (2014) Ultraviolet Light. In: Batt CA, Tortorello ML (eds) Encyclopedia of food microbiology, 2nd edn. Academic Press, Oxford, pp 665–671
Shi L, Cao S, Chen W, Yang Z (2014) Blue light induced anthocyanin accumulation and expression of associated genes in Chinese bayberry fruit. Sci Hortic 179:98–102
Shi L, Cao S, Shao J, Chenb W, Yang Z, Zheng Y (2016) Chinese bayberry fruit treated with blue light after harvest exhibit enhanced sugar production and expression of cryptochrome genes. Postharvest Biol Technol 111:197–204
Srimagal A, Ramesh T, Sahu JK (2016) Effect of light emitting diode treatment on inactivation of *Escherichia coli* in milk. LWT Food Sci Technol 71:378–385
St Denis TG, Dai T, Izikson L, Astrakas C (2011) All you need is light. Virulence 2:509–520
Sung S-Y, Sin LT, Tee T-T, Bee S, Rahmat AR, Rahman WAWA, Tan A-C, Vikhraman M (2013) Antimicrobial agents for food packaging applications. Trends Food Sci Technol 33:110–123
Tavares A, Carvalho CMB, Faustino MA, Neves M, Tomé J, Tomé A, Cavaleiro J, Cunha A, Gomes N, Alves E, Almeida A (2010) Antimicrobial photodynamic therapy: study of bacterial recovery viability and potential development of resistance after treatment. Mar Drugs 8:91–105
Thimijan RW, Heins RD (1983) Photometric, radiometric, and quantum light units of measure: a review of procedures for interconversion. HortScience 18:818–822
Toledo MEA, Ueda Y, Imahori Y, Ayaki M (2003) L-ascorbic acid metabolism in spinach (*Spinacia oleracea* L.) during postharvest storage in light and dark. Postharvest Biol Technol 28:47–57
Tortik N, Spaeth A, Plaetzer K (2014) Photodynamic decontamination of foodstuff from *Staphylococcus aureus* based on novel formulations of curcumin. Photochem Photobiol Sci 13:1402–1409
Tsukada M, Sheng H, Tada M, Mokudai T, Oizumi S, Kamachi T, Niwano Y (2016) Bactericidal action of photo-irradiated aqueous extracts from the residue of crushed grapes from winemaking. Biocontrol Sci 21:113–121
US Department of Energy (2012) Using LEDs to their best advantage. Building technologies program: solid-state lighting technology fact sheet. http://apps1.eere.energy.gov/buildings/publications/pdfs/ssl/led_advantage.pdf. Accessed 13 Feb 2015
US Department of Energy (2013) Energy efficiency of LEDs. http://www.hiled.eu/wpcontent/themes/hiled/pdf/led_energy_efficiency.pdf. Accessed 13 Feb 2015
Wengraitis S, McCubbin P, Wade MM, Biggs TD, Hall S, Williams LI, Zulich AW (2013) Pulsed UV-C disinfection of *Escherichia coli* with light-emitting diodes, emitted at various repetition rates and duty cycles. Photochem Photobiol 89:127–131
Woltering EJ, Seifu YW (2015) Low intensity monochromatic red, blue or green light increases the carbohydrate levels and substantially extends the shelf life of fresh-cut lettuce. Acta Hortic 1079:257–264
Xiong P, Hu J (2013) Inactivation/reactivation of antibiotic-resistant bacteria by a novel UVA/LED/TiO_2 system. Water Res 47:4547–4555
Xu F, Cao S, Shi L, Chen W, Su X, Yang Z (2014a) Blue light irradiation affects anthocyanin content and enzyme activities involved in postharvest strawberry fruit. J Agric Food Chem 62:4778–4783
Xu F, Shi L, Chen W, Caoc S, Sud X, Yangb Z (2014b) Effect of blue light treatment on fruit quality, antioxidant enzymes and radical-scavenging activity in strawberry fruit. Sci Hortic 175:181–186
Yamaga I, Takahashi T, Ishii K, Kato M, Kobayashi Y (2015) Suppression of blue mold symptom development in satsuma mandarin fruits treated by low-intensity blue LED irradiation. Food Sci Technol Int, Tokyo 21:347–351

Yamaga I, Shirai Y, Nakajima T, Kobayashi Y (2016) Rind color development in satsuma mandarin fruits treated by low-intensity red light-emitting diode (LED) irradiation. Food Sci Technol Res 22:59–64

Yeh N, Chung J-P (2009) High-brightness LEDs-energy efficient lighting sources and their potential in indoor plant cultivation. Renew Sust Energ Rev 13:2175–2180

Yeh N, Ding TJ, Yeh P (2015) Light-emitting diodes' light qualities and their corresponding scientific applications. Renew Sust Energ Rev 51:55–61

Yu S-M, Lee YH (2013) Effect of light quality on *Bacillus amyloliquefaciens* JBC36 and its biocontrol efficacy. Biol Control 64:203–210

Zhan L, Hu J, Li Y (2012a) Combination of light exposure and low temperature in preserving quality and extending shelf-life of fresh-cut broccoli (*Brassica oleracea* L.). Postharvest Biol and Technol 72:76–81

Zhan L, Li Y, Hu J, Pang L, Fan H (2012b) Browning inhibition and quality preservation of fresh-cut romaine lettuce exposed to high intensity light. Innovative Food Sci Emerg Technolog 14:70–76

Zhang L, Ma G, Kato M, Yamawaki K, Takagi T, Kiriiwa Y, Ikoma Y Matsumoto H, Yoshioka T, Nesumi H (2012) Regulation of carotenoid accumulation and the expression of carotenoid metabolic genes in citrus juice sacs in vitro. J Exp Bot 63:871–886

Zhang L, Ma G, Yamawaki K (2015) Regulation of ascorbic acid metabolism by blue LED light irradiation in citrus juice sacs. Plant Sci 233:134–142

Zhu X-G, Long SP, Ort DR (2008) What is the maximum efficiency with which photosynthesis can convert solar energy into biomass? Curr Opin Biotechnol 19:153–159

第 10 章 LED 光照对基因表达的调控

S. 杜塔·古普塔（S. Dutta Gupta）、
S. 普拉丹（S. Pradhan）

10.1 引言

光在植物生长发育中起着重要的作用，是光合作用的主要能量来源，也是各种光形态建成反应的重要信号诱导剂。特别是，已知用于照射植物的光源的光质和光合光子通量密度（PPFD）会影响光合作用和光形态建成。植物有专门的光感受器系统，它吸收光能并刺激信号网络来影响植物的生长和发育。太阳辐射的光谱分布范围很广（300～1 000 nm），而到达地球表面的辐射中只有 50% 是光合有效辐射（PAR）。包含红色和蓝色波长的阳光光谱对光合作用很重要。其他波长（如紫外线和远红光）被特定的光感受器吸收，作为各种发育途径的信号诱导剂。由于植物受光体具有识别特定波长光的特性，因此太阳发出的辐照度无法以可控的方式调控特定的生物过程。因此，使用人造光是一种常见的做法，以替代或补偿日光的低可用性，以在受控环境农业中种植各种植物品种。植物生产系统所采用的光质和辐射强度决定了作物的生长和发育。由于限制和低效地利用额外的滤光片，因此传统的光源无法控制所需的光谱输出，而且容易缺乏照明系统的智能控制能力。因此，LED 和相关的固态照明（SSL）作为一种有前途的人工光源出现在受控植物生产系统中。

LED 在节能、紧凑、耐用、长寿命、零汞、低二氧化碳、低热量排放等方面具有显著优势，是下一代照明光源的明智选择（关于 LED 光照的更多细节，请参阅第 1 章和第 5 章）。考虑到经济和生态的影响，LED 灯具为植物生产系统带来了新的机遇。LED 可以在作物冠层提供光子的精确传输，从而为温室或植物工厂提供了节能的单独或补充人工照明的选择。

植物的光感受器可以按照指示，根据特定的辐射进行微调，以调节植物的生长发育和生物活性代谢物的产生。实际上，光处理的协调控制可以让研究人员和种植者在植物上生产出他们想要的产品。虽然关于 LED 调控植物形态建成、开花、营养品质、采后品质等方面的讨论已经很多（在本书的其他章节中有所描述），但关于 LED 对植物不同代谢途径基因表达的影响报道却很少。本章将论述 LED 诱导的基因表达在植物中的基本发现，重点是调节类胡萝卜素、类黄酮和抗坏血酸代谢的基因。有关光信号、生长素反应因子、植物防御和抗病性的基因也将进行论述。

10.2 LED 调控基因表达

尽管在植物发育的光调控方面已经取得了大量的成果，但是关于 LED 光源调控基因表达所提供的光质量的具体作用的信息却很少。LED 调控的基因表达已经被研究，涉及光感受器和生长素反应因子、类胡萝卜素生物合成途径、类黄酮途径、抗坏血酸代谢和防御相关基因（图 10.1）。具体来说，蓝、红、白 3 种 LED 单独或联合调控植物多种代谢途径中关键调控基因的表达。表 10.1 总结了各种 LED 照射对参与类胡萝卜素、黄酮类化合物和抗坏血酸代谢生物合成途径的基因表达的影响，以及它们参与调节光感受器基因、生长素响应因子和防御相关基因的作用。

10.2.1 LED 调控的光感受器和生长素反应因子的基因表达

光感受器，即光感分子，通过特定的信号网络负责启动选定的生理反应。在植物系统中，已经发现了至少 4 种不同的光感受器。这些是能够感知红光/远红光的光敏色素、隐花色素和能够感知蓝光/UV－A 光的向光素和 UV－B 吸收 UVR－8。一般来说，这些光感受器每组由一个以上的成员组成。光敏色素中有 5

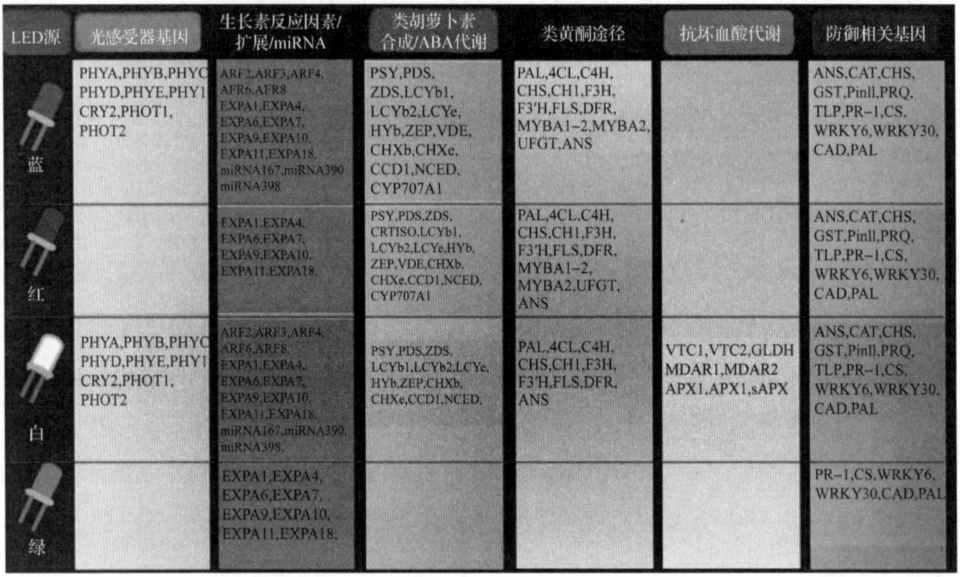

LED源	光感受器基因	生长素反应因素/扩展/miRNA	类胡萝卜素合成/ABA代谢	类黄酮途径	抗坏血酸代谢	防御相关基因
蓝	PHYA,PHYB,PHYC PHYD,PHYE,PHY1 CRY2,PHOT1, PHOT2	ARF2,ARF3,ARF4, AFR6,AFR8 EXPA1,EXPA4, EXPA6,EXPA7, EXPA9,EXPA10, EXPA11,EXPA18, miRNA167,miRNA390 miRNA398	PSY,PDS, ZDS,LCYb1, LCYb2,LCYe, HYb,ZEP,VDE, CHXb,CHXe, CCD1,NCED, CYP707A1	PAL,4CL,C4H, CHS,CH1,F3H, F3'H,FLS,DFR, MYBA1-2,MYBA2, UFGT,ANS		ANS,CAT,CHS, GST,Pinll,PRQ, TLP,PR-1,CS, WRKY6,WRKY30, CAD,PAL
红		EXPA1,EXPA4, EXPA6,EXPA7, EXPA9,EXPA10, EXPA11,EXPA18,	PSY,PDS,ZDS, CRTISO,LCYb1, LCYb2,LCYe,HYb, ZEP,VDE,CHXb, CHXe,CCD1,NCED, CYP707A1	PAL,4CL,C4H, CHS,CH1,F3H, F3'H,FLS,DFR, MYBA1-2, MYBA2,UFGT, ANS		ANS,CAT,CHS, GST,Pinll,PRQ, TLP,PR-1,CS, WRKY6,WRKY30, CAD,PAL
白	PHYA,PHYB,PHYC PHYD,PHYE,PHY1 CRY2,PHOT1, PHOT2	ARF2,ARF3,ARF4, ARF6,ARF8, EXPA1,EXPA4, EXPA6,EXPA7, EXPA9,EXPA10, EXPA11,EXPA18, miRNA167,miRNA390, miRNA398,	PSY,PDS,ZDS, LCYb1,LCYb2,LCYe, HYb,ZEP,CHXb, CHXe,CCD1,NCED,	PAL,4CL,C4H, CHS,CH1,F3H, F3'H,FLS,DFR, ANS	VTC1,VTC2,GLDH MDAR1,MDAR2 APX1,APX1,sAPX	ANS,CAT,CHS, GST,Pinll,PRQ, TLP,PR-1,CS, WRKY6,WRKY30, CAD,PAL
绿		EXPA1,EXPA4, EXPA6,EXPA7, EXPA9,EXPA10, EXPA11,EXPA18,				PR-1,CS,WRKY6, WRKY30,CAD,PAL

图 10.1 LED 诱导对参与植物代谢途径、光信号和防御的不同类型基因的调节

个成员（PHYA～PHYE），隐花色素中有 3 个成员（CRY1、CRY2 和 CRY3），向光素中有 2 个成员（PHOT1 和 PHOT2），UVR8 光感受器中有 1 个成员。每个光感受器由单独基因编码形成，并且同一家族的光感受器具有高度的相似性。

在拟南芥（*Arabidopsis*）中，PHYA、PHYB、CRY1 和 CRY2 调控对光的响应。在其他作物中，光感受器在细胞中有不同的作用，如调节光周期、开花、块茎化和果实成熟。不同光感受器的基因操作极大地影响了光合作用、光呼吸、生物/非生物胁迫以及次生代谢（如酚类、苯丙烷、黄酮类/花青素的生物合成）的分子途径。促光素介导下胚轴或茎向光方向延伸，波长为 315～500 nm。

促光素在叶绿体定位中也起着重要作用，而且气孔运动导致了植物对周围光环境的强烈响应。光周期成花的启动是由一个系统的成花诱导因子（Flogen）和抑制因子（Antiflogen）基因控制的，如开花位点 T（FTL）和反成花的 FT/TFL1 家族蛋白（AFT）基因分别在叶片中产生。大量的数据已经证实了光与植物激素调节之间的关系。植物生长调节剂与转录因子结合，根据植物接收到的光表达不同的基因。因此，通过激素信号传导，存在光形态建成和光向性相互作用。生长素可能通过调节光感受器、AUX/IAA 和生长素响应因子（ARF）基因的表达来调节光形态建成和向光性。ARF 与生长素敏感基因的启动子区结合，触发生长

表 10.1　LED 诱导植物不同代谢途径、光受体和防御相关基因的表达

因素/系统/代谢途径	LED 处理（波长）	基因调节	基因表达程度	植物种类	参考文献
光受体与生长素反应因子相关基因的表达	NI – FrL（730 nm） BL（450 nm）	PHYA、CRY1	上调	大菊花 （*Dendranthema grandiflorum*）	Park，et al.（2015）
	NI – BL（450 nm） RL（660 nm）	FTL、CRY1	上调	大菊花 （*Dendranthema grandiflorum*）	Park，et al.（2015）
	NI – RL（660 nm） FrL（730 nm）	PHYB、AFT	上调	大菊花 （*Dendranthema grandiflorum*）	Park，et al.（2015）
	BL（450 nm）	PHYA、PHYD、CRY1	高度下调	拟南芥（*Arabidopsis thaliana*）	Pashkovskiy，et al.（2016）
	BL（450 nm）	PHYB、PHYE、PHOT1	下调	拟南芥 （*Arabidopsis thaliana*）	Pashkovskiy，et al.（2016）
	WL（445 +660 nm）	PHYA、PHYD、CRY1、PHOT1	下调	拟南芥 （*Arabidopsis thaliana*）	Pashkovskiy，et al.（2016）
	WL（445 +660 nm）	PHYC	上调	拟南芥（*Arabidopsis thaliana*）	Pashkovskiy，et al.（2016）
	WL（445 +660 nm）	PHYB、PHYE、CRY2、PHOT2	未改变	拟南芥（*Arabidopsis thaliana*）	Pashkovskiy，et al.（2016）
	BL（450 nm）	ARF4、ARF8	高度上调	拟南芥（*Arabidopsis thaliana*）	Pashkovskiy，et al.（2016）
	BL（450 nm）	ARF3、ARF6	中度上调	拟南芥（*Arabidopsis thaliana*）	Pashkovskiy，et al.（2016）
	BL（450 nm）	ARF2	下调	拟南芥（*Arabidopsis thaliana*）	Pashkovskiy，et al.（2016）

续表

因素/系统/代谢途径	LED 处理（波长）	基因调节	基因表达程度	植物种类	参考文献
扩充	BL（456 nm）	LeEXPA1、LeEXPA4、LeEXPA6、LeEXPA7、LeEXPA9、LeEPA10、LeEPA11 LeEPA18	上调	番茄（*Solanum lycopersicum* L.）	Kim，et al.（2014）
类胡萝卜素生物合成途径基因的表达	WL（380 nm）	FtPSY、FtLCYB、FtLCYE、FtCHYB、FtCHYE、FtZEP	上调	金合欢（Fagopyrum tataricum）	Tuan，et al.（2013）
	RL（660 nm）	FtLCYE、FtCHXB	下调	金合欢（Fagopyrum tataricum）	Tuan，et al.（2013）
	BL（470 nm）	CitPSY、CitPDS、CitZDS、CitLCYb2、CitCHYb	上调	蜜柑（*Citrus unshiu Marc*）	Zhang，et al.（2015）
	BL（470 nm）	CitPSY、CitPDS、CitZDS、CitLCYb2、CitCHYb	上调	甜橙（Citrus sinensis Osbeck）	Zhang，et al.（2015）
	RL（660 nm）+乙烯	CitPSY、CitPDS、CitZDS、CitCRTISO、CitLCYb1、CitLCYb2、CitLCYe、CitCHYb、CitZEP	上调	蜜柑（*Citrus unshiu Marc.*）	Ma，et al.（2015）
类黄酮途径/ABA 合成基因的表达	RL（660 nm）	VvNCED1、VvCYP707A1	上调	葡萄（*Vitis vinifera*）	Kondo，et al.（2014）；Rodyoung，et al.（2016）
	BL（450 nm）	VlMYBA1－2、VlMYBA2、VvUFGT	上调	美洲葡萄（*Vitis labruscana*）	Kondo，et al.（2014）；Rodyoung，et al.（2016）

续表

因素/系统/代谢途径	LED 处理（波长）	基因调节	基因表达程度	植物种类	参考文献
	BL（450 nm）和 WL（380 nm） 白色 LED	FtPAL、FtF3′H Ft DFR	高度上调 上调	荞麦 （*Fagopyrum tataricum*）	Thwe，et al.（2014）
抗坏血酸代谢中的基因表达	改良白光（富红） （430～730 nm）	BO－VTC2、BO－GLDH	延迟下调	西兰花（*Brassica oleracea* L. var. *italica*）	Ma，et al.（2014）
	改良白光（富红） （430～730 nm）	BO－MDAR1、BO－MDAR2	延迟下调	西兰花（*Brassica oleracea* L. var. *italica*）	Ma，et al.（2014）
	改良白光（富红） （430～730 nm）	BO－APX1、BO－APX2	上调	西兰花（*Brassica oleracea* L. var. *italica*）	Ma，et al.（2014）
与防御相关的基因表达	RL（628.6 nm） 紫光（394.6 nm） 蓝光（452.5）	PR－1、WRKY30、WRKY6、CS、CAD、PAL	上调 上调	抗白粉病的黄瓜 （*Cucumis sativus*）	Wang，et al.（2010）
	BL（440 nm）和 RL（660 nm）	CAT、CHS、GST、PRQ、PinII、TLP	上调	抗野火病的本氏烟 （*Nicotiana benthamiana*）	Ahn，et al.（2013）

注：NI 为暗期干扰；BL 为蓝光 LED；RL 为红光 LED；FrL 为远红光 LED；WL 为白光 LED；PHY 为光敏素；CRY 为隐花色素；FTL 为开花轨迹 T；AFT 为反成花素；ARF 为生长素响应因子；EXPA 为扩张素 LCYb 番茄红素 β－环化酶；LCYe 为番茄红素 ε－环化酶；PDS 为八氢番茄红素脱氢酶；PSY 为八氢番茄红素合成酶；ZDS 为 ζ－胡萝卜素脱氢酶；ZEP 为玉米黄质环氧化酶；CHYb 为类胡萝卜素 β－氢化酶；CRTISO 为类胡萝卜素异构酶；PAL 为苯丙氨酸氨裂解酶；F3′H 为类黄酮 3′氢化酶；NCED 为 9－顺式环氧类胡萝卜素双加氧酶；CYP707A1 为 ABA8′－羟化酶；UFGT 为 UDP 葡萄糖类黄酮 3－O－葡萄糖基转移酶；DFR 为二氢黄酮醇还原酮；VI 为拉布拉斯卡纳葡萄；Vv 为欧洲葡萄；Ft 为苦荞麦；Cit 为柑橘；VTC1 为 GDP－D－人焦磷酸化酶；VTC2 为 GDP－L－半乳糖磷酸化酶；GLDH 为 L－半乳糖－1，4－内酯脱氢酶；APX 为抗坏血酸过氧化物酶；MDAR 为单脱氢抗坏血酸还原酶；BO 为甘蓝；NPR 为光敏色素负调控；CAT 为过氧化氢酶；CHS 为查尔酮合成酶；GST 为谷氨酰胺－S－转移酶；PRQ 为病原相关蛋白；Pin Ⅱ 为蛋白酶抑制剂 Ⅱ；TLP 为类甜蛋白；PHOT 为向光素；WYBA 为 MYB 转录因子基因家族；WRKY 为转录因子；PR 为病原蛋白；CS 为胼胝质合成酶；CAD 为肉桂醇脱氢酶。

素敏感基因的激活和抑制。在 ARF 家族中，ARF5～8 和 ARF19 在生长素信号基因的激活中发挥重要作用，而 ARF1 和 ARF2 抑制这些基因的活性。这类调节蛋白参与光信号的转导是研究的一个重要方面。

研究人员研究了蓝光 LED（450 nm）对拟南芥（*Arabidopsis thaliana*）Col－0 光形态建成的影响，以及光感受器和 ARF 等基因转录水平的相关变化。蓝色（450 nm）和白色 LED 对光感受器和 ARF 基因有不同的影响。与白色紧凑型荧光灯（WCFL）相比，一些植物色素（HYA、PHYD）和隐花色素（CRY1）的 mRNA 水平显著降低。在蓝色 LED（（120 ± 30）$\mu mol \cdot m^{-2} \cdot s^{-1}$）处理下，PHYC、CRY2 和 PHOT2 的 mRNA 水平持平，而在相同强度的 WL 中，mRNA 水平也出现了类似的下降。与 BL 处理相比，WL 处理的植株 PHYC 含量有所增加。白光中的红光成分可能调控 PHYC 的合成。因此，BL 下 PHYC 含量不变可能是由于光源的窄带特性，没有任何红色光谱。白光照射对 PHYB、PHYE、CRY2、PHOT1 和 PHOT2 基因的表达无影响。与 WCFL 相比，BL 和 WL 均下调了 PHOT1 的转录水平。PHOT1 的下调可以解释为叶片衰老过程中对促光素的需求降低。有人提出，光感受器基因表达的减少表明光感受器分子的敏感性降低及其对蓝光的调节特性。该研究还表明，ARF 基因参与了蓝光介导的光形态建成。

ARF 在植物生长发育过程中起着重要作用。迄今为止，在拟南芥中发现了 22 个 ARF 基因。它们的功能依赖于叶片的衰老和花器官的脱落、叶片极性的确定以及花的分生组织的确定性等。蓝色 LED 对拟南芥 ARF 基因表达有显著影响。蓝色 LED 显著提高了 ARF4 和 ARF8 基因的转录水平，而 ARF3 和 ARF6 基因中度表达，ARF2 基因表达显著降低。与蓝色 LED 不同，WL 对 ARF 基因表达没有显著影响。此外，蓝色 LED 显著诱导 miRNA 介导的 ARF 基因沉默，参与生长素依赖基因的激活。据推测，蓝光对拟南芥的影响是通过生长素信号通路介导的，该通路涉及 miRNA 依赖的 ARF 基因表达调控。

大多数被子植物依靠光信号来触发开花。人工调控光周期条件可诱导早花，缩短开花时间，提升作物整体品质，从而降低商业园艺成本。研究表明，在夜间使用人工光源后的夜间中断（NP）对长昼和短昼植物的开花均有调节作用。特别是在夜间使用 LED（NI）可以调节与花发育和光感受器相关的基因表达。利用 LED 灯阻断植物夜间的昼夜节律，研究了光质变化对桔梗光周期基因表达的影响。通过使用蓝光（B 450 nm）、红光（R 660 nm）、远红外（Fr 730 nm）和白光（W 400～750 nm，具有 28% 的 B、37% 的 R 和 15% 的 Fr 光）的所有可能组合改变 NI 的光质量来进行光周期性光处理。在 NI 处理中，NI－BFr 和 NI－FRb 处理的植株比其他处理的植株长得更大，尤其是促进了开花。开花诱导基因 PHYA 和 CRY1 在 NI－FrB 处理下表达较高。然而，在 NI－RW 处理中，PHYA 基因在没有开花的情况下表达较高。同样，尽管 CRY1 和 FTL 基因表达水平较高，但 Ni－BR 处理未能诱导开花。NI－RFr 处理的菊花不开花。这是因为开花抑制基因，如 PHYB 和 AFT 的表达较高。我们推测，蓝光下 NI 刺激 CRY1 和 FTL 表达后促进开花，而 R 光刺激 AFT 基因表达抑制开花。光周期基因的整体表达模式提示了蓝光在盆栽花卉作物中促进开花的潜力。

10.2.2　LED 诱导类胡萝卜素生物合成的基因表达

类胡萝卜素是自然界中第二大色素群，由 700 多个成员组成，且每个成员有 40 个碳分子。在植物中，类胡萝卜素在调节花和果的颜色方面发挥着关键作用，并在几个生理过程中发挥着各种重要功能，如保护光系统免受光氧化损伤和稳定细胞膜。类胡萝卜素作为维生素 A 的前体，对人体健康和营养也很重要。人类血浆中高水平的类胡萝卜素可以降低心血管疾病、癌症和与年龄相关疾病的风险。正因为如此，类胡萝卜素的生物合成途径在植物中已经得到了广泛的研究。此外，类胡萝卜素生物合成主要步骤中涉及的基因的分子特征也得到了很好的研究。通过代谢组学的研究，人们也在努力提高类胡萝卜素在植物中的积累。据报道，不同光质的光对类胡萝卜素的合成有影响。光质、光照强度和光照时间对类胡萝卜素的积累都有显著影响。在豌豆幼苗的叶和茎中，红光处理组的 β－胡萝卜素含量明显高于蓝光处理组。在番茄中，红光处理促进了番茄红素的积累。红光介导的柑橘果实中类胡萝卜素含量增加，尤其是β－隐黄质含量增加，而蓝色 LED 照射对蜜柑果实中类胡萝卜素含量的积累没有影响。类胡萝卜素含量的差异归因于类胡萝卜素生物合成过程中基因表达的差异。

Tuan 等人（2013）研究了 LED 调控的类胡萝卜素生物合成基因的表达和类胡萝卜素在苦荞（*Fagopyrum tataricum*）芽中的积累。以白色（380 nm）、蓝色

（470 nm）和红色（660 nm）的 LED 灯照射 50 μmol · m^{-2} · s^{-1} 10 天，每隔 2 天测定类胡萝卜素生物合成基因表达量的变化。FtPSY、FtLCYB、FtLCYe、FtCHXb、FtCHXe 和 FtZEP 在白色 LED 下的表达量显著高于蓝色和红色 LED 下，特别是在播种后第 8 天。红色 LED 处理降低了芽发育过程中 FtLCYe 和 FtCHXb 的 mRNA 水平（图 10.2）。然而，在 2~6 个 DAS 下，白色、蓝色和红色 LED 处理下，基因表达水平无显著差异。在白光 LED 下，总类胡萝卜素的最大产量是在 10 DAS 下观察到的。

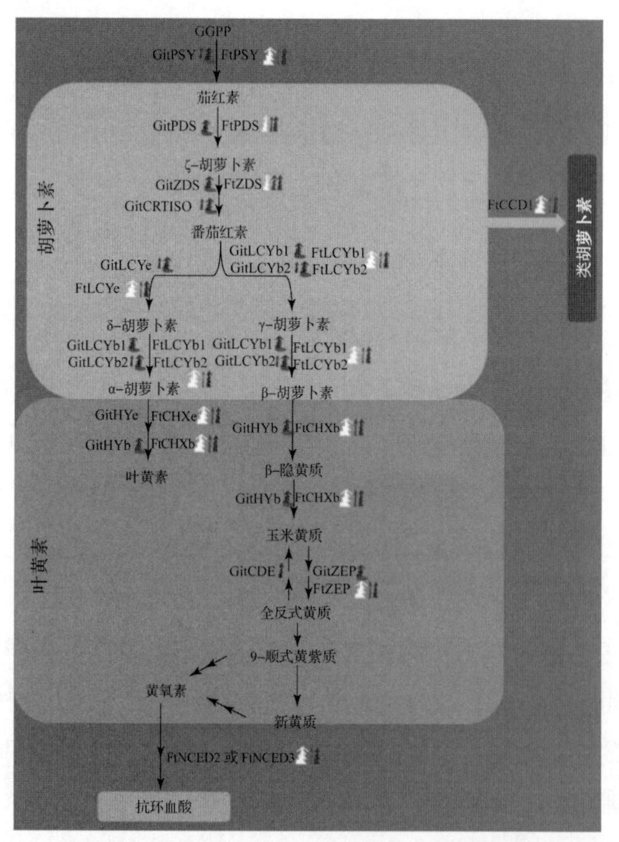

图 10.2 LED 诱导类胡萝卜素生物合成途径中的基因表达（附彩插）

不同波段的 LED 被标记为各自的颜色；条带宽度的变化表明了基因表达水平的程度；

绿色斑块表示乙烯处理和红色 LED 照射

Zhang 等人（2015）研究了蓝色 LED 调控各种类胡萝卜素的差异积累，以及它们在两个柑橘品种（蜜柑和巴伦夏橙汁囊）中的相关基因表达。将两个柑橘品种的果汁囊以 50 μmol · m^{-2} · s^{-1}（50B）和 100 μmol · m^{-2} · s^{-1}（100B）两种不同强度暴露在蓝色 LED 灯下 4 周。在蜜柑中，100B 强度的蓝光照射 4 周可诱导类胡萝卜素，特别是 β－隐黄质的积累。相比之下，50B 蓝光 LED 照射可使所有反式紫黄质和 9－顺式紫黄质含量增加。在 100B 处理下上调类胡萝卜素生物合成基因（CitPSY、CitPDS、CitZDS、CitLCYb1、CitLCYb2 和 CitCHYb）导致了柑橘 β－隐黄质含量的增加（图 10.2），而巴伦夏橙在 50B 处理下则能有效诱导类胡萝卜素积累，且基因表达水平相近。培养巴伦夏橙第 4 周，CitPSY、CitPDS、CitZDS、CitLCYb2 和 CitCHYb 基因表达的增加与全反式紫黄质和 9－顺式紫黄质的积累密切相关。此外，蓝光强度从 50B 增加到 100B 会改变两种柑橘类胡萝卜素 b、ε－类胡萝卜素和 β－类胡萝卜素的比例。综上所述，Zhang 等人（2015）的研究证明了蓝光强度在类胡萝卜素积累调控机制中的差异作用。

研究人员研究了红色 LED 光单独照射或与乙烯联合照射对柑橘果实中类胡萝卜素积累及相关基因表达的影响。红色 LED 处理上调了 CitPSY、CitCRTISO、CitLCYb2、CitLCYe 和 CitVDE 基因的表达（图 10.2）。然而，红色 LED 光和乙烯联合处理增加了 CitPSY、CitPDS、CitZDS、CitCRTISO、CitLCYb1、CitLCYb2、CitLCye、CitCHYb 和 CitZEP 的表达，最终导致 β－隐黄质、全反式紫黄质和叶黄素的积累。乙烯单独处理，叶黄素、全反式紫黄质和 9－顺式紫黄质含量均降低。乙烯处理下调了 CitLCYe 的表达，这与叶黄素的减少有关。乙烯对叶黄素积累的不利影响可以通过红色 LED 照射来解决。这些结果表明，红色 LED 处理和乙烯采后应用在提高柑橘果实营养价值方面具有潜在的作用。

10.2.3　LED 光下黄酮合成相关基因表达的调控

花青素是一种水溶性色素，属于类黄酮类。大量的研究认为，花青素具有多种多样的生物学作用。其中许多都与胁迫反应、对食草动物的警示性防御信号、光易性防御化合物（如硫紫素）的保护、光氧化损伤的保护、紫外线辐射的保护、捕食者对种子传播的吸引和自由基清除有关。此外，花青素对人类健康有广泛的有益影响，包括抗菌、消炎、抗病毒、抗癌和神经保护。花青素色泽鲜艳，水溶性高，具有丰富的生物特性，是一种极具潜力的天然色素。它可替代各种食品中的合成色素。

花青素的积累、黄酮类化合物的鉴定及相关基因的表达是近年来研究的热点。光照可以影响类黄酮合成和花青素含量相关关键酶的基因表达。类黄酮是通过苯丙烷途径合成的，其中苯基氨裂解酶（PAL）催化第一反应。黄酮生物合成的其他主要中间酶有查尔酮合成酶（CHS）、黄烷酮－3－羟化酶（F3H）、二氢黄酮醇还原酶（DFR）、花青素合成酶（ANS）和花青素还原酶（ANR）。ABA 代谢和花青素合成在苹果、葡萄和甜樱桃的果实中有密切的关系。Kondo 等人（2014）研究了蓝色和红色 LED 照射对葡萄脱落酸代谢和花青素合成的影响。红色 LED（660 nm）处理的葡萄果皮内源 ABA 浓度高于蓝色 LED（450 nm）处理和未处理的对照果皮。同时，红色 LED 照射（50 $\mu mol \cdot m^{-2} \cdot s^{-1}$）增强了 ABA 合成途径上游 9－顺式环氧类胡萝卜素双加氧酶（VvNCED1）和 ABA 8'－羟化酶（VvCYP707A1）的表达。相比之下，蓝色 LED 处理的果实内源 ABA 浓度最低，而花青素含量高于红色 LED 处理的果实。研究结果未能建立内源 ABA 浓度和花青素合成之间的直接关系，提示可能有另一个因素比内源 ABA 更能调节花青素合成。在红色和蓝色 LED 处理下，VlMYBA1－2 和 VvUFGT 的表达量均增加。然而，这些基因的表达与花青素浓度无关。因此，myb 相关基因的表达可能不会调控葡萄皮中花青素的积累。VvUFGT 在转色期的表达模式表明其对花青素合成的影响。

研究人员研究了 LED 在两个不同季节对葡萄植株 ABA 合成和花青素浓度的影响。内源 ABA 浓度随生长季节和 LED 处理而变化。在早期加热培养过程中，蓝光 LED 照射增加了 ABA 浓度，而在正常生长季，红光 LED 照射增加了 ABA 含量。无论哪个生长季节，VvNCED1 和 VvCYP707A1 基因在每个处理（红色或蓝色 LED）中均高表达。两个季节中，蓝色 LED 处理的花青素浓度最高，其次是红色 LED 处理，VlMYBA1－2、VlMYBA2 和 VvUFGT 的表达与花青素浓度一致。总的来说，对葡萄的研究表明，蓝色 LED 照射对花青素的积累有促进作用。蓝色 LED 对草莓花青素合成的影响也得到了证实，但这是通过光促素 2 的 FaPHOT2 来实现的。

以荞麦苗（*F. tataricum*）为材料，研究人员研究了 LED 光照下苯丙烷类化合物的积累及其关键酶基因的表达水平，记录了芽苗菜在不同波长（红色（660 nm）、蓝色（450 nm）和白色（380 nm））的 LED 下暴露，分别照射后第

2 天、4 天、6 天、8 天和 10 天的关键苯丙烷基因转录水平。所有基因的表达水平在 LED 照射后的第 2 天达到峰值。然而，参与类黄酮途径的基因表达水平在不同处理之间存在差异。在蓝色和白色 LED 下生长的芽中，FtPAL 和 FtF3H 的表达水平高于红色 LED 处理的芽（图 10.3）。蓝色 LED 照射下 FtC4H、FtCHI、FtFLS－2 和 FtANS 基因的表达水平高于红色和白色 LED 照射下（图 10.3）。与蓝色和红色 LED 照射相比，白色 LED 增强了 FtDFR 的表达。总的来说，在蓝色和白色 LED 下生长的芽比红色 LED 处理的芽有更多的转录数。通过研究，建议使用蓝色 LED 来增强苦荞芽花青素的积累。

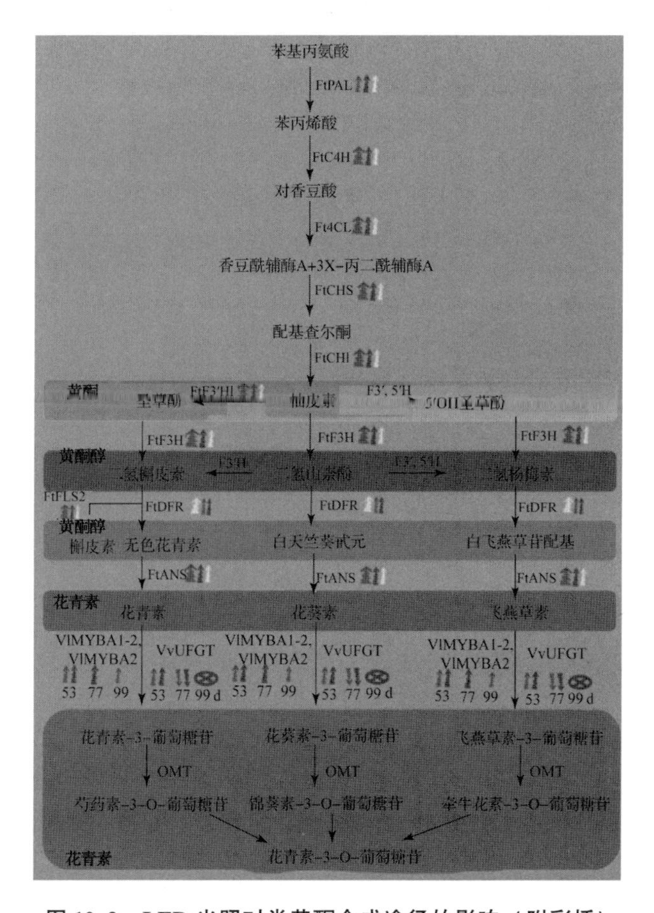

图 10.3　LED 光照对类黄酮合成途径的影响（附彩插）

不同波段的 LED 被标记为各自的颜色；条带宽度的变化表明了基因表达水平的程度；

在花期第 99 天，与对照组相比，基因表达水平没有变化，用一个交叉圈表示

10.2.4 LED 对抗坏血酸代谢相关基因表达的影响

抗坏血酸（AsA）是一种强而活性的抗氧化剂，通过预防结缔组织相关的不同疾病（如坏血病），在人类健康中发挥重要作用。它还具有抗氧化剂的作用，清除可能诱发癌症和衰老的自由基。AsA 对植物的各种生理过程都有积极的影响。它调节细胞的扩张和分裂，控制衰老的开始，并在植物防御活性氧（ROS）介导的胁迫中发挥重要作用。AsA 还可以通过植物激素介导的基因表达调控植物生长。

水果和蔬菜是人类饮食中 AsA 的主要来源。采后贮藏过程中的衰老会迅速降低 AsA 含量。各种各样的采后管理方法，如气控贮藏和包装、化学品处理、细胞分裂素和乙烯蒸气已被采用来延缓采后衰老。

近年来，光照可以通过调节鲜切西兰花的抗坏血酸代谢来延长其货架期并保持其营养品质。研究人员研究了 LED 光照对西兰花（*Brassica oleracea* L. var. italic）采后 AsA 代谢及相关衰老的影响。红色 LED 照射（660 nm）不仅延缓了衰老，而且延缓了 AsA 含量的下降。蓝色 LED 光处理对衰老过程无明显影响，AsA 含量与对照组相似。尽管红色 LED 暴露在延缓衰老和保持营养价值方面有积极的作用，但由于其实际使用限制，不推荐用于采后贮藏。为了解决这个问题，Ma 等人（2014）设计了一种改良的白光 LED（430 ~ 730 nm）灯具，其中红光的比例增加，蓝光的比例减少。在改良白光 LED（50 μmol · m^{-2} · s^{-1}）下，采后第 1 天和第 2 天 AsA 含量均高于对照。在西兰花中，AsA 的代谢是由参与合成、降解和再生的基因调控的。与 AsA 代谢相关的基因已被克隆和鉴定。在白光 LED 下，西兰花在收获后的第 1 天和第 2 天 AsA 的下降被延迟抑制，原因是 AsA 生物合成基因（BO - VTC2 和 BO - GLDH）和 AsA 再生基因（BO - MDAR1 和 BO - MDAR2）上调（图 10.4）。AsA 分解基因 BO - APX1 在采后第 1、2 天表达上调，而 BO - APX2 和 BO - sAPX 仅在采后第 1 天表达下调。这些基因的表达水平与 AsA 含量相关性不强。因此，我们排除了它们对改良白光 LED 处理后 AsA 降低的抑制作用，AsA 再生基因 BO - DHAR 的表达也是如此。

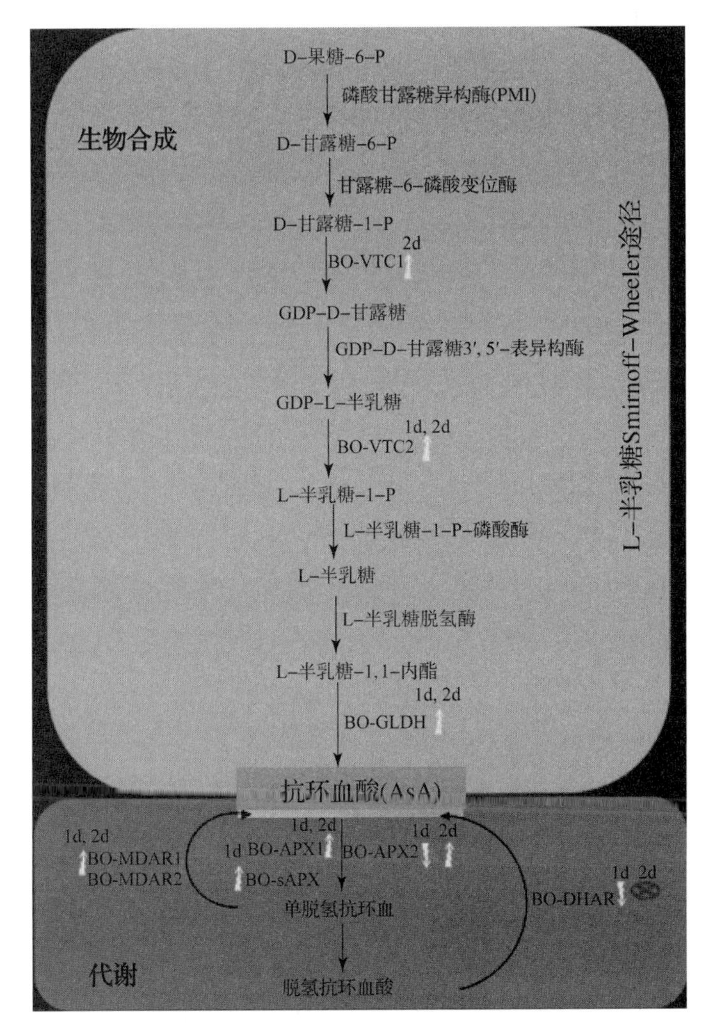

图 10.4　LED 处理对抗坏血酸代谢的影响

箭头表示通过改性白光 LED 上调基因表达（改编自 Ma 等，2014）

10.2.5　LED 诱导的防御和防御基因的转录

光在植物抗病中的调节作用除了在植物生长发育中的许多方面外，已在许多植物品种中得到报道。研究表明，光诱导的信号通路与植物的防御通路相互作用，光介导的光敏色素信号通路、敏感反应的发展和系统获得抗性之间存在交互作用。随着 LED 技术的发展，人们越来越有兴趣利用这种光源来开发环保策略，以控制植物病害的发展，而不是使用对环境有危害的化学杀菌剂。Wang 等人

(2010) 研究了单色 LED 光照对黄瓜 (*Cucumis sativus*) 白粉病 (*Sphaerotheca fuliginea*) 抗性的影响。结果表明，红色 LED 处理 (628.6 nm) 可显著降低白粉病的发病率，而白色 LED 单色光处理 (628.6 nm) 可显著降低白粉病的发病率；紫色 (394.6 nm)、蓝色 (452.5 nm)、绿色 (522.5 nm)、黄色 (594.5 nm) LED 增加了发病率。在红光照射下，PR－1 (水杨酸依赖型 SAR 通路的分子标记)、WRKY30 和 WRKY6 (SAR 相关的转录因子编码基因) 基因的表达水平上调，而其他 LED 光源则下调这些基因的表达水平。在紫色和蓝色 LED 下生长的植物比在红色 LED 下生长的植物有更高的发病率和 CS、CAD 和 PAL 的转录水平。在一些研究中已经报道了红光诱导抗病的作用。该表达模式表明，物理屏障的增强或黄酮类化合物和总酚类化合物的积累可能在黄瓜抗白粉病光诱导中起不了决定性作用。红色 LED 下增强的抗性与 SA 介导的防御相关。在本氏烟草 (*Nicotiana benthamiana*) 中，使用 LED 可降低丁香假单胞菌 (*Pseudomonas syringae* pv. *tabaci*) 引起的野火发病率。紫光 (380 nm)、蓝光 (440 nm) 和红光 (660 nm) 照射的植株叶片上的病变发展比荧光照射的植株要少。LED 照射诱导防御相关基因如 CHS、GST、TLP、PR Q、PINII 和 TLP 的表达，而蓝光和红光处理的抑制效果最大。在病原菌感染前，LED 作用下 PR Q、PINII 和 TLP 上调，提示其抑制疾病症状的作用。此外，LED 照射下植物 GST 和 TLP 表达水平的提高抑制了紫丁香 (*P. syringae*) 的生长，并且抑制了病变发展情况的发生。

10.3 结论

目前已有的数据显示，定制设计的 LED 光照系统能够调节多种有价值的代谢通路基因、光感受器基因和防御相关基因。LED 光照系统的这种潜力为提高重要次级代谢产物的生产、通过影响细胞通路的基因表达来降低疾病发生率或某些作物的病原体负荷开辟了新的途径。大多数 LED 诱导的基因表达研究是通过实时荧光定量 PCR 进行的。利用 LED 的不同波段，主要是单独或联合使用蓝色、红色和白色 LED。具有特定波段的 LED 可以刺激季节性观赏植物提前或均匀开花，或者通过调节遗传因素产生维生素或矿物质含量更高的特定作物。然而，其他因素也参与了 LED 调控的代谢基因表达。目前，没有一项研究发现 LED 诱导的速率限制基因表达或任何代谢途径基因的反馈抑制。在植物生命周期的某些关键时刻，利用 LED 窄带照射触发级联反应是可行的。随着半导体材料的发展和高发光效率发射器设计的改进，高效 LED 灯具的开发带来了节能照明系统。随着植物生长发育分子遗传控制的突破，基于 LED 的物种特异性照明系统设计可能最大限度地提高植物的生产力，提高水果和蔬菜的营养质量，并改善药用植物的药物属性，同时限制种植的生产成本和环境影响。

参考文献

Ahn SY, Kim SA, Baek KH, Yun HK (2013) Inhibiting wildfire and inducing defense-related gene expression by LED treatment on *Nicotiana benthamiana*. J Plant Pathol 95:477–483

Alabadi D, Blazquez MA (2009) Molecular interactions between light and hormone signaling to control plant growth. Plant Mol Biol 69:409–417

Al-Delaimy WK, Slimani N, Ferrari P, Key T, Spencer E, Johansson I, Johansson G, Mattisson I, Wirfalt E, Sieri S, Agudo A, Celentano E, Palli D, Sacerdote C, Tumino R, Dorronsoro M, Ocké MC, Bueno-De-Mesquita HB, Overvad K, Chirlaque MD, Trichopoulou A, Naska A, Tjonneland A, Olsen A, Lund E, Skeie G, Ardanaz E, Kesse E, Boutron-Ruault MC, Clavel-Chapelon F, Bingham S, Welch AA, Martinez-Garcia C, Nagel G, Linseisen J, Quirós JR, Peeters PH, van Gils CH, Boeing H, van Kappel AL, Steghens JP, Riboli E (2005) Plasma carotenoids as biomarkers of intake of fruits and vegetables: ecological level correlations in the european prospective investigation into cancer and nutrition (EPIC). Eur J Clin Nutr 59:1397–1408

Alquézar B, Zacarías L, Rodrigo MJ (2009) Molecular and functional characterization of a novel chromoplast-specific lycopene β-cyclase from Citrus and its relation to lycopene accumulation. J Exp Bot 60:1783–1797

Bitsch R, Netzel M, Frank T, Strass G, Bitsch I (2004) Bioavailability and biokinetics of anthocyanins from red grape juice and red wine. J Biomed Biotechnol 5:293–298

Briggs WR, Christie JM (2002) Phototropins 1 and 2: versatile plant blue-light receptors. Trends Plant Sci 7:204–210

Britton G (1998) Overview on carotenoid biosynthesis. In: Britton G, Liaaen-Jensen S, Pfander H (eds) Carotenoids, 3rd edn. Birkhauser, Switzerland, pp 13–147

Camire ME, Chaovanalikit A, Dougherty MP, Briggs J (2002) Blueberry and grape anthocyanins as breakfast cereal colorants. J Food Sci 67:438–441

Chang J, Luo J, He G (2009) Regulation of polyphenols accumulation by combined overexpression/silencing key enzymes of phenylpropanoid pathway. Acta Biochim Biophys Sin (Shanghai) 41:123–130

Chen M, Chory J, Fankhauser C (2004) Light signal transduction in higher plants. Ann Rev Genet 38:87–117

Cunningham FX, Gantt E (1998) Genes and enzymes of carotenoid biosynthesis in plants. Annu Rev Plant Physiol Plant Mol Biol 49:557–583

De Pascual-Teresa S, Sanchez-Ballesta MT (2008) Anthocyanins: from plant to health. Phytochem Rev 7:281–299

Dorais M, Gosselin A (2002) Physiological response of greenhouse vegetable crops to supplemental lighting. Acta Hort 580:59–67

Exner V, Alexandre C, Rosenfeldt G, Alfarano P, Nater M, Caflisch A, Gruissem W, Batschauer A, Hennig L (2010) A gain-of-function mutation of Arabidopsis cryptochrome1 promotes flowering. Plant Physiol 154:1633–1645

Folta KM, Pontin MA, Karlin-Neumann G, Bottini R, Spalding EP (2003) Genomic and physiological studies of early cryptochrome 1 action demonstrate roles for auxin and gibberellin in the control of hypocotyl growth by blue light. Plant J 36:203–214

Frank HA, Cogdell RJ (1996) Carotenoids in photosynthesis. Photochem Photobiol 63:257–264

Fraikin GY, Strakhovskaya MG, Rubin AB (2013) Biological photoreceptors of light-dependent regulatory processes. Biochem Mosc 78:1238–1253

Genoud T, Buchala AJ, Chua NH, Metraux JP (2002) Phytochrome signalling modulates the SA perceptive pathway in *Arabidopsis*. Plant J 31:87–95

Gould KS (2004) Nature's swiss army knife: the diverse protective roles of anthocyanins in leaves. J Biomed Biotechnol 2004(5):314–320

Griebel T, Zeier J (2008) Light regulation and daytime dependency of inducible plant defenses in *Arabidopsis*: phytochrome signaling controls systemic acquired resistance rather than local defense. Plant Physiol 147:790–801

Guilfoyle TJ, Hagen G (2007) Auxin response factors. Curr Opin Plant Biol 10:453–460

Hannoufa A, Hossain Z (2012) Regulation of carotenoid accumulation in plants. Biocatal Agric Biotechnol 1:198–202

Havaux M (1998) Carotenoids as membrane stabilizers in chloroplasts. Trends Plant Sci 3:147–151

Hayes S, Velanisb CN, Jenkinsb GI, Franklina KA (2014) UV-B detected by the UVR8 photoreceptor antagonizes auxin signaling and plant shade avoidance. Proc Natl Acad Sci USA 111:11894–11899

Heijde M, Ulm R (2012) UV-B photoreceptor-mediated signalling in plants. Trends Plant Sci 17:230–237

Heuvelink E, Bakker MJ, Hogendonk L, Janse J, Kaarsemaker R, Maaswinkel R (2006) Horticultural lighting in the Netherlands: new developments. Acta Hort 711:25–34

Higuchi Y, Narumi T, Oda A, Nakano Y, Sumitomo K, Fukai S, Hisamatsu T (2013) The gated induction system of a systemic floral inhibitor, antiflorigen, determines obligate short-day flowering in chrysanthemums. Proc Natl Acad Sci USA 110:17137–17142

Iqbal Y, Ihsanullah I, Shaheen N, Hussain I (2009) Significance of vitamin C in plants. J Chem Soc Pak 31:169–170

Islam SZ, Honda Y, Arase S (1998) Light-induced resistance of broad bean against *Botrytis cinerea*. J Phyto Pathol 146:479–485

Islam SZ, Babadoost M, Honda Y, Sawa Y (2002) Characterization of antifungal glycoprotein in red-light-irradiated broadbean leaflets. Mycoscience 43:471–473

Islam SZ, Babadoost M, Bekal S, Lambert K (2008) Red light-induced systemic disease resistance against root knot nematode *Meloido gyne javanica* and *Pseudomonas syringae* pv. tomato DC 3000. J Phyto Pathol 156:708–714

Jing P, Bomser JA, Schwartz SJ, He J, Magnuson BA, Giusti MM (2008) Structure-function relationships of anthocyanins from various anthocyanin-rich extracts on the inhibition of colon cancer cell growth. J Agr Food Chem 56:9391–9398

Kadomura-Ishikawa Y, Miyawaki K, Noji S, Takahashi A (2013) Phototropin 2 is involved in blue light-induced anthocyanin accumulation in *Fragaria x ananassa* fruits. J Plant Res 126:847–857

Kami C, Lorrain S, Hornitschek P, Fankhauser C (2010) Light regulated plant growth and development. Curr Top Dev Biol 91:29–66

Kasahara M, Kagawa T, Sato Y, Kiyosue T, Wada M (2004) Phototropins mediate blue and red light-induced chloroplast movements in *Physcomitrella patens*. Plant Physiol 135:1388–1397

Kato M (2012) Mechanism of carotenoid accumulation in citrus fruit. J Jpn Soc Hortic Sci 81:219–233

Kato M, Ikoma Y, Matsumoto H, Sugiura M, Hyodo H, Yano M (2004) Accumulation of carotenoids and expression of carotenoid biosynthetic genes during maturation in citrus fruit. Plant Physiol 134:824–837

Khachik F, London E, de Moura FF, Johnson M, Steidl S, Detolla L, Shipley S, Sanchez R, Chen XQ, Flaws J, Lutty G, McLeod S, Fowler B (2006) Chronic ingestion of (3R, 3′R, 6′R)-

lutein and (3R, 3′R)-zeaxanthin in the female *Rhesus macaque*. Invest Ophthalmol Vis Sci 47:5476–5486

Khanam NN, Kihara J, Honda Y, Tsukamoto T, Arase S (2005) Studies on red light-induced resistance of broad bean to *Botrytis cinerea*: I: possible production of suppressor and elicitor by germinating spores of pathogen. J Gen Plant Pathol 71:285–288

Kharshiing E, Sinha SP (2015) Plant productivity: can photoreceptors light the way? J Plant Growth Regul 34:206–214

Kim WY, Hicks KA, Somers DE (2005) Independent roles for EARLY FLOWERING 3 and ZEITLUPE in the control of circadian timing, hypocotyl length, and flowering time. Plant Physiol 139:1557–1569

Kim EY, Park SA, Park BJ, Lee Y, Oh MM (2014) Growth and antioxidant phenolic compounds in cherry tomato seedlings grown under monochromatic light-emitting diodes. Hort Environ Biotechnol 55:506–513

Kinoshita T, Doi M, Suetsugu N, Kagawa T, Wada M, Shimazaki K (2001) Phot 1 and phot 2 mediate blue light regulation of stomatal opening. Nature 414:656–660

Kobayashi S (2009) Regulation of anthocyanin biosynthesis in grapes. J Jpn Soc Hort Sci 78:387–393

Kondo S, Tomiyama H, Rodyoung A, Okawa K, Ohara H, Sugaya S, Terahara N, Hirai N (2014) Abscisic acid metabolism and anthocyanin synthesis in grape skin are affected by light emitting diode (LED) irradiation at night. J Plant Physiol 171:823–829

Kudo R, Ishida Y, Yamamoto K (2011) Effect of green light irradiation on induction of disease resistance in plants. Acta Hort 907:251–254

Lau OS, Deng XW (2010) Plant hormone signaling lightens up: integrators of light and hormones. Curr Opin Plant Biol 13:571–577

Lee SH, Tewari RK, Hahn EJ, Paek KY (2007) Photon flux density and light quality induce changes in growth, stomatal development, photosynthesis and transpiration of *Withania somnifera* (L.) Dunal. plantlets. Plant Cell Tiss Org Cult 90:141–151

Lee J, Mattheis JP, Rudell DR (2012) Antioxidant treatment alters metabolism associated with internal browning in ‘Braeburn’ apples during controlled atmosphere storage. Postharvest Biol Technol 68:32–42

Leopold AC (1951) Photoperiodism in plants. Q Rev Biol 26:247–263

Li J, Lib G, Wang H, Deng XW (2011) Phytochrome signaling mechanisms. Arabidopsis Book. doi:10.1199/tab.0148

Li SB, Xie ZZ, Hu CG, Zhang JZ (2016) A review of auxin response factors (ARFs) in plants. Front Plant Sci. doi:10.3389/fpls.2016.00047

Lin C (2000) Photoreception and regulation of flowering time. Plant Physiol 123:139–150

Liu XY, Guo GR, Chang TT, Xu ZG, Takafumi T (2012) Regulation of the growth and photosynthesis of cherry tomato seedlings by different light irradiations of light emitting diodes (LED). Afr J Biotechnol 11:6169–6177

Long SP, Humphries S, Falkowski PG (1994) Photoinhibition of photosynthesis in nature. Annu Rev Plant Physiol Plant Mol Biol 45:633–662

Lopez L, Carbone F, Bianco L, Giuliano G, Facella P, Perrotta G (2012) Tomato plants over expressing cryptochrome 2 reveal altered expression of energy and stress-related gene products in response to diurnal cues. Plant, Cell Environ 35:994–1012

Ma G, Zhang LC, Kato M, Yamawaki K, Asai T, Nishikawa F, Ikoma Y, Mat-sumoto H, Yamauchi T, Kamisako T (2012) Effect of electrostatic atomization on ascorbate metabolism in postharvest broccoli. Postharvest Biol Technol 74:19–25

Ma G, Zhang L, Setiawan CK, Yamawaki K, Asai T, Nishikawa F, Maezawa S, Sato H, Kanemitsue N, Kato M (2014) Effect of red and blue LED light irradiation on ascorbate content and expression of genes related to ascorbate metabolism in post harvest broccoli. Postharvest Biol Technol 94:97–103

Ma G, Zhang L, Kato M, Yamawaki K, Kiriiwa Y, Yahata M, Ikoma Y, Matsumoto H (2015) Effect of the combination of ethylene and red LED light irradiation on carotenoid accumulation and carotenogenic gene expression in the flavedo of citrus fruit. Postharvest Biol and Technol 99:99–104

Massa GD, Kim HH, Wheeler RM, Mitchell CA (2008) Plant productivity in response to LED lighting. HortScience 43:1951–1956
Mittler R (2002) Oxidative stress, antioxidants and stress tolerance. Trends Plant Sci 7:405–410
Mockler T, Yang H, Yu W, Parikh D, Cheng Y, Dolan S, Lin C (2003) Regulation of photoperiodic flowering by *Arabidopsis* photoreceptors. Proc Natl Acad Sci USA 100:2140–2145
Molas ML, Kiss JZ (2009) Phototropism and gravitropism in plants. Adv Bot Res 49:1–34
Nelson JA, Bugbee B (2014) Economic analysis of greenhouse lighting: light emitting diodes vs. high intensity discharge fixtures. PloS One 9(e99010):1–10
Nisar N, Li L, Lu S, Khin NC, Pogson B (2015) Carotenoid metabolism in plants. Mol Plant 8:68–82
Nishikawa F, Kato M, Hyodo H, Ikoma Y, Sugiura M, Yano M (2003) Ascorbate metabolism in harvested broccoli. J Exp Bot 54:2439–2448
Okushima Y, Overvoorde PJ, Arima K, Alonso JM, Chan A, Chang C, Ecker JR, Hughes B, Lui A, Nguyen D, Onodera C (2005) Functional genomic analysis of the auxin response factor gene family members in *Arabidopsis thaliana*: unique and overlapping functions of ARF7 and ARF19. Plant Cell 17(2):444–463
Page JE, Towers GH (2002) Anthocyanins protect light sensitive thiarubrine phototoxins. Planta 215(3):478–484
Park YG, Muneer S, Jeong BR (2015) Morphogenesis, flowering, and gene expression of *Dendranthema grandiflorum* in response to shift in light quality of night interruption. Int J Mol Sci 16:16497–16513
Pashkovskiy PP, Kartashov AV, Zlobin IE, Pogosyan SI, Kuznetsov VV (2016) Blue light alters miR167 expression and microRNA-targeted auxin response factor genes in *Arabidopsis thaliana* plants. Plant Physiol Biochem 104:146–154
Pastori GM, Kiddle G, Antoniw J, Bernard S, Veljovic-Jovanovic S, Verrier PJ, Noctor G, Foyer CH (2003) Leaf vitamin C contents modulate plant defense transcripts and regulate genes that control development through hormone signaling. Plant Cell 15:939–951
Pouchieu C, Galan P, Ducros V, Latino-Martel P, Hercberg S, Touvier M (2014) Plasma carotenoids and retinol and overall and breast cancer risk: a nested case-control study. Nutr Cancer 66:980–988
Rahman MZ, Honda Y, Arase S (2003) Red-light-induced resistance in broad bean (*Vicia faba* L.) to leaf spot disease caused by *Alternaria tenuissima*. J Phytopathol 151(2):86–91
Rodyoung A, Masuda Y, Tomiyama H, Saito T, Okawa K, Ohara H, Kondo S (2016) Effects of light emitting diode irradiation at night on abscisic acid metabolism and anthocyanin synthesis in grapes in different growing seasons. Plant Growth Regul 79:39–46
Sharma RR, Singh D, Singh R (2009) Biological control of postharvest diseases of fruits and vegetables by microbial antagonists: a review. Biol Control 50:205–221
Singh D, Basu C, Meinhardt-Wollweber M, Roth B (2015) LEDs for energy efficient greenhouse lighting. Renew Sustain Energy Rev 49:139–147
Smirnoff N (1996) The function and metabolism of ascorbic acid in plants. Ann Bot 78:661–669
Somers DE, Kim WY, Geng R (2004) The F-Box protein ZEITLUPE confers dosage-dependent control on the circadian clock, photomorphogenesis, and flowering time. Plant Cell 16:769–782
Takahama U (2004) Oxidation of vacuolar and apoplastic phenolic substrates by peroxidases: physiological significance of the oxidation reactions. Phytochem Rev 3:207–219
Thwe AA, Kim YB, Li X, Seo JM, Kim SJ, Suzuki T, Chung SO, Park SU (2014) Effects of light-emitting diodes on expression of phenylpropanoid biosynthetic genes and accumulation of phenylpropanoids in *Fagopyrum tataricum* sprouts. J Agric Food Chem 62:4839–4845
Tuan PA, Thwe AA, Kim JK, Kim YB, Lee S, Park SU (2013) Molecular characterization and the light—dark regulation of carotenoid biosynthesis in sprouts of tartary buckwheat (*Fagopyrum tataricum* Gaertn.). Food Chem 141:3803–3812
Wada M, Kagawa T, Sato Y (2003) Chloroplast movement. Annu Rev Plant Biol 54:455–468
Wang H, Jiang YP, Yu HJ, Xia XJ, Shi K, Zhou YH, Yu JQ (2010) Light quality affects incidence of powdery mildew, expression of defense-related genes and associated metabolism in cucumber plants. Eur J Plant Pathol 127:125–135

Warner RM, Erwin JE (2003) Effect of photoperiod and daily light integral on flowering of five *Hibiscus* sp. Sci Hortic 97:341–351

Wheeler GL, Jones MA, Smirnoff N (1998) The biosynthetic pathway of vitamin C in higher plants. Nature 393:365–369

Wu SH (2014) Gene expression regulation in photomorphogenesis from the perspective of the central dogma. Annu Rev Plant Biol 65:311–333

Wu MC, Hou CY, Jiang CM, Wang YT, Wang CY, Chen HH, Chang HM (2007) A novel approach of LED light radiation improves the antioxidant activity of pea seedlings. Food Chem 101:1753–1758

Yamada AT, Tanigawa T, Suyama T, Matsuno T, Kunitake T (2008) Night break treatment using different light sources promotes or delays growth and flowering of *Eustoma grandiflorum* (Raf.) Shinn. J Jpn Soc Hortic Sci 77:69–74

Zhang L, Ma G, Kato M, Yamawaki K, Takagi T, Kiriiwa Y, Ikoma Y, Matsumoto H, Yoshioka T, Nesumi H (2012) Regulation of carotenoid accumulation and the expression of carotenoid metabolic genes in citrus juice sacs in vitro. J Exp Bot 63:871–886

Zhang L, Ma G, Yamawaki K, Ikoma Y, Matsumoto H, Yoshioka T, Ohta S, Kato M (2015) Effect of blue LED light intensity on carotenoid accumulation in citrus juice sacs. J Plant Physiol 188:58–63

第 11 章
LED 对人参不定根生长、抗氧化活性及代谢产物的影响

比马尔·库马尔·吉米尔（Bimal Kumar Ghimire）、
在根李（Jae Geun Lee）、霁惠柳（Ji Hye Yoo）、
在光金（Jae Kwang Kim）、昌妍（Chang Yeon Yu）

11.1 引言

人参（*Panax ginseng C. A. Meyer*）是一种多年生草本植物，分布在韩国、日本、中国、欧洲和北美。几千年来，这些植物的根一直被传统地用作功能性食品和草药，用于治疗人类疾病。它们被用于治疗血压、改善肝功能和免疫系统以及治疗绝经后症状。人参提取物还具有抗应激、抗糖尿病、抗衰老、抗癌、免疫调节、神经保护、抗疲劳、保心、保肝等生理药理作用。也有报道称，人参提取物具有抗炎和抗氧化活性。许多研究者报道了人参根中存在的各种生物活性化合物，如人参皂苷、黄酮类化合物、脂肪酸、单/三萜、苯丙烷、利它素、烷烃、炔烃、甾醇和多糖。在这些生物活性化合物中，人参皂苷是最重要的，因为它具有广泛的健康益处，包括预防癌症和调节免疫系统。人参皂苷分为 Rb（Rb1、Rb2、Rb3、Rc、Rd、Rg3、Rh2）和 Rg 两大类（Re、Rg1、Rg2、Rf、Rh1）。

传统的田间栽培人参方法费时费力，成本较高。此外，土壤条件范围窄、生境特殊、投资大、打破休眠需要分层、发芽率低、病害和生理紊乱等都是减产的原因。在过去的十年中，利用生物技术方法生产次生代谢物已成为不可缺少的和吸引人的一种替代传统的栽培方法。利用生物反应器培养不定根对生产有价值的生

物活性化合物是有益和经济的，具有稳定的质量和产量，且不受外部因素的影响。

不同的内外参数会影响植物的体外生长，其中光是影响植物生长、器官和胚胎发生以及次生代谢产物产生的重要因素。近年来，LED 技术的发展在改善植物生长和使系统更具可持续性方面呈现出巨大的潜力。不同类型的 LED 照射已证实，可在越南参（*Panax vietnamensis*）中产生人参皂苷、在人参中产生皂苷、在欧芹（*Petroselinum hortense*）中产生黄酮苷、在紫苏（*Perilla frutescens*）中产生花青素、在青蒿（*Artemisia annua*）中产生青蒿素和在黑心菊（*Rudbeckia hirta*）中产生普切林 E。此外，许多研究成功地将 LED 用于不同目的的不同植物品种的离体培养，并确定了各种生理、形态和代谢效应。

植物氧化胁迫是由光胁迫等多种非生物因子引起的。氧化应激会导致植物体内产生自由基（ROSs），并导致细胞成分（包括 DNA、脂质和蛋白质）恶化和损伤。在体外培养的组织中，酚类物质的积累可能对抗氧化应激，并在清除有毒物质中发挥重要作用。此外，适当的 LED 波长已被成功地用于增加抗氧化作用和保护对抗非生物胁迫。LED 作为光源，由于其独特的特点，包括能源消耗少、产生热量、长寿命和易于控制、高效率、低工作温度、PAR 效率、在特定波长下的高通量率，吸引了相当大的兴趣。相比之下，传统的荧光灯、金属卤化物灯和白炽灯使用更多的能量，产生更多的热能，对离体植物造成不必要的光应激和热应激。此外，在离体植物的生长发育中，光的波长范围可能不是必需的。在这里，我们使用不同波长的 LED 灯检测了 LED 对人参高价值次级代谢产物的产生、生长和抗氧化特性的影响。

11.2　培养建立与光处理

图 11.1 中培养的人参不定根由韩国庆熙大学东方药材加工系提供。不定根在生物反应器中培养，放置在一个控制室中，没有 LED 的光谱干扰。最初，将人参不定根连续 5 周在 250 mL 摇瓶中培养，然后切成 0.5 ~ 2.0 cm 的片并在无菌生物反应器中接种。该生物反应器包含 10 L 的 SH 的液体培养基，其中补充了 30 g/L 蔗糖和 2 mg/L 3 – 吲哚丁酸（IBA）；将 pH 值调至 5.7 ~ 5.8，并将其转移到装有红色 LED（630 nm）和蓝色 LED（465 nm）光谱中。荧光作为对照（图 11.1（a）~（f））。所有培养物均在 24 μmol · m^{-2} · s^{-1} 的光子通量密度下生长。

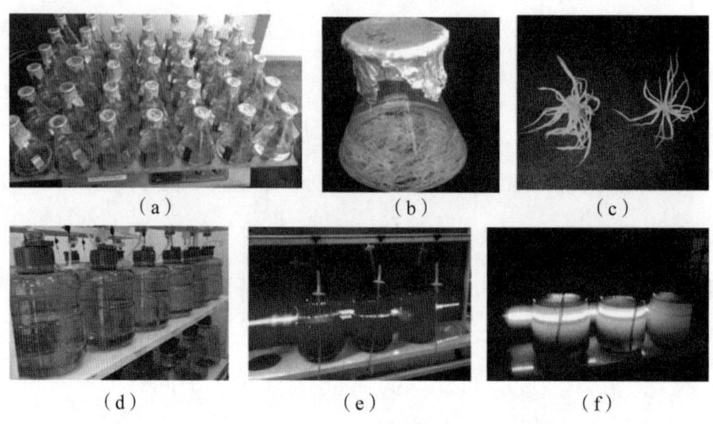

图 11.1　LED 下人参不定根培养的研究（附彩插）

（a）人参不定根摇瓶培养；（b），（c）8 周后的人参 AR；

（d）利用荧光处理人参一周后的生物反应器培养体系；

（e）红光 LED；（f）蓝光 LED

11.3　电子给予能力的测量和代谢物的分析

以抗坏血酸和丁基羟基甲苯（BHT）为标准抗氧化剂评价其自由基清除活性。采用稳定的 1，1 - 二苯基苦味肼基自由基（DPPH）测定其自由基清除活性。不定根的自由基清除活性以化合物存在和不存在时对 DPPH 的吸收百分比表示。计算的 RC_{50} 值表示清除 50% DPPH 自由基所需的样品浓度。DPPH 活性计算如下：

$$RC_{50} = (A_{空白} - A_{样品})/A_{空白} \times 100$$

式中，$A_{空白}$ 为对照反应的吸光度（包括除被测化合物外的所有试剂）；$A_{样品}$ 为被测化合物的吸光度。

各种酚酸的浓度是按照 Park 等人（2014）所描述的方法进行测定的，并略有修改。每个 LED 处理的人参（0.1 g）的 AR 在室温（25 ± 1）℃下超声提取 5 min，然后在 30 ℃下用 1 mL 含 2 g/L BHA 的 85% 甲醇处理 10 min。在 4 ℃、13 000 r/min 离心 10 min 后，对组合提取液和残渣进行分析，确定酚酸。加入 50 μmL 的 3，4，5 - 三甲氧基肉桂酸（100 g/ml）作为内标（IS），用 1 mL 5 N NaOH，30 ℃，氮气条件下水解 4 h。每个水解样品用 6 M HCl 调至 pH 值 1.5～2.0，用乙酸乙酯萃取，在离心浓缩器中蒸发。代谢物的鉴定采用之前

Park 等人（2014）描述的 GC - TOFMS 方法。按照 Kim 等人（2012）描述的方法测定了胆固醇、生育酚和植物甾醇的含量。

11.4 LED 对不定根生长的影响

研究人员评价了不同类型 LED 照射对人参 AR 鲜质量和干质量的影响，并与对照组进行了比较（图 11.2（a）~（i））。

(a)　(b)　(c)　(d)　(e)　(f)　(g)　(h)　(i)

图 11.2 不同类型 LED 照射对人参 AR 鲜质量和干质量的影响及对照组的比较（附彩插）

(a)，(b)，(c) 分别为利用荧光灯、红光 LED、蓝光 LED 培养 8 周后的人参 AR 生物反应器培养体系；

(d)，(e)，(f) 分别为利用荧光灯、红光 LED、蓝光 LED 培养 8 周后收获的人参 AR；

(g)，(h)，(i) 分别为利用荧光灯、红光 LED、蓝光 LED 照射下人参 AR 的形态特征与蓝色 LED 和荧光灯处理相比，红色 LED 照射处理的 AR 具有更高的鲜质量和干质量（图 11.3）。这一结果与 Yu 等人（2005）的报告一致。与蓝灯相比，红灯下根系总干质量较低。同时，研究人员还评估了在不同 LED 下生长的 AR 的形态变化。在蓝色 LED 下生长的 AR 导致根直径增加。然而，在红光 LED 照射下的 AR 直径与荧光灯照射下的 AR 直径无显著差异（图 11.4（a））。与蓝色 LED 和荧光灯相比，红色 LED 照射下的根长增加（图 11.4（b））。

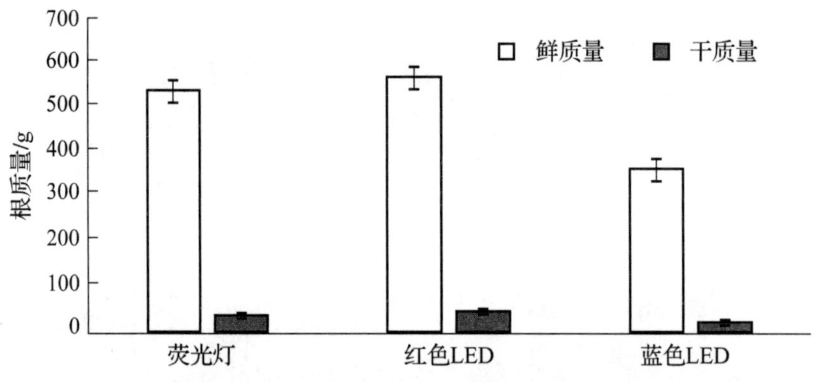

图 11.3 LED 处理人参 AR 的鲜质量和干质量

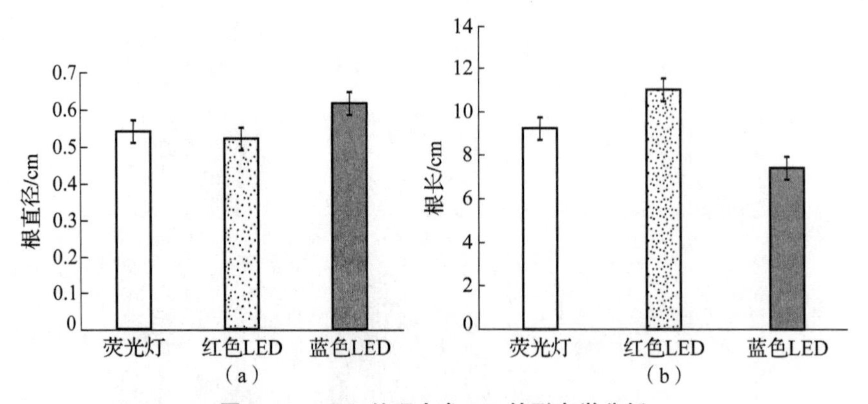

图 11.4 LED 处理人参 AR 的形态学分析

(a) 根直径；(b) 根长度

蓝色 LED 诱导的植株高度和叶片扩张抑制已在尖头蹄盖蕨（*A. vidalii*）和辣椒中被发现。相比之下，Liu 等人（2012）研究表明，蓝色 LED 在樱桃番茄幼苗中能够有效积累植物生物量。在一项类似的研究中，Kim 等人（2009）发现，在不同 LED 光照条件下，人参的根长和根径没有显著差异。Poudel 等人（2008）

报道了通过红色 LED 处理可以提高葡萄（Vitis vinifera）的生根率和根数。对于红掌（*Anthurium andraeanum*）、棉花（*Gossypium hirutum*）和菊花（*Chrysanthemum morifolium*），红色 LED 也被发现能刺激根的形成。其他研究表明，在适当的比例下，不同 LED 的作用相结合，可以获得植物生长发育的最佳状态。

11.5　不定根中酚酸的分析

光强和光质被认为是影响植物代谢的关键因素之一。光源可能在植物防御系统中起诱导因子的作用，刺激次生代谢产物的产生。此外，光源可对生长中的植物造成胁迫，诱导次生代谢物通过清除或中和有毒物质来防止氧化损伤。在本章中，研究了酚醛化合物 AR 在不同 LED 下的分布。在鉴定出的酚类化合物中，阿魏酸、对香豆酸、芥子酸、香草酸和丁香酸在蓝色 LED 灯下比在荧光和红色 LED 灯下显著增加（图 11.5）。

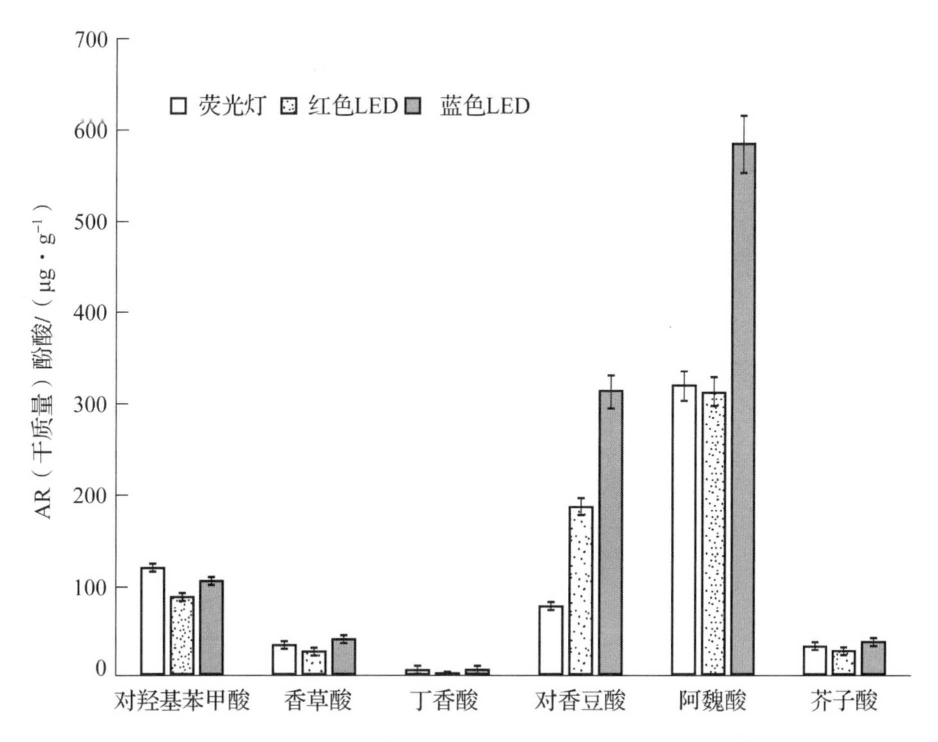

图 11.5　LED 处理人参（P.　ginseng）AR 的总酚酸组成

Johkan 等人（2010）也注意到，在红叶莴苣中蓝色 LED 光会增加酚类化合物的浓度。在另一项研究中，蓝色 LED 处理人参根中人参皂苷（Rg1）的含量显著增加。有人认为，蓝光的波长接近紫外线，这引发了具有抗氧化性能的酚类化合物的生物合成。在荧光条件下培养人参根，人参皂苷的产率最佳。与荧光照射的 AR 相比，红色 LED 光处理的 AR 显著降低了阿魏酸、芥子酸、丁香酸、香草酸和对羟基苯甲酸。在红色 LED 照射下，帝王花（*Protea cynaroides*）中 3，4 – 二羟基苯甲酸和阿魏酸的浓度最低。蓝色 LED 处理人参根中刺五加苷 B 和 E 含量增加，而在荧光条件下刺五加苷 E1 含量最高。红色 LED 处理后的麦草和青稞叶片中总酚含量较低。结果表明，酚类化合物的减少，尤其是阿魏酸和 3，4 – 二羟基苯甲酸的减少，与根的生长和根的数量成反比关系。在帝王花（*P. cynaroides*）中，类似的结果也被观察到。与蓝色 LED 和荧光灯处理的 AR 相比，红色 LED 处理的 AR 中对羟基苯甲酸和阿魏酸的减少可能是导致其鲜质量和干质量更高的原因。Mucciarelli 等人（2000）认为 3，4 – 二羟基苯甲酸可以直接而独立地影响细胞的分化，表明酚类化合物的浓度与根的生长可能存在关系。因此，不同 LED 光谱下次生代谢产物浓度的变化可以归因于 AR 生长过程中光照的不同作用。综上所述，光质和波长显著影响了酚类化合物的积累，从而影响了人参根的生长和抗氧化活性。

11.6 不定根中亲脂化合物的分析

研究人员测定了不同 LED 光处理人参 AR 中亲脂化合物的组成，并与荧光灯处理的 AR 进行了比较（图 11.6（a））。鉴定出了不同类型的醇，如二十烷醇、二十一烷醇、二十二烷醇、二十三烷醇、二十四烷醇和二十八烷醇。红外光照射下人参根总皂苷含量较高。在糖醇中，二十烷醇和二十二烷醇在红色 LED 灯下的含量显著高于蓝色 LED 灯和荧光灯下的含量（图 11.6（b））。蓝色 LED 处理的 AR 中总生育酚含量较高。在这里，观察到 α – 生育酚和 β – 生育酚的增加，它们只出现在蓝色 LED 处理的 AR 中（图 11.6（d））。在红色 LED 下培养的 AR 产生了更高的菜籽甾醇、胆固醇、β – 谷甾醇和豆甾醇。蓝色 LED 照射下 β – 香树脂醇浓度升高（图 11.6（c））。

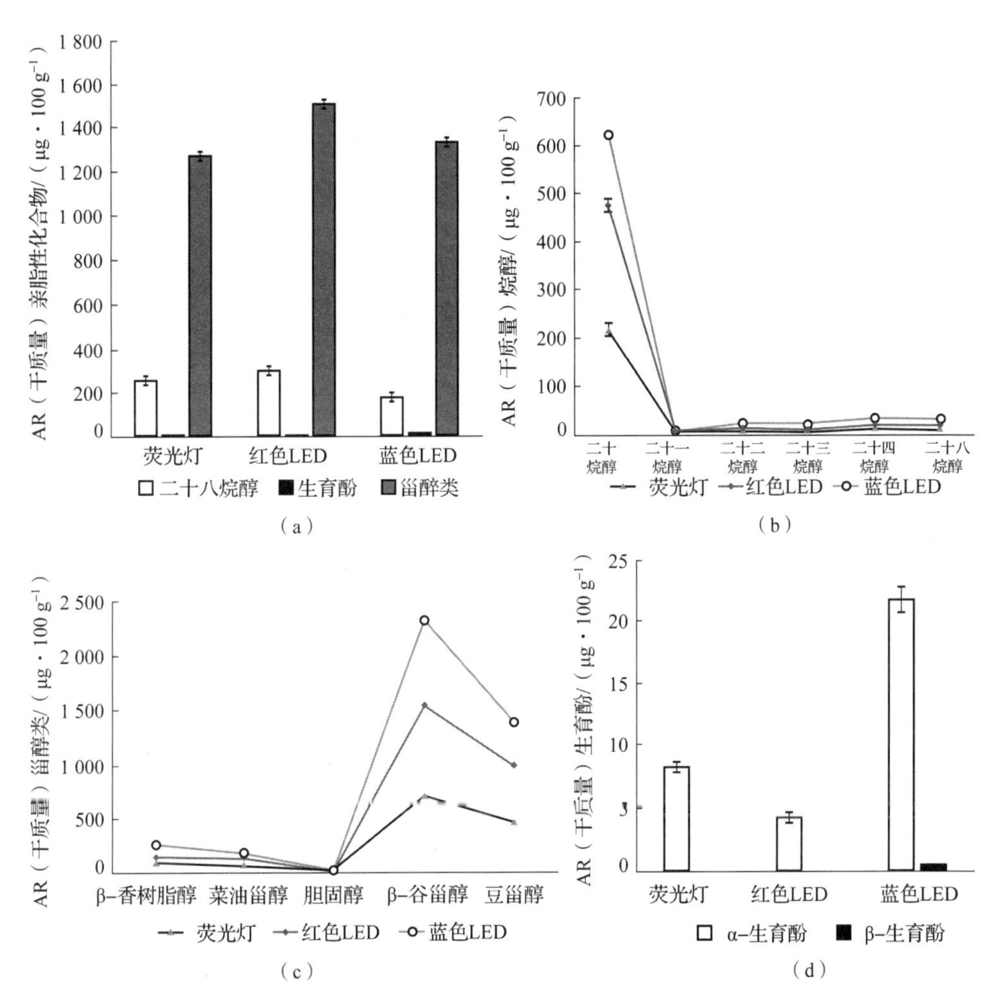

图 11.6　不同 LED 光处理人参 AR 中亲脂化合物组成

（a）LED 处理人参 AR 的总亲脂化合物；（b）烷醇成分；

（c）甾醇成分；（d）LED 处理人参 AR 中生育酚的组成

结果表明，不同 LED 的光质会影响 AR 培养物中胆固醇、生育酚和甾醇的含量。LED 光可能刺激植物化学物质生物合成途径中的酶活性。然而，LED 对 AR 人参生物活性物质生长和化学途径的影响及其具体机制有待进一步研究。

11.7　不同 LED 对自由基清除活性的影响

研究人员研究了不同波长 LED 光照射下人参不定根的自由基清除活性。结果表明，LED 光照类型对不定根的抗氧化活性有较大影响。特别地，蓝色 LED 的抗氧化活性明显高于红色 LED 和荧光灯（$p<0.05$）（图 11.7）。同时还观察到，蓝色 LED 处理后 AR 中酚类化合物（如阿魏酸和对香豆酸）显著增加，这表明酚酸的增加可能是增强 AR 抗氧化活性的原因。

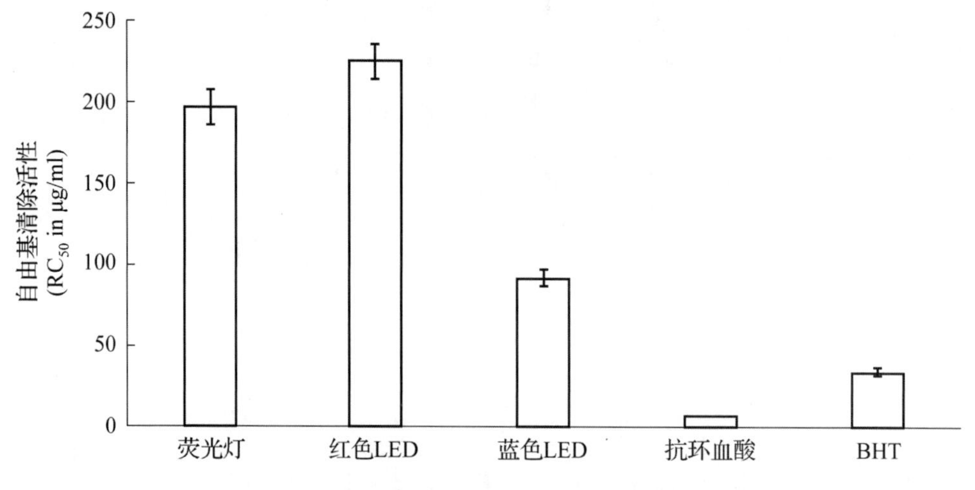

图 11.7 不同 LED 波长下人参不定根自由基清除活性

自由基清除活性的增加与 Johkan 等人（2010）的研究结果一致，他们发现蓝色 LED 处理过的莴苣叶片具有更高的抗氧化活性。此外，各种药用植物的研究已经注意到抗氧化活性与酚类化合物之间的联系。大量研究表明，阿魏酸、对香豆酸等酚类化合物具有较高的自由基清除能力。这些酚酸还可以上调用于“间接”自由基清除过程中的血红素氧合酶－胆绿素还原酶系统。这些化合物在 AR 中的存在表明，LED 照射人参 AR 后，导致酚类化合物代谢途径的破坏，从而使得酚类化合物的积累和抗氧化活性的增加。许多研究显示了植物甾醇、胆固醇和生育酚的抗氧化特性。因此，LED 处理的 AR 中较高水平的生育酚、胆固醇和固醇很可能是提高抗氧化性能的部分原因。

11.8 结论

目前的研究结果表明，LED 光源的应用有助于人参 AR 的生长、代谢产物的积累和抗氧化性能的提高。与荧光光源相比，LED 处理的 AR 具有更高的抗氧化活性、根系生长、酚酸和亲脂化合物的生长。不同 LED 处理下人参酚类化合物的生物合成机理及其与根系生长和抗氧化活性的关系有待进一步研究。

参考文献

Avercheva OV, Berkovich YA, Erokhin AN, Zhigalova TV, Pogosyan SI, Smolyanina SO (2009) Growth and photosynthesis of chinese cabbage plants grown under light-emitting diode-based light source. Russ J Plant Physiol 56:14–21

Barone E, Calabrese V, Mancuso C (2009) Ferulic acid and its therapeutic potential as a hormetin for age-related diseases. Biogerontology 10:97–108

Brazaitytė A, Duchovskis P, Urbonavičiūtė A, Samuolienė G, Jankauskienė J, Sakalauskaitė J, Šabajevienė G, Sirtautas R, Novičkovas A (2010) The effect of light-emitting diodes lighting on the growth of tomato transplants. Zemdirbyste 97:89–98

Brown CS, Schuerger AC, Sager JC (1995) Growth and photomorphogenesis of pepper plants under red light-emitting diodes with supplemental blue or far-red lighting. J Am Soc Hortic Sci 120:808–813

Budiarto K (2010) Spectral quality affects morphogenesis on *Anthurium* plantlet during in vitro culture. Agrivita 32:234–240

Bula RJ, Morrow RC, Tibbitts TW, Barta DJ, Ignatius RW, Martin TS (1991) Light-emitting diodes as a radiation source for plants. HortScience 26:203–205

Calabrese V, Calafato S, Puleo E, Cornelius C, Sapienza M, Morganti P, Mancuso C (2008) Redox regulation of cellular stress response by ferulic acid ethyl ester in human dermal fibroblasts: role of vitagenes. Clin Dermatol 26:358–363

Chang YS, Chang YH, Sung JH (2006) The effect of ginseng and caffeine products on the antioxidative activities of mouse kidney. J Ginseng Res 30:15–21

Chang YS, Seo EK, Gyllenhaal C, Block KI (2003) *Panax ginseng*: a role in cancer therapy? Integr Cancer Sci Ther 2:13–33

Chauhan K, Chauhan B (2015) Policosanol: natural wax component with potent health benefits. Int J Med Pharm Sci 5:15–24

Chiou WF, Zhang JT (2008) Comparison of the pharmacological affects of *Panax ginseng* and *Panax quinquefolium*. Acta Pharmacol Sin 29:1103–1108

Close DC, McArthor C (2002) Rethinking the role of many plant phenolic protection against photo damage not herbivores. Oikos 99:166–172

Darko E, Heydarizadeh P, Schoefs B, Sabzalian MR (2014) Photosynthesis under artificial light: the shift in primary and secondary metabolism. Philos Trans R Soc Lond B Biol Sci 369 (1640):20130243

Di Carlo G, Mascolo N, Izzo AA, Capasso F (1999) Flavonoids: old and new aspects of a class of natural therapeutic drugs. Life Sci 65:337–353

Dorman HD, Bachmayer O, Kosar M, Hiltunen R (2004) Antioxidant properties of aqueous extracts from selected Lamiaceae species grown in Turkey. J Agric Food Chem 52:762–770

Dutta Gupta S, Jatothu B (2013) Fundamentals and applications of light-emitting diodes (LEDs) in in vitro plant growth and morphogenesis. Plant Biotechnol Rep 7:211–220

Dutta Gupta S, Sahoo TK (2015) Light emitting diode (LED)-induced alteration of oxidative events during in vitro shoot organogenesis of *Curculigo orchioides* Gaertn. Acta Physiol Plant 37:233

Ebisawa M, Shoji K, Mieko KATO, Shimomura K, Yoshihara T (2008) Supplementary ultraviolet radiation B together with blue light at night increased quercetin content and flavonol synthase gene expression in leaf lettuce (*Lactuca sativa* L.). Environ Cont Biol 46:1–11

Fetoni AR, Mancuso CESARE, Eramo SLM, Ralli M, Piacentini ROBERTO, Barone EUGENIO, Paludetti GAETANO, Troiani D (2010) In vivo protective effect of ferulic acid against noise-induced hearing loss in the guinea-pig. Neurosci 169:1575–1588

Fowler MW (1985) Problems in commercial exploitation of plant tissue cultures. In: Neumann KH, Barz W, Reinhardt E (eds) Primary and secondary metabolism of plant cell cultures. Springer, Berlin, pp 362–378

Furuya T, Yoshikawa T, Orihara Y, Oda H (1983) Saponin production in cell suspension cultures of *Panax ginseng*. Planta Med 48:83–87

Ganesan P, Ko HM, Kim IS, Choi DK (2015) Recent trends of nano bioactive compounds from ginseng for its possible preventive role in chronic disease models. RSC Adv 5(119): 98634–98642

Gould KS, Markham KR, Smith RH, Goris JJ (2000) Functional role of anthocyanins in the leaves of *Quintinia serrata* A. Cunn J Exp Bot 51:1107–1115

Hobbs C (1996) Ginseng: the energy herb. Botanica Press, Loveland

Jeong JH, Kim YS, Moon HK, Hwang SJ, Choi YE (2009) Effects of LED on growth, morphogenesis and eleutheroside contents of in vitro cultured plantlets of *Eleutherococcus senticosus* Maxim. Hanguk Yakyong Changmul Hakhoe Chi 17:39–45

Johkan M, Shoji K, Goto F, Hashida SN, Yoshihara T (2010) Blue light-emitting diode light irradiation of seedlings improves seedling quality and growth after transplanting in red leaf lettuce. HortScience 45:1809–1814

Kang SY, Kim ND (1992) The antihypertensive effect of red ginseng saponin and the endothelium-derived vascular relaxation. Korean J Ginseng Sci 16:175–182

Kikuzaki H, Hisamoto M, Hirose K, Akiyama K, Taniguchi H (2002) Antioxidant properties of ferulic acid and its related compounds. J Agric Food Chem 50:2161–2168

Kim MJ, Jung NP (1987) The effect of ginseng saponin on the mouse immune system. Korean J Ginseng Sci 11:130–135

Kim HH, Goins GD, Wheeler RM, Sager JC (2004) Green-light supplementation for enhanced lettuce growth under red-and blue-light-emitting diodes. HortScience 39:1617–1622

Kim BG, Kim JH, Kim J, Lee C, Ahn J (2008) Accumulation of flavonols in response to ultraviolet-B irradiation in soybean is related to induction of flavanone 3-beta-hydroxylase and flavonol synthase. Mol Cells 25:247–252

Kim MJ, Li X, Han JS, Lee SE, Choi JE (2009) Effect of blue and red LED irradiation on growth characteristics and saponin contents in *Panax ginseng* CA Meyer. Korean J. Medicinal Crop Sci 17:187–191

Kim CK, Cho DH, Lee KS, Lee DK, Park CW, Kim WG, Lee SJ, Ha KS, Goo Taeg O, Kwon YG, Kim YM (2012) Ginseng berry extract prevents atherogenesis via anti-inflammatory action by upregulating phase II gene expression. Evidence-Based Complementary Altern Med 2012:490301. doi:10.1155/2012/490301

Kreuzaler F, Hahlbrock K (1973) Flavonoid glycosides from illuminated cell suspension cultures of *Petroselinum hortense*. Phytochemistry 12:1149–1152

Kurilčik A, Miklušytė-Čanova R, Dapkūnienė S, Žilinskaitė S, Kurilčik G, Tamulaitis G, Duchovskis P, Žukauskas A (2008) In vitro culture of Chrysanthemum plantlets using light-emitting diodes. Cent Eur J Biol 3:161–167

Li TS (1995) Asian and American ginseng—a review. Horttechnolgy 5:27–34

Li H, Xu Z, Tang C (2010) Effect of light-emitting diodes on growth and morphogenesis of upland cotton (*Gossypium hirsutum* L.) plantlets in vitro. Plant Cell Tiss Org Cult 103:155–163

Li HB, Wong CC, Cheng KW, Chen F (2008) Antioxidant properties in vitro and total phenolic contents in methanol extracts from medicinal plants. LWT 41:385–390

Lian ML, Murthy HN, Paek KY (2002) Effects of light emitting diodes (LEDs) on the in vitro induction and growth of bulblets of *Lilium* oriental hybrid 'Pesaro'. Sci Hortic 94:365–370

Liu CZ, Guo C, Wang YC, Ouyang F (2002) Effect of light irradiation on hairy root growth and artemisinin biosynthesis of *Artemisia annua* L. Process Biochem 38:581–585

Liu XY, Guo SR, Xu ZG, Jiao XL, Takafumi T (2011) Regulation of chloroplast ultrastructure, cross-section anatomy of leaves, and morphology of stomata of cherry tomato by different light irradiations of light-emitting diodes. HortScience 46:217–221

Liu XY, Guo SR, Chang TT, Xu ZG, Takafumi T (2012) Regulation of the growth and photosynthesis of cherry tomato seedlings by different light irradiations of light emitting diodes (LED). Afr J Biotechnol 11:6169–6177

Low PS, Merida JR (1996) The oxidative burst in plant defense: function and signal transduction. Physiol Plant 96:533–542

Łuczkiewicz M, Zárate R, Dembińska-Migas W, Migas P, Verpoorte R (2002) Production of pulchelin E in hairy roots, callus and suspension cultures of *Rudbeckia hirta* L. Plant Sci 163:91–100

Mabberley DJ (1987) The plant-book: A portable dictionary of the higher plants. Cambridge University Press, New York, p 706

Masek A, Chrzescijanska E, Latos M (2016) Determination of antioxidant activity of caffeic acid and p-coumaric acid by using electrochemical and spectrophotometric assays. Int J Electrochem Sci 11:10644–10658

Ménard C, Dorais M, Hovi T, Gosselin A (2006) Developmental and physiological responses of tomato and cucumber to additional blue light. Acta Hort (711):291–296

Moreira da Silva MH, Debergh PC (1997) The effect of light quality on the morphogenesis of in vitro cultures of *Azorina vidalii* (Wats.) Feer. Plant Cell Tiss Org Cult 51:187–193

Mucciarelli M, Gallino M, Maffei M, Scannerini S (2000) Effects of 3,4-dihydroxybenzoic acid on tobacco (*Nicotiana tabacum* L.) cultured in vitro. Growth regulation in callus and organ cultures. Plant Biosyst 134:185–192

Nam KY (2002) Clinical applications and efficacy of Korean ginseng. J Ginseng Res 26:111–131

Nhut DT, Takamura T, Watanabe H, Tanaka M (2001) Efficiency of a novel culture system by using light-emitting diode (LED) on in vitro and subsequent growth of micropropagated banana plantlets. Acta Hort 616:121–127

Nhut DT, Takamura T, Watanabe H, Murakami A, Murakami K, Tanaka M (2002) Sugar-free micropropagation of *Eucalyptus citriodora* using light-emitting diodes (LEDs) and film-rockwool culture system. Environ Cont Biology (Japan) 140:147–155

Nhut DT, Huy NP, Tai NT, Nam NB, Luan VQ, Hien VT, Tung HT, Vinh BT, Luan TC (2015) Light-emitting diodes and their potential in callus growth, plantlet development and saponin accumulation during somatic embryogenesis of *Panax vietnamensis* Ha et Grushv. Biotechnol Biotechnol Equip 29:299–308

Noa M, Mendoza S, Mas R, Mendoza N (2001) Effect of D-003, a mixture of high molecular weight primary acids from sugar cane wax, on CL4C-induced liver acute injury in rats. Drugs Exp Clin Res 28:177–183

Oh J, Kim JS (2016) Compound K derived from ginseng: neuroprotection and cognitive improvement. Food Funct 7:4506–4515

Park SY, Kim JK, Lee SY, Oh SD, Lee SM, Jang JS, Yang CI, Won YJ, Yeo Y (2014) Comparative analysis of phenolic acid profiles of rice grown under different regions using multivariate. Plant Omics 7:430–437

Poudel PR, Kataoka I, Mochioka R (2008) Effect of red-and blue-light-emitting diodes on growth and morphogenesis of grapes. Plant Cell Tiss Org Cult 92:147–153

Proctor JTA (1996) Ginseng: old crop, new directions. In: Janick J (ed) Progress new crops. ASHS Press, Arlington, VA, pp 565–577

Rice-Evans CA, Miller NJ, Paganga G (1996) Structure-antioxidant activity relationships of flavonoids and phenolic acids. Free Radic Biol Med 20:933–956

Ryan KG, Swinny EE, Markham KR, Winefield C (2002) Flavonoid gene expression and UV photoprotection in transgenic and mutant petunia leaves. Phytochemistry 59:23–32

Schenk RU, Hildebrandt AC (1972) Medium and techniques for induction and growth of monocotyledonous and dicotyledonous plant cell cultures. Can J Bot 50:199–204

Schuerger AC, Brown CS, Stryjewski EC (1997) Anatomical features of pepper plants (*Capsicum annuum* L.) grown under red light-emitting diodes supplemented with blue or far-red light. Ann Bot 79:273–282

Sgherri C, Stevanovic B, Navari-Izzo F (2004) Role of phenolics in the antioxidative status of the resurrection plant *Ramonda serbica* during dehydration and rehydration. Physiol Plant 122:478–485

Shao ZH, Xie JT, Hoek TLV, Mehendale S, Aung H, Li CQ, Qin Y, Schumacker PT, Becker LB, Yuan CS (2004) Antioxidant effects of American ginseng berry extract in cardiomyocytes exposed to acute oxidant stress. Biochim Biophys Acta 1670:165–171

Sharma P, Jha AB, Dubey RS, Pessarakli M (2012) Reactive oxygen species, oxidative damage, and antioxidative defense mechanism in plants under stressful conditions. J Bot 2012:217037. doi:10.1155/2012/217037

Shim M, Lee Y (2009) Ginseng as a complementary and alternative medicine for postmenopausal symptoms. J Ginseng Res 33:89–92

Shin KS, Murthy HN, Heo JW, Paek KY (2003) Induction of betalain pigmentation in hairy roots of red beet under different radiation sources. Biol Plant 47:149–152

Shin KS, Murthy HN, Heo JW, Hahn EJ, Paek KY (2008) The effect of light quality on the growth and development of in vitro cultured doritaenopsis plants. Acta Physiol Plant 30:339–343

Shohael AM, Ali MB, Yu KW, Hahn EJ, Islam R, Paek KY (2006) Effect of light on oxidative stress, secondary metabolites and induction of antioxidant enzymes in *Eleutherococcus senticosus* somatic embryos in bioreactor. Process Biochem 41:1179–1185

Son KH, Park JH, Kim D, Oh MM (2012) Leaf shape index, growth, and phytochemicals in two leaf lettuce cultivars grown under monochromatic light-emitting diodes. Kor J Hort Sci Technol 30:664–672

Tang W, Eisenbrand G (1992) *Panax ginseng* C. A. Mayer. Chinese drugs of plant origin. Springer, Berlin, pp 710–737

Urbonavičiūtė A, Samuolienė G, Brazaitytė A, Duchovskis P, Ruzgas V, Žukauskas A (2009a) The effect of variety and lighting quality on wheatgrass antioxidant properties. Zemdirbyste 96:119–128

Urbonavičiūtė A, Samuolienė G, Brazaitytė A, Ruzgas V, Šabajevienė G, Šliogerytė K, Sakalauskaitė J, Duchovskis P, Žukauskas A (2009b) The effect of light quality on the antioxidative properties of green barely leaves. Scientific Works of the Lithuanian Institute of Horticulture and Lithuanian University of Agriculture. Sodinink Darzinink 28:153–161

Wang T, Hicks KB, Moreau R (2002) Antioxidant activity of phytosterols, oryzanol, and other phytosterol conjugates. J Am Oil Chem Soc 79:1201–1206

Wu HC, Lin CC (2012) Red light-emitting diode light irradiation improves root and leaf formation in difficult-to-propagate *Protea cynaroides* L. plantlets in vitro. HortScience 47:1490–1494

Wu HC, Du Toit ES, Reinhardt CF, Rimando AM, Van der Kooy F, Meyer JJM (2007) The phenolic, 3,4-dihydroxybenzoic acid, is an endogenous regulator of rooting in *Protea cynaroides*. Plant Growth Regul 52:207–215

Xie JT, Shao ZH, Hoek TLV, Chang WT, Li J, Mehendale S, Wang CZ, Hsu CW, Becker LB, Yin JJ, Yuan CS (2006) Antioxidant effects of ginsenoside Re in cardiomyocytes. Eur J Pharmacol 532:201–207

Yeh N, Chung JP (2009) High-brightness LEDs—energy efficient lighting sources and their potential in indoor plant cultivation. Renew Sust Energy Rev 13:2175–2180

Yorio NC, Goins GD, Kagie HR, Wheeler RM, Sager JC (2001) Improving spinach, radish, and lettuce growth under red light-emitting diodes (LEDs) with blue light supplementation. HortScience 36:380–383

Yu KW, Murthy HN, Hahn EJ, Paek KY (2005) Ginsenoside production by hairy root cultures of *Panax ginseng*: influence of temperature and light quality. Biochem Eng J 23:53–56

Zhong JJ, Seki T, Kinoshita SI, Yoshida T (1991) Effect of light irradiation on anthocyanin production by suspended culture of *Perilla frutescens*. Biotechnol Bioeng 38:653–658

第 12 章
LED 光照对离体植株再生及相关细胞氧化还原平衡的影响

S. 杜塔·古普塔（S. Dutta Gupta）、
A. 阿尔瓦加（A. Agarwal）

12.1 引言

植物组织培养，又称离体培养或无菌培养，是植物生物技术研究中不可缺少的工具。它允许遗传上一致的和无病的植物材料具有所需性状的繁殖。在过去的几十年里，植物组织培养作为一种大规模快速生产植物繁殖体的手段在商业上得到了广泛的应用。它也是珍稀濒危植物种质资源转移的最可靠技术之一。这项技术使我们有机会通过调节影响植物生长的众多参数来控制植物的生长。传统上，体外植物生长和发育变化的诱导是通过不同的微环境参数来研究的，如培养基组成、植物生长调节剂、顶空温度、CO_2含量和各种化学处理，同时用气体放电灯（GDl），通常是荧光灯（Fl）来照明培养基。GDl 在固定强度下发射白光，波长为 400 ~ 700 nm。植物形态建成及其相关方面主要是由各种光感受器调控的，这些感受器由光谱中的蓝、红和远红区域的光子激活。GDl 产生的光谱输出有很大一部分没有被植物培养所利用。此外，过多的光照射会引起植物的光抑制和光氧化损伤。除了由于不良波长的光子和过多的光照射造成的能量浪费外，GDl 还以热的形式耗散大量的能量。因此，GDl 可能不是照亮离体培养物的理想选择，需要一种有效的光源，以提高高质量种植材料的快繁率和降低繁殖成本。

LED 作为一种通用的、节能的光源，最近被提出用于植物组织培养的各种应用。基于 LED 照明系统的窄带发射和光强的动态控制允许定制光质以满足植物的需求。在理想的光合光子通量密度（PPFD）下，LED 将电能精确地转换为特定波长的光子，而热损失可以忽略不计，这使 LED 比其他所有可用的人工光源更节能。LED 技术在降低制造成本方面的迅速发展，扩大了其在商业微繁殖中的应用范围。

光作为调节植物生长发育的重要信号组成部分的影响已经得到了很好的证明。特别是光谱属性及其与不同类型光感受器的匹配能力是决定植物形态建成的关键因素。植物系统内的光响应信号转导途径主要受红和远红光敏色素、蓝光隐花色素和光促蛋白的调控。红色和蓝色光感受器之间的串扰或相互作用有助于植物感知和响应周围的光条件。在这一背景下，人工光源的光质和光子效率在很大程度上决定了离体植株再生的成功。LED 是理想的光源，它只能提供必需的光谱属性来刺激有机和胚胎反应。LED 面板的发射光谱与植物光感受器的吸收光谱相匹配，可以通过影响植物的形态建成和代谢来获得最佳的体外生产力。大量的研究显示了 LED 在促进各种植物的离体生长和形态建成方面的成功应用。在不同的 LED 处理下，芽器官发生、离体存活率和生物量产量均有改善。LED 光照对一些植物体细胞胚胎发生的影响也已被探索。LED 光照也被发现对离体地上部和根的发育有积极的影响，从而提高植株移栽到土壤后的适应性和生长。这些研究表明，每种植物的理想光环境是独特的。也就是说，光谱组成和 PPFD 对一种植物的体外反应的影响可能不会对另一种植物产生类似的结果。

本章的第一部分重点介绍了 LED 光照下体外形态建成的刺激反应。然而，值得注意的是，形态变化是植物内部发生的许多代谢过程的表现。活性氧（ROS）调控及其与抗氧化系统的相互作用是影响植物生长和形态建成的重要机制之一。ROS 调控机制通过减轻多种代谢活动引起的氧化应激而影响体外生长和形态建成。植物细胞拥有大量的 ROS 生成和清除基因。其中，抗氧化基因在控制自由基介导的应激和细胞氧化还原平衡中起着关键作用。在体外培养过程中，ROS 介导的应激和细胞抗氧化水平已经被证明会影响许多植物的再生反应。最近有学者评述了活性氧清除酶和非酶抗氧化剂在体外形态建成过程中的可能作用。

这些研究揭示了 ROS 及其相关的氧化保护系统在荧光诱导下植物再生过程中的作用。近年来，LED 技术在植物再生响应方面的应用越来越受到人们的关注。除了形态和解剖属性的变化外，在体外条件下，通过特定的 LED 处理，植物抗氧化状态在不同的光照条件下发生显著变化。在体外驯化过程中，抗氧化酶活性也发生了显著变化。再生反应和体外存活的变化可能与光质和光子效率诱导的 ROS 代谢变化有关。通过不同的 LED 光照系统调控活性氧网络和抗氧化剂，为促进植物体外生长发育提供了空间。

本章将论述 LED 在芽器官发生和体细胞胚胎发生后的离体形态建成过程中的作用，并列举光谱特异性 LED 技术在植物再生和离体存活过程中 ROS 稳态水平及其清除能力变化中的作用。

12.2　LED 对离体植株再生的影响

通过离体再生实现植物的无性繁殖是植物在保持其遗传保真性的同时进行繁殖所必需的。植株再生两种不同的发育途径是茎器官发生和体细胞胚发生。因此获得的再生植株必须驯化，最后移栽到离体条件下进一步生长。在多种植物中，研究人员研究了 LED 光照对离体芽器官发生和体细胞胚胎发生的影响。由于已知植物光感受器主要且最显著地受到光谱中红色和蓝色区域的刺激，大多数研究都集中在评价单色以及蓝色（440～480 nm）和红色（630～665 nm）混合 LED 处理的影响。白色、远红光、绿色、黄色和橙色 LED 的影响也已在一些实例中报道过。

12.2.1　LED 光照对芽器官发生和离体植株发育的影响

光质在诱导植物细胞分化和器官再生方面起着重要作用。在不同的 LED 光照条件下，对各种不同参数（如每个外植体的再生枝数、再生枝伸长、叶片形成、生物量积累和叶绿素含量）的物种进行了地上部器官发生的评估。表 12.1 概述了这些研究的主要结果。生根是离体植株形成的一个重要组成部分，在许多报道中也评估了芽器官的发生。

表 12.1　LED 光照对离体茎器官发生和植株生长的影响

植物种类和外植体类型	LED 颜色及波长/nm	茎器官发生和植株生长参数测定	备注	参考文献
兰花（*Cymbidium*）、小植株	BL（450）、RL（660）、RL + BL	生物量、叶片发育、叶绿素	RL 促进了叶片的生长，而 BL + RL 则提高了地上部和根部的生物量；BL 下叶绿素含量最高	Tanaka，et al.（1998）
地黄（*Rehmannia glutinosa*）、单节枝	BL（466）、RL（665）、RL + BL（1：1）	茎长、生物量、光合速率	RL 提高了植株的茎长，但干质量较 BL 高；BL + RL 提高了光合速率	Hahn，et al.（2000）
香蕉（*Musa sp.*）、三叶枝	BL、RL、RL + BL（9：1，8：2，7：3）	生物量	RL + BL（8：2）的生物量积累量最高	Nhut，et al.（2000）
百合（*Lilium cv.* ‘Pesaro’）、试管小鳞茎	BL（450）、RL（660）、RL + BL（1：1）	球茎膨大、生物量积累、生根诱导	BL + RL 提高了植株的球粒大小、生物量积累和根系诱导	Lian，et al.（2002）
草莓（*Fragaria cv.* ‘Akihime’）、三叶枝	BL（450）、RL（660）、RL + BL（9：1，8：2，7：3）	茎长、叶数、生物量、根系生长、叶绿素	叶片数、地上部生物量、根长和叶绿素含量在 RL + BL（7：3）下最高；RL 的芽长得最长	Nhut，et al.（2003）
马铃薯（*Solanum tuberosum* cv. ‘Kennebec’）、试管单节枝	RL（645）+ BL（460）连续、间歇和波动光	枝高、生长率、生物量	间歇 LED 光照促进了生长	Jao and Fang（2004a）

续表

植物种类和外植体类型	LED 颜色及波长/nm	茎器官发生和植株生长参数测定	备注	参考文献
马铃薯（*Solanum tuberosum* cv. ‘Kennebec’）、试管单节枝	同时和交替照明 RL（645）和 BL（460）	生物量	RL + BL 同时处理的生物量最高	Jao and Fang（2004b）
马蹄莲（*Zantedeschia jucunda* cv. ‘Black Magic’）、小植株	RL（645）、RL + BL（460）（3 : 2）、波动 RL	茎长、生物量、叶绿素	连续的 RL 增加了茎长，而波动的 RL 增加了生物量；RL + BL 光照增加了叶绿素含量	Jao，et al.（2005）
大戟（*Euphorbia millii*）、小植株	BL（440）、RL（650）、RL + BL（1 : 1）、FrL（720）+ RL（1 : 1）、FrL + BL（1 : 1）	茎长、生物量、叶片数、叶绿素	BL + RL 提高了叶片数、总生物量和叶绿素含量；茎长随 RL 增加而增加	Dewir，et al.（2006）
葡萄（*Vitis berlandieri* × *Vitis riparia* cv. ‘Teleki 5BB）、根茎	BL（450）、RL（660）、RL + BL（1 : 1）	枝条长度、生物量	RL 条件下枝条长度和生物量最高	Heo，et al.（2006）
日本双蝴蝶（*Tripterospermum japonicum*）、顶芽	BL（440）、RL（650）、RL + BL（1 : 1，7 : 3）	茎长、生物量、生根、叶绿素	在 RL 下观察到最长的枝条和最高的生根；RL + BL 提高了生物量和叶绿素含量	Moon，et al.（2006）

续表

植物种类和外植体类型	LED 颜色及波长/nm	茎器官发生和植株生长参数测定	备注	参考文献
葡萄（*Vitis vinifera* cv. ‘Gailiūne’）、带腋芽茎段	RL（640，660）、BL（440）+RL（7∶3）、FrL（735）+RL（1∶9）、BL+RL+FrL（3∶7∶1，4∶7∶3）	茎长、叶片数、根长、叶绿素	RL 和 FrL+RL 增加了茎长；添加 BL 处理增加了根长和叶片数；叶绿素含量在 BL+RL 处理下最高	Kurilčik，et al.（2007）
菊花（*Chrysanthemum morifolium* cv. ‘Ellen’）、试管小植株	RL（640，660）、BL（440）+RL（7∶3）、FrL（735）+RL（1∶9）、BL+RL+FrL（3∶7∶1，4∶7∶3）	茎长、生物量、叶片数、生根、叶绿素	RL 和 FrL+RL 增强了茎长和根的发育；添加 BL 处理提高了叶绿素含量	Kurilčik，et al.（2008）
葡萄（*Vitis spp.* cv. ‘Hybrid Franc’，var. ‘Ryuukyuuganebu’，cv. ‘Kadainou R－1’）、节外植体	BL（480）、RL（660）	株高、枝数、叶片数、根发育、叶绿素	RL 增加了株高和节间长度；BL 提高了叶绿素含量；两种基因型在 LED 下的根发育均有改善	Poudel，et al.（2008）
朵丽蝶兰（*Doritaenopsis*）、再生小植株	BL（450）、RL（660）、RL+BL（1∶1）	叶生物量、长度和面积以及叶绿素	叶片生物量、面积和叶绿素含量均以 RL+BL 处理最高	Shin，et al.（2008）

续表

植物种类和外植体类型	LED 颜色及波长/nm	茎器官发生和植株生长参数测定	备注	参考文献
蝴蝶兰（*Phalaenopsis*）、杂交离体花柄节	RL、RL + BL（9∶1，8∶2）、RL + WL（1∶1）	地上芽诱导、生物量、地上部和叶长	在 RL + BL（9∶1）条件下，芽的增殖率最高；LED 能促进植株生长	Wongnok，et al.（2008）
海巴戟（*Morinda citrifolia*）、叶片外植体	BL、RL、RL + BL（1∶1）、FrL	不定根	RL 促进不定根的生长	Baque，et al.（2010）
红掌（*Anthurium andreanum*L. cv.‘Violeta’，cv.‘Pink Lady’）、叶片	BL（450）、RL（660）、RL + BL（3∶1，1∶1，1∶3）	芽的诱导和增殖	较高比例的 BL 刺激芽诱导和增殖	Budiarto（2010）
跳舞兰（*Oncidium* cv.‘Gower Ramsey’）、PLBs	BL（455）、RL（660）、BL + RL、FrL（730）+ BL、FrL + RL、FrL + BL + RL	茎长、生物量、叶长和叶片数、根数、叶绿素	叶片数、叶片长度、总生物量和根系生长均受到 FrL + RL + BL 和 FrL + RL 的促进；RL 下茎长最高	Chung，et al.（2010）
陆地棉（*Gossypium hirsutum* L.）、芽尖	BL（460）、RL（660）、RL + BL（3∶1，1∶1，1∶3）	茎长和直径、叶形态、总生物量、叶绿素	BL 处理和 BL + RL 处理均能促进植株生长发育，提高叶绿素含量	Li，et al.（2010）
栗子（*Castanea crenata* S. et Z.）、试管小植株	BL（440）、RL（650）、RL + BL（1∶1）、FrL（730）+ RL（1∶1）	茎长、叶面积和数量、根发育	在 FrL + RL 的条件下，茎和叶的生长均显著增强；RL 对根系生长有促进作用	Park and Kim（2010）

续表

植物种类和外植体类型	LED 颜色及波长/nm	茎器官发生和植株生长参数测定	备注	参考文献
跳舞兰（*Oncidium* cv. ‘Gower Ramsey’）、芽尖	BL（460）、RL（660）、RL + BL（9∶1，8∶2，7∶3）、FrL（715）+ RL + BL（1∶8∶1）、GL（530）+ RL + BL（1∶8∶1）	株高、生物量、根系生长、叶绿素	RL 和 RL + BL 处理提高了植株的伸长和生物量积累；RL + BL 均能促进根系生长，提高叶绿素含量	Mengxi，et al.（2011）
黄花白芨（*Bletilla ochracea Schltr.*）、种子	BL（470）、GL（525）、OL（590）、RL（625）、WL	幼苗叶片展开、假鳞茎形成、根状形成	叶片宽度和假鳞茎厚度均以 BL 和 WL 处理最高；RL 和 OL 促进根状芽的形成	Godo，et al.（2011）
铁皮石斛（*Dendrobium officinale*）、PLBs	BL（450）、RL（660）、RL + BL（2∶1，1∶1，1∶2）	PLB 到枝条的转化、枝条生物量、叶绿素	BL 使植株的 PLB 转化率提高，RL 增加了地上部生物量；RL + BL 处理的叶绿素含量最高	Lin，et al.（2011）
帝王花（*Protea cynaroides* L.）、试管小植株	BL（460）、RL（630）、RL + BL（1∶1）	生物量、叶片数	叶片数以 RL 处理最高；叶片干质量以 RL + BL 处理最高	Wu and Lin（2012）
麻疯树（*Jatropha curcas* L.）、再生枝	BL（450）、RL（660）、RL + BL（1∶1），WL	生根诱导	RL 促进根诱导	Daud，et al.（2013）
甘蔗（*Saccharum officinarum* L. cv. CTC－07）、种苗	RL、BL、RL + BL（7∶3，3∶7）	枝增殖、枝长、生物量、叶绿素	RL 和 RL + BL 处理促进了植株的生长；叶绿素生物合成在 BL 下最高	Maluta，et al.（2013）

续表

植物种类和外植体类型	LED 颜色及波长/nm	茎器官发生和植株生长参数测定	备注	参考文献
马铃薯（*Solanum tuberosum* L. cv.‘Agrie Dzeltenie’, cv.‘Maret’, cv.‘Bintje’, cv.‘Anti’, cv.‘Dir’）冷冻芽尖	BL、RL、RL + BL（9∶1）、RL + BL + FrL（7∶1∶2）	成活和植株再生	RL + BL 处理的成活率和植株再生率最高	Edesi, et al.（2014）
翅果连翘（*Abeliophyllum distichum* Nakai）、顶芽和腋芽	BL(450)、RL(660)、RL + BL（1∶1）	茎的增殖、茎的长度、根的形成	BL 和 RL + BL 均能促进地上部增殖和根系生长，而 RL 能增加地上部长度	Lee, et al.（2014）
甘蔗（*Saccharum officinarum* L. var.‘RB92579’）、试管小植株	BL(460) + RL(630)（7∶3，1∶1，2∶3，3∶7），WL	茎长、生物量、叶片数、分蘖数、叶绿素	较高比例的茎蘖增加了植株的鲜重和分蘖数；茎长随 RL 比例的增加而增加；叶绿素含量在 WL 下最高	Silva, et al.（2014）
香蕉（*Musa spp.* cv.‘Grande naine’ AAA）、试管芽	WL	枝增殖、枝长、生物量、根发育	LED 增强了植株的地上部增殖和根系生长	Wilken, et al.（2014）
蓍草（*Achillea millefoilum* L.）、试管茎段	BL、GL、RL、WL	生物量、茎长、根发育、叶绿素	BL 提高了地上部生物量积累和根系生长，而 BL 和 GL 均提高了地上部长度	Alvarenga, et al.（2015）

续表

植物种类和外植体类型	LED 颜色及波长/nm	茎器官发生和植株生长参数测定	备注	参考文献
仙茅（*Curculigo orchioides* Gaertn.）、叶片外植体	BL（470）、RL（630）、RL + BL（1∶1）	枝器官发生器	单外植体的茎器官发生率和芽数以 BL 最高	Dutta Gupta and Sahoo（2015）
草莓（*Fragaria* × *ananassa* Duch. cv.‘Camarosa’）、密封的茎尖	BL（460）+ RL（660）（7∶3，1∶1，3∶7，1∶9）	枝增殖、枝长、生物量、叶片数、面积、根发育、叶绿素	较高比例的 RL 促进地上部伸长、生物量积累、叶片生长、根发育与叶绿素生物合成	Hung，et al.（2015）
白杨（*Populus euramericana*）、再生枝条	BL（440）、RL（650）、RL + BL（7∶3，1∶1）、RL + GL（510）+ BL（7∶1∶2）	地上部再生、地上部生长形态、根系发育、生物量	RL + BL 促进了茎叶和茎叶的再生；RL 阻碍根发育	Kwon，et al.（2015）
马铃薯（*Solanum tuberosum* L. cv.‘Shepody’）、试管茎段	BL（465）+ RL（630，660）、BL + GL（520） + RL	茎高和直径、叶面积、生物量	BL + GL + RL 处理提高了茎叶生长、生物量和叶绿素含量	Ma，et al.（2015）
地黄（*Rehmannia glutinosa* Libosch.）、茎尖	BL（450）、RL（650）	茎长、叶数和长度、生物量、根发育、叶绿素	RL 促进了植株伸长和叶绿素的合成；生物量积累、叶片发育和根发育均显著增加	Manivannan，et al.（2015）

续表

植物种类和外植体类型	LED 颜色及波长/nm	茎器官发生和植株生长参数测定	备注	参考文献
香蕉（*Musa acuminata* cv.‘Nanicão Corupá’）、试管顶芽	WL、RL + WL	叶绿素含量	两种 LED 处理均增强了叶绿素的生物合成	Vieira, et al.（2015）
椰枣树（*Phoenix dactylifera* L. cv.‘Alshakr’）、试管芽	RL + BL（9∶1）	芽形成	LED 处理增加了芽的增殖	Al – Mayahi（2016）
利皮亚（*Lippia alba*（Mill.）N. E. Brown.）、试管下胚轴段	RL + BL、WL	生物量、叶绿素	生物量积累和叶绿素合成在 RL + BL 下最高	Batista, et al.（2016）
香荚兰（*Vanilla planifolia* Andrews.）、腋芽	BL（460）、RL（660）、RL + BL（1∶1），WL	枝增殖、枝长生物量、叶片数、叶绿素	WL 和 RL + BL 均能促进地上部增殖、地上部长度、生物量积累和叶片形成；WL 也能提高叶绿素含量	Bello – Bello, et al.（2016）
甘蔗（*Saccharum* spp. var. RB98710）、茎段	RL + BL（9∶2）	芽增殖、生根	LED 增强了植株的地上部增殖和根发育	Ferreira, et al.（2017）
兔眼蓝莓（*Vaccinium ashei* Reade cv.‘Titan’）、试管微枝	BL（460）、RL（660）、RL + BL（4∶1，1∶1）	枝长、生物量、枝和叶的数量、叶面积、叶绿素	RL 和 RL + BL（4∶1）更适合地上部生长发育；叶绿素含量以 BL 最高	Hung, et al.（2016a）

续表

植物种类和外植体类型	LED 颜色及波长/nm	茎器官发生和植株生长参数测定	备注	参考文献
高丛蓝莓（*Vaccinium corymbosum* L. cv. ‘Huron’）、试管微枝	BL（460）、RL（660）、RL + BL（4∶1，1∶1）	枝长、生物量、枝和叶的数量、叶面积、叶绿素	RL 和 RL + BL（1∶1）的植株生长最优；BL 处理提高了叶绿素含量	Hung，et al.（2016b）
水膝草（*Bacopa monnieri*（L.）Pennell）、叶片	RL + BL（4∶1，3∶1，2∶1，1∶1）、WL	不定芽诱导增殖、不定芽长度	白光增强植株再生；WL 和 RL + BL 均能增加植株的茎长	Karataş，et al.（2016）
甘蔗（*Saccharum* spp. var. RB867515）、小植株	RL + BL（7∶3，1∶1，3∶7）、WL	茎长、生物量、分蘖数和叶片	RL + BL（1∶1）促进了地上部的生长发育	Silva，et al.（2016）
甜叶菊（*Stevia rebaudiana* Bertoni var. ‘Morita II’）、试管小植株	BL（460）、RL（660）、RL + BL（1∶1），WL	枝增殖、枝长、叶片数、根发育	RL 处理的芽数最高；叶片伸长和叶片生长在 RL + BL 和 BL 下，叶绿素含量最高，根发育在 LED 下降低	Ramírez-Mosqueda，et al.（2016）

注：BL 为蓝色 LED；RL 为红色 LED；FrL 为远红外 LED；WL 为白色 LED；GL 为绿色 LED；YL 为黄色 LED；OL 为橙色 LED；PLB 为球茎。

LED 光质显著影响枝条再生响应。然而，由于在培养系统中使用的外植体类型和植物种类不同，因此很难得出 LED 光谱效应具体性质的结论。大量研究表明，不同组合的红蓝 LED 对再生植株的再生和后续生长具有促进作用。另外，大量研究也表明，单色红色或蓝色 LED 处理对植株器官发生有促进作用。在某些植物品种中，在单色和混合 LED 处理下，试管苗发育的反应也大致相同。使用远红外 LED 结合红色和蓝色 LED 也改善了各种物种的再生响应。由此获得的差异响应可能是由于不同的光感受器协同作用的可变性质与植物物种的遗传组成协调一致。

与传统的 Fls 相比，LED 处理显著提高了不同植物的茎器官发生。红色和蓝色 LED 混合光照环境刺激了马铃薯、甘蔗、香草和枣椰树的芽增殖。与单色光 LED 处理相比，在红蓝混合 LED 下培养的百合（*Lilium*）外植体表现出更强的再生能力。单色蓝色 LED 处理促进了红掌（*Anthurium*）、石斛兰（*Dendrobium*）和兰花（*C. orchioides*）的离体芽诱导和增殖。相反，红色 LED 增强了甜叶菊（*S. rebaudiana*）植株的再生响应。在蓝色和红色混合 LED 处理下，两种植物的芽再生能力都更高，而白色 LED 处理则能提高香蕉、百合花和香草的茎器官发生能力。

再生苗的长度受 LED 波长类型的显著影响。研究发现，在各种植物中，高比例的红色 LED 可以加速再生茎的伸长，包括地黄、菊花、葡萄、跳舞兰（*Oncidium*）、板栗、翅果连翘（*A. distichum*）和蓝莓。然而，在红色 LED 下，由于节间伸长而增加的枝长度使再生枝条非常脆弱。在蓝色 LED 照射下，西洋蓍草（*A. millefolium*）的再生枝条伸长得到了观察，而甘蔗和甜叶菊（*S. rebaudiana*）在不同的红蓝色 LED 组合下的再生枝条长度有所增加。

再生枝条的正常叶片生长表明体外发育反应稳定和可持续。研究发现，特定 LED 处理对一些植物的叶面积、叶片数和生物量有显著影响。不同组合的绿蓝混合 LED 处理改善了草莓叶、葡萄、朵丽蝶兰（*Doritaenopsis*）、欧美杨（*P. euramericana*）、马铃薯、甜叶菊（*S. rebaudiana*）和甘蔗的离体培养生长。单色蓝色 LED 光照诱导棉花叶片的形成，而帝王花（*P. cynaroides*）的再生枝条在红色 LED 光照下对叶片的形成有响应。远红外 LED 与其他 LED 的结合应用改善了跳舞兰（*Oncidium*）和栗树的叶片生长。

在一些情况下，与 FL 培养相比，在 LED 下保持培养物的鲜质量和干质量都有所增加。兰花（*Cymbidium*）、香蕉、百合、菊花、日本木齿菌（*T. japonicum*）、跳舞兰（*Oncidium*）、甘蔗、利皮亚（*L. alba*）和蓝莓在不同的红蓝 LED 组合照射下，与生物质产量增强有关。相反，石斛兰和西洋蓍草（*A. millefolium*）培养物的生物量在单色红色和蓝色 LED 灯下增加。再生大戟和棉花的生物量在单色和混合 LED 处理下都有所增加。

在大多数研究中，培养细胞或组织中的叶绿素含量被认为是评估 LED 效应的重要参数之一。叶绿素含量是植物健康的可靠指标。高叶绿素含量意味着最佳光合活性，也表明植物营养状况。栽培的大戟、日本木齿菌（*T. japonicum*）、朵丽蝶兰（*Doritaenopsis*）、葡萄、棉花、跳舞兰（*Oncidium*）、甘蔗、利皮亚（*L. alba*）、甜叶菊（*S. rebaudiana*）和蓝莓单色蓝色 LED 或红蓝 LED 组合处理下的叶绿素含量高于单色红色 LED 处理。相反，在香蕉和地黄的地上部培养中观察到红色 LED 诱导的叶绿素含量增加。在香草和甘蔗中，白色 LED 灯也能增强叶绿素的生物合成。LED 处理产生较高的叶绿素含量通常与改善茎生长有关。

离体植株的形成除了芽的形成外，根的诱导和增殖也是必不可少的。据报道，LED 处理对多种植物的离体根诱导和发育有促进作用，包括百合、草莓、日本木齿菌（*T. japonicum*）、葡萄、菊花、跳舞兰（*Oncidium*）、栗树、黄花白芨（*B. ochracea*）、翅果连翘（*A. distichum*）、香蕉、西洋蓍草（*A. millefolium*）、欧美杨（*P. euramericana*）和地黄（*R. glutinosa*）。相反，研究发现，与 FL 相比，LED 光照可阻碍甜叶菊（*S. rebaudiana*）培养的生根。值得注意的是，在相同 LED 处理下，根和地上部发育同时改善的情况很少见，而且只发生在少数物种中，如菊花、西洋蓍草（*A. millefolium*）、欧美杨（*P. euramericana*）和甘蔗。单色红色 LED 照射下，翅果连翘（*A. distichum*）和地黄（*R. glutinosa*）离体培养苗的地上部生长得到增强，而单色蓝色 LED 照射下，根系发育得到促进。据报道，M. Citrifolia（2010）和 J. Curcas（2013）培养的不定根在红色 LED 处理下生长最快。这一发现强调了特定光波在培养细胞和组织中触发不同发育路径的作用。

12.2.2　LED 对体细胞胚胎发生的影响

在植物再生模式中，体细胞胚胎发生是最广泛采用的大规模生产遗传统一植株、离体诱导突变和合成种子的系统。它被定义为包含茎和根分生组织的双极性结构从体细胞或细胞簇发育而来的过程，其与亲本组织没有任何维管连接。影响体细胞胚胎发生的主要因素包括外植体类型、培养基组成、植物生长调节剂、温度和光照。相对于 LED 对茎器官发生的影响，关于体细胞胚胎诱导和发育的研究较少。表 12.2 总结了 LED 对体细胞胚胎发生影响的显著特征。

3 种南方松树体细胞胚胎对不同波长 LED 光的响应存在差异。在 3 个品种中，红色 LED 照射的体细胞胚胎萌发和转化的频率均高于蓝色 LED 和传统 FL。在不同品种中，长叶松（*Pinus palustris* Mill.）对 LED 处理的响应更明显。

LED 提供的红色和远红外波长组合后的光质刺激朵丽蝶兰（*Doritaenopsis*）体细胞胚胎发生。有趣的是，胚胎发生事件与低程度的核内重复有关。本研究首次揭示了远红光对体细胞胚胎再生的促进作用。

LED 光照对日本赤松（*Pinus densiflora*）体细胞胚胎萌发有强烈的基因型依赖性影响。在胚性胚柄细胞团（ESM）品系 05 - 3 中，其萌发受 FL、红 + 蓝 LED 处理的显著抑制，而品系 05 - 12、05 - 29 和 05 - 37 在红色 LED 处理下表现出显著的促进作用。研究结果与 Merkle 等人（2005）报告的结果非常相似。Chen 等人（2016）研究了 LED 光谱对滨海前胡（*Peucedanum japonicum* Thunb）（一种药草）体细胞胚胎发生的影响。红色（660 nm）和蓝色（450 nm）的混合光谱（8 : 1）辐照培养体产生的球状和鱼雷期体细胞胚数量最多。在暖白光 LED 下，体细胞胚胎的比例最高。一般情况下，蓝光、红光和远红光（730 nm）光谱均不能诱导体细胞胚胎。LED 光照在诱导体细胞胚胎发生方面的有益作用也在几种兰花中有报道（详情见第 13 章）。本章还对 LED 光照在中粒咖啡（*Coffea canefora*）建立胚胎培养物中的作用进行了评价。在 LED R（41%）: B（21%）: W（21%）

表 12.2　LED 光对不同植物体细胞胚胎诱导和萌发的影响

植物种类和外植体类型	LED 颜色及波长/nm	茎器官发生和植株生长参数测定	备注	参考文献
火炬松（*Pinus taeda* L.（Loblolly pine））、湿地松（*Pinus elliottii* Engelm.（Slash pine））、沼泽松（*Pinus palustris* Mill.（Longleaf pine））、胚胎培养	RL、BL	SE 萌发与转化	在 RL 的存在下，SEs 的萌发和转化都得到了增强	Merkle, et al.（2005）
朵丽蝶兰（*Doritaenopsis* cv. 'Happy Valentine'）、叶结	RL（650）、BL（440）+ RL（1:1）、FrL（730）+ RL（1:1）	SE 形成	FrL + RL 促进 SE 增殖	Park, et al.（2010）
赤松（*Pinus densiflora*）（日本赤松）	BL（450）、RL（660），RL + BL（1:1）、FrL（730）+ RL（1:1）	SE 萌发	RL 促进了 SE 的萌发	Kim and Moon（2014）
越南参（*Panax vietnamensis* Ha *et* Grushv.）、胚性愈伤组织	BL、GL、YL、RL、WL、RL + BL（9:1，8:2，7:3，6:4，1:1，4:6，3:7，2:8，1:9）	愈伤组织增殖、植株、幼苗生长发育、皂苷含量	RL（60%）与 BL（40%）组合成株最有效；这种条件也是植物生长发育最有效的条件	Nhut, et al.（2015）

续表

植物种类和外植体类型	LED 颜色及波长/nm	茎器官发生和植株生长参数测定	备注	参考文献
滨海前胡（*Peucedanum japonicum* Thunb.）、愈伤组织	BL（450）、RL（660）、FrL（730）、RL + BL（8∶1）、RL + BL + FrL（1∶1∶1）、RL + GL（525）+ BL（7∶1∶1）	SE 诱导转化	RL + BL 条件下 SE 形成最高；BL 和 RL 条件下 SE 转化最高	Chen，et al.（2016）
甘蔗（*Saccharum* spp. var. RB98710）、茎段	RL + BL（9∶2）	SE 诱导	LED 并没有增强 SE 的形成	Ferreira，et al.（2017）
中粒咖啡（*Coffea canephora*），外植体	RL + BL（4∶1）、RL + BL + WL（5∶1∶1，3∶1∶1，1∶1∶3，2∶1∶2）	SE 的诱导与萌发	LED 抑制了 SE 诱导；RL + BL + WL 促进了 SE 的萌发	Mai，et al.（2016）

注：BL 为蓝色 LED；RL 为红色 LED；FrL 为远红外 LED；WL 为白色 LED；GL 为绿色 LED；SE 为体胚胎（体细胞胚胞）。

照射下，培养物的再生率最高。进一步的 LED 光照不仅提高了体细胞胚的萌发率，而且缩短了萌发时间。Ferreira 等人（2017）研究了蓝色和红色 LED 混合比例分别为 18% 和 82% 时对甘蔗体细胞胚胎发生的影响。LED 不利于 SE 诱导。暴露于 LED 的叶片外植体在暴露于 FL 的叶片的基端形成愈伤组织和 SE 诱导。然而，从 SE 再生并在 LED 下维持的植物以比 FL 更高的繁殖率繁殖，芽数也更多。

12.2.3 LED 照射对体外适应的影响

微繁的最后阶段是驯化后的离体再生植株成功地转移到田间条件。事实上，植物再生的成功与否是由它能否产生在培养条件外存活的植株来评价的。再生苗的正确生根对于确保试管苗的离体生存至关重要，因为它可以从土壤中吸收养分和水分。生根良好的嫩枝在移栽到田间或温室前要经过驯化或适应。然而，从人工环境向大田环境过渡过程中所施加的胁迫是导致植物成活率低的主要原因。在离体培养过程中，随着活性氧代谢的改变，光合机制的不适当发展可能会导致再生植株的一系列形态和生理紊乱。试管苗的光合能力是保证其在培养容器外存活的重要因素。离体光环境对植株光合能力的培养起着重要作用（详见第 6 章）。在试管苗发育和驯化过程中，利用 LED 作为光源可以提高植株的成活率。表 12.3 概述了为评估 LED 对离体再生植株体外驯化的光谱能力而进行的研究。

总的来说，与 FL 相比，在 LED 下培养的试管苗在移栽到离体环境时表现良好。成功的驯化和随后的植物生长已经在各种植物物种中被报道，包括香蕉、草莓、大戟、日本木齿菌（*T. japonicum*）、麻疯树（*J. curcas*）、香草、甜叶菊（*S. rebaudiana*）、甘蔗和蓝莓。然而，不同物种的 LED 提高体外性能的能力与光质有关。在 LED 下培养的中粒咖啡（*Coffea canefora*）再生植株比在 FL 下培养的再生植株适应性好。研究结果表明，LED 光照不仅能促进再生植株的离体生长发育，还能提高再生植株的离体适应性。

表 12.3　驯化过程口 LED 灯对试管苗生长的影响

植物品种	光源		驯化反应	参考文献
	试管内	试管外		
香蕉（*Musa* sp.）	BL、RL、RL + BL（9∶1，8∶2，7∶3）、FL	未提及	在适应过程中，RL + BL（8∶2）生长最佳	Nhut，et al.（2000）
草莓（*Fragaria* cv. ‘Akihime’）	RL + BL（7∶3）、FL	金属卤素灯	RL + BL 处理提高了株高、叶片数和生物量的积累	Nhut，et al.（2003）
虎刺梅（*Euphorbia millii*）	BL（440）、RL（650）、RL + BL（1∶1）、FrL（720）+ RL（1∶1）、FrL + BL（1∶1）、FL	卤素灯、高压钠灯	经 LED 和 FL 处理的植株均能成功驯化	Dewir，et al.（2006）
日本双蝴蝶（*Tripterospermum japonicum*）	RL + BL（7∶3）、FL	FL	在 LED 下培养的植株表现出稍好的生长	Moon，et al.（2006）
麻疯树（*Jatropha curcas* L.）	BL（450）、RL（660）、RL + BL（1∶1）、WL、FL	自然光条件	RL 的成活率最高	Daud，et al.（2013）
香蕉（*Musa* spp. cv. ‘Grande naine’ AAA）	WL、FL	温室条件下，无 LED 补充处理	存活率无显著差异	Wilken，et al.（2014）
葡萄树	WL、FL	WL、FL	LED 光照改善了适应环境反应	Bleser，et al.（2015）

续表

植物品种	光源		驯化反应	参考文献
	试管内	试管外		
草莓（*Fragaria* × *ananassa* Duch. cv.‘Camarosa’）	BL（460）+RL（660）（7：3，1：1，3：7，1：9）、FL	BL（460）+RL（660）（7：3，1：1，3：7，1：9）、FL	在 LED 照射下，植株的存活、生物量积累、叶片生长和根发育均得到提高	Hung，et al.（2015）
香蕉（*Musa* acuminatacv.‘Nanicã Corupá’）	WL、RL+WL、FL	温室条件下，无 LED 补充处理	LED 和 FL 辐照的植株均成活	Vieira，et al.（2015）
香荚兰（*Vanilla planifolia* Andrews）	BL（460）、RL（660）、RL+BL（1：1）、WL、FL	温室条件下，无 LED 补充处理	在各种光照条件下，植株成活率均较高	Bello – Bello，et al.（2016）
甘蔗（*Saccharum* spp. var. RB98710）	RL+BL（9：2）、FL	温室条件下，无 LED 补充处理	LED 处理影响了植株的适应过程，提高了植株的成活率	Ferreira，et al.（2017）
兔眼蓝莓（*Vaccinium ashei* Reade cv.‘Titan’）	BL（460）、RL（660）、RL+BL（4：1，1：1）、FL	BL（460）、RL（660）、RL+BL（4：1，1：1）、FL	茎长和叶面积均显著增加，叶绿素含量显著增加	Hung，et al.（2016a）
甜叶菊（*Stevia rebaudiana* Bertoni var.‘Morita II’）	BL（460）、RL（660）、RL+BL（1：1）、WL	温室条件下，无 LED 补充处理	RL+BL 的适应率最高	Ramírez – Mosqueda，et al.（2016）

注：BL 为蓝色 LED，RL 为红色 LED，FrL 为远红 LED，WL 为白光 LED，FL 为荧光灯。

12.3　LED 对离体植物形态建成及体外驯化过程中 ROS 调控机制的影响

涉及氧化还原反应的生理过程释放高度活性的、不稳定的自由基以及氧的非自由基衍生物，统称为 ROS。氧自由基包括单重态氧（$^1O_2$）、超氧阴离子（O_2^-）和羟基自由基（·OH），而非自由基衍生物是过氧化物、次氯酸盐和臭氧。由于高电子通量和高氧化代谢反应，ROS 主要发生在叶绿体、线粒体和过氧化物酶体等细胞器中。由于抗氧化保护系统饱和而不受控制的 ROS 的产生，可通过合成二次毒性物质直接或间接造成细胞损伤。ROS 氧化引起的 DNA 和 RNA 损伤甚至可能导致细胞死亡。在生物和非生物胁迫条件下，细胞 ROS 生成增强，以进行信号传递和保护。不同的抗氧化分子可以抑制 ROS，使细胞氧化应激维持在可耐受的水平，从而保证单个细胞和整个植物的生存。抗氧化机制本质上要么是酶促的，要么是非酶促的。酶促抗氧化活性主要由过氧化物酶（PODs）、超氧化物歧化酶（SODs）、过氧化氢酶（CAT）和谷胱甘肽还原酶（GR）组成；非酶促抗氧化活性主要由抗坏血酸、α-生育酚、花青素和类胡萝卜素等次生代谢产物发挥作用。然而，ROS 也可以作为信号分子在调节植物生长和形态建成中发挥重要作用。

植物组织培养通常被认为是在逆境环境下进行的。激素失衡、常量和微量营养元素的不适宜浓度、乙烯在培养容器中的积累以及接种和继代过程中的机械损伤都可能引起不同的胁迫条件。在许多植物中，自由基介导的应激以及细胞抗氧化水平的伴随变化已被证明会影响体外形态建成。氧化应激可导致植株外植体再生的褐变和离体抵抗。除上述应力诱导因素外，传统人工照明系统中波长范围宽的高光子通量也会引起光合机制的光氧化损伤。相反，光信号在各种植物激素和抗氧化剂的生物合成和活性之后，在对抗氧化应激中起着重要作用。研究发现，生长素、赤霉素和脱落酸（ABA）的生物合成受多种光刺激调控。光在乙烯介导的各种信号通路和发育过程中的调控作用也被提出。在拟南芥幼苗中，光诱导抗氧化基因表达（如 APX mRNA 和 CAT mRNA 的表达）已经被证实。

光的强度和光质对细胞的分化、生长和次生代谢有显著影响。近年来，多项研究已经证明，LED 作为植物体外形态建成和改善园艺植物营养品质的替代光合辐射源的潜力。LED 对细胞氧化还原平衡的影响很少被研究，而且仅限于少数物种。表 12.4 总结了不同 LED 光照处理对离体植物形态建成及离体驯化过程中 ROS 积累和抗氧化状态的影响。

经 LED 处理的刺五加（*Eleutherococcus senticosus*）体细胞胚胎发生氧化破裂，次生代谢产物积累发生变化。研究表明，红光刺激刺五加苷 E 和 E1 的产生，但降低了体细胞胚胎干质量。荧光增强了苯酚、总黄酮和绿原酸的合成。在 RL 辐照的体细胞胚胎中诱导了 SOD、CAT、GST 和 MDHAR 等抗氧化酶的表达，结果反映了这些酶对不同光照处理的敏感性差异。

研究人员研究了海巴戟（*Morinda citrifolia*）叶片外植体在不同 LED 光源下的不定根诱导。红光显著诱导不定根。观察到不定根诱导与光诱导的 ROS 产生和抗氧化保护之间的差异反应。CAT 和愈创木酚过氧化物酶（G－POD）活性在红色 LED 处理下最高。APX 活性在荧光灯下较高，其次是蓝光。不同光源下 SOD 活性无明显变化。本研究提示 APX 活性与 CAT 和 G－POD 联合作用可减轻 H_2O_2在荧光下的毒性作用。

在跳舞兰（*Oncidium*）中，BL 处理的原球茎样体（PLBs）分化率高于 RL 处理。BL 处理的 POD、SOD 和 CAT 活性高于 RL 处理。在单色 RL 处理下，跳舞兰（*Oncidium*）幼苗叶片 SOD 活性较低。相比之下，BL 辐照显著提高了叶片中酶活性和蛋白质的积累。不同光照处理叶片 MDA 含量差异不显著。本研究提示 BL 在激活不同的抗氧化保护系统以清除过量 ROS 方面具有刺激作用。

Kaewjampa 和 Shimasaki（2012）研究了复合光谱对杂交兰花（*Cymbidium*）体外 PLB 形成和不定芽再生的影响。RL＋GL 和 BL＋GL 组合光处理促进了 PLB 的增殖和芽的形成，同时提高了 SOD 活性。在兰花（*Cymbidium* Waltz ‘idol’）的 PLB 培养物中，使用 GL 的间歇光照能最有效地提高 PLB 中 SOD 的活性，并诱导其发生。

单色 BL 和 GL 以及 RL＋GL＋BL 混合 LED 下水稻幼苗的多酚积累量和非酶促抗氧化活性均高于 RL 光照下。蓝光条件下黄酮苷含量较高，已经有人提出蓝光条件调控黄酮合成基因的表达。BL 和 RL 辐照水稻叶片的代谢谱存在显著差异。因此，BL 和 RL 对植物生长发育的影响不同。抗氧化活性在不同光照条件下也存在差异，其顺序为 BL＝WL＝GL＞R＞S（阴影条件）。

表 12.4　不同 LED 处理对离体植物形态建成及离体驯化过程中 ROS 积累和抗氧化状态的影响

植物品种	LED 颜色及波峰/nm	抗氧化/抗氧化酶/抗氧化能力的研究	备注	参考文献
西伯利亚人参（*Eleutherococcus senticosus*）	BL（470）、RL（660）、BL + FrL（1 : 1）	酚类、黄酮类、SOD、CAT、MDHAR 和 GPX	RL 下的高氧化应激导致了生物质的低产量	Shohael，et al.（2006）
海巴戟（*Morinda citrifolia*）	BL、RL、RL + BL（1 : 1）、FrL	酚类、黄酮、SOD、CAT、G – POD、APX 含量	RL + BL 诱导愈伤组织的效果较好，而 RL + BL 诱导的不定根数量最多；CAT 和 G – POD 活性均以 RL + BL 处理最高	Baque，et al.（2010）
文心兰（*Oncidium Gower* Ramsey）	BL（470 nm）、GL（530 nm）、YL（590 nm）、RL（660 nm）、FrL（715 nm）、RL + BL（9 : 1，8 : 2，7 : 3）、FrL + RL + BL（1 : 8 : 1）、GL + RL + BL（1 : 8 : 1）	SOD、POD 和 CAT	BL 诱导的 PLB 分化与抗氧化酶活性增加有关	Mengxi，et al.（2011）
兰花华尔兹“偶像”（*Cymbidium* Waltz‘Idol’）	BL（450）、GL（510）、RL（640）、BL + GL、RL + GL	SOD	在所有光照处理中，BL + GL 处理的 SOD 活性最高，RL 处理的 SOD 活性最低	Kaewjampa and Shimasaki（2012）

续表

植物品种	LED 颜色及波峰/nm	抗氧化/抗氧化酶/抗氧化能力的研究	备注	参考文献
水稻 Ilmi (Oryza sativa cv. Ilmi)	BL（450）、GL（530）、RL（660）、RL+GL+BL（1：1：1）	多酚、黄酮类化合物含量及非酶促抗氧化活性（ABTS、DPPH、FRAP）	BL、GL 和 RL + GL + BL 处理增加了多酚和黄酮类化合物的积累；水稻叶片抗氧化活性与次生代谢产物的含量有关	Jung，et al.（2013）
仙茅（*Curculigo orchioides*）Gaertn.	BL（470）、RL（630）、BL+RL（1：1）	SOD、POD、CAT、APX 和 GR	在 BL 条件下，高 CAT 活性降低了氧化应激，促进了芽器官的发生	Dutta Gupta and Sahoo（2015）
地黄（*Rehmannia glutinosa* Libosch.）	BL（450）、RL（650）	酚类和黄酮含量、DPPH 活性、还原能力、总抗氧化能力、SOD、CAT、APX 和 GPX	LED 处理提高了总酚和黄酮类化合物的含量；在 BL 条件下提高生长与高酶和非酶抗氧化活性有关	Manivannan，et al.（2015）
椰枣树（*Phoenix dactylifera* L. cv. ‘Alshakr’）	RL+BL（9：1）	POD	RL+BL 处理提高了芽的增殖和 POD 活性	Al – Mayahi（2016）

续表

植物品种	LED 颜色及波峰/nm	抗氧化/抗氧化酶/抗氧化能力的研究	备注	参考文献
黄花夹竹桃（Thevetia peruviana）	RL（586－596）、GL（525）、BL（465）、YL（590）、WL	总酚含量、FRAP 和 ABTS 测定	与光照条件相比，在黑暗条件下培养的植物酚含量和抗氧化能力较高	Arias，et al.（2016）
甘蔗（*Saccharum* spp. var. RB98710）	RL（82%）+BL（18%）	H_2O_2、MDA、SOD、APX 和 CAT	在 LED 下 H_2O_2 含量增加；与 FL 处理相比，LED 处理的植株 SOD 和 CAT 活性较低，APX 活性较高；在适应过程中 SOD 和 CAT 活性无变化	Ferreira，et al.（2017）
甜叶菊（*Stevia rebaudiana* Bertoni）	BL（445）、RL（638）、RL+WL（1：1）	酚类、SOD、POD、CAT 含量	BL 增强 CAT 和 POD 活性	Simlat，et al.（2016）

注：BL 为蓝色 LED；RL 为红色 LED；FrL 为远红外 LED；WL 为白色 LED；GL 为绿色 LED；YL 为黄色 LED。

在地黄离体培养过程中加入 BL 或 RL 光源可通过改变地黄的抗氧化酶活性来提高其药用价值。POD、SOD、CAT 和 G－POD 活性在 BL 下均高于 RL 和 FL。BL 和 RL 处理下抗氧化活性的增加与植物化学物质的增加有关。尤其是 BL 对光质的调制，诱导了抗氧化防御系统的产生。

研究发现，LED 照射诱导的 ROS 稳态水平的变化以及随后抗氧化防御系统的改变与仙茅（*Curculigo orchioides*）的再生潜力密切相关。与 FL 和其他光处理相比，BL 处理的再生率和每个应答外植体的平均芽数显著提高（图 12.1）。本研究阐明了 LED 光源提供的光质对细胞氧化还原平衡和芽器官发生之间关系的影响，强调了 LED 在 ROS 调控中的作用，并最终协调了芽再生。在 RL 处理下，SOD 活性在培养 14 天后显著增加，而在培养 28 天后显著降低。值得注意的是，芽的分化和增殖发生在培养的 2～4 周。相反，在 FL 作用下，SOD 活性从 0～28 天逐渐降低（图 12.2（a））。RL＋BL 和 RL 的辐照降低了 CAT 活性，而 BL 的辐照显著提高了 CAT 活性（图 12.2（b））。与建立培养时叶片外植体的活性相比，在芽萌发和增殖阶段，POX 活性逐渐下降（图 12.2（c））。结果表明，在第 14 天时，BL 处理的 APX 活性最高，而在第 28 天时，RL 处理的 APX 活性高于 FL、BL 和 RL＋BL 处理。APX 活性在 0～14 天呈上升趋势，在第 28 天呈下降趋势；

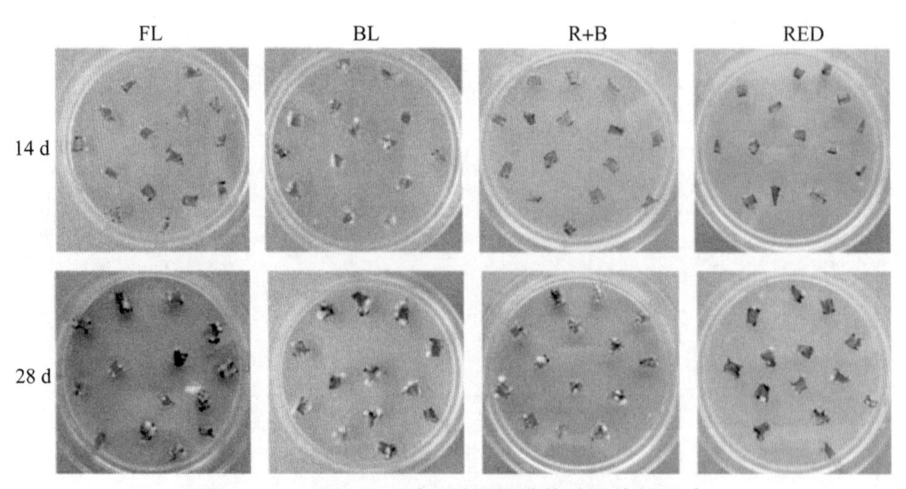

图 12.1 不同 LED 对兰科植物叶片外植体的影响

在 Murashige 和 Skoog 培养基上培养的兰科植物叶片外植体添加 4 mg · L^{-1} 的 6－苄基氨基嘌呤（BAP）和 3%（w/v）蔗糖对不同 LED 处理的响应（FL 日光灯；BL 蓝色 LED；R＋B 红蓝（1∶1）混合 LED；RED 红色 LED；改编自 Sahoo，2013）

相反，在 RL 处理的培养基中，APX 活性逐渐下降（图 12.2（d））。研究结果表明，LED 光照能够对活性氧调控产生不同的反应，并伴随芽再生效率的变化。在 BL 条件下，SOD 活性的增加与有机源能力的获得和芽的出现有关。该研究提出了 LED 光质、光信号和氧化还原代谢之间的复杂相互作用。

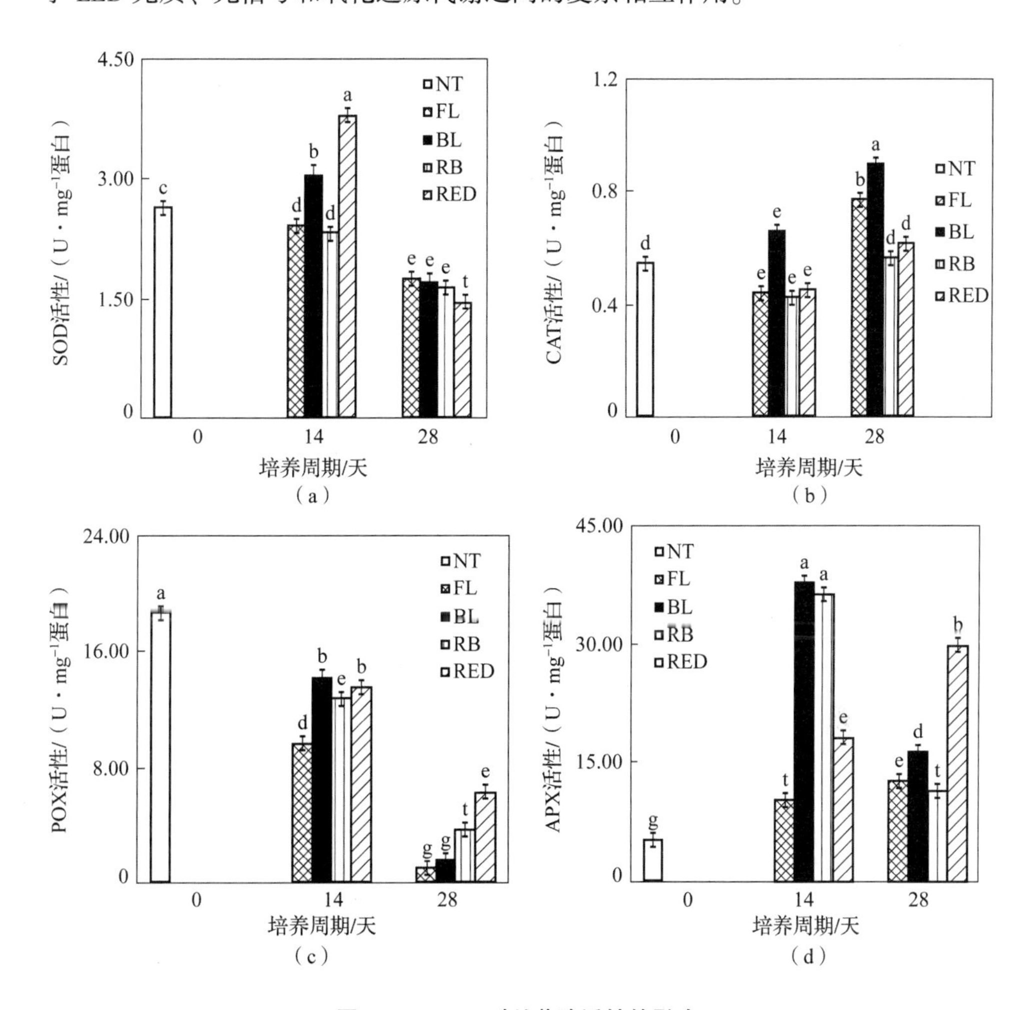

图 12.2　LED 对兰花酶活性的影响

（a）SOD 活性变化；（b）CAT 活性变化；（c）POX 活性变化；（d）APX 活性变化

不同 LED 光照下兰花（*C. orchioides*）芽器官发生过程中不同培养间隔（0 天、14 天和 28 天）SOD、CAT、POX 和 APX 活性的变化（NT 为未处理样品 0 天；FL 为荧光灯；BL 为蓝色 LED；R + B 为红蓝（1∶1）混合 LED；RED 为红色 LED）。数值表示为 ± SD 平均值。P 点的 LSD 测试显示，不同字母所表示的数据存在显著差异 $p<0.05$

Simlat 等人（2016）研究了 LED 光谱对甜叶菊（*S. rebaudiana*）离体种子萌发和幼苗生长的影响。在 BL 处理下，种子萌发率提高，叶片数量最多，CAT 和 POX 活性增强；RL 显著提高了植株的茎长和根长，并提高了 SOD 活性，BL 则起到相反的作用。然而，随着温度的变化，酶的相对活性发生了显著的变化，这表明抗氧化反应对各种外部刺激的复杂性。

研究人员还研究了 LED 光源对枣椰树幼苗生长发育、光合作用及抗氧化酶活性的影响。与荧光灯处理相比，在红 + 蓝（9∶1）混合 LED 处理下，枣椰（*P. dactylifera*）的离体苗培养中 POD 活性提高，生长改善。这表明光环境、抗氧化代谢和形态建成之间存在密切关系。

不同 LED 光照条件对红酒杯花（*T. peruviana*）悬浮培养液中总酚含量无显著影响。相反，在黑暗条件下的培养中，酚类物质的产量最高。经 LED 处理的悬浮培养物的 FRAP 和 ABTS 测试也显示出较暗条件下的抗氧化能力较低。结果表明，抗氧化能力的培养可以有效地调节酚类化合物的存在。光照抑制了红酒杯花悬浮培养物酚类化合物的产生，降低了其抗氧化活性。

在红色和蓝色 LED 混合作用下，甘蔗培养物 H_2O_2 含量增加，SOD 和 CAT 活性降低。然而，经过 LED 处理的植物具有较高的 APX 活性。APX 清除 H_2O_2 的能力可能是 LED 光照下植株体外驯化过程中再生植株表现较好的原因。在驯化过程中，暴露于 LED 下的离体植株 SOD 和 CAT 活性与对照组无显著差异。

从报道的例子来看，单色 LED 及其组合能够调节细胞氧化还原平衡，并对植株再生潜力产生深远的影响。然而，抗氧化代谢对光环境的响应因物种而异，并受离体培养条件的显著影响，需要进一步的研究来了解不同 LED 波段对体外植物培养 ROS 和抗氧化状态的影响。这些知识可能被证明对提高许多经济上重要植物的体外生长和生产力是至关重要的。此外，通过了解不同 LED 在调节 ROS 网络和氧化应激反应中的作用，也可以改进离体种质保存技术。

12.4 结论

本章论述了 LED 作为一种光合效率和多功能的体外植物形态建成照明系统的潜力。各种 LED 光照系统在促进植物再生响应方面的功效已经在多种植物中得到了证实。根据植物种类不同，LED 对光质的响应也不同。在 LED 光照下，提高了离体植株的增殖、叶片发育和根的生长，获得了成功适应并移栽到田间的健康苗，离体成活率高。一些物种在 LED 照射下，体细胞胚胎发生了诱导和分化。此外，还讨论了 LED 在调节 ROS 代谢中的调控作用，并可能与再生潜力有关。总的来说，LED 的光谱能量分布可以满足包括商业微繁殖在内的植物组织培养的各个方面的要求。因此，与传统的基于 GDL 的装置相比，LED 可用于开发更节能的微繁和移栽生产系统，并具有更高的定量和定性产量。

参考文献

Ahmed MR, Anis M (2014) Changes in activity of antioxidant enzymes and photosynthetic machinery during acclimatization of micropropagated *Cassia alata* L. plantlets. In Vitro Cell Dev Biol—Plant 50:601–609

Al-Mayahi AMW (2016) Effect of red and blue light emitting diodes "CRB-LED" on in vitro organogenesis of date palm (*Phoenix dactylifera* L.) cv. Alshakr. World J Microbiol Biotechnol 32:160

Alvarenga ICA, Pacheco FV, Silva ST, Bertolucci SKV, Pinto JEBP (2015) In vitro culture of *Achillea millefolium* L.: quality and intensity of light on growth and production of volatiles. Plant Cell Tiss Organ Cult 122:299–308

Arias JP, Zapata K, Rojano B, Arias M (2016) Effect of light wavelength on cell growth, content of phenolic compounds and antioxidant activity in cell suspension cultures of *Thevetia peruviana*. J Photochem Photobiol B Biol 163:87–91

Baque MA, Hahn EJ, Paek KY (2010) Induction mechanism of adventitious root from leaf explants of *Morinda citrifolia* as affected by auxin and light quality. In Vitro Cell Dev Biol—Plant 46:71–80

Batista DS, de Castro KM, da Silva AR, Teixeira ML, Sales TA, Soares LI, Cardoso MDG, Santos MDO, Viccini LF, Otoni WC (2016) Light quality affects in vitro growth and essential oil profile in *Lippia alba* (Verbenaceae). In Vitro Cell Dev Biol—Plant 52:276–282

Baťková P, Pospíšilová J, Synková H (2008) Production of reactive oxygen species and development of antioxidative systems during in vitro growth and ex vitro transfer. Biol Plant 52:413–422

Bello-Bello JJ, Martínez-Estrada E, Caamal-Velázquez JH, Morales-Ramos V (2016) Effect of LED light quality on in vitro shoot proliferation and growth of vanilla (*Vanilla planifolia* Andrews). Afr J Biotechnol 15(8):272–277

Benson EE (2000) Do free radicals have a role in plant tissue culture recalcitrance? In Vitro Cell Dev Biol—Plant 36:163–170

Bhattacharjee S (2010) Sites of generation and physicochemical basis of formation of reactive oxygen species in plant cell. In: Dutta Gupta S (ed) Reactive oxygen species and antioxidants in higher plants. CRC Press, Florida, pp 1–30

Bleser E, Tittmann S, Rühl EH (2015) Effects of LED-illumination and light intensity on the acclimatization of in vitro plantlets to ex vitro conditions. Acta Hort 1082:131–139

Botero Giraldo C, Urrea Trujillo AI, Naranjo Gómez EJ (2015) Regeneration potential of *Psychotria ipecacuanha* (Rubiaceae) from thin cell layers. Acta Biol Colomb 20(3):181–192

Budiarto K (2010) Spectral quality affects morphogenesis on Anthurium plantlet during in vitro culture. Agrivita 32(3):234–240

Chen M, Chory J, Fankhauser C (2004) Light signal transduction in higher plants. Annu Rev Genet 38:87–117
Chen CC, Agrawal DC, Lee MR, Lee RJ, Kuo CL, Wu CR, Tsay HS, Chang HC (2016) Influence of LED light spectra on in vitro somatic embryogenesis and LC–MS analysis of chlorogenic acid and rutin in *Peucedanum japonicum* Thunb.: a medicinal herb. Bot Stud 57(9):1–9
Christie JM, Jenkins GI (1996) Distinct UV-B and UV-A/blue light signal transduction pathways induce chalcone synthase gene expression in *Arabidopsis* cells. Plant Cell 8(9):1555–1567
Chung JP, Huang CY, Dai TE (2010) Spectral effects on embryogenesis and plantlet growth of *Oncidium* 'Gower Ramsey'. Sci Hortic 124:511–516
Daud N, Faizal A, Geelen D (2013) Adventitious rooting of *Jatropha curcas* L. is stimulated by phloroglucinol and by red LED light. In Vitro Cell Dev Biol—Plant 49:183–190
de Carvalho MHC (2008) Drought stress and reactive oxygen species. Plant Signal Behav 3(3):156–165
Demmig-Adams B, Adams WW III (1992) Photoprotection and other responses of plants to high light stress. Annu Rev Plant Biol 43:599–626
Devlin PF, Christie JM, Terry MJ (2007) Many hands make light work. J Exp Bot 58:3071–3077
Dewir YH, Chakrabarty D, Hahn EJ, Paek KY (2006) The effects of paclobutrazol, light emitting diodes (LEDs) and sucrose on flowering of *Euphorbia millii* plantlets in vitro. Eur J Hortic Sci 71(6):240–244
Dutta Gupta S (2010) Role of free radicals and antioxidants in in vitro morphogenesis. In: Dutta Gupta S (ed) Reactive oxygen species and antioxidants in higher plants. CRC Press, Florida, pp 229–247
Dutta Gupta S, Datta S (2003/4) Antioxidant enzyme activities during in vitro morphogenesis of gladiolus and the effect of application of antioxidants on plant regeneration. Biol Plant 47: 79–183
Dutta Gupta S, Jatothu B (2013) Fundamentals and applications of light-emitting diodes (LEDs) in in vitro plant growth and morphogenesis. Plant Biotechnol Rep 7:211–220
Dutta Gupta S, Sahoo TK (2015) Light emitting diode (LED)-induced alteration of oxidative events during in vitro shoot organogenesis of *Curculigo orchioides* Gaertn. Acta Physiol Plant 37:233
Edesi J, Kotkas K, Pirttilä AM, Häggman H (2014) Does light spectral quality affect survival and regeneration of potato (*Solanum tuberosum* L.) shoot tips after cryopreservation? Plant Cell Tiss Organ Cult 119:599–607
Faisal M, Anis M (2009) Changes in photosynthetic activity, pigment composition, electrolyte leakage, lipid peroxidation, and antioxidant enzymes during ex vitro establishment of micropropagated *Rauvolfia tetraphylla* plantlets. Plant Cell Tiss Organ Cult 99:125–132
Ferreira LT, de Araújo Silva MM, Ulisses C, Camara TR, Willadino L (2017) Using LED lighting in somatic embryogenesis and micropropagation of an elite sugarcane variety and its effect on redox metabolism during acclimatization. Plant Cell Tiss Organ Cult 128:211–221
Franklin KA, Whitelam GC (2004) Light signals, phytochromes and cross-talk with other environmental cues. J Exp Biol 55(395):271–276
Gechev TS, Hille J (2005) Hydrogen peroxide as a signal controlling plant programmed cell death. J Cell Biol 168:17–20
Gill SS, Tuteja N (2010) Reactive oxygen species and antioxidant machinery in abiotic stress tolerance in crop plants. Plant Physiol Biochem 48:909–930
Godo T, Fujiwara K, Guan K, Miyoshi K (2011) Effects of wavelength of LED-light on in vitro asymbiotic germination and seedling growth of *Bletilla ochracea* Schltr. (Orchidaceae). Plant Biotechnol 28:397–400
Hahn EJ, Kozai T, Paek KY (2000) Blue and red light-emitting diodes with or without sucrose and ventilation affect in vitro growth of *Rehmannia glutinosa* plantlets. J Plant Biol 43(4):247–250
Halliwell B (1990) How to characterize a biological antioxidant. Free Radic Res Commun 9:1–32
Hazarika BN (2006) Morpho-physiological disorders in in vitro culture of plants. Sci Hortic 108:105–120

Heo JW, Shin KS, Kim SK, Paek KY (2006) Light quality affects in vitro growth of grape 'Teleki 5BB'. J Plant Biol 49(4):276–280
Hornitschek P, Kohnen MV, Lorrain S, Rougemont J, Ljung K, López-Vidriero I, Franco-Zorrilla JM, Solano R, Trevisan M, Pradervand S, Xenarios I, Fankhauser C (2012) Phytochrome interacting factors 4 and 5 control seedling growth in changing light conditions by directly controlling auxin signaling. Plant J 71:699–711
Hughes KW (1981) In vitro ecology: exogenous factors affecting growth and morphogenesis in plant culture systems. Environ Exp Bot 21:281–288
Hung CD, Hong CH, Jung HB, Kim SK, Van Ket N, Nam MW, Choi DH, Lee HI (2015) Growth and morphogenesis of encapsulated strawberry shoot tips under mixed LEDs. Sci Hortic 194:194–200
Hung CD, Hong CH, Kim SK, Lee KH, Park JY, Dung CD, Nam MW, Choi DH, Lee HI (2016a) In vitro proliferation and ex vitro rooting of microshoots of commercially important rabbiteye blueberry (*Vaccinium ashei* Reade) using spectral lights. Sci Hortic 211:248–254
Hung CD, Hong CH, Kim SK, Lee KH, Park JY, Nam MW, Choi DH, Lee HI (2016b) LED light for in vitro and ex vitro efficient growth of economically important highbush blueberry (*Vaccinium corymbosum* L.). Acta Physiol Plant 38:152
Jao RC, Fang W (2004a) Effects of frequency and duty ratio on the growth of potato plantlets in vitro using light-emitting diodes. HortScience 39(2):375–379
Jao RC, Fang W (2004b) Growth of potato plantlets in vitro is different when provided concurrent versus alternating blue and red light photoperiods. HortScience 39(2):380–382
Jao RC, Lai CC, Fang W, Chang SF (2005) Effects of red light on the growth of *Zantedeschia* plantlets in vitro and tuber formation using light-emitting diodes. HortScience 40(2):436–438
Jung ES, Lee S, Lim SH et al (2013) Metabolite profiling of the short-term responses of rice leaves (*Oryza sativa* cv. Ilmi) cultivated under different LED lights and its correlations with antioxidant activities. Plant Sci 210:61–69
Kaewjampa N, Shimasaki K (2012) Effects of green LED lighting on organogenesis and superoxide dismutase (SOD) activities in protocorm-like bodies (PLBs) of *Cymbidium* cultured in vitro. Environ Control Biol 50(3):247–254
Karataş M, Aasim M, Dazkirli M (2016) Influence of light-emitting diodes and benzylaminopurin on adventitious shoot regeneration of water hyssop (*Bacopa monnieri* (L.) Pennell) in vitro. Arch Biol Sci 68(3):501–508
Kasahara M, Kagawa T, Sato Y, Kiyosue T, Wada M (2004) Phototropins mediate blue and red light-induced chloroplast movements in *Physcomitrella patens*. Plant Physiol 135:1388–1397
Kaur A, Sandhu JS (2015) High throughput in vitro micropropagation of sugarcane (*Saccharum offiinarum* L.) from spindle leaf roll segments: cost analysis for agri-business industry. Plant Cell Tiss Organ Cult 120:339–350
Kim YW, Moon HK (2014) Enhancement of somatic embryogenesis and plant regeneration in Japanese red pine (*Pinus densiflora*). Plant Biotechnol Rep 8:259–266
Kim SJ, Hahn EJ, Heo JW, Paek KY (2004) Effects of LEDs on net photosynthetic rate, growth and leaf stomata of chrysanthemum plantlets in vitro. Sci Hortic 101:143–151
Kovalchuk I (2010) Multiple roles of radicals in plants. In: Dutta Gupta S (ed) Reactive oxygen species and antioxidants in higher plants. CRC Press, Florida, pp 31–44
Kozai T, Smith MAL (1995) Environmental control in plant tissue culture—general introduction and overview. In: Aitken-Christie J, Kozai T, Smith MAL (eds) Automation and environmental control in plant tissue culture. Kluwer Academic Publishers, The Netherlands, pp 301–318
Kozai T, Xiao Y (2008) A commercialized photoautotrophic micropropagation system. In: Dutta Gupta S, Ibaraki Y (eds) Plant tissue culture engineering. Springer, The Netherlands, pp 355–371
Kozai T, Fujiwara K, Hayashi M, Aitken-Christie J (1992) Thein vitro environment and its control in micropropagation. In: Kurata K, Kozai T (eds) Transplant production systems. Kluwer Academic Publishers, The Netherlands, pp 247–282

Kubo A, Saji H, Tanaka K, Kondo N (1995) Expression of *Arabidopsis* cytosolic ascorbate peroxidase gene in response to ozone orsulfur dioxide. Plant Mol Biol 29:479–489

Kurilčik A, Miklušytė-Čanova R, Žilinskaitė S, Dapkūnienė S, Duchovskis P, Kurilčik G, Tamulaitis G, Žukauskas A (2007) In vitro cultivation of grape culture under solid-state lighting. Sodinink Daržinink 26(3):235–245

Kurilčik A, Miklušytė-Čanova R, Dapkūnienė S, Žilinskaitė S, Kurilčik G, Tamulaitis G, Duchovskis P, Žukauskas A (2008) In vitro culture of *Chrysanthemum* plantlets using light-emitting diodes. Cent Eur J Biol 3(2):161–167

Kwak JM, Mori IC, Pei ZM, Leonhardt N, Torres MA, Dangl JL, Bloom RE, Bodde S, Jones JDG, Shroeder JI (2003) NADPH oxidases *AtrbohD* and *AtrbohF* genes function in ROS-dependent ABA signaling in *Arabidopsis*. Eur Mol Biol Organ J 22(11):2623–2633

Kwon AR, Cui HY, Lee H, Shin H, Kang KS, Park SY (2015) Light quality affects shoot regeneration, cell division, and wood formation in elite clones of *Populus euramericana*. Acta Physiol Plant 37:65

Larson RA (1988) The antioxidants of higher plants. Phytochem 27:969–978

Lee KP, Piskurewicz U, Turečková V, Carat S, Chappuis R, Strnad M, Fankhauser C, Lopez-Molina L (2012) Spatially and genetically distinct control of seed germination by phytochromes A and B. Genes Dev 26:1984–1996

Lee NN, Choi YE, Moon HK (2014) Effect of LEDs on shoot multiplication and rooting of rare plant *Abeliophyllum distichum* Nakai. J Plant Biotechnol 41:94–99

Lercari B, Tognoni F, Anselmo G, Chapel D (1986) Photocontrol of in vitro bud differentiation in *Saintpaulia ionantha* leaves and *Lycopersicon esculentum* cotyledons. Physiol Plant 67 (3):340–344

Li H, Xu Z, Tang C (2010) Effect of light-emitting diodes on growth and morphogenesis of upland cotton (*Gossypium hirsutum* L.) plantlets in vitro. Plant Cell Tiss Organ Cult 103:155–163

Lian ML, Murthy HN, Paek KY (2002) Effects of light emitting diodes (LEDs) on the in vitro induction and growth of bulblets of *Lilium* oriental hybrid ‘Pesaro’. Sci Hortic 94:365–370

Lin Y, Li J, Li B, He T, Chun Z (2011) Effects of light quality on growth and development of protocorm-like bodies of *Dendrobium officinale* in vitro. Plant Cell Tiss Organ Cult 105:329–335

Liu Y, Tong Y, Zhu Y, Ding H, Smith EA (2006) Leaf chlorophyll readings as an indicator for spinach yield and nutritional quality with different nitrogen fertilizer applications. J Plant Nutr 29:1207–1217

Ma X, Wang Y, Liu M, Xu J, Xu Z (2015) Effects of green and red lights on the growth and morphogenesis of potato (*Solanum tuberosum* L.) plantlets in vitro. Sci Hortic 190:104–109

Mai NT, Binh PT, Gam DT, Khoi PH, Hung NK, Ngoc PB, Ha CH, Thanh Binh HT (2016) Effects of light emitting diodes—LED on regeneration ability of *Coffea canephora* mediated via somatic embryogenesis. Tap Chi Sinh Hoc 38(2):228–235

Maluta FA, Bordignon SR, Rossi ML, Ambrosano GMB, Rodrigues PHV (2013) In vitro culture of sugarcane exposed to different light sources. Pesqui Agropecu Bras 48(9):1303–1307

Manivannan A, Soundararajan P, Halimah N, Ko CH, Jeong BR (2015) Blue LED light enhances growth, phytochemical contents, and antioxidant enzyme activities of *Rehmannia glutinosa* cultured in vitro. Hortic Environ Biotechnol 56(1):105–113

Massa GD, Kim HH, Wheeler RM, Mitchell CA (2008) Plant productivity in response to LED lighting. HortScience 43(7):1951–1956

Mengxi L, Zhigang X, Yang Y, Yijie F (2011) Effects of different spectral lights on *Oncidium* PLBs induction, proliferation, and plant regeneration. Plant Cell Tiss Organ Cult 106:1–10

Merkle SA, Montello PM, Xia X, Upchurch BL, Smith DR (2005) Light quality treatments enhance somatic seedling production in three southern pine species. Tree Physiol 26:187–194

Moon HK, Park SY, Kim YW, Kim CS (2006) Growth of Tsuru-rindo (*Tripterospermum japonicum*) cultured in vitro under various sources of light-emitting diode (LED) irradiation. J Plant Biol 49(2):174–179

Murashige T, Skoog F (1962) A revised medium for rapid growth and bio assays with tobacco tissue cultures. Physiol Plant 15:473–497

Nhut DT, Hong LTA, Watanabe H, Goi M, Tanaka M (2000) Growth of banana plantlets cultured in vitro under red and blue light-emitting diode (LED) irradiation source. Acta Hortic 575:117–124

Nhut DT, Takamura T, Watanabe H, Okamoto K, Tanaka M (2003) Responses of strawberry plantlets cultured in vitro under superbright red and blue light-emitting diodes (LEDs). Plant Cell Tiss Organ Cult 73:43–52

Nhut DT, Huy NP, Tai NT, Nam NB, Luan VQ, Hien VT, Tung HT, Vinh BT, Luan TC (2015) Light-emitting diodes and their potential in callus growth, plantlet development and saponin accumulation during somatic embryogenesis of *Panax vietnamensis* Ha *et* Grushv. Biotechnol Biotechnol Equip 29(2):299–308

Park SY, Kim MJ (2010) Development of zygotic embryos and seedlings is affected by radiation spectral compositions from light emitting diode (LED) system in Chestnut (*Castanea crenata* S. et Z.). J Korean For Soc 99(5):750–754

Park SY, Yeung EC, Paek KY (2010) Endoreduplication in *Phalaenopsis* is affected by light quality from light-emitting diodes during somatic embryogenesis. Plant Biotechnol Rep 4(4):303–309

Pavlović D, Đorđević V, Kocić G (2002) A "cross-talk" between oxidative stress and redox cell signaling. Med Biol 9(2):131–137

Poudel PR, Kataoka I, Mochioka R (2008) Effect of red-and blue-light-emitting diodes on growth and morphogenesis of grapes. Plant Cell Tiss Organ Cult 92:147–153

Ramírez-Mosqueda MA, Iglesias-Andreu LG, Bautista-Aguilar JR (2016) The effect of light quality on growth and development of in vitro plantlet of *Stevia rebaudiana* Bertoni. Sugar Tech. doi:10.1007/s12355-016-0459-5

Sahoo TK (2013) Effects of light emitting diodes (LEDs) on changes in antioxidative enzyme activities and compounds during in vitro shoot organogenesis of *Curculigo orchioides* Gaetrn. M. Tech thesis, Indian Institute of Technology Kharagpur, India

Samuolienė G, Brazaitytė A, Urbonavičiūtė A, Šabajevienė G, Duchovskis P (2010) The effect of red and blue light component on the growth and development of frigo strawberries. Zemdirb Agric 97:99–104

Seon JH, Cui YY, Kozai T, Paek KY (2000) Influence of in vitro growth conditions on photosynthetic competence and survival rate of *Rehmannia glutinosa* plantlets during acclimatization period. Plant Cell Tiss Organ Cult 61:135–142

Shin KS, Murthy HN, Heo JW, Hahn EJ, Paek KY (2008) The effect of light quality on the growth and development of in vitro cultured *Doritaenopsis* plants. Acta Physiol Plant 30:339–343

Shohael AM, Ali MB, Yu KW, Hahn EJ, Islam R, Paek KY (2006) Effect of light on oxidative stress, secondary metabolites and induction of antioxidant enzymes in *Eleutherococcus senticosus* somatic embryos in bioreactor. Process Biochem 41:1179–1185

Silva MMA, de Oliveira ALB, Oliveira-Filho RA, Gouveia-Neto AS, Camara TJR, Willadino LG (2014) Effect of blue/red LED light combination on growth and morphogenesis of *Saccharum officinarum* plantlets in vitro. SPIE 8947.doi:10.1117/12.2036200

Silva MMA, de Oliveira ALB, Oliveira-Filho RA, Camara T, Willadino L, Gouveia-Neto A (2016) The effect of spectral light quality on in vitro culture of sugarcane. Acta Sci Biol Sci 38 (2):157–161

Simlat M, Ślęzak P, Moś M, Warchol M, Skrzypek E, Ptak A (2016) The effect of light quality on seed germination, seedling growth and selected biochemical properties of *Stevia rebaudiana* Bertoni. Sci Hortic 211:295–304

Tanaka M, Takamura T, Watanabe H, Endo M, Yanagi T, Okamoto K (1998) In vitro growth of *Cymbidium* plantlets cultured under superbright red and blue light-emitting diodes (LEDs). J Hort Sci Biotechnol 73:39–44

Vieira LDN, de Freitas Fraga HP, dos Anjos KG, Puttkammer CC, Scherer RF, da Silva DA, Guerra MP (2015) Light-emitting diodes (LED) increase the stomata formation and chlorophyll content in *Musa acuminata* (AAA) 'Nanicão Corupá' in vitro plantlets. Theor Exp Plant Physiol 27(2):91–98

Wilken D, Gonzalez EJ, Gerth A, Gómez-Kosky R, Schumann A, Claus D (2014) Effect of immersion systems, lighting, and TIS designs on biomass increase in micropropagating banana (*Musa* spp. cv. 'Grande naine' AAA). In Vitro Cell Dev Biol—Plant 50:582–589

Wongnok A, Piluek C, Techasilpitak T, Tantivivat S (2008) Effects of light emitting diodes on micropropagation of *Phalaenopsis* orchids. Acta Hortic 788:149–156

Wu HC, Lin CC (2012) Red light-emitting diode light irradiation improves root and leaf formation in difficult-to-propagate *Protea cynaroides* L. plantlets in vitro. HortScience 47(10):1490–1494

Zhong S, Shi H, Xue C, Wang L, Xi Y, Li J, Quail PH, Deng XW, Guo H (2012) A molecular framework of light-controlled phytohormone action in *Arabidopsis*. Curr Biol 22:1530–1535

第 13 章
LED 对兰花组培繁殖的影响

E. 汉雷斯－佛杰斯卡（E. Hanus－Fajerska）、
R. 沃伊切霍夫斯卡（R. Wojciechowska）

13.1 引言

兰科（Orchidaceae Juss.）是被子植物中最大、最迷人的科之一，包括 800 多个属，25 000 多个物种，广泛分布在世界各地。在野外，兰花的生长非常缓慢，获得一个开花标本需要好几年的时间。在自然条件下，大多数花不授粉，因此它们的胚珠不能受精，结果是很少形成有活力的种子。此外，兰花的生长发育受气候条件和当地环境中植被的保护层（如已知的许多附生物种）的显著影响。这就是为什么兰花被列入由国际自然与自然资源保护联盟（IUCN）编写的红皮书。因此，迫切需要采取适当的方法来处理这一问题。整个兰科目前也被列入《濒危野生动植物种国际贸易公约》第二附录。为了保护兰花种质资源，世界上兰花资源丰富的地区正在建立生物圈保护区、国家公园或国家保护区。大量的区域研究项目已经产生了效益，如在阿萨姆邦北部的 Dirbu－Saikhowa 国家公园和生物圈保护区或中国国家级自然保护区开展的兰花植物研究。然而，在一些复杂的研究领域，研究人员和国家管理人员面临的最大挑战是从现有的部分生物多样性数据中为未来的保护主题提出精确的保护建议。因此，应继续开展研究，特别是在兰科植物多样性水平较高的国家。玻利维亚的安第斯热带雨林就是一个很好的例子，它位于秘鲁边境的马迪迪国家公园和圣克鲁斯德拉塞拉附近的 Amboró 国家公园之间或智利的托雷斯德尔潘恩生物圈保护区。但是，在一些欧洲国家，关于保护区域的现有立法的遵守仍然存在一些问题。另外，研究人员对英国的兰花区系进行了详细的描述，并对其种类分布进行了精确的描述。此外，在欧洲大部分被仔细监测的野生林中，当地的兰花品种经常受到威胁或濒临灭绝。不幸的是，由于生境破碎化或人类对大多数生物群落造成不同种类的负面影响，就地保护并不是一个充分的选择。此外，数量极少的野生植物尤其难以保护。为此，中国和世界其他国家推出了一项特别的保护计划。为了克服原位保护的局限性，有必要优化现有的体外繁殖协议，以生产高质量的濒危和稀有物种的种质材料，并利用现有的生物技术手段对其进行保护。已经为许多物种的繁殖制定了有效的协议，如濒危的云南火焰兰（*Renantheraim schootiana* Rolfe）、自然过度开发的铁皮石斛、稀有铁皮石斛、具有药用和观赏价值的珍稀物种（如贝母兰（*Colelogyne cristata* Lindl.）、美冠兰（*Eulophia nuda* Lindl）），受威胁物种（如大花蕙兰（*Cymbidium aloifolium*，（L.）Sw.）和球花石斛（*Dendrobium thyrsiflorum* Rchb. ex André））。尽管近年来在兰花保护这一重要领域取得了相当大的进展，但仍需要开发新的方法来解决这一问题，并改进已知的离体繁殖技术。

13.2 兰科植物在离体条件下的繁殖模式

自 Knudson（1946）发展了一种非共生的种子萌发方法以来，植物细胞和组织培养被发现适用于典型的兰科植物。在植物界，兰花种子的萌发是一种非常奇特的现象，其胚芽由几百个细胞组成。由于种子萌发过程的复杂性和持久性，目前对兰花分支异养的关注超过了其他植物类群。此外，正在努力开发更多的高科技工具，以建立成功的濒危物种保护方案。目前使用的技术应该针对每一个特定的物种甚至是正在研究的亚种进行优化。例如，应该注意的是，在离体培养的开始阶段，从母株切除后，外植体组织迅速褐变是一个常见的现象。兰花外植体发生褐变的主要原因是组织的机械损伤引起的酚类化合物的氧化。因此，抑制激发培养物的生长和降低再生能力可能是酚类化合物氧化的副作用。这种影响对以园艺为目的的商业生产可能特别重要。兰花是一种珍贵的长寿命盆栽植物或切花。生产者的稳定利益，主要是由于其花卉的优雅美丽。植物主要因其开花而受到赞赏，因此在离体条件下激发特定物种进入花期的可能性受到了极大的关注。因此，该过程将需要额外的优化。

就市场生产而言，兰花生产取得了巨大的进步。因为在较短的时间内，生产者可以通过对所谓的原球茎样体（PLBs）的反复切片和继代培养，从分生组织培养（或愈伤组织）中获得数百万株再生植株。此外，PLBs 可以成功超低温保存，且这种方法在保存现有兰花生物多样性方面取得了成功。

下一个有些疑问但对市场生产很重要的问题是，兰花通常是远缘繁殖，其繁殖的结果往往是获得杂合植物。这就是为什么对于洋兰（*Cattleya*）、大花蕙兰（*Cymbidium*）、石斛（*Dendrobium*）、跳舞兰（*Oncidium*）、蝴蝶兰（*Phalenopsis*）、兜兰（*Paphiopedilum*）和许多其他属来说，为了获得大量的再生植株（无性系），必须制定有效的体外协议。使用这种可以全年应用的有效体外繁殖技术，上述具有许多物种和品种的属已经从不同类型的外植体再生，如分生组织、茎尖、腋芽、叶片、花序部分、气生根、假鳞茎，甚至所谓的薄截面（TCS）。这一领域通常得到科学活动的帮助，这就是为什么组织培养技术目前可以大规模繁殖大量的兰花品种及其杂交品种。因此，已经制定了许多有效的协议，以加强这个重要的国际观赏植物市场的经济潜力。

类似地，兰花通过原球茎繁殖的特定模式在人工种子生产技术中导致了与其他观赏植物不同的要求。然而，我们也应该意识到这一领域目前面临的挑战。例如，需要对控制体外开花的众多因素进行广泛的研究，或者对利用原球茎或原球茎状体等不同来源的人工种子生产技术进行细化。此外，我们还需要使兰花的繁殖方法更有效，但同时从生态的角度来看可以接受。可能的解决办法是使用经济合理的光源。在这方面，LED 技术无疑是有用的。

13.3 光照在兰花离体繁殖中的作用

维管植物作为典型的固着生物，特别受环境的影响。光是影响光合作用植物生长发育的最重要因素之一。植物能够感知辐照强度（光强）、波长（光质）和持续时间（光周期）。在离体条件下的植物繁殖过程中，光的这些不同方面也是非常重要的。光周期、光子通量密度（PPFD）和与光源（荧光、白炽灯、金属卤化物、LED 光照）相关的光谱组成是调节植物组织培养生长和形态建成响应的不同因素中至关重要的。在兰花组织培养中，光影响植株的光合作用、形态建成反应和生化组成。兰花在体外生产的大多数阶段经常被照亮。然而，也有一些栽培必须被置于黑暗之中的例子。从暗处理到光处理的转换应该是渐进的。选择适当的人工光处理来进行兰花照明是一个非常有趣的研究领域。在各种各样的光源中，兰花栽培中最流行的是白色荧光灯（FL），其波长范围很广（350～750 nm）。然而，荧光发射光谱的最大值并不符合植物的光需求。这些需要是由植物光感受器（如叶绿素和类胡萝卜素）所特有的光吸收光谱来确定。在这种情况下，光合作用强度的重要参数是最佳波长范围（430～450 nm 和 640～660 nm）的光合色素水平和光子通量密度（或辐照强度）。因此，最有希望的植物光源似乎是 LED，尤其是红色和蓝色的。值得一提的是，LED 在园艺中的第一个应用是与小型植物栽培（如离体培养）相关的。目前，LED 灯越来越多地用于控制组织培养中各种物种的器官发生和形态建成。

13.4 LED 灯在改善兰花组培中的应用

LED 的一个重要特性是非常窄的光谱波长发射光。现代植物用 LED 系统能够动态控制发射光的光谱组成。在其中一些波段中，可以混合多种波段，从紫、蓝、绿、橙、红到远红光。光谱和光子通量密度都可以根据植物生理和形态的需要进行调节。因此，与荧光灯或钠灯相比，LED 灯可以以更有效的方式使用。此外，LED 的独特特点是不产生热量。这使植物可以靠近 LED 灯，而不会受到热胁迫的伤害。这就是 LED 被成功应用于包括兰花在内的许多植物组织培养的主要原因。由于 LED 技术的进步和有关光质量对植物影响的知识的增加，专门用于兰花组织培养的 LED 系统也被使用。

许多报道表明，植物对特定光谱组成的响应是物种特有的，可能因栽培方法和其他生长因子的不同而有所不同。当在温室环境中进行研究时，植物接受的自然光量通常是由人工光补充的，强度为 100~200 μmol · m^{-2} · s^{-1}，每天可达 16 h。由于知道气候条件是不可重复的，因此这样的实验在连续几年的结果可能会有所不同。然而，体外培养的特定环境是严格控制的。在这种条件下，唯一的辐射源是发出特定类型光的灯（最常见的光周期为每天 16 h，强度约为 50 μmol · m^{-2} · s^{-1}）。因此，依赖于光的结果可能比在温室中获得的结果更容易预测。仅使用 LED 就取得了许多令人满意的效果。许多兰花繁殖研究的目的是研究单色或混合 LED 光对形态建成特征的影响，如原球茎样体的产生、腋生芽的形成、芽的伸长、根的发育以及植株的化学成分（表 13.1）。表 13.1 中引用报告的主要结论显示，由于对发射光谱的适当调节，LED 灯可能成功地取代兰花繁殖中通常使用的荧光灯。突出的效果与兰花的品种、发育阶段和测试 LED 光的光谱特性密切相关。

红光主要参与营养生长。据观察，使用单色红色 LED 光增强了蝴蝶兰（*Phalenopsis*）植株的鲜和干物质、石斛（*Dendrobium kingianum*）的枝条形成率和大花蕙兰（*Cymbidium*）的叶片长度。然而，这种效应通常伴随着叶绿素含量的下降，而这又反过来受到蓝色 LED 光的刺激。其他研究人员在使用混合的红蓝光时获得了最好的结果。例如，在朵丽蝶兰（*Doritaneopsis*）的繁殖中，以相等比例使用红蓝光。有趣的是，与红色或红色 + 蓝色 LED 光处理相比，低蓝光 LED 光强度可导致离体盆栽紫茎泽兰（*Paphiopedilum delenatii*）的茎长更高。

如表 13.1 所示，人们曾试图找到最适合各种兰花品种快繁的这种光谱。在引用的文献中，研究人员试图讨论受试植物的光诱导反应，但这些反应的机制尚

表 13.1 LED 光源下兰花离体繁殖的研究现状

物种/栽培品种	LED 处理	光照条件（PPFD、光周期）；控制处理	备注	参考文献
白芨（*Bletilla ochracea*）	（a）蓝色（470 nm）；（b）绿色（525 nm）；（c）橙色（590 nm）；（d）红色（625 nm）；（e）白（460 nm 和 560 nm）	40 μmol · m^{-2} · s^{-1}，24 h 光/0 h 暗（连续光）；黑暗	绿色和橙色光下种子萌发频率最高；橙色和红色的光能有效地促进根的形成；白色和蓝色 LED 灯下叶片宽度较大	Godo，et al.（2011）
虾脊兰属（两个杂交种）*Calanthe*（twohybrids）	（a）红色（660 nm）和蓝色（450 nm），0.7 : 1；（b）红色（660 nm）和远红外（730 nm），1 : 1.1	20 μmol · m^{-2} · s^{-1}，16 h 光/8 h 暗；FL（荧光白）	红色 + 蓝色 LED 对试管苗体外生长有促进作用，而红色 + 远红外 LED 对试管苗体外生长有抑制作用	Baque，et al.（2011）
兰属（金鸡）（*Cymbidium* ‘Golden Bird’）	红色（660 nm）和蓝色（450 nm）比：（a）1 : 0；（b）0 : 1；（c）1 : 1	45 μmol · m^{-2} · s^{-1}，16 h 光/8 h 暗；FL（40 μmol · m^{-2} · s^{-1} PPFD）	红光（1 : 0）刺激叶片生长（尤其是叶片长度），蓝光（0 : 1）促进叶绿素含量	Tanaka，et al.（1998）
兰属（偶像）（*Cymbidium* ‘Idol’）	（a）红色（640 nm）；（b）蓝色（450 nm）；（c）绿色（510 nm）；（d）FL 和绿色；（e）红色和绿色；（f）蓝色和绿色；（d）~（f）绿灯一周一循环	50 μmol · m^{-2} · s^{-1}，16 h 光/8 h 暗；FL	红色和绿色 LED 结合促进了 PLBs 的形成，而绿色 LED 结合荧光促进了芽的形成（93.3%）。	Kaewjampa and Shimasaki（2012）

续表

物种/栽培品种	LED 处理	光照条件（PPFD、光周期）；控制处理	备注	参考文献
兰属（9 个杂交种）（*Cymbidium*）（9 个杂交品种）	红色（660 nm）和蓝色（450 nm）比：（a）1：0；（b）1.5：1；（c）1：1；（d）1：1.5；（e）0：1	45 μmol · m^{-2} · s^{-1}，16 h 光/8 h 暗；FL	单色红色或蓝色 LED 对 PLBs 增殖均有负面影响，但 1：1.5 比例的红蓝混合 LED 对 PLBs 增殖的影响大于 FL（PLBs 质量较差）	（da Silva 2014）
大花蕙兰和芬兰花蕙兰（*Cymbidium dayanumh* 和 *Cymbidium finlaysonianum*）	（a）红色（640 nm）；（b）蓝色（450 nm）；（c）绿色（510 nm）	50 μmol · m^{-2} · s^{-1}，16 h 光/8 h 暗；FL	绿光和蓝光增强了 PLBs 的产量	Nahar，et al.（2016）
铁皮石斛（*Dendrobium officinale*）	红色（660 nm）和蓝色（450 nm）比：（a）1：0；（b）0：1；（c）1：1；（d）2：1；（e）1：2	70 μmol · m^{-2} · s^{-1}，16 h 光/8 h 暗；FL 和黑暗	蓝单色和红蓝混合比例为 1：2 促进了 PLBs 的形成，增加了 PLBs 的干物质含量	Lin，et al.（2011）
金石斛（*Dendrobium kingianum*）	（a）红色（640 nm）；（b）蓝色（450 nm）；（c）绿色（510 nm）；（d）白光（广谱）；（e）红色和蓝色，1：1	50 μmol · m^{-2} · s^{-1}，16 h 光/8 h 暗；FL	单色光蓝光比红色增加叶绿素含量；红色 LED 促进了芽的形成	Habiba，et al.（2014b）

续表

物种/栽培品种	LED 处理	光照条件（PPFD、光周期）；控制处理	备注	参考文献
朵丽蝶兰（*Doritaenopsis*）	（a）红色（660 nm）；（b）蓝色（450 nm）；（c）红色和蓝色，1∶1	70 μmol · m^{-2} · s^{-1}，16 h 光/8 h 暗；FL	红光与蓝光混合影响叶片和根的鲜/干质量，以及叶片光合色素和碳水化合物含量	Shin，et al.（2008）
文心兰高尔 · 拉姆齐（*Oncidium* ‘*Gower Ramsey*’）	红色—R（660 nm）、蓝色—B（455 nm）、远红外—Fr（730 nm）混合或单色：（a）RBFr；（b）RFr；（c）BFr；（d）RB；（e）R；（f）B	50 μmol · m^{-2} · s^{-1}，16 h 光/8 h 暗；FL	远红光与蓝、红、红 LED 混合或与红 LED 混合显著提高了植株的叶片伸长、叶片数和根数、叶绿素含量和鲜/干质量	Chung，et al.（2010）
文心兰（*Oncidium*）	蓝色（460 nm）、红色（660 nm）、黄色（590 nm）、绿色（530 nm）、远红外（715 nm）：单色光用于 PLBs 诱导和混合生根	单色光（11 μmol · m^{-2} · s^{-1} 用于 PLB 诱导、增殖和分化），混合 LED 光（50 μmol · m^{-2} · s^{-1} 用于研究植株的生根），16 h 光/8 h 暗	红光增强了 PLBs 的诱导增殖和再生植株的长度；蓝谱促进了 PLBs 的分化，提高了抗氧化酶活性	Mengxi，et al.（2011）
山兰（*Oreorchis patens*）	（a）红色（660 nm）；（b）蓝色（450 nm）	PPFD 无数据，16 h 光/8 h 暗；FL	红光促进胚肿胀，原球茎形成	Bae，et al.（2014）

续表

物种/栽培品种	LED 处理	光照条件（PPFD、光周期）；控制处理	备注	参考文献
兜兰（*Paphiopedilum delenatii* Guillaumin）	红色（660 nm）和蓝色（450 nm）比：（a）1∶0；（b）0∶1；（c）9∶1；（d）1∶1	PPFD 30 μmol · m^{-2} · s^{-1}，24 h 光周期；黑暗	培养 4 个月后，蓝色 LED 光源（100%）对植株的最高茎伸长和节数有显著影响	Luan，et al.（2015）
蝴蝶兰‘卡桑德拉·罗斯’（*Phalenopsis* ‘*Cassandra Rose*’）	红色（640 700 nm）和蓝色（450 480 nm）比：（a）1∶0；（b）9∶1；（c）4∶1；（d）红色与白色（蓝色 + 黄色 585 ~ 600 nm）比为 1∶1（红色∶白色）	PPFD 和光周期无数据；FL	在 4∶1 和 9∶1 的比例下，原球茎在红蓝灯下发育最好；比例为 1∶0，9∶1 和红色 + 白色 LED 对植株生长的促进作用优于 FL	Wongnok，et al.（2008）
蝴蝶兰（*Phalenopsis*）	红色；（b）蓝色；（c）红色和蓝色，1∶1；（d）白色：用于研究营养生长（生长室）和花的萌发（温室）	PPFD 没有数据；8/16 h（光/暗）；自然光线	蓝色、红色 + 蓝色（1∶1）和白色 LED 增强了幼苗生长，增加了叶绿素含量；在温室植被的 3 个月期间，幼龄兰花不强迫开花	Dewi，et al.（2014）

未完全认识。值得强调的是，有关植物光感受器的知识正在不断扩大，它们能够检测光的质量、数量和方向。蓝色和UV－A波长范围被确定的3种形式的隐花色素、2种向光素和ZTL/ADO家族（与昼夜时钟和开花相关）吸收。植物能够通过特定形式的光敏色素探测红光和远红光，但其作用机制仍未完全被认识。绿光（500～550 nm）在调节或信号功能中是必要的。根据最近的研究，使用绿色LED灯可能会显著提高兰花的微繁殖。例如，刺激了黄花白芨（*Bletilla ochracea*）的种子萌发和两个大花蕙兰（*Cymbidium*）品种的PLBs产生或器官发生。此外，绿色LED灯与红色LED灯或荧光灯的有趣组合可能会显著促进兰花华尔兹“偶像”（*Cymbidium* Waltz“Idol”）的再生。红色或蓝色LED单色光对9个大花蕙兰（*Cymbidium*）杂交品种的PLBs产生不利影响。令人着迷的是，在特殊的红光处理中使用远红外来刺激朵丽蝶兰（*Doritaneopsis*）的体细胞胚胎发生。在跳舞兰（*Oncidium*）培养中，远红＋红色＋蓝色和远红＋红色LED灯两种组合的混合培养也取得了优异的效果，明显提高了植株的质量，而远红光与红光LED混合抑制了虾脊兰属（*Calanthe*）植株的生长。已经观察到，兰花对远红光的响应似乎取决于物种和FR对其他波长的比例。

有趣的是，在特定的LED光源下，兰花离体繁殖过程中所获得的积极效应是否能在离体条件下保持下去。移栽到完全不同的环境后，娇弱的植株容易受损，生长缓慢。由于光、湿度、CO_2浓度等的强度和质量的变化，幼苗的驯化需要显著地重建一些解剖特征和生理过程以适应新的条件。在驯化过程中，随着光强（60 $\mu mol \cdot m^{-2} \cdot s^{-1}$、160 $\mu mol \cdot m^{-2} \cdot s^{-1}$、300 $\mu mol \cdot m^{-2} \cdot s^{-1}$，PHILIPS SON－T灯）的增加，蝴蝶兰叶片的抗氧化酶活性显著增加。然而，在离体条件下，哪种LED光的光谱和强度可以提高兰花幼苗的质量并加速其开花，目前还没有明确的答案。最近，Dewi等人（2014）报道，与自然光相比，蓝色、红蓝（1∶1）和白色LED能够增强蝴蝶兰（*Phalenopsis*）的营养生长。研究人员认为，在诱导兰花首次开花的情况下，最可能触发这一过程的是白色或蓝色LED灯。我们正在见证越来越多的有趣的LED灯在兰花体外繁殖中的应用。然而，为了获得与兰花生长和首次开花相关的最佳效果，还需要进一步的 LED 光照动态控制实验。

13.5 结论

近年来，在兰花植物组织培养中，LED 作为唯一光源的应用取得了长足的进步。与荧光灯相比，LED 光照提高了兰花组培苗的质量。然而，根据培养的品种准确调整 LED 的光谱组成是至关重要的，这一问题仍有待进一步研究。一个新出现的问题是如何在驯化和离体转移时，利用 LED 技术以更好地使再生植株存活。此外，应用 LED 光照加速兰花幼苗开花的有效性是另一个主要问题。这个问题在不久的将来值得特别关注。

参 考 文 献

Ali M, Hahn EJ, Peak HY (2005) Effects of light intensities on antioxidant enzymes and malondialdehyde content during short-term acclimatization on micropropagated *Phalenopsis* plantlet. Environ Exp Bot 54:109–120

Arditti J (2008) Micropropagation of orchids. Blackwell Publ, USA. ISBN-13:978-1-4058–6088-9

Bae KH, Oh KH, Kim SY (2014) Sodium hypochlorite treatment and light-emitting diode (LED) irradiation effect on in vitro germination of *Oreorchis patens* (Lindl.) Lindl. J Plant Biotech 41:44–49

Ballantyne M, Pickering CM (2015) The impacts of trail infrastructure on vegetation and soils: current literature and future directions. J Environ Man 164:53–64

Baque AM, Shin YK, Elshmari T, Lee EJ, Paek KY (2011) Effect of light quality, sucrose and coconut water concentration on the microporpagation of *Calanthe* hybrids ('Bukduseong' × 'Hyesung' and 'Chunkwang' × 'Hyesung'). Aust J Crop Sci 5(10):1247–1254

Bateman RM (2011) Two steps forward, one step back: deciphering British and irish marsch-orchids. Watsonia 14:347–376

Batschauer A (1999) Light perception in higher plants. Cell Mol Life Sci 55(2):153–166

Battacharyya P, Kumaria S, Job N, Tandon P (2015) Phyto-molecular profiling and assessment of antioxidant activity within micropropagated plants of *Dendrobium thyrsiflorum*: a threatened, medicinal orchid. Plant Cell Tissue Organ Cult 122:535–550

Begum AA, Tamaki M, Kako S (1994) Formation of protocorm-like bodies (PLBs) and shoot development through in vitro culture of outer tissue of *Cymbidium* PLB. J. Jpn Hortic Sci 63(3):663–637

Bhadra SK, Hossain MM (2003) In vitro germination and micropropagation of *Geodorum densiflorum* (Lam.) Schltr., an endangered orchid species. Plant Tissue Cult 13(2):165–171

Bhattacharyya P, Van Staden J (2016) *Ansellia africana* (Leopard orchid): a medicinal orchid species with untapped reserves of important biomolecules—a mini review. S Afr J Bot 106:181–185

Bhattacharyya P, Kumaria S, Tandon P (2016) High frequency regeneration protocol for *Dendrobium nobile*: a model tissue culture approach for propagation of medicinally important orchid species. S Afr J Bot 104:232–243

Chen Y, Goodale UM, Fan XL, Gao JY (2015) Asymbiotic seed germination and in vitro seedling development of *Paphiopedilum spicerianum*: an orchid with an extremely small population in China. Global Ecol Conserv 3:367–378

Chia TF, Hew CS, Loh CS, Lee YK (1998) Carbon/nitrogen ratio and greening and protocorm formation in orchid callus tissue. HortScience 13:599–601

Chugh S, Satyakam G, Rao IU (2009) Micropropagation of orchids: a review on the potential of different explants. Sci Hortic 122:507–520

Chung JP, Huang CY, Dai TE (2010) Spectral effects on embryogenesis and plantlet growth of *Oncidium* 'Gower Ramsey'. Sci Hortic 124:511–516

Cybularz-Urban T, Hanus-Fajerska E (2008) The morphogenetic capability and the viability of regenerants in micropropagated orchid hybrids infected with viral pathogens. Folia Hortic 20 (2):93–102

Cybularz-Urban T, Hanus-Fajerska E, Swiderski A (2007a) Effect of wavelength on in vitro organogenesis of *Cattleya* hybrid. Act Biol Cracoc, Series Bot 49(1):113–118

Cybularz-Urban T, Hanus-Fajerska E, Swiderski A (2007b) Preliminary morphological, anatomical and biochemical characteristic of micropropagated *Cattleya* under UV-A and white light illumination. Zesz Probl Post Nauk Roln 523:59–67

Cybularz-Urban T, Hanus-Fajerska E, Bach A (2015) Callus induction and organogenesis in vitro of *Cattleya* protocorm-like bodies (PLBs) under different light conditions. Act Sci Pol, Seria Hort Cult Hortic 14(6):19–28

da Silva JAT (2014) The response of protocorm-like bodies of nine hybrid *Cymbidium* cultivars to light-emitting diodes. Environ Exp Biol 12:155–159

da Silva JAT, Zeng S, Cardoso J, Dobránszki J, Kerbauy GB (2014) In vitro flowering of *Dendrobium*. Plant Cell Tissue Organ Cult 119:447–456

de la Rosa-Manzano E, Andarade JL, Zotz G, Reyes-García C (2014) Epiphytic orchids in tropical dry forests in Yucatan, Mexico–species occurrence, abundance and correlations with host tree characteristics and environmental conditions. Flora 209:100–019

de la Rosa-Manzano E, Andarade JL, García-Mendosa E, Zotz G, Reyes-García C (2015) Photoprotection related to xantophyll cycle pigments in epiphytic orchids acclimated at different microevironments in two tropical dry forests of the Yucatan Penisula, Mexico. Planta 242:1425–1438

Devlin PF, Christie JM, Terry MJ (2007) Many hands make light work. J Exp Bot 58(12):3071–3077

Dewi K, Purwestri YA, Astuti YTM, Natasaputra L, Parmi (2014) Effects of light quality on vegetative growth and flower initiation in *Phalaenopsis*. Indonesian J Biotech 19(1):33–42

Dutta Gupta S, Jatothu B (2013) Fundamentals and applications of light-emitting diodes (LEDs) in in vitro plant growth and morphogenesis. Plant Biotech Rep 7:211–220

Ercole E, Rodda M, Molinatti M, Voyron S, Perotto S, Girlanda M (2013) Cryopreservation of orchid mycorrhizal fungi: a tool for conservation of endangered species. J Micr Meth 93:134–137

Fay MF (2015) British and Irish orchids in a changing world. Curtis's Bot Mag 2(1):3–23

Folta KM, Maruhnich SA (2007) Green light: a signal to slow down or stop. J Exp Bot 58:3099–3111

Fracchia S, Aranda-Rickert A, Flachsland E, Terada G, Sede S (2014) Mycorrhizal compatibility and symbiotic reproduction of *Gaviela australis*, an endangered terrestial orchid from south Patagonia. Mycorrhiza 24:627–634

Freudenstein JV, Chase MW (2015) Phylogenetic relationships in Epidendroideae (Orchideaceae), one of the great flowering plant radiations: progressive specialization and diversification. Ann Bot 115:665–681

Godo T, Fujiwara K, Guan K, Miyoshi K (2011) Effects of wavelength of LED-light on in vitro asymbiotic germination and seedling growth of *Bletilla ochracea* Schltr. (Orchidaceae). Plant Biotech 28:397–400

Gogoi K (2005) The genus *Dendrobium* in Dibru-Saikhowa National Park and Biosphere Reserve. J Orchid Soc India 19(1/2):17–25

Gogoi K, Borah RL, Shrama GC (2010) Orchid flora of Dibru-Saikhowa National Park and Biosphere Reserve, Assam India. Pleione 4(1):124–134

Habiba SU, Shimasaki K, Ahasan MM, Alam MM (2014a) Effect of 6-benzylaminopurine (BA) and hyaluronic acid (HA) under white light emitting diode (LED) on organogenesis in protocorm-likebodies (PLBs) of *Dendrobium kingianum.* American-Eurasian J Agric Environ Sci 14(7):605–609

Habiba SU, Shimasaki K, Ahasan MM, Alam MM (2014b) Effects of different light quality on growth and development of protocorm-like bodies (PLBs) in *Dendrobium kingianum* cultured in vitro. Bangladesh Res Public J 10(2):223–227

Hossain MM, Rahi P, Gulati A, Shrama M (2013) Improved ex vitro survival of asymbiotically raised seedlings of *Cymbidium* using mycorrhizal fungi isolated from distant orchid taxa. Sci Hortic 159:109–112

Hsu HC, Chen C (2010) The effect of light spectrum on the growth characteristics of in vitro cultures of *Phalaenopsis*. Prop Ornam Plants 10(1):3–8

Jakubowska-Gabara J, Kurzac M, Kiedrzyński M, Kopeć D, Kucharski L, Kołodziejek J, Niedźwiedzki P, Popkiewicz P, Witosławski P, Zielińska K (2012) New stations of rare, protected and threatened species of vascular plants in Central Poland. Part II Fragm Florist Geobot 19(2):349–359

Kaewjampa N, Shimasaki K (2012) Effects of green LED lighting on organogenesis and superoxide dismutase (SOD) activities in protocorm-like bodies (PLBs) of *Cymbidium* cultured in vitro. Environ Control Biol 50(3):247–254

Khamchatra N, Dixon KW, Taniwiwat S, Piapukiew J (2016) Symbiotic seed germination of an endangered epiphytic slipper orchid, *Paphiopedillum villosum* (Lindl.) Stein. from Thailand. S Afr J Bot 104:76–81

Kim SJ, Hahn EJ, Heo JW, Paek KY (2004) Effects of LEDs on net photosynthetic rate, growth and leaf stomata of chrysanthemum plantlets in vitro. Sci Hortic 101:143–151

Knudson L (1946) A new nutrient medium for germination of orchid seeds. Am Orchid Soc Bull 39:214–217

Křenová Z, Kidlmann P (2015) Natura 2000—solution for Eastern Europe or just a good start? The Šumava National Park as a test case. Biol Conserv 186:287–275

Kull T, Selgis U, Peciņa MV, Metsare M, Ilves A, Tali K, Sepp K, Kull K, Shefferson RP (2016) Factors influencing threat levels to orchids across Europe on the basis of national red lists. Ecol Evol 6(17):6245–6265

Kurilčik A, Dapkūniene S, Kurličik G, Žilinskaite S, Žukauskas A, Duchovskis P (2008) Effect of photoperiod duration on the growth of *Chrysanthemum* plantlets in vitro. Sci Works Lith Inst Hort Lith Univ Agric Sodininkyste Ir Darzyninkyste 27(2):39–43

Lemay MA, De Vriendt L, Pellerin S, Poulin M (2015) Ex situ germination as a method for seed viability assessment in a peatland orchid *Palanthera blephariglottis*. Am J Bot 102(3):390–395

Li H, Tang C, Xu Z (2013) The effects of different qualities on rapeseed (*Brassica napus* L.) plantlet growth and morphogenesis in vitro. Sci Hortic 150:117–124

Lin Y, Li J, Li B, He T, Chun Z (2011) Effects of light quality on growth and development of protocorm-like bodies of *Dendrobium officinale* in vitro. Plant Cell Tissue Organ Cult 105:329–335

Luan YQ, Huy NP, Nam NB, Huong TT, Hien FT, Hien NTT, Hai NT, Thinh DK, Nhut DT (2015) Ex vitro and in vitro *Paphiopedilum delenatii* Guillaumin stem elongation under light-emitting diodes and shoot regeneration via stem node culture. Acta Physiol Plant 37. doi:10.1007/s11738-015-1886-8

Martin KP, Madsssery J (2006) Rapid in vitro propagation of *Dendrobium* hybrids through direct shoot formation from foliar explants, and protocorm-like bodies. Sci Hortic 108:95–99

Mengxi L, Zhigang X, Yang Y, Yijie F (2011) Effects of different spectral lights on *Oncidium* PLBs induction, proliferation, and plant regeneration. Plant Cell Tiss Organ Cult 106:1–10

Mohanthy P, Paul S, Das MC, Kumaria S, Tandon P (2012) A simple and efficient protocol for the mass propagation of *Cymbidium maestrii*: an ornamental orchid of Northeast India. AoB Plants pls023. doi:10.1093/aobpl/pls023

Morrow RC (2008) LED lighting in horticulture. HortScience 43(7):1947–1950

Müller R, Nowicki C, Barthlott W, Ibish PL (2003) Biodiversity and endemism maping as a tool for regional conservation planning—case study of the Pleurothallidinae (Orchidaceae) of the Andean rain forests in Bolivia. Biodiv Conserv 12:2005–20024

Nahar SJ, Haque SM, Kazuhiko S (2016) Application of chondroitin sulfate on organogenesis of two *Cymbidium* spp. under different sources of lights. Not Sci Biol 8(2):156–160

Naing AH, Chung JD, Park IS, Lim KB (2011) Efficient plant regeneration of the endangered medicinal orchid, *Colelogyne cristata* using protocorm-like bodies. Acta Physiol Plant 33:659–666

Nayak NR, Rath SP, Patnaik S (1997) In vitro propagation of three epiphytic orchids, *Cymbidium aloifolium* (L.) Sw., *Dendrobium aphyllum* (Roxb.) Fisch. and *Dendrobium moschatum* (Buch-Ham) Sw. through thidiazuron-induced high frequency shoot proliferation. Sci Hortic 71:243–250

Nayak NR, Chand PK, Rath SP, Patnaik SN (1998) Influence of some plant growth regulators on the growth and organogenesis of *Cymbidium aloifolium* (L.) Sw. seed-derived rhizomes in vitro. In Vitro Cell Dev Biol Plant 34:185–188

Nayak NR, Sahoo S, Patnaik S, Rath SP (2002) Establisment of thin cross section culture (TCS) culture method for rapid micropropagation of *Cymbidium aloifolium* (L.) Sw and *Dendrobium nobile* Lind. (Orchidaceae). Sci Hortic 94:107–116

Ng ChY, Saleh NM (2011) In vitro propagation of *Paphiopedilum* orchid through formation of protocorm-like bodies. Plant Cell Tissue Organ Cult 105:193–202

Nordström S, Hedrén M (2009) Evolution, phylogeography and taxonomy of allopolyploid *Dactylorhiza* (Orchidaceae) and its implications for conservation. Nordic J Bot 27:458–556

Ouzounis T, Rosenqvist E, Ottosen CO (2015) Spectral effects of artificial light on plant physiology and secondary metabolism: a review. HortScience 50(8):1128–1135

Palomo I, Martīn-López B, Potschin M, Hainez-Young H, Montes C (2013) National parks, buffer zones and surrounding lands: mapping ecosystem service flows. Ecosyst Serv 4:104–116

Pan X, Zhou H, Li X, Wang W, Huang H (2015) LED mixed lighting for tissue culture of orchids. United States Patent No.: US 8,944,631 B2, 3 Feb 2015

Panwar D, Ram K, Shekhwat NS (2012) In vitro propagation of *Eulophia nuda* Lindl., an endangered orchid. Sci Hortic 139:46–52

Park SY, Yeung EC, Paek KY (2010) Endoreduplication in *Phalaenopsis* is affected by light quality from light-emitting diodes during somatic embryogenesis. Plant Biotech Rep 4:303–309

Pindel A, Pindel Z (2004) Initiation of in vitro cultures of chosen endangered species of orchids. Folia Hortic 16(2):111–117

Prahdan S, Tiwura B, Subedee BR, Pant B (2014) In vitro germination and propagation of a threatened medicinal orchid, *Cymbidium aloifolium* (L.) Sw. through artificial seed. Asian Pac J Trop Biomed 4(12):971–976

Ramah S, Mubbarakh SA, Sinniah UR, Subramaniam S (2015a) Effect of droplet-vitrification on *Brassidium* Shooting Star's orchid protocorm-like bodies (PLBs). Sci Hortic 197:254–260

Ramah S, Mubbarakh SA, Ping KS, Subramaniam S (2015b) Effects of dropled-vitrification cryopreservation based on physiological and antioxidant enzyme activities of *Brassidium* shooting star orchid. Sci World J. doi:10.1155/2015/961793

Rewicz A, Zielińska K, Kiedrzyński M, Kucharski L (2015) Orchidaceae in the antropogenic landscape of central Poland: diversity, extinction and conservation perspectives. Arch Biol Sci 67(1):119–130

Rudall PJ, Perl CD, Bateman RM (2012) Organ homologies in orchid flowers re-interpreted using the Musk Orchid as a model. PeerJ 1:e26. doi:10.7717/peerj.26

Saiprasad GVS, Raghuveer P, Khetarpal S, Chandra R (2004) Effect of various polyamines on production of protocorm-like bodies in orchid—*Dendrobium* 'Sonia'. Sci Hort 100:161–168

Sathiyadash K, Muthukumar T, Murgan SB, Sathishkumar R, Pandey RR (2014) In vitro symbiotic seed germination of South Indian endemic orchid *Coelogyne nervosa*. Mycoscience 55:183–189

Seaton PT, Pritchard HW, Marks TR (2015) Aspects of orchid conservation: seed and polen storage and their value in re-introduction projects. Univ J Plant Sci 3(4):72–76

Seeni S, Latha PG (1992) Foliar regeneration of the endangered Red Vanda, *Renanthera imschootiana* Rolfe (Orchidaceae). Plant Cell Tissue Organ Cult 29:167–172

Sheshukova L, Klimenko E, Miryugina T, Olshetyn A, Vychuzhanina A (2014) Ecotourism in Western Siberia: issues and topical solutions. Middle-East J Sci Res 19(1):105–109

Shimasaki K, Uemoto S (1990) Micropropagation of terrestial *Cymbidium* species using rhizomes developed from seeds and pseudobulbs. Plant Cell Tissue Organ Cult 22:237–244

Shin KS, Murthy HN, Heo JW, Hahn EJ, Paek KY (2008) The effect of light quality on the growth and development of in vitro cultured *Doritaenopsis* plants. Acta Physiol Plant 30:339–343

Singh D, Basu C, Meinhardt-Wollweber M, Roth B (2015) LEDs for energy efficient greenhouse lighting. Renew Sustain Energ Rev 49:139–147

Steward J, Griffiths M (1995) Manual of orchids. Timber Press, New York

Swangmaneecharern P, Serivichyaswat P, Nontachaiyapoom S (2012) Promoting effect of orchid mycorrhizal fungi *Epulorhiza* isolates on seed germination of *Dendrobium* orchids. Sci Hortic 148:55–58

Swiderski A, Cybularz-Urban T, Hanus-Fajerska E (2007) The influence of UV radiation on the level of phenolic compounds in *Cattleya* leaves. Acta Physiol Plant 29(1 suppl.):115

Tanaka M, Takamura T, Watanabe H, Endo M, Yanagi T, Okamoto K (1998) In vitro growth of *Cymbidium* plantlets cultured under superbright red and blue light-emitting diodes (LEDs). J Hortic Sci Biotech 73:39–44

Tokuhara K, Mii M (1993) Micropropagation of *Phalenopsis* and *Doritaneopsis* by culturing shoot tips of flower stalk buds. Plant Cell Rep 13:7–11

Tsai CC, Peng CI, Huang SC, Pl Huang, Chou Ch (2004) Determination of genetic relationship of *Dendrobium* species (Orchidaceae) in Taiwan based on the sequence of the internal transcribed spacer of ribosomal DNA. Sci Hortic 101:315–325

Vidal OJ, san Martin C, Mardones S, Bauk V, Vidal CF (2012) The orchids of Torres del Paine biosphere reserve: the need for species monitoring and ecotourism planning for biodiversity conservation. Gayana Bot 69(1):136–146

Whigham DF, O'Neil JP, Rasmussen HN, Caldwell BA, McCormick MK (2006) Seed longevity in terrestial orchids—potential for persistent in situ seed banks. Biol Conserv 129:24–30

Wojciechowska R, Długosz-Grochowska O, Kołton A, Żupnik M (2015) The effects of LED supplemental lighting on yield and some quality parameters of lamb's lettuce in two winter cycles. Sci Hortic 187:80–86

Wongnok A, Piluek C, Techasilpitak T, Tantivivat S (2008) Effects of light emitting diodes on micropropagation of *Phalaenopsis* orchids. Acta Hortic 788:149–156

Wu K, Zeng S, Lin D, da Silva JAT, Bu Z, Zhang J, Duan J (2014) In vitro propagation and reintroduction of the endangered *Renanthera imschootiana* Rolfe. PLoS One 9(10):e110033. doi:10.1371/journal.pone0110033

Yano A, Fujiwara K (2012) Plant lighting system with five wavelength-band light-emitting diodes providing photon flux density and mixing ratio control. Plant Meth 8:46

Zang Z, Yan Y, Li J, He JS, Tang Z (2015) Distribution and conservation of orchid species richness in China. Biol Conserv 181:64–72

Zettler LW, Hofer CJ (1998) Propagation of the little club-spur orchid (*Palanthera clavellata*) by symbiotic seed germination and its ecological implications. Environ Exp Bot 39:189–195

Zhao P, Wu F, Feng FS, Wang WJ (2008) Protocorm-like body (PLB) formation and plant regeneration from the callus culture of *Dendrombium candidum* Wall *ex* Lindl. In Vitro Cell Dev Biol Plant 44:178185

Zhao D, Hu G, Chen Z, Shi Y, Zheng L, Tang A, Long C (2013) Micropropagation and in vitro flowering of *Dendrobuim wangliangii*: a critically endangered medicinal orchid. J Med Plant Res 7(28):2098–2110

Zotz G (2013) The systematic distribution of vascular epiphytes—a critical update. Bot J Linn Soc 171:453–481

Zotz G, Winkler U (2013) Aerial roots of epiphytic orchids: the velamen radicum and its role in water and nutrient uptake. Oecologia 171:733–741

第 14 章

LED 在越南参体细胞胚胎发生中的作用

董新一（Duong Tan Nhut）、阮福慧（Nguyen Phuc Huy）、
黄请东（Hoang Thanh Tung）、武国銮（Vu Quoc Luan）、
阮巴南（Nguyen Ba Nam）

14.1 引言

玉玲（Ngoc Linh）人参，以其学名越南参（*Panax vietnamensis* Ha *et* Grushv）而闻名于世，是越南的特有品种。它具有三萜皂苷含量高（在具有最高达玛烷 MR2、Rg1 和 Rb1 的人参物种中，为 12%~15%）和齐墩果酸含量低的特点。MR2 占越南参总皂苷含量的近 50%，在这种植物的抗抑郁、抗压力和改善记忆的作用中发挥重要作用。对该课题的研究大多局限于皂苷含量分析和药理作用方面。Nhut 等人（2006）研究了不同培养基对越南参愈伤组织、幼苗和不定根增殖的影响，并研究了越南参皂苷含量。

光照对植物细胞和组织生长及次生代谢产物生物合成的影响已被大量报道。与传统荧光灯相比，LED 灯具有更多的优点，可以作为一种新型的微传播光源。然而，很少有人关注使用 LED 的越南参栽培，也没有人研究过黄色（Y）、绿色（G）和白色（W）LED 在越南参栽培中的作用。

本章描述了各种类型的 LED 灯（B 蓝色、G 绿色、Y 黄色、R 红色、W 白色和 R 与 B 以不同比率的结合）对越南参愈伤组织的形成和随后的植株形成与皂苷积累的影响。

14.2 愈伤组织培养体系的建立及愈伤组织的生长

将 3 月龄离体植株的叶片切至 1 cm^2 在 MS 培养基上培养，培养基中含 1.0 mg · L^{-1} 的 2，4 - 二氯苯氧基乙酸（2.4 - D）和 0.5 mg · L^{-1} 噻虫素（TDZ），在黑暗中诱导愈伤组织的形成。将愈伤组织培养在 Schenk 和 Hildebrandt（SH）培养基（1972）上，添加 0.2 mg · L^{-1} 的 TDZ、1.0 mg · L^{-1} 的 2，4 - D、30 g · L^{-1} 的蔗糖和 9 g · L^{-1} 的琼脂用于生长。在 20 ~ 25 μmol · m^{-2} · s^{-1} 的光照强度下使用以下 16 种照明条件：紧凑型荧光灯（3U）、荧光灯、蓝色、绿色、黄色、红色和白色 LED 以及 9 种不同比例红色和蓝色 LED 的组合（90：10、80：20、70：30、60：40、50：50、40：60、30：70、20：80 和 10：90），同时还有黑暗条件。

Jie 等人（2003）发现光强和光质影响肉苁蓉愈伤组织的生长和苯乙醇苷的生物合成。黄光（570 ~ 590 nm）对越南参（*P. vietnamensis.*）愈伤组织的生长有明显的促进作用。与 FL 和其他光源处理的愈伤组织相比，黄光处理的愈伤组织鲜质量和干质量较高。

Soni 和 Swarnkar（1996）证明，蓝光和黄光诱导乌头叶（*Vigna aconitifolia*）叶片培养的愈伤组织和芽形成。欧阳等人（2003）也发现光强和光质影响肉苁蓉（*C. deserticola*）愈伤组织的生长和苯乙醇苷的产生。在本研究中，不同光照条件下愈伤组织的形成和生长存在显著差异（图 14.1）。在黄色 LED 下，愈伤组织的鲜质量（1 197 mg）和干质量（91.7 mg）最高。这一发现对利用黄色、绿色和白色 LED 灯促进越南参愈伤组织的生长具有重要意义。在黄色 LED 光处理后，当愈伤组织簇保持在红色和蓝色 LED 组合为 60：40 时，与在荧光灯下培养的愈伤组织相比，愈伤组织的生长有了明显的改善（图 14.4（a））。在紧凑型荧光灯、荧光灯、绿色和白色 LED、红色和蓝色 LED（70：30 和 50：50）组合以及黑暗条件下，愈伤组织的生长无显著差异。红光和蓝光的比例为 90：10、80：20、40：60、30：70、20：80、10：90 时均抑制愈伤组织的增殖。结果表明，在红色 LED 光照下，愈伤组织鲜质量和干质量均低于其他光照条件下培养的愈伤组织。

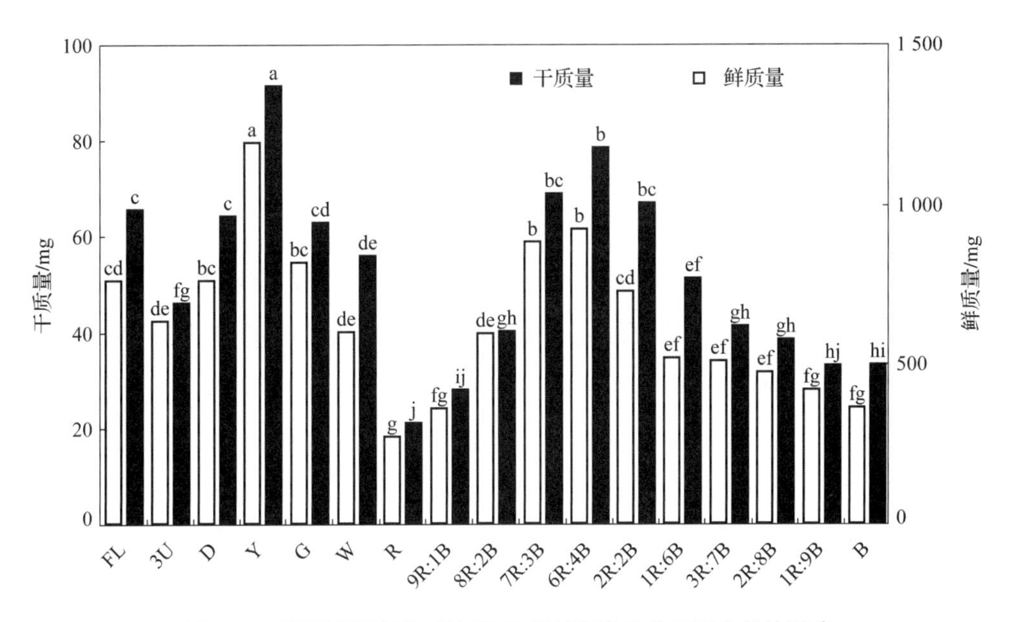

图 14.1　不同光照条件对培养 12 周越南参愈伤组织生长的影响

FL—荧光灯；3U—紧凑型荧光灯；D—黑暗；Y—黄色；

G—绿色；W—白色；R—红色；B—蓝色

14.3　胚胎培养的发展

为培养胚性愈伤组织，将愈伤组织转移到 MS（1962）培养基上，培养基中含有 1 mg · L^{-1}的 2，4 – D、0.2 mg · L^{-1}的激动素、0.5 mg · L^{-1}的 α – 萘乙酸（NAA）、30 g · L^{-1}的蔗糖、8.5 g · L^{-1}的琼脂。

为了建立人参的组织培养，已有大量的研究。在外植体使用的来源中，根、合子胚胎、子叶、叶片和花芽被发现适合愈伤组织和胚的形成。本研究利用越南参离体叶片获得愈伤组织，并将愈伤组织作为外植体建立胚性培养体系。

合成生长素已被证实在人参体细胞胚胎发生的再生过程中发挥重要作用。在所有生长素中，2，4 – D 是诱导人参体细胞胚发生的最佳选择。当激动素与 2，4 – D 组合使用时，可进一步促进体细胞胚胎发生。Wang 等人（1999）研究了生长素对西洋参（*Panax quinquefolius*）体细胞胚胎发生的影响，证明 2，4 – D 与 NAA 组合比单独使用 2，4 – D 效果更好。另一个关于越南参的研究结果表明，当愈伤组织在单一2，4－D或NAA培养基上培养时，均不能形成体细胞胚胎。本研究将从离体叶片中提取的愈伤组织切成片段（1.0 cm×1.0 cm），在添加1.0 mg·L^{-1}的2，4－D的MS培养基上培养，并结合NAA和/或激动素（0.1～1.0 mg·L^{-1}）。从图14.2和14.3中可以看出，1.0 mg·L^{-1}的2，4－D＋0.5 mg·L^{-1}的NAA的体细胞胚胎发生率最高。

Borkird等人（1986）发现，低浓度的2，4－D促进植物组织的细胞分裂和脱分化。在本研究中，2，4－D与激动素结合可降低体细胞胚胎发生的百分比（图14.2）。当添加1.0 mg·L^{-1}的2，4－D和NAA（0.2～1.0 mg·L^{-1}），高频体细胞胚胎发生（40%～60%）的记录和最多的胚胎（52胚胎/外植体）获得在MS中含有1.0 mg·L^{-1}的2，4－D和0.5 mg·L^{-1}的NAA。Zhou和Brown（2006）在研究生长素对西洋参体细胞胚胎发生的影响时发现了类似的结果。结果表明，1.0 mg·L^{-1}的2，4－D与1.0 mg·L^{-1}的NAA联合培养的胚胎发生率高于单一2，4－D培养基。王等人（1999）报道，对于西洋参体细胞胚胎的形成，2，4－D和NAA的最佳浓度分别为1.1 mg·L^{-1}和2.8 mg·L^{-1}，并且当它们一起使用时，2，4－D的效果与NAA的浓度无关。

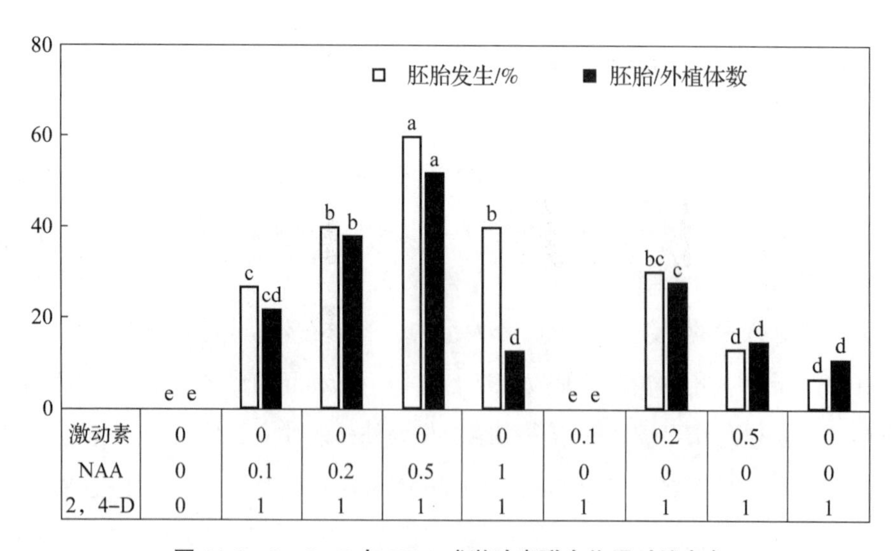

激动素	0	0	0	0	0	0.1	0.2	0.5	0
NAA	0	0.1	0.2	0.5	1	0	0	0	0
2，4–D	0	1	1	1	1	1	1	1	1

图14.2 2，4－D与NAA或激动素联合作用对越南参体细胞胚胎发生的影响

本研究研究了2，4－D 与 NAA 和激动素联合作用对越南参（*P. vietnamensis*）体细胞胚胎发生的影响。研究人员使用 1.0 mg·L^{-1}的2，4－D 和0.2 mg·L^{-1}激动素与不同浓度的 NAA 联合使用。在所有处理中，添加 1.0 mg·L^{-1}的2，4－D、0.2 mg·L^{-1}的激动素和0.5 mg·L^{-1}的NAA 的 MS 培养基对117 个胚胎的体细胞胚胎发生效果最好（80%）（图 14.3 和图 14.4（b），（c））。

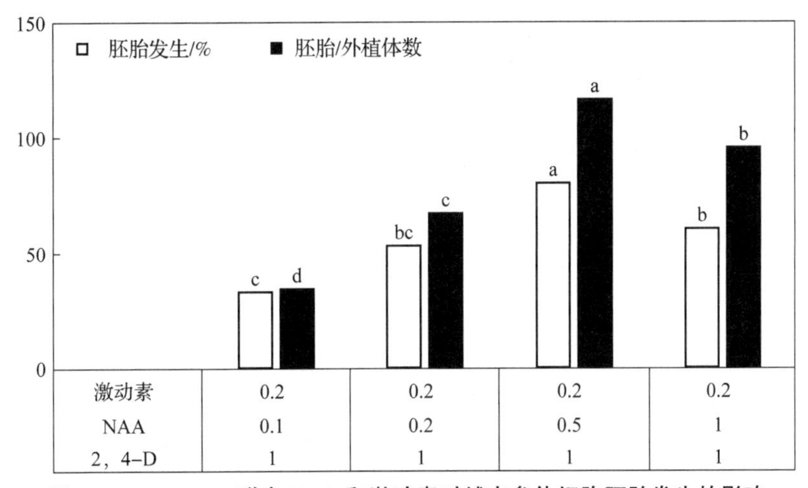

图 14.3　2，4－D 联合 NAA 和激动素对越南参体细胞胚胎发生的影响

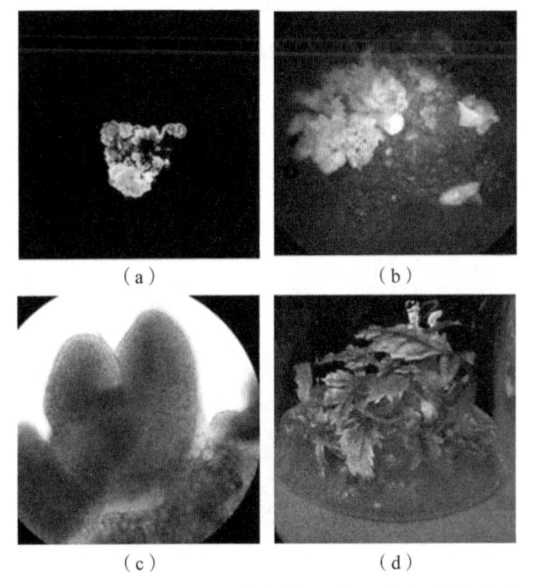

图 14.4　LED 光质越南参体细胞胚胎发生的影响

（a）黄色 LED 下愈伤组织形成；（b）胚胎发生；

（c）胚胎结构（心形期）；（d）红色和蓝色（60：40）下植株形成

14.4 植株生长

将 30 mg 的胚性愈伤组织培养在添加 1 mg · L^{-1}的 BA、0.5 mg · L^{-1}的 NAA、30 mg · L^{-1}的蔗糖和 9 mg · L^{-1}的琼脂的 SH 培养基上获得植株。使用添加 0.5 mg · L^{-1}的 BA、0.5 mg · L^{-1}的 NAA、30 mg · L^{-1}的蔗糖和9 mg · L^{-1}的琼脂的 SH 培养基来探索植株（2 cm 高）的进一步生长和发育。

使用不同的照明条件，包括紧凑型荧光灯、不同比例的红色和蓝色 LED 组合，以及黑暗作为光源。

另一个有趣的观察结果是，光源的类型影响了从胚性愈伤组织中获得的越南参（*P. vietnamensis*）幼苗的发育（图 14.5 和图 14.6）。图 14.5 和图 14.6 显示，60% 红色 LED 与 40% 蓝色 LED 组合培养 12 周后植株发育最佳（鲜质量 1 147 mg、干质量 127 mg、平均株高 3.1 cm、每外植体 11.21 株）（图 14.4（d））。与在荧光灯下生长相比，在这种光照条件下的植株发育较好。从荧光灯培养的植株中获得 505 mg 和 49 mg 的鲜质量和干质量，平均株高为 1.88 cm，每个外植体获得 5.83 株。此外，统计分析表明，红色和蓝色 LED 比例为 80 : 20、70 : 30 和 50 : 50 时，植株再生效果最好，而其他红色和蓝色 LED 组合（90 : 10、40 : 60、30 : 70 和 20 : 80）对外植体的影响无显著性差异。黑暗条件被鉴定为不适合从体细胞胚发育的植物（图 14.5）。结果表明，60% 红色 LED 与 40% 蓝色

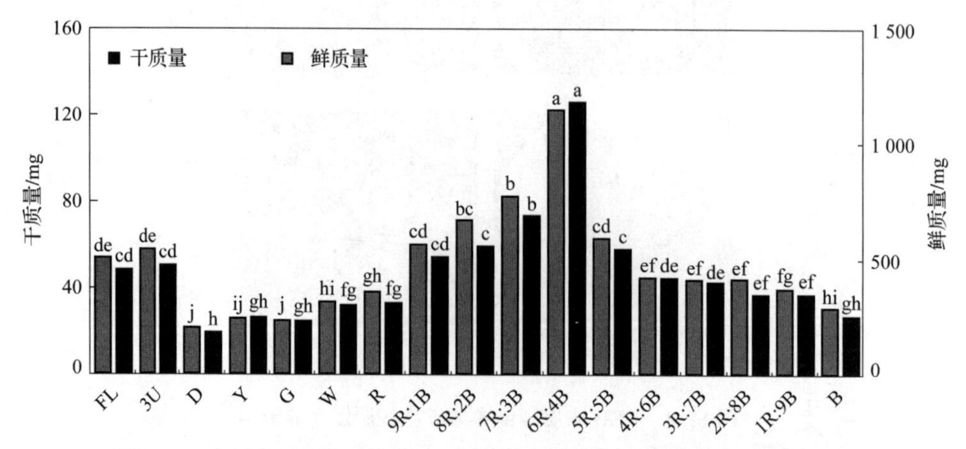

图 14.5 不同光照条件对培养 12 周越南参再生植株鲜质量和干质量的影响

FL—荧光灯；3U—紧凑型荧光灯；D—黑暗；Y—黄色；G—绿色；W—白色；R—红色；B—蓝色

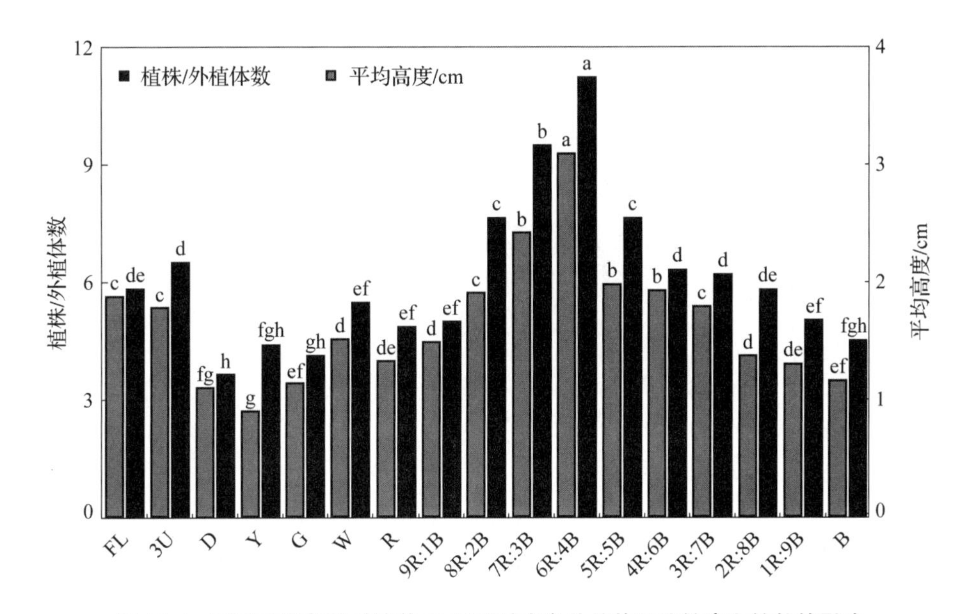

图 14.6　不同光照条件对培养 12 周后越南参外植体平均株高和株数的影响

FL—荧光灯；3U—紧凑型荧光灯；D—黑暗；Y—黄色；G—绿色；W—白色；R—红色；B—蓝色

LED 组合是植株再生的最佳光照条件，植株的鲜质量和干质量（540 mg 和 82 mg）、平均株高（5.4 cm）、叶径（1.62 cm）和叶长（2.90 cm）值最高。

14.5　LED 对皂苷积累的影响

在次生代谢产物的生物合成中，光是一个必不可少的因素。1973 年，Krewzaler 和 Hahlbrock 证实光是香芹菜（*Petroselinum hortense*）细胞培养中合成类黄酮苷的主要因素。已有研究报道了光照对紫苏（*Perilla frutescens*）和黄花蒿（*Artemisia annua*）代谢产物积累的影响。另一项研究是由 Park 等人（2013）进行的，旨在确定光照对人参不定根代谢过程的影响。然而，在不同的照明系统下，关于越南参次生代谢产物的生物合成的研究很少。在本研究中，利用 LED 来探索光照条件和人参皂苷产量之间的相关性。在不同光照条件下，薄层色谱法可以检测到植株的 Rg1、Rb1 和 MR2 带。此外，在离体样品中也发现了原生境中发现的其他越南参皂苷条带。结果表明，越南参试管苗与印度本地越南参试管苗的人参皂苷含量差异不显著。

光照条件对越南参外植体外皂苷积累的影响如图14.7所示。在荧光灯条件下Rg1含量最高（0.41%），而在黄色LED条件下Rg含量最低（0.23%）。在20%红色LED与80%蓝色LED组合下MR2含量最高（0.52%），而在绿色LED下MR2含量最低。与其他光照条件下相比，荧光灯条件下培养的植株不仅Rg1含量最高，Rb1和总人参皂苷含量也最高（1.18%）（图14.7）。

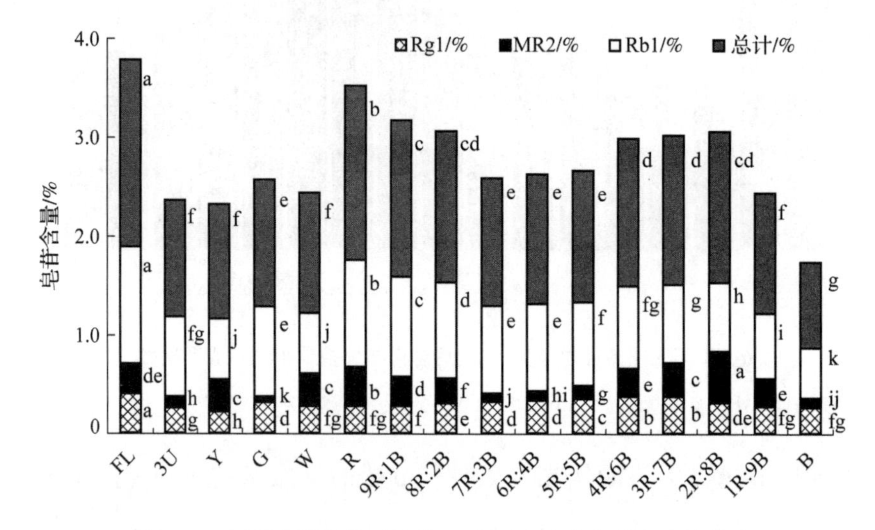

图14.7 不同光照条件对培养12周后越南参皂苷含量的影响

FL—荧光灯；3U—紧凑型荧光灯；Y—黄色；G—绿色；W—白色；R—红色；B—蓝色

本研究结果表明，在不同光照条件下培养的越南参离体再生植株与在自然生境下培养的越南参离体再生植株的皂苷含量与生长发育之间没有相关性。

14.6 结论

可见，适当的光照对愈伤组织的生长、植株的发育和皂苷的积累都有调节作用，而且越南参愈伤组织的生长和植株的发育都需要特定的光照条件。在商业化的组织培养实验室中，LED光照系统还具有能耗低、体积小、耐用性好、使用寿命长、波长特异性强、发光表面相对较冷、用户能够确定其光谱组成等优点。本研究表明，将胚性愈伤组织形成技术与光照条件相结合，可有利于越南参的快繁。

参考文献

Arya S, Arya ID, Eriksson T (1993) Rapid multiplication of adventitious somatic embryos of *Panax ginseng*. Plant Cell Tiss Org Cult 34:157–162

Borkird C, Choi Jung H, Sung R (1986) Effect of 2,4-D on the expression of embryogenic program in carrot. Plant Physiol 81:1143–1146

Bula RJ, Morrow RC, Tibbitts TW, Ignatius RW, Martin TS, Barta DJ (1991) Light-emitting diodes as a radiation source of plants. Hortic Sci 26:203

Cellárová E, Rychlová M, Vranová E (1992) Histological characterization of in vitro regenerated structures of *Panax ginseng*. Plant Cell Tiss Org Cult 30:165–170

Cuong HV, Nam NB, Luan TC, Vinh BT, Nhut DT (2012) Effect of LED-light on growth and saponin accumulation of callus and plantlets of *Panax vietnamensis* Ha *et* Grushv. in vitro. J Sci Tech Vietnam 50(4):475–491

Chang WC, Hsing YI (1980) Plant regeneration through somatic embryogenesis in root-derived callus of ginseng (*Panax ginseng* C.A. Meyer). Theor Appl Genet 57:133–135

Choi KT, Yang DC, Kim NW, Ahn IO (1984) Redifferentiation from tissue culture and isolation of viable protoplasts in *Panax ginseng* C.A. Meyer. In: Proceedings of 4th International Ginseng Syrup, Korean Ginseng and Tobacco Res Inst, Korea, pp 1–11

Choi YE, Soh WY (1994) Origin of somatic embryo induced from cotyledons of zygotic embryos at various developmental stages of ginseng. J Plant Biol 37:365–370

Jie QY, Wang XD, Zhao B, Wang YC (2003) Light intensity and spectral quality influencing the callus growth of *Cistanche deserticola* and biosynthesis of phenylethanoid glycosides. Plant Sci 165:657–661

Lee HS, Yang SG, Jeon JH, Liu JR, Lee KW (1989) Plant regeneration through somatic embryogenesis from mature zygotic embryos of ginseng (*Panax ginseng* C.A. Meyer) and flowering of plantlets. Kor J Bot 32:145–150

Liu CZ, Guo C, Wang YC, Ouyang F (2002) Effect of light irradiation on hairy root growth and artemisinin biosynthesis of *Artemisia annua* L. Biochemistry 38:581–585

Dong NT, Luan TC, Huong NTT (2007) Ngoc Linh Ginseng and some medicinal plants belong to Ginseng family. Science and Technology Publishing House

Murashige T, Skoog F (1962) A revised medium for rapid growth and bioassay with tobacco tissue cultures. Physiol Plant 15:473–496

Nhut DT, Chien HX, Truc NB, Nam NB, Tinh TX, Luan VQ, Binh NV, Hien VT, Huong TT, Nhan NCT, Thuy LNM, Nga LTM, Hien TT, Hai NT (2010) Micropropagation of *Panax vietnamensis* Ha *et* Grushv. J Biotechnol Vietnam 8(3B):1211–1219

Nhut DT, Huy BN, Phong PT, Hai NT, Luan TC (2006) Primary study on multiplication of adventitious root of *Panax vietnamensis*-a valuable material source of saponin isolation. Biotech Agro Plant 118–121

Nhut DT, Luan VQ, Binh NV, Phong PT, Huy BN, Ha DTN, Tam PQ, Nam NB, Hien VT, Vinh BT, Hang LTM, Ngoc DTM, Thao LB, Luan TC (2009) Effect of some factors on in vitro biomass of Vietnamese ginseng (*Panax vietnamensis* Ha *et* Grushv.) and primary analysis of saponin content. J Biotechnol Viet 7(3):365–378

Nhut DT, Huy NP, Tai NT, Nam NB, Luan VQ, Hien VT, Tung HT, Vinh BT, Luan TC (2015) Light-emitting diodes and their potential in callus growth, plantlet development and saponin accumulation during somatic embryogenesis of *Panax vietnamensis* Ha *et* Grushv. Biotechnol Biotechnol Equip 29:299–308

Ouyang J, Wang X, Zhao B, Yuan X, Wang Y (2003) Effects of rare earth elements on the growth of *Cistanche deserticola* cells and the production of phenylethanoid glycosides. J Biotechnol 102(2):129–134

Park SY, Lee JG, Cho HS, Seong ES, Kim HY, Yu CY, Kim JK (2013) Metabolite profiling approach for assessing the effects of colored light-emitting diode lighting on the adventitious roots of ginseng (*Panax ginseng* C.A. Mayer). Plant Omics J 6:224–230

Schenk RU, Hildebrandt AC (1972) Medium and techniques for induction and growth of monocotyledonous and dicotyledonous plant cell cultures. Can J Bot 50:199–204
Shoyama Y, Matsushita H, Zhu XX, Kishira H (1995) Somatic embryogenesis in ginseng (*Panax* species). In: Bajaj YPS (ed) Biotechnology in agriculture and forestry. Somatic embryogenesis and synthetic seed II, vol 31. Springer, Berlin, pp 343–356
Soni J, Swarnkar PL (1996) Mophogenetics and biochemical variations under different spectral light in leaf cultures of *Vigna aconitifolia*. J Phytol Res 9(1):89–93
Wang X, Proctor JTA, KrishnaRaj S, Saxena PK, Sullivan JA (1999) Rapid somatic embryogenesis and plant regeneration in American ginseng: effects of auxins and explants. J Ginseng Res 23:148–163
Yang JS (1992) Plant regeneration from adventitious root-derived calli of ginseng (*Panax ginseng* C.A. Meyer). J Agric Assoc China 159:41–48
Zhong JJ, Seki T, Kinoshita SI, Yoshida T (1991) Effect of light irradiance on anthocyanin production by suspended culture of *Perilla frutescens*. Biotechnol Bioeng 38:653–658
Zhong SL, Zhong SG (1992) Morphological and uhrastructural characteristics of the embryogenic callus of American ginseng. Chin J Bot 4:92–98
Zhou S, Brown DCW (2006) High efficiency plant production of North American ginseng via somatic embryogenesis from cotyledon explants. Plant Cell Rep 25:166–173

索　引

0～9（数字）

A～Z（英文）

A~B

C

D

F ~ G

H ~ K

L

M～Q

R

S

T～W

X

Y

Z

（王彦祥、张若舒 编制）

图 3.2　红莴苣 Rouxai 红色素的驯化依赖于光谱

在类似的栽培和环境条件下，28 天生的红莴苣 Rouxai 在磷转换 LED 灯下（左）和冷白色荧光灯下（右）生长的图片。生长条件为 200 $\mu mol \cdot m^{-2} \cdot s^{-1}$ PPFD，光周期 16 h，昼夜温度 25 ℃/20 ℃，相隔水培单元面积 53 株，EC 1.6（Pocock 数据未发表）

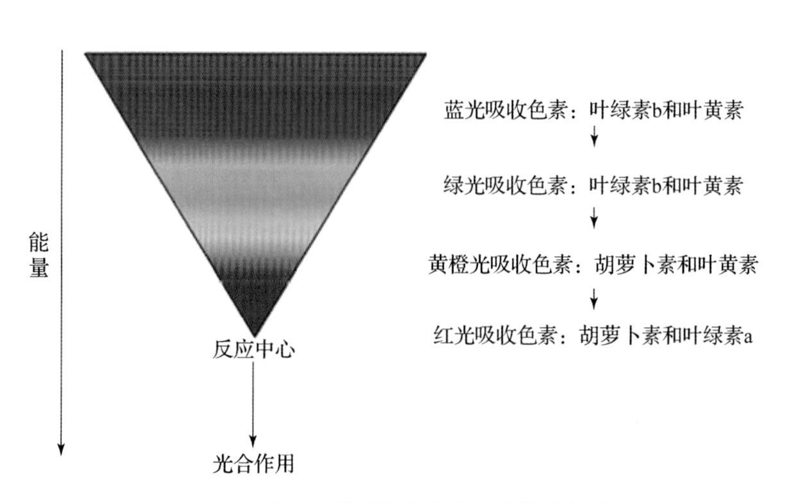

图 3.3　光合天线系统中的光吸收漏斗概念

与接近光系统反应中心的色素蛋白天线复合物相比，天线的远端部分（离反应中心最远的部分）吸收波长较短（能量较高）的物质最多。虽然不是所有的能量转移事件都在走下坡路，但该模式描述了光收集的组织和对最大效率的广谱光的需求

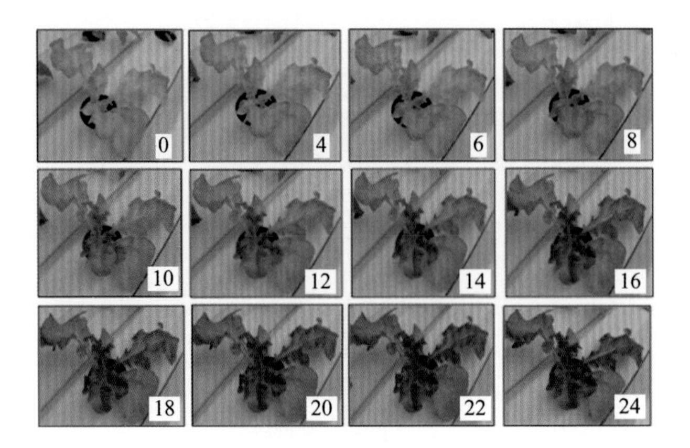

图 3.4　莴苣作物变红的延时摄影图

在第 24 天，将红莴苣 Rouxai 的延时摄影从磷转化的园艺 LED 环境（植物生物量较高但生物化学（色素沉着）较差）转移到冷白色荧光环境（植物生物量较低，但生物化学（色素沉着）较高）。帧右下方的数字表示偏移后的小时数

图 4.1　AeroFarms（Newark，NJ，USA）为绿叶蔬菜设计的多层 LED 光照生产系统

图 4.3　AeroFarms（Newark，NJ，USA）在 LED 光照下高密度生产微绿色植物

高密度植物优化了空间利用，并确保作物能够截留大部分光

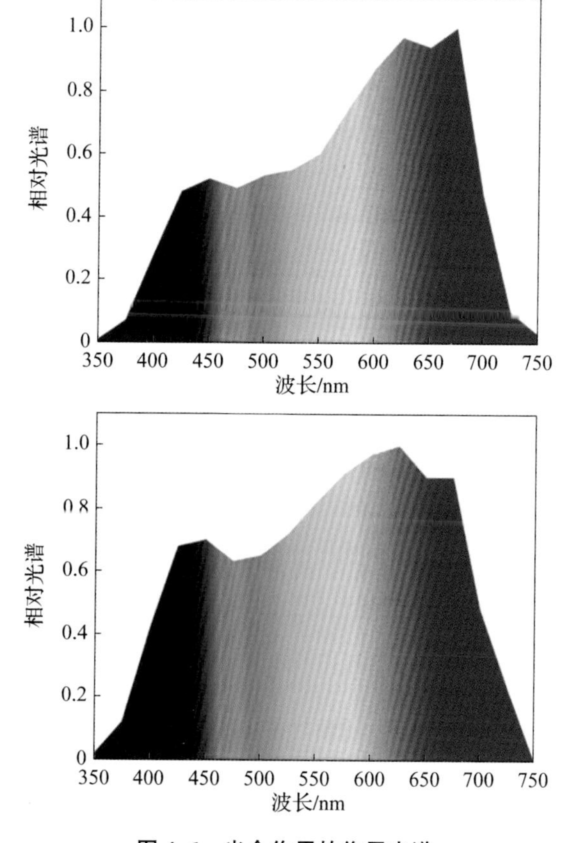

图 4.6　光合作用的作用光谱

基于光到达叶片表面的入射能量通量（上）和相对量子产量（下）。

根据 McCree（1972，表 6）对 8 种大田植物的测量数据

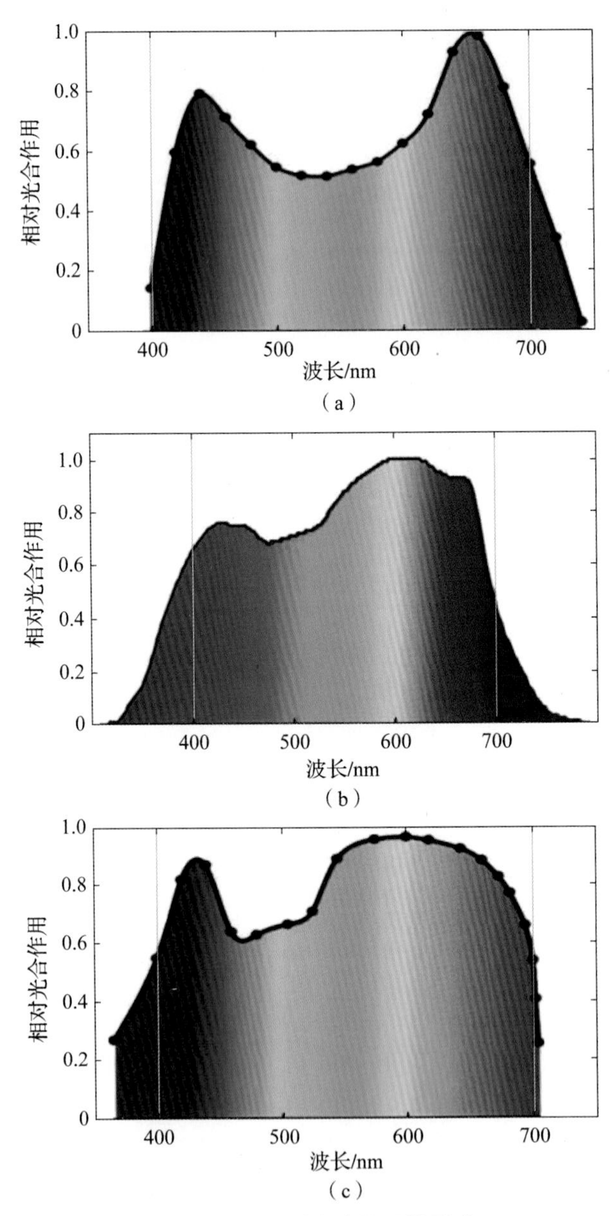

图 5.5 光谱对光合作用的影响

（a）Hoover（1937）；（b）McCree（1972a，b）；（c）Inada（1976）

所有曲线都是根据原始数据重新绘制的。黑色圆圈表示测量波长。Hoover 曲线是指每入射光子。McCree 曲线和 Inada 曲线是每个被吸收的光子，因此它们反映了光合作用的量子产量。如果是每个入射光子（从 0.6 增加到 0.7），Hoover 曲线中的绿光下降将增加约 15%（经 Bugbee 2016 年许可转载）

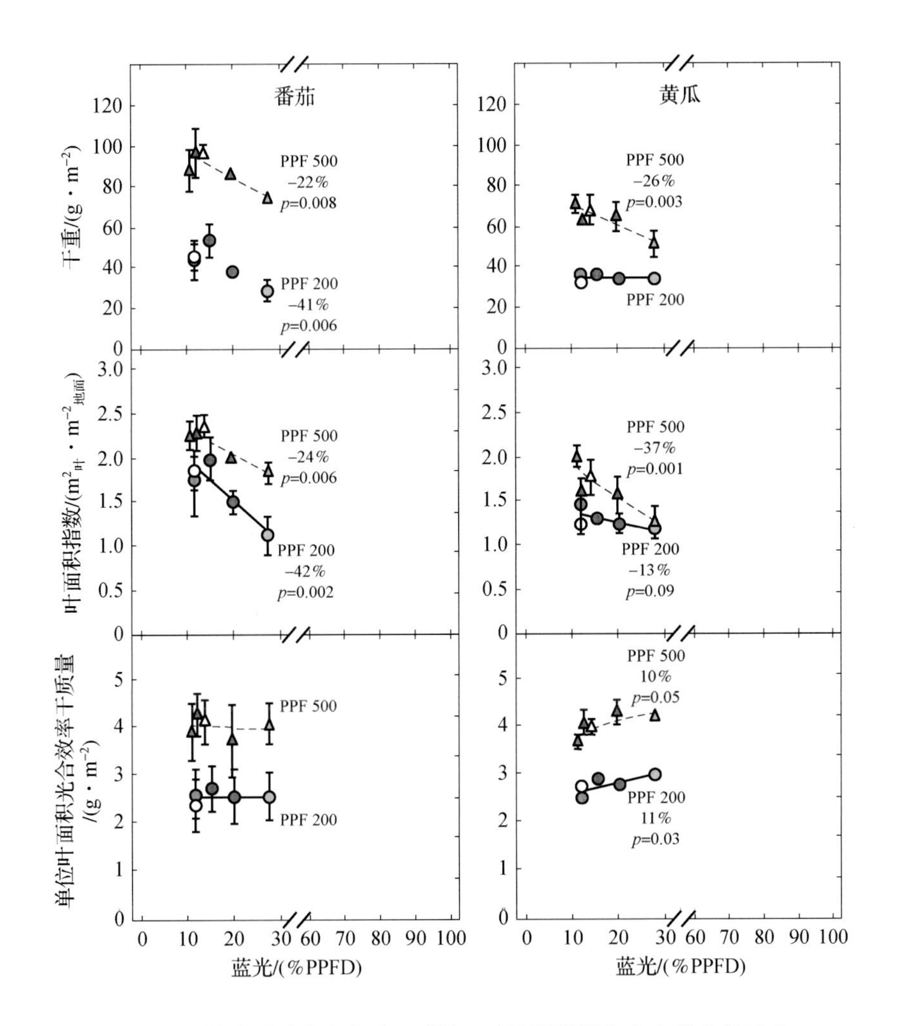

图 5.6　蓝光对番茄和黄瓜干质量、叶面积指数和光合效率的影响

两种植物都对蓝光高度敏感。黄瓜的光合作用可能会增加，因为在较高的蓝光比例下自遮荫会减少。图来自 Snowden 等人 2016 年的数据

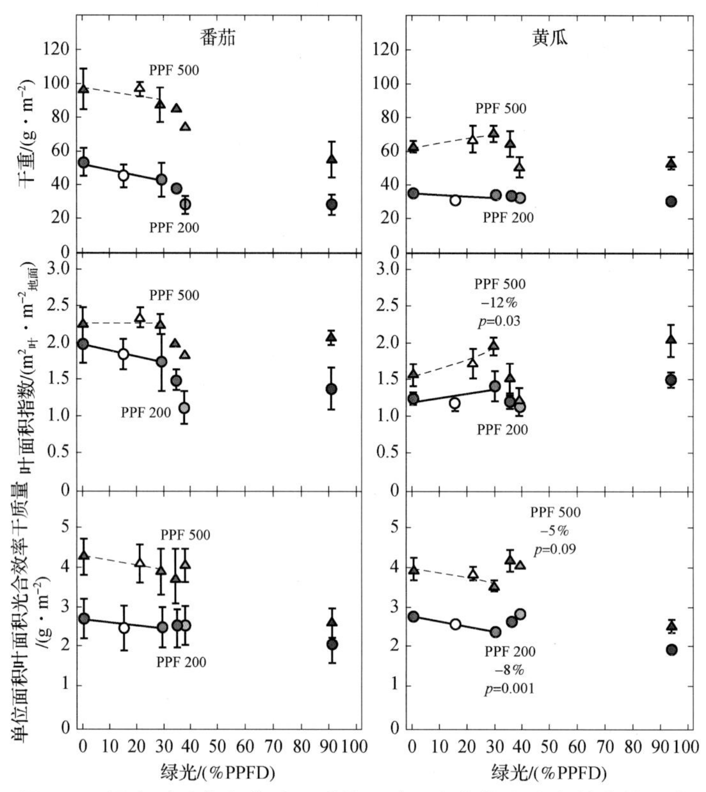

图 5.7　绿光对番茄和黄瓜干质量、叶面积指数和光合效率的影响

绿色符号代表绿色 LED 发出的光，92% 的输出波长在 500～600 nm。回归线将处理与来自 LED 的蓝色、绿色和红色 PPF 组分连接起来。随着绿光比例的增加，红光减少。图来自 Snowden 等 2016 年的数据

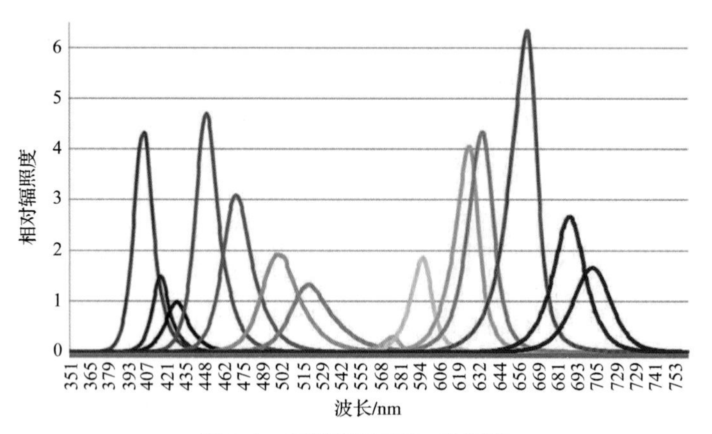

图 6.1　不同颜色 LED 的光谱

14 种不同 LED 阵列在 1.4 A 时的相对辐照度与峰值波长的关系。

相对辐照度是在 μmol · m^{-2} · s^{-1} 尺度上测量的

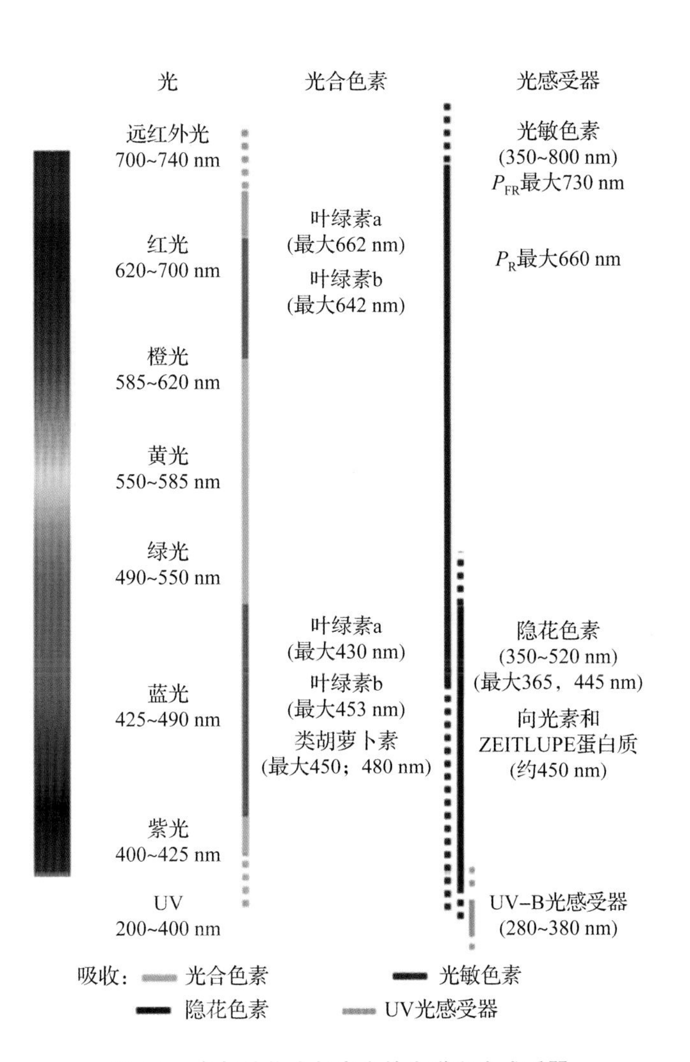

图 7.1　参与植物生长发育的光谱和光感受器

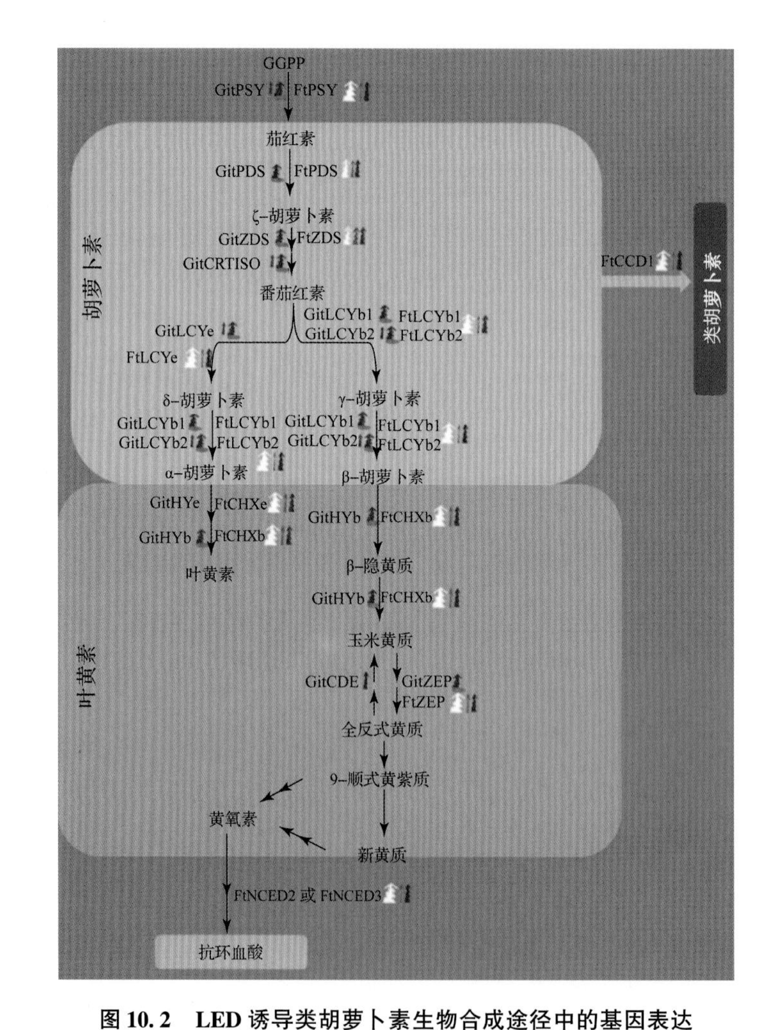

图 10.2 LED 诱导类胡萝卜素生物合成途径中的基因表达

不同波段的 LED 被标记为各自的颜色；条带宽度的变化表明了基因表达水平的程度；绿色斑块表示乙烯处理和红色 LED 照射

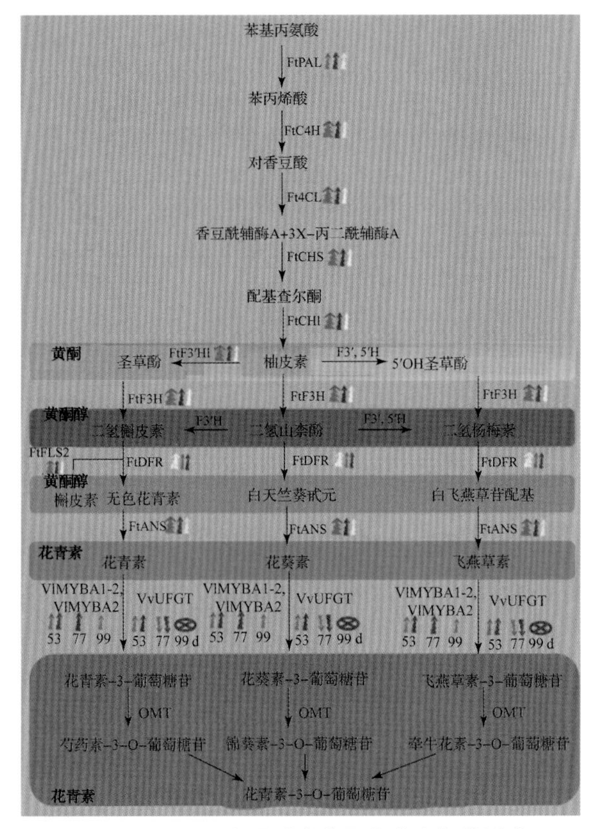

图 10.3　LED 光照对类黄酮合成途径的影响

不同波段的 LED 被标记为各自的颜色；条带宽度的变化表明了基因表达水平的程度；在花期第 99 天，与对照组相比，基因表达水平没有变化，用一个交叉圈表示

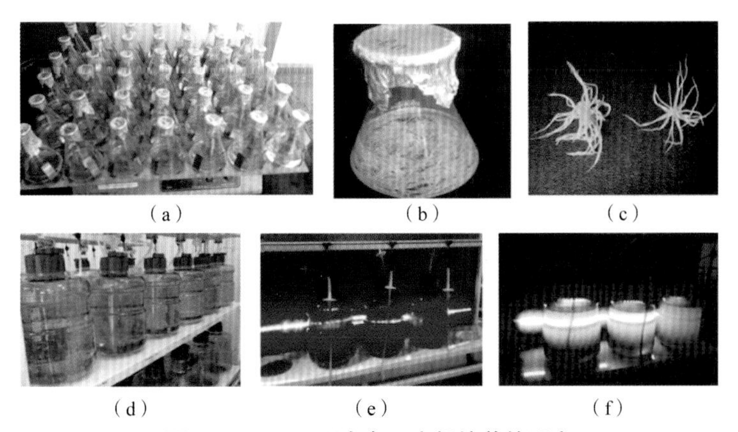

图 11.1　LED 下人参不定根培养的研究

(a) 人参不定根摇瓶培养；(b)，(c) 8 周后的人参 AR；(d) 利用荧光处理人参一周后的生物反应器培养体系；(e) 红光 LED；(f) 蓝光 LED

图 11.2　不同类型 LED 照射对人参 AR 鲜质量和干质量的影响及对照组的比较

(a)，(b)，(c) 分别为利用荧光灯、红光 LED、蓝光 LED 培养 8 周后的人参 AR 生物反应器培养体系；

(d)，(e)，(f) 分别为利用荧光灯、红光 LED、蓝光 LED 培养 8 周后收获的人参 AR；

(g)，(h)，(i) 分别为利用荧光灯、红光 LED、蓝光 LED 照射下人参 AR 的形态特征